Zu diesem Buch

Die Vernunft, die ihr Interesse an der Welt entdeckt und im fremden Äußeren ihr Inneres entziffern will, hat Hegel die »beobachtende« genannt. Zu ihr gehören die Naturgeschichte, die beobachtende Psychologie, die Physiognomik und eine Reihe anderer Disziplinen der Anthropologie.
Die Untersuchung von Sergio Moravia erschließt eine Reihe lange vergessener Texte, in denen sich – an der Schwelle zum 19. Jahrhundert – die Wende zu einer objektiven anthropologischen Forschung dokumentiert. Im Mittelpunkt stehen Programm und Wirksamkeit der Pariser ›Société des Observateurs de l'homme‹ (Gesellschaft der Beobachter des Menschen), die die Intentionen der aufklärerischen Anthropologie zusammengefaßt und praktisch umgesetzt hat. Diese Gesellschaft verband erstmals psychologische, ethnologische und historische Studien zu einer Systematik des Menschen.
Neben diesen Beiträgen zu einer Geschichte des »ethnologischen Blicks« werden Problemstellungen und Fälle, die lange in den Bereich des Anektodischen abgedrängt waren, in ihrer wissenschaftsgeschichtlichen Bedeutung gezeigt. Dazu gehört z. B. Jean Itards Erziehungsexperiment mit dem ›Wilden von Averyron‹, an den Truffauts Film ›Der Wolfsjunge‹ wieder erinnert hat.

Der Autor

Sergio Moravia, geb. 1940, lehrt in Florenz Geschichte der Philosophie. Neben mehreren grundlegenden Studien über die französische Aufklärung publizierte er Monographien über Lévi-Strauss, Sartre und Adorno. Zuletzt erschien *L'enigma della mente* (Bari 1986).

SERGIO MORAVIA

Beobachtende Vernunft

Philosophie und Anthropologie in der Aufklärung

Aus dem Italienischen
von Elisabeth Piras

FISCHER TASCHENBUCH VERLAG

FISCHER WISSENSCHAFT

Ungekürzte Ausgabe
Veröffentlicht im Fischer Taschenbuch Verlag GmbH,
Frankfurt am Main, Juli 1989

Titel der italienischen Originalausgabe:
›La Scienza dell'Uomo nel Settecento‹

Umschlaggestaltung: Buchholz/Hinsch/Hensinger
Druck und Bindung: Wagner GmbH, Nördlingen
Printed in Germany
ISBN 3-596-27410-9

Inhalt

Vorwort

Im Laufe der letzten zwanzig Jahre hat sich die historisch-philosophische Erforschung der französischen Aufklärung bedeutend entwickelt. Es fällt jedoch auf, daß dabei zeitlich meistens nicht weiter als bis 1770–1780 gegangen wird. Freilich sind dies gerade die Jahre, in denen die »grands meneurs du jeu philosophique«, wie Albert Rivaud einmal formulierte [1], abberufen wurden: Helvétius starb schon 1771, 1778 folgten Voltaire und Rousseau, 1780 Condillac, 1781 Turgot. Zwei Jahre später verschied d'Alembert, 1784 Diderot und wenig später starben Buffon (1788) und d'Holbach (1789).

Diese Totenliste ist, wie wir an anderer Stelle schon bemerkt haben, sehr bezeichnend. Trotzdem ist es wohl weder naheliegend noch vertretbar, wenn das Ende der Aufklärung auf den genannten Zeitraum angesetzt wird. Hinter einer solchen zeitlichen Festlegung scheint eine sehr fragwürdige Interpretation der »Lumières« zu stehen – eine Interpretation, die vor allem dazu tendiert, eine in Wirklichkeit sehr umfassende und komplexe intellektuelle Bewegung mit dem Werk einiger weniger »Philosophen« zu identifizieren; eine Interpretation, die außerdem auf hermeneutischer Ebene den »großen« Gelehrten und den »großen« Werken mehr Bedeutung zumißt als der objektiven Entwicklung der theoretischen Themen und Probleme. Wer dagegen die Aufklärung weniger nach traditionellen Schemata, sondern auf »struktureller« Ebene untersucht, das heißt nicht so sehr die individuellen Werke, sondern die wissenstheoretischen Forschungen und Fragen in den Vordergrund stellt, kann unmöglich übersehen, daß in den letzten Jahren des 18. Jahrhunderts gerade die großen intellektuellen Themen der »philosophischen« Ära direkt, wenn auch oft eigenwillig, übernommen und weitergeführt werden.[2] Erst vor kurzem hat die europäische Geschichtsschreibung begonnen, die Kultur der Spätaufklärung zu erforschen, und erst seit kurzem sieht man, welche bedeutende Rolle innerhalb dieser Kultur die Bewegung der »idéologues«, einer Gruppe von Intellektuellen, gespielt hat. Sie hatte sich in dem Salon gebildet, den Madame Helvétius in den siebziger Jahren in Auteuil bei Paris, kurz nach dem Tod ihres berühmten Gatten, gegründet hatte. In diesem Salon konnten junge Schriftsteller und Gelehrte wie Volney, Ginguené, Cabanis oder Chamfort noch persönlich einige der großen »Philosophen« kennenlernen und deren großes intellektuelles und moralisches Vermächtnis übernehmen. Einige Jahre später nahm diese Gruppe, der sich inzwischen weitere interessante Figuren wie Jean-Baptiste Say und Destutt de Tracy, Daunon, Garat und Marie-

Josephe Chénier angeschlossen hatten, intensiv an der Französischen Revolution teil, indem sie mit Sieyès und Condorcet zusammenarbeiteten und in der Partei der Girondisten aktiv waren. Doch erst nach dem Sturz Robespierres, in der Zeit des Direktoriums und Konsulats, übten die »idéologues« einen entscheidenden intellektuellen und politischen Einfluß aus. Als prominente Mitglieder der höchsten Organe der neuen Republik, als Direktoren verschiedener wichtiger Zeitungen und Zeitschriften, wie der berühmten »Décade Philosophique«, die vor wenigen Jahren von einer schottischen Forscherin untersucht worden ist [3], als Mitarbeiter der wichtigsten kulturellen und wissenschaftlichen Zentren wie der »École Normale«, die allerdings nur kurz bestand, und des »Institut« übernahmen sie nach den fünf Jahren der Revolution die eigentliche Führung in der Gesellschaft.

In einem umfangreichen, vor ein paar Jahren erschienenen Buch haben wir die komplexe intellektuelle, zivile und politische Geschichte der »idéologues« rekonstruiert.[4] In erster Linie haben wir gezeigt, wie diese Intellektuellen an der vorrevolutionären und revolutionären Bewegung teilnahmen, und zwar auch deshalb, weil wir wissen wollten, wie die »Philosophie« angesichts der großen durch die Revolution gestellten Probleme zu handeln und zu reagieren verstand. Außerdem haben wir die theoretischen Prinzipien der pädagogischen und schulischen Reform analysiert, die von den »idéologues« in der Ära des Direktoriums in die Wege geleitet wurde; dabei wollten wir besonders herausstellen, inwieweit diese wichtige Reform konkret von Theorien und Ideen beeinflußt war, die aus der Zeit der »Philosophen« stammten. Schließlich haben wir die große Auseinandersetzung zu Beginn des 19. Jahrhunderts zwischen den »idéologues« und den kulturellen und politischen Exponenten des napoleonischen Regimes untersucht, denn in dieser Auseinandersetzung wurde zum ersten Mal die Aufklärung direkt mit der gegenaufklärerischen und gegenrevolutionären Ideologie konfrontiert, die von den wiederauflebenden spiritualistisch-christlichen sowie den neuen romantischen und reaktionären Strömungen der zeitgenössischen französischen Kultur vertreten wurde.

In dieser ersten Rekonstruktion der Bewegung der »idéologues« haben wir bewußt viele Themen ausgeklammert, die sich vor allem auf die philosophischen und wissenschaftlichen Forschungen und Debatten dieser Gruppe beziehen.[5] Mit ihnen haben wir uns in einem neuen, inzwischen fast abgeschlossenen Werk beschäftigt. Doch mit einem bestimmten, für die Kultur der Spätaufklärung sehr charakteristischen Thema haben wir uns schon damals befassen wollen, nämlich mit den ethnoanthropologischen Interessen der »idéologues«. Auf dieses Thema brachte uns die Untersuchung einer zu Beginn des 19. Jahrhunderts einflußreichen »gelehrten Gesellschaft«, die von ihren Begründern den suggestiven Namen »Société des Observateurs de l'homme« (Gesellschaft der Beobachter des Menschen) erhalten hatte. Diese Gesellschaft bestand, aus zufälligen Gründen und aufgrund kontingenter Ereignisse, nur kurze Zeit. Trotzdem brachte sie direkt oder indirekt eine Reihe außerordentlich interessanter, bisher nahezu unbekannter Texte hervor. Es ist nicht übertrieben, daß die »Observateurs de l'homme« die Wissenschaften begründeten, die wir heute als Kulturanthropologie und Ethnologie bezeichnen. Natürlich gab es auch in früheren Jahren viele Gelehrte, die Beschreibungen des Menschen und der primitiven Gesellschaften oder Völker sammelten und interpretierten. Damit aber eine Wissenschaft im eigentlichen Sinn entstehen konnte, genügte es nicht unbedingt, daß bestimmte Forschungen unternommen wurden – z. B. daß Reisende und Entdecker ferner Länder »kuriose Tatsachen« sammeln – oder daß man über eine bestimmte Menge von Belegmaterial verfügte. Notwendig war es, einen entsprechenden theoretischen und epistemologischen Bewußtseinsstand zu erreichen, das heißt, einige Gelehrte mußten in einem gewissen Moment entschlossen und befähigt sein, einen bestimmten Forschungsbereich abzugrenzen, ihn von allen übrigen Disziplinen zu unterscheiden und im Bewußtsein seiner Neuartigkeit »neue« Ziele und Methoden zu definieren.

Wer die Texte der »Observateurs de l'homme« liest, wird ohne weiteres feststellen können, daß diese Gelehrten ganz genau erkannten, wie spezifisch und neu der Forschungsbereich war, den sie geschaffen hatten, und wie notwendig es war, ein ihm adäquates Instrumentarium und adäquate Methoden auszuarbeiten. Zwar sind in die deutsche Übersetzung aus Raumgründen nicht alle Texte der italienischen Ausgabe aufgenommen worden, doch auch die beiden Texte, die hier dank der Großzügigkeit der deutschen Herausgeber im Anhang erscheinen, zeigen, wie bewußt die beiden wichtigsten Exponenten der »Société des Observateurs de l'homme« in theoretischer Hinsicht waren. Als Louis-François Jauffret, der Begründer der Société, die Themen und Probleme einer »Wissenschaft von Menschen«, die diesen Namen beanspruchen darf, umriß, traf er damit für den Anfang des 19. Jahrhunderts erstaunlich einsichtig und präzis die Themen und Probleme der damaligen und der heutigen modernen Ethnoanthropologie. Die »Erwägungen über die verschiedenen Methoden der Beobachtung der wilden Völker« von Joseph-Marie Degérando sind der erste methodologische Leitfaden des »im Gelände« arbeitenden Ethnoanthropologen in der Geschichte der modernen Kultur und Wissenschaft. Diese beiden Texte haben wir in speziellen Kapiteln eingehend unter historisch-theoretischem Aspekt analysiert. In weiteren Kapiteln haben wir verschiedene andere Schriften einiger »Observateurs de l'homme« erläutert, angefangen bei den berühmten Gelehrten Cuvier und Volney bis zu dem unbekannteren, doch faszinierenden François Péron, dem ein Platz in der Geschichte der Anthropologie zusteht – und sei es auch nur deshalb, weil er einer kurzen

Abhandlung den Titel »Bemerkungen zur Anthropologie« gegeben hat, denn Titel sind oft ein bedeutsames theoretisches und epistemologisches Symptom. Ausführlich wollten wir uns auch mit einer Episode befassen, die sich etwas außerhalb der »Société des Observateurs«, aber noch im Bereich eines bestimmten Milieus und einer bestimmten Kultur abspielte: wir meinen die leidenschaftliche und faszinierende Debatte, die in jenen Jahren über den Fall eines »Wildkindes« geführt wurde. Dieses war in den Wäldern des Aveyron aufgefunden und nach Paris gebracht worden, wo Jean Itard, ein junger, von Condillac beeinflußter »médecin-philosophe« im Kreuzfeuer der lebhaftesten Diskussionen und Polemiken – die auch viele philosophische und anthropologische Implikationen hatten – den Jungen in das soziale Leben zu integrieren versuchte und die dramatische Geschichte dieses Experiments in zwei nicht nur psychologisch und pädagogisch interessanten, sondern auch menschlich wertvollen »Mémoires« festhielt.[6]

Das vorliegende Buch besteht also zu einem großen Teil aus einer umfassenden Analyse der Aktivität der »Observateurs de l'homme« und ihrer Freunde. Sobald aber das Werk dieser Gesellschaft auch historisch-philosophisch betrachtet wurde, erwies es sich als angebracht und sogar notwendig, nicht nur einen zeitlich und räumlich begrenzten Bereich zu untersuchen. Daß wir unsere Untersuchung erweitert und vertieft haben, verdanken wir zweifellos auch den Studien, die Claude Lévi-Strauss ungefähr in den gleichen Jahren unternommen hat, und den Anregungen der zeitgenössischen Kulturanthropologie.[7] Doch ausschlaggebend war vor allem die Einsicht, daß die große theoretische und praktische, von den »idéologues« und ihren Freunden geleistete Arbeit nur im Zusammenhang mit einer die ganze Kultur der Aufklärung durchziehenden Forschungs- und Diskussionsrichtung verständlich wird. Im Hintergrund oder im Kern des Kreises der »idéologues« entfaltete sich, hauptsächlich unter der Führung von Cabanis, Volney und Jauffret, eine weitreichende physioanthropologische und ethnosoziologische Reflexion. Außerdem zeichnete sich eine komplexe, Zustimmung und Ablehnung umfassende Einstellung zur Kultur und Wissenschaft der ersten Hälfte des Jahrhunderts ab. Man teilte das Interesse für die »Naturgeschichte des Menschen«, die in den 50er Jahren entstanden war, aber man wies einige ihrer aus verschiedenen Gründen unbefriedigenden Resultate zurück; man würdigte den anti-metaphysischen Impuls, der sich aus der Debatte über das Wesen des Menschen und über die Existenz der Seele und ihre Beziehungen zum Leib ergeben hatte, aber man wollte ihn viel entschiedener und radikaler weiterführen; man anerkannte, daß die Reiseberichte und die ersten Studien über die »wilden« Völker einen wichtigen Beitrag zur Ethnographie leisteten, doch mißtraute man der oft allzu impressionistischen oder »ideologischen« Art und Weise, in der bestimmte Fragen behandelt wurden. Auf methodologischer Ebene wurde weiterhin eine »philosophische« Wissenschaft bevorzugt, doch die Vermischung von Hypothesen und Fakten und ebenso alle unberechtigten Verallgemeinerungen wurden immer entschlossener abgelehnt. Dem »esprit de système« stellte man jetzt die Beobachtung einer »positiven Tatsache« (fait positif) entgegen – ein Begriff, den sich die Wissenschaft der Spätaufklärung lange vor Comtes Lehre angeeignet hatte. In dem uns hier interessierenden Bereich der ethnoanthropologischen Theorie – oder Philosophie – gab es am Ende des 18. Jahrhunderts zwei wichtige Ereignisse, die schon von der zeitgenössischen Kultur ohne Zögern als »Revolutionen« bezeichnet wurden: die Ablösung der Vorstellung vom Menschen als einer Statue, wie sie Condillac propagiert hatte, durch ein neues organizistisches und vitalistisches Modell, das von Cabanis und einigen der »Société médicale d'Emulation« angehörigen oder nahestehenden »médecins-philosophes« ausgearbeitet worden war, und zweitens die Aufwertung der »Wissenschaft« der Reisen und der ethnographischen »Enquêten« zu wissenschaftlichem Rang und »positiver« Exaktheit.[8] Der große methodologische und kulturelle Wert einiger Texte der »Observateurs de l'homme« und ganz allgemein der damaligen philosophisch-wissenschaftlichen Erörterungen über den Menschen als vereinzeltes und als geselliges, als zivilisiertes und als wildes Wesen kann ohne einen ständigen Vergleich mit der im ganzen 18. Jahrhundert vorangegangenen Entwicklung bestimmter Diskussionen über den Menschen und die »Wissenschaft vom Menschen« nicht richtig erfaßt werden.

Diesem Zusammenhang nachzugehen, war nicht nur – wenigstens andeutungsweise – notwendig, weil die »Wissenschaft vom Menschen« des späten 18. Jahrhunderts, wie schon beschrieben, teils an die vorausgegangenen Erörterungen und Forschungen anknüpfte, teils mit ihnen brach, sondern auch, weil viele moderne Historiker zu Unrecht kein Interesse für diese Thematik aufbringen. Wenn wir schon erwähnt haben, daß die letzte Periode der »Lumières« von der Geschichtsschreibung übergangen und deshalb im wesentlichen dem Vergessen preisgegeben wird, so ist hier darauf hinzuweisen, daß außerdem, wenn auch in unterschiedlichem Maße, über einen ebenfalls zentralen Bereich der Aufklärung geschwiegen wird. Man müßte sich z. B. fragen, aus welchen Gründen eine Figur vom Range Buffons trotz einiger neuerer Studien immer noch darauf wartet, endlich auf die ihr gebührende Stufe gestellt zu werden, warum das Werk der Ärzte und Physiologen des 18. Jahrhunderts nach wie vor so wenig berücksichtigt wird, oder auch, weshalb Schlüsselbegriffe wie Organismus, Empfindungsvermögen, Leben nicht eingehend untersucht werden. An Ausnahmen fehlt es natürlich nicht: wenigstens das bekannte Werk von Jacques Roger über die Wissenschaften vom Leben im 18. Jahrhundert soll erwähnt werden.[9]

Doch ein Teil der philosophischen Geschichtsschreibung der Aufklärung gibt nach wie vor jenem Typus von Problemen, Texten und Disziplinen den Vorrang, dem aus ganz bestimmten theoretisch-kulturellen Gründen Ernst Cassirers Aufmerksamkeit gegolten hat.[10] Es handelt sich dabei zweifellos um wichtige Probleme und Texte, die noch heute außerordentlich bedeutende Forschungen veranlassen. Hier möchten wir nur bemerken – wobei wir für einen Augenblick die Untersuchungen und Erörterungen historisch-politischen und juristisch-ökonomisch-sozialen Inhalts ausklammern –, daß das 18. Jahrhundert keineswegs auf die physikalischen und mathematischen Wissenschaften, auf die logisch-psychologischen Forschungen und auf Methoden- und Erkenntnisprobleme reduziert werden kann. Auch die neuerdings für andere kulturwissenschaftliche Bereiche unternommenen Studien, angefangen bei dem so grundlegenden Gebiet der Naturwissenschaften, befassen sich allzu selten mit den Streitpunkten, die man während des ganzen 18. Jahrhunderts besonders vielfältig und leidenschaftlich erörterte: Empfindungsvermögen, »höheres« Leben, die psychophysische »Organisation« des Menschen, sein Verhältnis zum Tier, seine Differenzierung und Abstufung in verschiedene Rassen (Sind die Pygmäen wirklich menschliche Wesen? Ist die schwarze Farbe des Negers nicht ein objektives Zeichen seiner Unterlegenheit? Kurz, was zeichnet den Menschen gegenüber anderen Lebewesen aus?) [11] und seine Beziehungen zu seiner natürlichen und sozialen Umwelt. Wer viele der Texte des 18. Jahrhunderts außerhalb der Schemata der Erkenntnistheorie Cassirers liest, wer auch auf der heute so beliebten statistischen Ebene untersucht, wie verbreitet bestimmte Bücher, Forschungen und Erörterungen waren, der wird ohne weiteres feststellen können, daß gerade solche Studien und Untersuchungen in der Kultur des 18. Jahrhunderts an zentraler Stelle standen, die direkt oder indirekt den Menschen und die »Wissenschaft vom Menschen« betreffen. Wie man auch heute noch oft beobachten kann, werden dadurch, daß die historiographischen Untersuchungen über die Natur, das Empfindungsvermögen und das menschliche Leben einerseits und über das Instrumentarium, die Formen und Methoden der Erkenntnis andererseits sich gegenseitig ignorieren, willkürlich Problemzusammenhänge auseinandergerissen, die im Bewußtsein vieler Aufklärer durchaus eine Einheit bildeten. Die Neuheit der Forschungsgebiete und die technischen Schwierigkeiten, die mit gewissen interdisziplinären Untersuchungen verbunden sind, haben allzuoft dazu geführt, von Studien abzusehen, die einige der »wirklichen«, von einer kulturellen Hauptströmung des 18. Jahrhunderts gestellten Probleme beleuchtet hätten. Deswegen halten wir es für sinnvoll, erneut auf Gelehrte, Texte und Probleme aufmerksam zu machen, die von den traditionellen Richtungen der Geschichtsschreibung der Aufklärung nach wie vor zu wenig beachtet werden. Hätte man etwas früher daran gedacht, so wären bestimmt Gelehrte wie Camper und Blumenbach, Texte wie Cabanis' *Rapports du physique et du moral de l'homme* und Degérandos *Considérations*, intellektuelle Gruppen wie die der »idéologues« und die »Observateurs de l'homme«, Wissenschaften in progress wie die Physiologie und die Ethnoanthropologie – um als Beispiele Forscher und Probleme zu nennen, auf die in diesem Buch Bezug genommen wird – nicht so lange vernachlässigt geblieben.

Georges Gusdorf, der seit Jahren an einer monumentalen Untersuchung über die Entwicklung der Geisteswissenschaften in der abendländischen Kultur arbeitet, veröffentlichte kürzlich ein Werk über die Aufklärung, das historiographisch und hermeneutisch genau so ausgerichtet ist, wie wir es uns wünschen.[12] Auch von einem anderen Erforscher des 18. Jahrhunderts, Michèle Duchet, ist letzthin ein Werk erschienen, das, wenn es auch von einem anderen Standpunkt ausgeht und andere Akzente setzt, einen wichtigen Beitrag zur Erforschung der »Wissenschaft vom Menschen« im 18. Jahrhundert darstellt.[13] Die vorliegende Untersuchung beabsichtigt nicht im entferntesten, die Entwicklung der Anthropologie des 18. Jahrhunderts systematisch darzulegen. Einer Analyse der Erforschung des Menschen bei Descartes und Stendhal – vor allem unter dem Gesichtspunkt der Physiologie und der »Wissenschaft« des Empfindungsvermögens – möchten wir uns widmen, wenn wir unsere Untersuchungen über die »idéologues« vervollständigt haben. Die vorliegende Studie soll nur als Einführung in einen noch ganz unerforschten Fragenkomplex gelten.

Ausgangspunkt dieses Buches ist also die »Société des Observateurs de l'homme« und mit ihr befassen wir uns auch am ausführlichsten. Wenn Descartes und Locke genannt werden, wenn wir kurz auf Linné, Buffon und Condillac eingehen, so folgen wir damit in erster Linie den ausdrücklichen Hinweisen der »Observateurs«. Es lag uns daran, hinter der Polemik die wirkliche Bedeutung der scharfen Auseinandersetzung mit Gelehrten, die immerhin ein paar Jahrzehnte früher viel zur Wissenschaft vom Menschen beigetragen hatten, zu verstehen und verständlich zu machen. Um wirklich begreifen zu können, warum und wie die Ethnoanthropologie im späten 18. Jahrhundert entstand, wollten wir wenigstens andeutungsweise einige Etappen des Weges festhalten, der von der dualistischen Leib-Seele-Metaphysik zum anthropologischen Unitarismus am Ende des Jahrhunderts führte. Man darf wohl mit einigem Grund behaupten, daß die moderne Anthropologie auch deshalb erst so spät entstand, weil man zuerst einmal den traditionellen Dualismus von Seele und Leib auflösen, wenn nicht gar »aufheben«, und einsehen mußte, daß der Mensch nur aus verschiedenen, an sich aber homogenen Ebenen vitaler Funktionen besteht. Es war also zuerst notwendig, dem Menschen einen neuen ontologischen Status zuzuweisen und sowohl die Funktion wie auch die Hierarchie der in der Analyse des Menschen bisher traditionell benutzten Erkenntnismittel zu modifizieren. Vielleicht hätte es mancher angesichts der behandelten Texte gewagt, die Problemstellung radikaler zu fassen und sogar – wie Michel Foucault, der Archäologe und Epistemologe der klinischen Medizin, die ebenfalls und nicht zufällig am Ende des 18. Jahrhunderts entsteht[14] – den Schluß zu ziehen, daß die Ethnoanthropologie gerade in *jenen* Jahren und in *jenem* Milieu der Jahrhundertwende aufkommen mußte, als eine Reihe präziser epistemologischer Bedingungen gegeben waren. Tatsächlich ist es sehr beeindruckend, wie gewisse Ereignisse in der Entwicklung der »Wissenschaft vom Menschen« im 18. Jahrhundert zuerst nur vereinzelt, dann aber sozusagen auf einen Schlag eintreten. Insbesondere ist nicht zu leugnen, daß einige Phänomene erst von einem bestimmten Moment an fast gleichzeitig, allerdings nicht unbedingt bei den gleichen Autoren und in denselben Texten, sichtbar werden: so die Krise oder Zuspitzung des Leib-Seele-Dualismus, der Niedergang der Philosophie als des privilegierten Organs der Menschenerkenntnis, der erneute Aufschwung alter Disziplinen, das Emporkommen neuer Wissenschaften oder eine deutlichere Herausbildung zwar nicht neuer, bisher aber von den anderen nicht scharf unterschiedener Wissenschaften – die Anthropologie selbst z. B. wurde lange von Naturforschern, Ärzten und Anatomen, Philosophen und Theologen betrieben, ohne in ihrem modernen Sinn wirklich zu existieren – und schließlich die Entstehung eben der Begriffe »Ethnologie« und »Anthropologie« im modernen Wortsinn, die von den neuen Ansprüchen und Perspektiven der Forschung ausdrücklich gefordert wurden.

Dennoch haben wir uns gehütet, so weitgehende historisch-theoretische Folgerungen zu ziehen. Auch wenn sich unsere Untersuchung auf ein umfangreiches Quellenmaterial stützen kann, ist sie doch noch zu »offen« und vorläufig. Deshalb haben wir es vorgezogen, nicht so sehr nach Ursachen zu fragen oder Erklärungen zu geben, als vielmehr Sachverhalte zu beschreiben. So wollten wir anhand einer Reihe von Untersuchungen und Analysen einige historisch-theoretische Etappen ermitteln und rechtfertigen, welche die Reflexion über den Menschen und die »Wissenschaft vom Menschen« im Laufe des 18. Jahrhunderts zurücklegte und zurücklegen *mußte*. Obwohl einiges darauf hindeuten könnte, lag uns weniger daran, den ganzen epistemologischen Hintergrund der modernen Ethnoanthropologie im Moment ihrer Entstehung darzustellen, als vielmehr einige Persönlichkeiten und Probleme, die uns grundlegend erscheinen, in die »offizielle« Geschichtsschreibung der Aufklärung einzuführen. Wenn gewisse Perspektiven sinnvoll berichtigt sein werden, dann wird sich Cabanis wahrscheinlich als einer der bedeutendsten »Philosophen« und Wissenschaftler der Aufklärung herausstellen; ebenso wird wohl klar werden, daß Lafitau, De Brosses, Court de Gébelin und Demeunier ganz von neuem untersucht werden müssen, daß in Jauffret und Pinel zwei faszinierende, nicht zu übergehende Gestalten der Kultur des späten 18. Jahrhunderts gesehen werden müssen, während sich Itards *Mémoire* als einer der Schlüsseltexte des französischen Sensualismus und Degérandos *Considérations* als ein wichtiges Werk des untergehenden Zeitalters der »Lumières« erweisen. Vielleicht wird man dann auch Campers Zeichnungen der menschlichen Leidenschaften und Lavaters Physiognomik ernst nehmen können. Durch eine neue, unvoreingenommene Lektüre der Polemik gegen die Wilden bei La Pérouse, Bougainville, Péron, Virey und Volney hingegen wird es möglich, wirklich zu verstehen, wie und warum – es waren nicht immer reaktionäre Gründe – der Mythos vom »guten Wilden« an der Schwelle des 19. Jahrhunderts untergehen konnte. Es sei hier die Hoffnung ausgesprochen, daß zumindest die eine oder andere unserer Untersuchungen eine neue Perspektive für weitere Studien zur Kultur der Aufklärung eröffnet.

Das Buch konnte dank der Unterstützung durch die von Nicola Abbagnano geleitete Studiengruppe zur Erforschung der Aufklärung des »Centro Nazionale delle Ricerche« und mit Hilfe vieler Freunde in Italien und Frankreich entstehen, denen mein herzlichster Dank gilt. Es ist Nico, meinem eigenen »Wildkind«, gewidmet als Zeichen meiner Dankbarkeit für die Ruhe, die er mir während der Niederschrift dieser Arbeit verständnisvoll gewährte.

Erster Teil: Anthropologie

Quelle chimère est-ce donc l'homme? Quelle nouveauté, quel chaos, quel sujet de contradictions?...Que l'homme, étant revenu à soi, considère ce qu'il est, au prix de ce qui est.
Encyclopédie Méthodique

l'étude de l'homme est sans doute celle qui nous intéresse le plus.
Bougainville

1. Philosophie und Wissenschaft vom Menschen zu Beginn des 18. Jahrhunderts

Gegen Ende des Jahres 1799 erweiterte sich die bereits so vielfältige und blühende Szenerie der Pariser »sociétés savantes« um ein neues Element: die »Société des Observateurs de l'homme«.[1] Schon dieser suggestive Name gab zu verstehen, womit die Begründer der neuen Gesellschaft sich beschäftigen wollten. In der Einleitung zu den »Mémoires« der Gesellschaft entwarf Louis-François Jauffret, auf den die Gründung hauptsächlich zurückging, ein kulturell außergewöhnlich interessantes Studien- und Forschungsprogramm. Die philosophischen und wissenschaftlichen Kreise der Hauptstadt nahmen an der neuen Gesellschaft regen Anteil. Die wichtigsten kulturellen Zeitschriften wie z. B. die »Décade Philosophique« und das »Magasin Encyclopédique« verfolgten die Sitzungen und Arbeiten der »Observateurs« mit größter Aufmerksamkeit. Ganz offensichtlich war die Gesellschaft im richtigen Augenblick gegründet worden. Wer die kulturelle Literatur durchgeht, die am Ende des Jahrhunderts »en vogue« war, wird feststellen können, wie oft und intensiv über den Stand der Kenntnisse vom Menschen geklagt wird. »Gerade diese Wissenschaft vom Menschen, die uns so stark interessieren sollte« – schreibt im Jahre 1800 einer der scharfsinnigsten »médecins-philosophes« jener Zeit –, »verachten oder vernachlässigen wir auch heute noch am meisten.«[2] Das war selbstverständlich kein neuer Vorwurf. Er war schon von Voltaire erhoben und von Buffon und Rousseau wiederholt worden. Wenn aber am Ende des Jahrhunderts die »Wissenschaft vom Menschen« immer noch als rückständig bezeichnet wird, so erhält dieser Vorwurf freilich ein besonderes Gewicht. Man findet ihn bei Ärzten und Naturforschern, bei Philosophen und Psychologen, bei Historikern und Geographen. Pessimistischer als andere war wohl ein anonymer Autor des »Magasin Encyclopédique«, der über eine Sitzung der »Observateurs de l'homme« folgendes berichtet:

Fast immer hat der Mensch seinen neugierigen Blick in die Ferne, fast nie auf sich selbst gerichtet... Vergebens ruft ihm die Stimme der Vernunft unablässig zu: Was ist der Mensch? Vergebens haben ihn die Weisen aller Zeiten immer wieder aufgefordert: Erkenne dich selbst! Der Mensch ist sich selbst nach wie vor ein großes Rätsel, und jeder, der über seine eigenen Fähigkeiten nachdenken will, stürzt unverzüglich in tiefe Unsicherheiten und Irrtümer... Es gab Forscher, die jahrelang die Gewohnheiten und Tätigkeiten eines Insektes beobachteten oder unermüdlich und geduldig auf das Blühen einer Pflanze warteten; aber noch keiner hat bisher aufmerksam und im wahren Sinn philosophisch seinen Blick auf die Wiege eines Kindes gerichtet, ein ausführliches Tagebuch über die Fortschritte seiner Intelligenz und die Entfaltung seines Empfindungsvermögens geführt, das Spiel seiner erwachenden Organe untersucht, sein körperliches und moralisches Wachstum Schritt für Schritt verfolgt, die unermeßliche Arbeit seiner Erinnerung in Betracht gezogen und erwogen, welch kontinuierlicher Lernprozeß ihm von der Notwendigkeit, mit seiner Umwelt kommunizieren zu müssen, auferlegt wird. Unserer Ansicht nach müßte der Hinweis auf eine zugleich so neue wie nützliche Arbeit genügen, damit sie von den an den Fortschritten der *Anthropologie* Interessierten unternommen wird.[3]

Hier – und in vielen anderen Texten dieser Art – fällt nicht nur die Heftigkeit dieses Vorwurfes auf, sondern auch, wie unbefriedigt man von der Arbeit war, die im 18. Jahrhundert auf kulturellem und wissenschaftlichem Gebiet für die Erkenntnis des Menschen geleistet wurde. Nach den Worten des Ideologen Degérando, eines der einflußreichsten Mitglieder der »Société des Observateurs de l'homme«, war es nach wie vor äußerst mühsam, die Menschen des allgemein als »egoistisch« bekannten Jahrhunderts davon zu überzeugen, daß »es am allerwichtigsten ist, sich selbst zu erforschen«.[4]

Diese Kritiken mögen auf den ersten Blick ungerechtfertigt erscheinen. Die kulturellen Kreise des ausgehenden Jahrhunderts waren an der Erforschung des Menschen keineswegs desinteressiert gewesen, sondern hatten sich im Gegenteil intensiv mit den verschiedensten Untersuchungen über die menschliche Natur befaßt. Gerade in der ersten Hälfte des 18. Jahrhunderts – der offenbar die gereiztesten Vorwürfe galten – war eine epistemologisch und kulturell höchst bedeutsame Anstrengung unternommen worden, um die in den physikalisch-mathematischen Disziplinen ausgearbeiteten wissenschaftlichen Methoden systematisch auf die Erforschung des Menschen zu übertragen. Damit diese folgenreiche Übertragung verwirklicht werden konnte, war es nötig, daß die Kultur der Aufklärung ein wichtiges, bis heute noch nicht hinreichend beleuchtetes Werk aufnahm oder, in gewisser Hinsicht, zu Ende führte: der Mensch mußte als autonomes und der Natur zugehöriges Wesen betrachtet werden.[5] Als Voltaire im *Traité de Métaphysique* (1734) die Hoffnung äußerte, man werde eines Tages bei den Untersuchungen über den Menschen so vorgehen können

»wie in der Astronomie« [6], bewies er, daß er das epistemologische Hauptproblem, das irgendwie gelöst werden mußte, mit seiner gewohnten Geistesschärfe erfaßt hatte. Wie hätte nämlich der Mensch aufgrund der heuristischen Beobachtungen und Experimente, die mit so großem Erfolg auf die Naturerscheinungen angewandt wurden, analysiert werden können, ohne zuerst einmal auf ein bloßes Naturphänomen zurückgeführt worden zu sein! Die moderne Wissenschaft vom Menschen konnte nur dadurch entstehen, daß sie das jahrhundertelange Joch einer anspruchsvollen Anthropologie abschüttelte, die den Menschen als ein ganz besonderes Wesen der natürlichen Ordnung betrachtet hatte. Das eigentliche Ergebnis dieser Emanzipation bestand darin, daß die Würde des Menschen preisgegeben wurde, wie dies die Kultur der Aufklärung, nach den ersten kühnen Vorstößen Descartes, Voltaires denkwürdiger Definition entnehmen konnte:

> Der Mensch ist ein wildes Tier, mit wolligem Haar auf dem Kopf; er geht auf zwei Füßen, ist fast so geschickt wie ein Affe und schwächer als die anderen Tiere seiner Größe; er besitzt einige Ideen mehr als sie und kann diese leichter ausdrücken; im übrigen ist er den genau gleichen Notwendigkeiten unterworfen: er wird geboren, lebt und stirbt wie sie.[7]

Indem Descartes im Menschen zwischen der *res cogitans* und der *res extensa* unterschied und nachwies, daß diese letztere einer streng wissenschaftlichen Analyse unterzogen werden kann, leitete er für die Erforschung des Menschen eine neue Ära ein. Nach seinem Beispiel führten mehrere Forscher die Untersuchungen auf verschiedenen Gebieten und mit unterschiedlichen Ergebnissen weiter, wobei sie die verwegenen kryptomaterialistischen Thesen, die Descartes im *Traité de l'homme* aufgestellt hatte, bald akzeptierten, bald ablehnten. Besonders ergiebig waren die anatomischen Untersuchungen – denken wir an Italiener wie Borelli und Bellini und an Ruysch, Regnier, de Graaf, etc. –, denn da Descartes keine Lehre von den physikalisch-natürlichen Kräften erarbeitet hatte, war es möglich, die »statischen« Teile des menschlichen Körpers gültig und exakt zu analysieren. Problematischer war der Weg der Physiologie: da Descartes postuliert hatte, den *lebenden* menschlichen Körper, das heißt also seinen organischen Aufbau und seine Dynamik zu untersuchen, mußten für sie zuerst einmal Methoden und Begriffe entwickelt werden, die im wesentlichen nicht mehr von Descartes abhängig waren. Doch auch auf diesem Gebiet wurden im Laufe des 18. Jahrhunderts, nach den ersten, im 17. Jahrhundert erfolgten Anstößen, von Boerhaave und Haller, Bordeu und den anderen Gelehrten aus der Schule von Montpellier, wie von Spallanzani und später von Bichat und selbst von Lavoisier, der nicht nur ein bedeutender Chemiker, sondern auch ein bedeutender Physiologe war, beachtliche Ergebnisse erzielt. Vor allem erkannte man, daß das Nerven- und Drüsensystem für die menschliche »Organisation« und die vitalen Kräfte, die offenkundig in ihr wirken, eine entscheidende Rolle spielt. Nicht weniger bedeutsam war, was in Einzeldisziplinen erreicht wurde: denken wir nur an das Aufkommen der Genetik, der Embryologie und der Histologie, wozu Redi und Malpighi in der zweiten Hälfte des 17. Jahrhunderts und, nach ihrem Beispiel, in der ersten Hälfte des 18. Jahrhunderts zahlreiche Forscher verschiedener Nationalitäten entscheidend beigetragen hatten; oder vergegenwärtigen wir uns die Entwicklung der pathologischen Anatomie (Morgagni) und den Zuwachs an präziseren und systematischeren Kenntnissen über die Krankheiten des Menschen. Handelte es sich dabei auch nicht um anthropologische Beiträge im engeren Sinn, so erweiterten sie alle – und all die anderen Studien, die in diesem Zusammenhang noch angeführt werden könnten – das Wissen über den physischen Menschen in hohem Maße.[8]

Die eigentliche Anthropologie aber war faktisch eine Wissenschaft, die als solche noch nicht existierte und sich selbst noch zu definieren suchte. Immerhin gab es am Ende des 17. Jahrhunderts bereits lebhafte Debatten über anthropologische Themen: man diskutierte über den biologischen Ursprung des Menschen und über das Verhältnis zwischen Mensch und Tier; man erörterte, ob es mehr als eine menschliche Rasse gebe oder nicht; man suchte nach objektiven Kriterien, um die verschiedenen Rassen unterscheiden zu können, und so weiter. Alle diese Probleme wurden im Laufe des 18. Jahrhunderts vielfach wieder aufgegriffen und fortgeführt. So erläutert z. B. Edward Tyson in einer eigenartigen Abhandlung die Schwierigkeiten, welche die Existenz der Orang-Utan und der Pygmäen dem wissenschaftlichen und moralischen Gewissen stelle (1699), oder V. Rumpf verteidigt leidenschaftlich die Monophylie (1721).[9] Doch nicht nur stützten sich diese Debatten selten auf systematische experimentelle Forschungen, sondern sie hielten in der Regel vor allem auch an den traditionellen Vorstellungen und an der traditionellen Metaphysik fest, wobei es natürlich Ausnahmen gab. Man war – und das ist der springende Punkt – noch nicht imstande, das Problem der menschlichen Doppelnatur auf eine neue Weise anzugehen und zu lösen. Da der Mensch angeblich aus zwei verschiedenen Substanzen bestand, wurde er allzuoft von zwei verschiedenen Wissenschaften, der Metaphysik einerseits und der Naturwissenschaft andererseits, untersucht. Allzulange hatte er also kein Recht auf eine eigene Disziplin, in der die vielfältigen Untersuchungen über ihn einheitlich, homogen und – das war unumgänglich – auf der Basis einer neuen Definition seines ontologischen Status und einer neuen Formulierung seiner Beziehung zu den anderen natürlichen Wesen verknüpft werden konnte.[10]

Selbst der große Linné wollte oder konnte diesen schwierigen Fragenkomplex nicht so radikal und unvoreingenommen wie nötig untersuchen. Zwar definierte er trotz seiner Grenzen einige grundlegende methodologische und formale Begriffe, von denen die moderne Anthropologie später ausgehen konnte, doch zog er es vor, gewisse Themen nur indirekt zu berühren oder zumindest vermied er es, die philosophischen Hauptprobleme, die den Menschen und die Wissenschaft vom Menschen betreffen, direkt anzuschneiden. Er vollbrachte wirklich große Leistungen, doch eher auf methodologischem als auf anthropologischem Gebiet. Indem der Autor des *Systema Naturae* Konzepte, die teilweise schon vorhanden waren – denken wir an John Ray –, mit einer vorher nie erreichten Systematik und Klarheit entwickelte, vermochte er fundamentale Begriffe wie ›Klasse‹, ›Ordnung‹, ›Gattung‹ gedanklich zu präzisieren und vor allem praktisch anzuwenden und ihren Nutzen, und mehr noch ihre Notwendigkeit, für die morphologische Beschreibung zu zeigen.[11] Der komplizierte äußere Aufbau der Natur, der sich aus Linnés Klassifikation ergab, bestätigte in den Augen einiger Gelehrter, die Schöpfung bestehe zwar aus Varietäten, sei aber wesensmäßig doch einheitlich. Damit standen sie allerdings im Gegensatz zu Linné, der von der Gattung weiterhin meistens als festen und scharf geschiedenen Strukturen sprach. Die Vorstellung einer einheitlichen Schöpfung nötigte die Anthropologie zu ganz bestimmten Konsequenzen. Die eine oder andere legte im übrigen Linné selbst dar. In erster Linie wurde natürlich der Mensch in das Tierreich eingegliedert. Freilich handelte es sich dabei um eine rein morphologische Eingliederung, bei der das philosophische Problem der »substantia hominis« bewußt völlig offen gelassen wurde, doch war sie für die zeitgenössische und die spätere anthropologische Lehre von großer Bedeutung. Linné war wohlverstanden nicht der erste, der den Menschen zu den übrigen Tieren zählte, und er stellte auch nicht als erster Vergleiche zwischen Mensch und Tieren an. Er war aber der erste, der über eine systematische Grundlage und über ein Rüstzeug verfügte, um den Menschen als natürliches Lebewesen experimentell untersuchen zu können. Dieser »aufrechte, nackte, bei seiner Geburt völlig wehrlose, von wenigen und vereinzelten Haaren bedeckte, nicht einmal sechs Fuß lange Körper«, wie er den Menschen definierte, wurde vor allem auf Grund bestimmter physischer Strukturen charakterisiert: Kopf, Gesicht, Rumpf, Glieder.[12] Als die Methode, nach morphologischen Kategorien vorzugehen, konsequent auf die »übrigen« Tiere angewandt wurde, kam er zwangsläufig zum Schluß, daß »alle« Tiere einer gewissen Klasse zwar in ihren spezifischen morphologischen Einheiten verschieden, auf struktureller Ebene aber »alle« verwandt waren.

Linné selbst zögerte trotz seiner Vorsicht nicht, verschiedene Vergleiche zwischen Mensch und Tier zu ziehen. Dafür – und das zählt am meisten – stellte er exakte morphologische Kriterien auf. Zum Teil entwickelte er sie aus der früheren wissenschaftlichen Tradition, zum Teil aus seinen eigenen unbegrenzten Forschungen. So beschrieb er, wie die natürlichen Merkmale, die beobachtet, gemessen, experimentell untersucht werden können, präzise Beziehungen zwischen den verschiedenen Gruppen des Tierreiches, wozu der Mensch eben auch gehöre, erlauben und fast erfordern. In diesem Zusammenhang zählt Linnés Schrift, wenn auch nicht so bewußt und energisch wie ein intellektuelles Manifest, mehrere Kriterien auf, mit deren Hilfe die anatomischen und physiologischen Merkmale spezifiziert und charakterisiert werden können, Kriterien, die lange von der modernen Tiermorphologie benutzt und von Linné schon tendenziell systematisch und exakt angewandt wurden, angefangen bei den Geschlechtsteilen und Geschlechtsorganen bis zur Behaarung und zum Gebiß: »die Ordnungen der Säugetiere leiten sich in erster Linie von den Zähnen ab«.[13]

Linnés morphologische Klassifikation bewies, wie weit es, wenigstens auf einer bestimmten Ebene, möglich und lohnend war, experimentelle Analysen und Vergleiche auch im Bereich der morphologischen Untersuchungen durchzuführen. Gewiß, mehr als einmal schien es, daß der schwedische Wissenschaftler, ohne es zu wollen, mit seinen Forschungen und Ergebnissen die traditionellen Ansichten über den Status des Menschen und das Verhältnis zwischen Mensch und Tier in eine Krise brachte. Die experimentelle Beobachtung, so gab er an einer Stelle der *Fauna Svecica* ausdrücklich zu, zeigt, daß der Mensch eigentlich ein Tier sei, doch nicht im allgemeinen und verallgemeinernden Sinn: der Mensch, präzisierte Linné, »ist ein Vierfüßler, sein Mund gleicht dem aller Vierfüßler, er besitzt schließlich vier Füße, wenn er auch nur zwei davon zum Gehen benutzt und mit den beiden anderen das ergreift, was vor ihm liegt«.[14] Jede morphologische Erforschung des Menschen mußte fortan hier ansetzen und dabei auf einen ständigen Vergleich mit der Tiermorphologie zurückgreifen.

Nach eben dieser Methode ging Linné vorsichtig aber beharrlich vor. Aus einer weiteren Analyse schloß er, daß der Mensch zu einer bestimmten Gruppe von Vierfüßlern gehöre, die er mit dem Namen »Säugetiere« bezeichnete. Am Ende der langen Untersuchung erfolgte schließlich die berühmte Eingliederung des Homo in die Ordnung der Primaten, in die Klasse der Säugetiere, zu den Gattungen *Simia, Lemur, Vespertilio*.[15] Auf diese Weise hatte Linné nochmals durch die Sache selbst bestätigt, wie legitim oder zumindest wie vorteilhaft und nützlich es war, den Menschen auf Grund der gleichen methodologischen und klassifizierenden Kriterien zu erforschen, die auf alle natürlichen Phänomene oder Lebewesen, einschließlich der Steine und Pflanzen, angewandt wurden. Er ging jedoch weder im einzelnen auf diese freilich rein formale Verwandtschaft zwischen Mensch und Tier ein, noch verfolgte er sie in allen ihren Implikationen. Dafür aber erforschte und klassifizierte er die verschiedenen Arten und Kategorien des *Homo* wie jede andere Gruppe der drei Naturreiche mit großer Sorgfalt. So teilte er schließlich bekanntermaßen das Menschengeschlecht in zwei Gattungen, in den *Homo sapiens* und den *Homo troglodytes* oder *sylvestris,* und unterschied sechs Rassen. Diese identifizierte und definierte er aufgrund sehr kurzer, aber interessanter Charakterisierungen, die zu neuen Diskussionen über den Menschen und seine ethnoanthropologischen Differenzierungen führten.[16]

Obwohl viele Angaben fehlerhaft und sogar einige der richtungweisenden Vorstellungen nicht stichhaltig waren, war mit Linné eine ganz entscheidende Etappe erreicht worden. Und doch, in seinem scheinbar einheitlichem Werk zeigen sich bezeichnende Widersprüche und Probleme, die Linné zwar andeutete, dann aber sofort, und aus gutem Grund, fallen ließ. Dem Anspruch auf eine experimentelle und vergleichende Methode, der mit der »Logik« seiner Untersuchungen verbunden war, stand die Lehre von den festen und gesonderten Gattungen entgegen, woraus ein ständiger Konflikt entstand. Zahlreiche natürliche Analogien und Verwandtschaften zwischen Gattungen, die in metaphysischer Sicht sehr verschieden waren, gefährdeten ständig eine gewisse Strukturierung des Naturreiches. Unfähig, der Problematik auf den Grund zu gehen, erkannte Linné immerhin, und zwar besser als allgemein angenommen wird, die Dramatik der Probleme und Konflikte, die seine Untersuchung einschloß. Das zeigt sich deutlich darin, welche Qual es für ihn war, den Menschen einer bestimmten Klasse und vor allem bestimmten Gruppen – wir haben sie oben erwähnt – zuordnen zu müssen, wie viele Zweifel und selbst radikale Meinungsänderungen dazu nötig waren – ein Thema, das einmal aufmerksam und im einzelnen untersucht werden müßte.[17] Er hatte sich mit ganz besonderem Eifer für die Definition und Klassifizierung des Menschen eingesetzt, doch die Ergebnisse fielen allem Anschein entgegen nicht zu seiner Zufriedenheit aus. Linné, ein bewundernswert ehrlicher Wissenschaftler, verschwieg seine eigenen Mißerfolge nicht. Als er auf das Verhältnis zwischen Mensch und Affe zu sprechen kam, gab er zu, es sei unmöglich, jene differenzierenden und spezifizierenden Merkmale festzustellen, die von seinen eigenen wissenschaftlichen und philosophischen Prämissen und Perspektiven in irgendeiner Weise erfordert wurden:

In Wirklichkeit habe ich, um die Wahrheit zu sagen, bis jetzt als Naturhistoriker und auf der Basis naturwissenschaftlicher Prinzipien kein Merkmal ausfindig machen können, um den Menschen vom Affen zu unterscheiden; anderswo auf der Erde nämlich leben Affen, die weniger behaart sind als der Mensch, wie der Mensch aufrecht und auf zwei Füßen gehen und im Gebrauch der Füße und der Hände dem Menschen gleichen, so daß unerfahrene Reisende glaubten, eine besondere Menschenart vor sich zu haben. Gewiß, die Sprache scheint den Menschen von den übrigen Tieren zu unterscheiden, aber in Wirklichkeit ist sie ein Vermögen, anders gesagt, eine Wirkung, und eben nicht ein charakteristisches

Merkmal, das von Zahl *(numero)*, Gestalt *(figura)*, Proportion oder Ort *(situ)* bestimmt wird; deshalb ist es äußerst schwierig, die spezifische Differenz des Menschen zu definieren. Doch besitzen wir in unserem Innern etwas, das die Augen nicht wahrnehmen können, etwas, womit wir selber uns erkennen können, und das ist die Vernunft. Durch sie ist der Mensch den Tieren weit überlegen.[18]

Die Stelle ist nicht nur wegen der Bemerkungen über die Sprache und über die Vernunft sehr interessant, sondern auch in ihrer skeptischen Einschätzung gegenüber dem Verhältnis zwischen Mensch und Affe. Die Vorbehalte, die er gegen eine wissenschaftliche Auswertung der Sprache als eines nicht meßbaren »charakteristischen Merkmals« äußert, stehen in keinem bestimmten epistemologischen Kontext. Die Vernunft wird zwar auf traditionelle Weise angeführt und gepriesen, doch da sie bei Linné endlich als spezifisch-charakteristisches Merkmal des Menschen aufgefaßt wird, erhält sie eine neue und originelle anthropologische Bedeutung, die der berühmten Definition des Menschen als eines *Homo sapiens* einen tieferen Sinn verleiht.[19]

Wir müssen jedoch hinzufügen, daß Linné zwar in seinen Zugeständnissen ehrlich, im übrigen aber nicht ebenso fähig oder willig war, die eine oder andere Frage eingehender zu untersuchen. Die Probleme, denen er z. B. im Zusammenhang mit dem Verhältnis zwischen Mensch und Affe begegnete, führten ihn nicht dazu, die Stichhaltigkeit gewisser epistemologischer Behauptungen oder Hypothesen neu zu erwägen. Vor allem regten ihn die Analogien und Verwandtschaften verschiedener natürlicher Lebewesen keineswegs dazu an, theoretisch wenigstens den einen oder anderen Aspekt seiner Lehre der festen, ewigen und absolut geschiedenen Gattungen kritisch zu überprüfen. Und das Hauptproblem der menschlichen »Substanz« wurde schließlich weder angeschnitten, geschweige denn gelöst. Im Gegenteil, die rein morphologische Untersuchung konnte von einer radikalen Fragestellung, die endlich einmal den letzten Grund der dualistischen Auffassung des Menschen hätte berühren müssen, absehen. Mit der systematischen und detaillierten, anscheinend stichhaltigen und strengen Klassifikation des Menschengeschlechts wurde nämlich die eben erst eröffnete Debatte über die Wissenschaft vom Menschen und deren praktische und allgemein theoretische Aufgaben schon wieder geschlossen. Wenn man sich darauf beschränkte, formale Merkmale herauszufinden, um den Menschen rein morphologisch zu klassifizieren und differenzieren, konnte man – vielleicht zugunsten eines kohärenten Systems – einer spezifischeren und »philosophischeren« Betrachtung der Probleme, die den ganzen Menschen betrafen und auf gar keinen Fall rein deskriptiv gelöst werden konnten, aus dem Wege gehen. Vor allem hätte inhaltlich, und nicht formal, untersucht werden müssen, inwiefern Mensch und Tier verwandt sind, ob der Mensch eine geistige Substanz besitzt und was sie für ihn bedeutet, welche konkreten Beziehungen zwischen dieser Substanz und dem physischen Körper bestehen und wie die Identität des Menschen beschaffen ist. Solche und ähnliche Probleme zeigten sich offen hinter jeder Klassifikation. Linné aber hatte für sie keine zufriedenstellenden Antworten bereit.[20]

Beachtenswerte Forschungsergebnisse waren in der ersten Hälfte des 18. Jahrhunderts auch in jenem Bereich erzielt worden, der schon früh als der »moralische« bezeichnet wurde, wobei damit der Bereich der Erkenntnismittel und Methoden und zugleich der Bereich der menschlichen Gefühle gemeint war. Zwar waren sie weniger exakt als auf dem Gebiet der physischen »Organisation«, doch müssen wir berücksichtigen, wie viele Hindernisse der Tradition zuerst überwunden werden mußten. Die Fragen, die das menschliche Denken und Fühlen betrafen, emanzipierten sich nur langsam von der Jahrhunderte alten dualistischen Philosophie, bis sie sich schließlich in einen weltlich-natürlichen, anthropologisch relevanten Rahmen eingefügt hatten. Außerdem waren Descartes' Äußerungen zu dieser Frage zweideutig, und der von philosophischen und religiösen Autoritäten sanktionierte Cartesianismus interpretierte gewöhnlich den Dualismus von *res cogitans* und *res extensa* in einer Weise, die den Bereich des *cogito* vor den kühnen Analysen der Erfahrungswissenschaft zu schützen wußte. Wichtige theoretische und praktische Fortschritte waren jedoch von englischen Gelehrten erzielt worden, wie z. B. von Locke. Wenn auch der Autor des *Essay Concerning Human Understanding* keine ausdrücklich und spezifisch anthropologischen Absichten hatte, so führte er doch entscheidende Neuerungen in die Erforschung des Menschen und ihre theoretischen Voraussetzungen ein. Ohne traditionsfeindlich zu sein, nahm Locke einige »Verlagerungen« vor, die schließlich die herkömmliche Auffassung und Erkenntnis des Menschen radikal veränderten. Aufgrund der ersten »Verlagerung« untersuchte Locke den Menschen nicht in seinen Ursachen, sondern in seinen Wirkungen: die wissenschaftliche Untersuchung sollte nicht mehr auf die zwar nicht negierten Substanzen zurückgreifen, sondern den Komplex der Fakten, Mechanismen und »Operationen« analysieren, die experimentell erfahrbar seien oder zumindest sein könnten.[21] Locke wollte die Existenz der Seele zwar nicht verneinen, doch befaßte er sich nur am Rande seiner Abhandlung mit ihr. So konzentrierte er seine Aufmerksamkeit statt auf die Seele auf den Verstand: diese »Verlagerung« richtete sich offensichtlich gegen die Metaphysik und entschärfte in gewissem Maß den traditionellen Leib-Seele-Dualismus. Der Verstand nämlich sei kein Wesen, das sich von anderen Wesen unterscheide, sondern eine »Fähigkeit«, die innerhalb gewisser Grenzen unabhängig von ihren jeweiligen ontologischen Grundlagen betrachtet werden könne und vor allem nach experimentell bestimmbaren Modalitäten und Normen wirke.[22] Auf die Analyse dieser Fähigkeit folgte eine neue Erörterung der Wechselwirkungen zwischen dem Verstand und den verschiedenen Kräften *(powers)* der organisch-natürlichen Struktur des Individuums. Locke selbst verwies mehrmals nachdrücklich auf solche Zusammenhänge, und zwar vor allem auf das Zusammenwirken von Geist und Organismus, das empirisch zu untersuchen sei und von ihm auch untersucht wurde.[23]

Indem Locke den Menschen energisch in die reale Welt, in den Bereich der sinnlichen Erfahrung – eine weitere »Verlagerung« – stellte und nicht weniger energisch betonte, der Mensch kommuniziere durch seine Sinne mit der Außenwelt, zeigte er andererseits, in welchem Maße das intellektuelle und das affektive Leben mit dem Empfindungsvermögen verbunden waren. Wenn wir uns vergegenwärtigen, wie Lockes Begriff des Empfindungsvermögens von der französischen Philosophie der 50er Jahre allmählich immer stärker verinnerlicht und vergeistigt wurde, wird deutlich, daß er es selbst rein materiell-organisch verstand, wobei er verlangte, seine für das Verhältnis des Menschen zur Realität so zentrale Funktion müsse von der Philosophie in engem Bund mit der Physiologie erforscht werden.[24] Auf dieser Basis und unter Heranziehung der zahlreichen englischen Studien über die Sinnesorgane und das Nervensystem gingen viele Wissenschaftler und Philosophen der folgenden Generation bei ihren Untersuchungen über den intellektuellen und moralischen Menschen vom Empfindungsvermögen aus. Um die Mitte des Jahrhunderts äußerte z. B. David Hartley, der sich zum Teil auf Lockes Texte berief (und es verdienen würde, eingehender als bisher untersucht zu werden), in seinen *Observations on Man* ganz klar und deutlich, wie nötig es sei, für die Analyse des menschlichen Geistes die physiologischen Strukturen des Empfindungsvermögens empirisch-experimentell zu prüfen.[25] Gewiß war er auf theoretischer Ebene immer noch ein Dualist – der »Mensch besteht aus zwei Teilen, Seele und Leib«.[26] Doch bei seinen Analysen scheint er von Anfang an gewisse starre Positionen metaphysischer Natur eindeutig überwunden zu haben. Mehr noch als der materiell verstandene Leib interessierten ihn die Operationen der Sinnesorgane, die »Vibrationen«, die er aufgrund einiger Gedanken aus Newtons *Principia* untersuchte; mehr als die Seele interessierten ihn, nach Lockes Beispiel, deren konkrete assoziative Operationen. Es lag nicht in seiner Absicht, die spekulativen Begriffe des metaphysischen Dualismus zu bekräftigen oder zu widerlegen, sondern er wollte experimentell die konkret nachweisbaren materiell-sinnlichen Wechselwirkungen von Leib und Seele erforschen:

> Auf den ersten Blick hin mag es scheinen, als ob die Lehre von den Vibrationen keinerlei Beziehung zu der Lehre von den Assoziationen habe; doch wenn beide Lehren de facto zeigen können, daß sie die Gesetze der körperlichen und geistigen Kräfte enthalten, müssen sie miteinander in Zusammenhang stehen.

Ich will in diesem Kapitel versuchen, eine solche Wechselbeziehung zu erläutern.[27]

Hartley benutzte fast immer die konkret-experimentelle Methode, die er am Anfang postulierte, und wies Hypothesen und Systeme, die nicht auf Tatsachen beruhten, entschieden zurück.[28] Allein auf der Ebene der Tatsachen – das ist der Grundtenor der *Observations,* wenn auch im Verlauf der Analyse die empirischen Prämissen gelegentlich verraten werden – dürfe man mit konkreten, sichtbaren, wissenschaftlich kontrollierbaren Ergebnissen rechnen. Die konkrete Wechselbeziehung physischer und geistiger Operationen anhand von Tatsachen zu untersuchen, hieß für Hartley vor allem, den *realen* »Ort« einer solchen Beziehung zu suchen, den er schließlich im »Empfindungsvermögen« fand. Dieses sei in allen Körperteilen vorhanden, »vom Gehirn bis zum Rückenmark, entlang den Nerven«.[29] Aus diesem Grund deckte sich die Erforschung des menschlichen Geistes letzten Endes zu einem wesentlichen Teil mit der physiologischen Analyse des Nervensystems.

Locke besaß zwar ebenfalls medizinische Kenntnisse, doch ging er nicht weiter auf die wichtigen Konsequenzen ein, die aus der neuen dominierenden Rolle der Sinnesorgane und des Empfindungsvermögens und aus seiner Lehre von den inneren Kräften des Menschen resultierten. Dennoch bestand seine Erforschung des Menschen nicht nur aus mehr oder weniger vorsichtigen polemischen Äußerungen über die Substanzenlehre. An vielen Stellen behandelte er die Thematik des Menschen und die Wissenschaft vom Menschen, die damals zusehends in ganz Europa erörtert wurden. In diesem Zusammenhang ist es z. B. nicht unwichtig, daß Locke in seiner berühmten Erklärung über die Identität der Person die Beziehung des Ich zu der Substanz, zu einer Art metaphysischer Garantieinstanz also, auf eine Beziehung des Ich zu dessen eigenem Bewußtsein reduzierte oder »verlagerte«. Damit war eine bedeutungsvolle Etappe in der Verselbständigung des Menschen zurückgelegt worden.[30] Nicht weniger wichtig war die Theorie der inneren »Kräfte« und »Fähigkeiten« des Menschen, die Locke bereits in der Einleitung seines Werks erwähnte. Obwohl dieser Aspekt seiner Philosophie alles andere als belanglos war – damit wurde nämlich zum ersten Mal das, vielleicht sogar psycho-physiologisch verstandene, »Innere« des Menschen dynamisch-aktiv konzipiert –, verwarfen ihn einige Denker des 18. Jahrhunderts, weil sie Fähigkeiten, die nicht mit wissenschaftlichen Methoden analysiert werden konnten, nicht anerkennen wollten. Wir dürfen außerdem nicht vergessen, daß Locke im ersten Buch des *Essay* die Existenz angeborener Prinzipien widerlegen konnte, weil er erkannt hatte, was die Existenz *andersartiger* Ideen und Denkweisen, die nicht »normal«, das heißt, nicht von einer bestimmten Metaphysik verabsolutiert waren, in philosophisch-anthropologischer Hinsicht bedeutete.[31] Diese Erkenntnis zeigt sich unter anderem darin, daß Locke von Themen oder Menschen sprach, die auch später im Zentrum gewisser Reflexionen standen – das heißt, er nahm auf das *andersgeartete* Denken und Fühlen bei Kindern, Idioten, Wahnsinnigen und besonders bei Wilden Bezug. Wenn Locke auch an einigen Stellen das Beispiel der Kinder, Idioten und Wahnsinnigen vor allem deswegen anführt, um zu erläutern, wie unterschiedlich die Entwicklungen der Fähigkeiten verlaufen können, so handelt es sich doch um eine vergleichende Analyse verschiedener psychologischer Stadien und Situationen, wie sie uns am Ende des 18. Jahrhunderts in der »Wissenschaft vom Menschen« wieder begegnet.

Im ersten Buch des *Essay* haben diese Beispiele einen eindeutigeren anthropologischen Charakter. Um die Existenz angeborener Ideen zu widerlegen, versuchte Locke experimentell zu beweisen, daß einige Ideen und einige Gottesvorstellungen nicht, wie die Innatisten behaupteten, bei allen Menschen vorhanden waren. In diesem Zusammenhang verwies er nicht nur auf die Kinder, die ja auf jeden Fall noch nicht an die »gängigen« Meinungen und Vorstellungen »angepaßt« sind.[32] Er stützte sich auch, und zwar nicht nur zufällig oder nur gelegentlich, auf Reiseberichte, die er, wie aus seinen Zitaten hervorgeht, fast immer aus erster Hand und in großer Zahl kannte, und benutzte ihre Angaben über die Wilden. Er erkannte, daß der religiöse Glaube zu den Ideen gehört, die am häufigsten als allgemeingültig und angeboren betrachtet werden, und konnte auf ethnographischer Ebene – soweit dies damals möglich war – dokumentieren, daß »ganze Völker ... in der Bucht von Soldania, in Brasilien, in Boronday, auf den Karibischen Inseln, etc., überhaupt keine Idee von Gott hatten«.[33] Dank einer ähnlichen »Beobachtung« konnte er feststellen, daß »auch in zivilisierteren Ländern viele Menschen keine ausgeprägten und klaren Ideen von einer Gottheit haben«.[34] Locke führte noch weitere derartige Beobachtungen an, die später ein wesentlicher Bestandteil der Religionsethnographie sein sollten. So zeigte er auch, welche Bedeutungen dem Gottesbegriff beigelegt wurden, und hob hervor, wie völlig verschieden sie waren.[35] Interessant sind außerdem die Bemerkungen über einige im weiteren Sinne anthropologische Themen des *Essay:* die Wahrnehmung, die Erinnerung und die anderen Fähigkeiten der Menschen und der Tiere, das Verhältnis der Menschen zu den Geistesgestörten und vor allem zu den Tieren.[36] Die Kritik an der Substanzenlehre, die mehr oder weniger radikale Einklammerung der Seele und des Leibes (zumindest hinsichtlich ihrer Erkennbarkeit »an sich«), das als Lehre von den »Operationen« und »Wirkungen« verstandene Wissen, die Tatsache, daß die Probleme des Menschen in den Bereich der Erfahrung zurückgeführt wurden, der Beginn einer einheitlichen psychophysischen Betrachtung des Menschen, seine Einfügung in ein Netz von

Wechselbeziehungen mit der natürlich-sinnlichen Welt und vor allem die umfassende Beobachtung des intellektuellen und des moralischen Menschen sind die wichtigsten Errungenschaften, die die Späteren von Locke übernahmen. Eine Darstellung, die besonders die psycho-physiologischen Weiterentwicklungen bestimmter Thesen und deren Übereinstimmung mit experimentellen Untersuchungen verfolgen müßte, würde zeigen, wie stark Lockes *Essay* einen bestimmten Sektor der Kultur und der Wissenschaft des 18. Jahrhunderts beeinflußt hat. Im übrigen konnte wenig später Hume auf dem von Locke zuerst beschrittenen Wege ein anspruchsvolles Programm der Wissenschaft vom Menschen entwerfen.

Humes 1739 veröffentlichter *Treatise on Human Nature* behandelt die Erforschung des Menschen in einer Weise, deren Voraussetzungen zum großen Teil, vermittelt durch Locke und Newton, in der englischen Kultur lagen.[37] Für Hume ist nicht im mindesten zweifelhaft, daß in der von ihm ausdrücklich so genannten »Wissenschaft vom Menschen« die Verzweigung aller Wissensgebiete ihr Zentrum hat, welches sie begründet.[38] Daher die Notwendigkeit, zuerst den Menschen zu erforschen, ehe man sich den anderen Disziplinen zuwendet.

Eine solche Erforschung dürfe nur auf der methodologischen Basis »der Erfahrung und der Beobachtung« durchgeführt werden.[39] Ganz entschieden müßten auch die »Substanzen« beiseite gelassen und einzig die »Wirkungen« untersucht werden, denn, wie Hume bezeichnenderweise betont, »kennen wir die Substanz des Geistes nicht mehr als die der Körper außer uns«.[40] Es braucht hier nicht erwähnt zu werden, wie viele konkrete Untersuchungen und Analysen des intellektuellen und moralischen Menschen es sowohl im *Treatise* als in Humes späteren Abhandlungen gibt. Wichtiger ist wohl, darauf hinzuweisen, daß der schottische Philosoph schon in seinem umfangreichen Jugendwerk bewies, wie genau er selbst die besonderen Schwierigkeiten derartiger Forschungen erkannt hatte. Denn wie sollte man nicht merken, daß die moralischen Erscheinungen nicht so leicht und exakt festgestellt und analysiert werden konnten, wie dies bei der Erforschung der Naturphänomene offenbar möglich war? Wie konnte die Tatsache vernachlässigt werden, daß solche moralischen Erscheinungen nicht anders als subjektiv dargestellt und sogar verzerrt wurden, weil der Forscher, der sie beobachtete, immer sich selbst in die Situationen und Probleme hineinversetzt?[41]

Humes theoretische Unschlüssigkeit hinderte freilich nicht, daß während der ganzen ersten Hälfte des 18. Jahrhunderts der intellektuelle und der moralische Mensch konkret erforscht wurden. Doch bewirkte seine Skepsis oder, was wahrscheinlicher ist, die starke Nachwirkung der philosophisch-anthropologischen Tradition, daß diese Forschungen allzuoft weiterhin an gewissen Konzepten festhielten. Nur langsam konnte sich eine Wissenschaft vom Menschen durchsetzen, die stark genug war, sich von metaphysischen Fesseln wie z. B. dem Leib-Seele-Dualismus völlig zu befreien und den Menschen als natürliches und experimentell erfaßbares Wesen zu verstehen. Was Locke über die zwar unexakten, aber gängigen Definitionen des Menschengeschlechts geäußert hatte, traf immer noch zu:

Ich vermute – so schreibt Locke –, daß keine unserer bisherigen Definitionen des Wortes »Mensch« und keine Beschreibung dieser Gattung so vollkommen und exakt ist, als daß sie einen vernünftigen und kritischen Menschen zufriedenstellen, geschweige denn allgemeinen Beifall finden und so sein könnte, daß man ihr bei jeder Gelegenheit widerspruchslos beipflichten möchte, wenn es gilt über problematische Fälle zu entscheiden ...[42]

Dieses zu Beginn der Aufklärung im *Essay Concerning Human Understanding* geäußerte Urteil traf auch für die spätere wissenschaftliche und kulturelle Situation zu. Gerade in den beiden großen Synthesen, mit denen fast symbolisch die erste Hälfte des Jahrhunderts besiegelt wurde, das heißt in dem Werk Condillacs und mehr noch in Buffons *Histoire naturelle de l'homme,* verrieten sich in gewisser Hinsicht mehrere entscheidende Grenzen und Schwächen. Wie könnten wir außer acht lassen, daß sehr viele Gelehrte, die sich am Ende des 18. Jahrhunderts für die Wissenschaft vom Menschen einsetzten, gerade gegen Condillac und Buffon, die großen Forscher der fünfziger Jahre, polemisierten? Diese Tatsache ist nicht unerheblich; wenn wir sie nicht nach dem üblichen Schema der Geschichtsschreibung interpretieren, sagt sie etwas darüber aus, wie die Wissenschaft und die Kultur der Spätaufklärung sich wirklich entwickelt haben.

2. *Die großen Synthesen der fünfziger Jahre: Hoffnungen und Enttäuschungen*

Natürlich wußte die »Wissenschaft vom Menschen« in der zweiten Hälfte des 18. Jahrhunderts, wie sehr sich Condillac und Buffon auch auf anthropologischem Gebiet verdient gemacht hatten.[1] Besonders Buffon leistete höchst bedeutende theoretische und praktische Beiträge. Es muß vor allem erinnert werden, mit welcher Klarheit er eine spezifisch anthropologische und ethnologische Problematik innerhalb seiner Philosophie der natürlichen Lebewesen umrissen hatte.[2] Wir müssen auch, wie Cabanis, betonen, welch große Rolle sein Kampf gegen die mechanistischen, in den Wissenschaften vom Leben und vom Menschen oft unkritisch verbreiteten Konzeptionen spielte. Im Gegensatz zu zahlreichen Forschern zögerte Buffon nicht, in der »Organisation« der Lebewesen die Existenz dynamischer Zentren vorauszusetzen, doch ergriff er dabei nicht wie viele zeitgenössische Gegner des Mechanizismus Partei für die vitalistischen Positionen, die der Metaphysik der vitalen Prinzipien Van Helmonts und Stahls verpflichtet waren.[3] Diese Perspektive schließt ein neues Menschenbild und eine neue Auffassung der Wissenschaft vom Menschen ein. Jede nur statische oder abstrakt-klassifizierende Betrachtung, wie sie Linné anstellte, wurde von Buffon bewußt und entschieden verworfen: er betrachtete den Menschen als ein beseeltes und lebendes Wesen, das zu einem natürlichen »Milieu« gehört, mit diesem in Wechselbeziehung steht, und sich in einer von menschlichen Zeiten und Gesetzen bestimmten Geschichtlichkeit entfaltet. Wie revolutionär es war, daß Linnés »Klassifikation« Buffons »Geschichte« Platz machte, konnte nicht übersehen und unterschätzt werden.[4] Der Titel – oder der Begriff – der *Histoire naturelle de l'homme* fand in der zweiten Hälfte des 18. Jahrhunderts großen Anklang, ganz unabhängig davon, ob das Werk Buffons, des Begründers des »Muséum«, akzeptiert oder abgelehnt wurde.

Der gewiß nicht neue Begriff der »Naturgeschichte« wurde von Buffon mit bemerkenswerter Unbefangenheit auf die menschliche Welt angewendet. Eine »Naturgeschichte« des Menschen implizierte offenbar vor allem, daß mehr oder weniger stillschweigend akzeptiert wurde, daß der Mensch eine »Natürlichkeit« besitzt, die sich nicht auf den Bereich des Unwesentlichen oder Unbedeutenden begrenzen ließ. Buffon wußte das offenbar und war zumindest anfangs entschlossen, daraus wichtige Konsequenzen zu ziehen. Nachdem er den Menschen als »natürliches Wesen« thematisiert hatte, führte er mit großer wissenschaftlicher und kultureller Aufgeschlossenheit seine Analyse durch, wobei er auch die anderen »natürlichen Wesen« ständig im Auge behielt. »Gäbe es keine Tiere«, schrieb er, »so wäre die Natur des Menschen noch unverständlicher«.[5] Diese Feststellung war äußerst wichtig, vor allem weil es sich nicht um eine einfache Aussage handelt, die keine weiteren Entwicklungen zuläßt. Sie bedeutet zwar auch, daß der Mensch, um erforscht werden zu können, mit den Tieren verglichen werden muß, in erster Linie jedoch ist damit gesagt, daß eine nicht nur oberflächliche Verwandtschaft zwischen dem Menschen und den Tieren vorausgesetzt werden kann und muß. Buffon sprach dies an einigen Stellen deutlich aus: die »erste Wahrheit«, die aus einer vergleichenden Analyse resultiere, sei vielleicht eine »demütigende Wahrheit« für den Menschen: der Mensch »muß sich selbst zu der Familie der Tiere zählen, denen er in allen seinen Körpermerkmalen gleicht«.[6]

Buffon selbst schlug die Richtung ein, die sich in diesen Voraussetzungen indirekt abzeichnete und legte Forschungen vor, die einen Meilenstein in der modernen anthropologischen Wissenschaft darstellen. Indem er den

»natürlichen« Menschen mit einem Seitenblick auf die Tiere und zu einem großen Teil mit Methoden der ihm vertrauten zoologischen Wissenschaft erforschte, entwickelte und differenzierte er besonders eingehend einen bestimmten, auch vom philosophischen Standpunkt aus äußerst wichtigen Teil des Menschen, nämlich all jene Merkmale, die diesen als »natürliches« Wesen charakterisieren, die physischen Varietäten, die – gelegentlich recht kühn illustrierten – Entsprechungen zwischen der körperlich-sinnlichen »Organisation« des Menschen und der der übrigen Tiere.[7] Gerade auf diesen Prinzipien, die zwar nicht alle ganz neu waren, aber niemals zuvor so umfassend und systematisch entwickelt wurden, beruhten Buffons zahlreiche »fachliche« Beiträge zur anthropologischen und ethnologischen Wissenschaft. Hier wollen wir absichtlich nicht näher auf sie eingehen, doch war mit ihnen ein bedeutender wissenschaftlicher Fortschritt erreicht worden: von der monogenetischen These zur gewagten Theorie einer, wenngleich beschränkten, Evolution der menschlichen Arten; von der Erkenntnis der Auswirkungen des Klimas und des »Milieus« zur Betonung einer zumindest relativen Autonomie der »mœurs«; von der theoretischen Bestimmung des Begriffs der Rasse zu den berühmten ethnoanthropologischen Beschreibungen der verschiedenen Rassen – ganz zu schweigen von Buffons vielfältigen, seiner Zeit vorauseilenden Interessen für Genetik, Embryologie und der Theorie der »Degenerationen«. In vielen Fällen handelt es sich zweifellos um entscheidende Beiträge.[8] Ausgehend von ihnen hat die jüngste Historiographie begonnen, die Figur dieses allzu lange unterschätzten, falsch verstandenen Wissenschaftlers und Philosophen wieder zu beachten, während (abgesehen von Buffons direkten Schülern) die Anthropologen des ausgehenden 18. Jahrhunderts, mit denen wir uns hier beschäftigen, zahlreiche Vorbehalte gegen den Verfasser der *Histoire naturelle* und, mehr noch, gegen Condillacs Werk geäußert haben.[9] Warum?

Um diese Ablehnung an dem entscheidenden Punkt der philosophisch-anthropologischen Problematik aufzunehmen, muß die Tatsache hervorgehoben werden, daß Buffon und Condillac zwar ohne Zweifel viele interessante Perspektiven eröffnet, zugleich jedoch den Weg zu der von der europäischen Intelligenz zwischen dem 17. und 18. Jahrhundert begonnenen »Naturalisierung« des Menschen verschlossen hatten. Daß es dazu kommen konnte, lag an der ständigen theoretischen – und nicht nur theoretischen – Vorsicht der beiden »Philosophen«.[10] Beide hatten sich, wenn auch in verschiedenen Perspektiven, mit der Analyse des Menschen beschäftigt, beide hatten sich die rationale »Analyse« freimütig und manchmal auch unvoreingenommen zunutze gemacht, doch beide lösten sich nicht von einer bestimmten Tradition und einem impliziten, deshalb aber nicht weniger durchgebildeten und zwingenden »System«. Dieses »System« – oder wenigstens diese Tradition – könnte etwa als christlich-cartesianisch definiert werden. Die auf philosophischer Seite radikalste Gruppierung von Diderot und Helvétius bis zu d'Holbach hätte den Sinn einer solchen Definition genau verstanden. Sie spielt auf den dualistischen Kern der Philosophie Condillacs und Buffons an – und damit wären jene Philosophen sicher einverstanden gewesen. Trotz ihrer neuen und kühnen Aspekte lebte in der Lehre vom Menschen der beiden »Philosophen« eine in mancher Hinsicht traditionelle Anthropologie wieder auf. Sie stand in ziemlich direkter Nachfolge des orthodoxen Cartesianismus und bekräftigte im wesentlichen die Sonderstellung des Menschen. Gerade Buffon, der anderswo auf eine vergleichende Analyse zwischen Mensch und Tier gedrängt und ihre Verwandtschaft betont hatte, verklärte schließlich an mehreren Stellen der *Histoire naturelle de l'homme* – mit einer für die fünfziger Jahre alles andere als avantgardistischen Rhetorik – paradoxerweise den höheren Wert des Menschen und seine Wesensverschiedenheit von den übrigen Lebewesen, obwohl er selbst mehrmals das Prinzip der natürlichen Kontinuität theoretisch formuliert hatte:

> Es stimmt zwar, daß der Mensch den Tieren in seinen Körpermerkmalen gleicht und, wenn wir ihn in der Reihe der natürlichen Lebewesen begreifen wollen, in die Familie der Tiere eingeordnet werden muß, doch... wenn wir den Menschen in diese Familie einreihen, so ändern wir sein wahres Wesen nicht, respektieren weiterhin seine Würde, verfälschen weder seine Kondition noch berauben wir ihn seiner Überlegenheit über die anderen Lebewesen... Alle jene Ähnlichkeiten sind rein äußerlicher Natur, so daß wir nicht behaupten dürfen, der Mensch gleiche dem Tier.[11]

Der Vergleich zwischen dem Menschen und den Tieren, der zunächst einer interessanten Forschungsrichtung entsprach, lief also darauf hinaus, daß der Mensch schärfer von den Tieren unterschieden wurde und eine Sonderstellung erhielt. Dies beruhte aber wohlgemerkt nicht so sehr – oder nicht nur – auf den Ergebnissen einer objektiv vergleichenden Analyse, vielmehr wurde der Vergleich, wie sich ziemlich bald zeigte, auf einer nicht mehr konkret-experimentellen Ebene durchgeführt. Buffon untersuchte nämlich in Wirklichkeit teils unverifizierbare »innere Prinzipien«, teils die unterschiedliche »Natur« (im strengen Sinne des Wortes) der menschlichen und der tierischen Fähigkeiten, teils auch das absolut verschiedene Lebensniveau des Menschen und der übrigen Lebewesen.[12] Am Schluß finden wir nicht mehr eine Verwandtschaft, sondern einen scharfen Kontrast zwischen Mensch und Tier, der dem völlig andersgearteten metaphysischen Status der beiden verglichenen Wesen entspringt: Buffon nämlich sah den Menschen als bewußtes und freies Wesen und reduzierte die Tiere auf eine »Maschine« – eine These, gegen die Condillac später polemisierte[13] – und unterschied zwischen der komplexen »Philosophie«, die allein zur Menschenkenntnis verhelfen könne, und der »Mechanik«, die im Grunde genommen genüge, um das Tier zu erklären.

Obwohl Buffon am Anfang seiner Abhandlung von ganz anderen Voraussetzungen ausging – und von diesen auch nicht völlig abkam –, tendierte er mit der Zeit dazu, den höheren Rang und die Sonderstellung des Menschen hervorzuheben. Deshalb mußte er schließlich auch, zumindest in der Form einer theoretischen Aussage, einige der überholtesten Thesen der dualistischen Anthropologie sich zu eigen machen: so unterschied er zwei menschliche Naturen, wies der »unteilbaren und immateriellen« Seele eine höhere Funktion zu, identifizierte sie mit einem als *res cogitans* verstandenen Denken, behauptete, sie könne keinesfalls experimentell erkannt werden und definierte sie vor allem aufgrund ihrer radikalen »Aseität« und durch die These, sie habe teil an »einer total anderen Natur und an einer Ordnung«, die »unendlich höher« sei als die organisch-materielle Wirklichkeit.[14] Natürlich zeigte sich an diesem Punkt, daß jede Perspektive einer einheitlichen Untersuchung des Menschen, seiner Komponenten und ihrer Wechselwirkungen, auf philosophisch-ontologischer Ebene nur schwach fundiert war. Von der Freilegung einer Dialektik der zwei homogenen Begriffe des »physique« und des »moral« kehrte Buffon weitgehend zum traditionellen, unversöhnlichen Leib-Seele-Dualismus, zum Dualismus zweier ontologisch verschiedener Wesen zurück.[15] Das hatte unter anderem zur Folge, und erbitterte die »médecins-philosophes« und die »anthropologistes« des ausgehenden Jahrhunderts ganz besonders, daß Buffon die Theorie des »homo duplex« betonte und eine recht metaphysische und nicht nachprüfbare Unterscheidung zwischen einer »geistigen Substanz« und einem »inneren materiellen Sinn« vornahm[16], die sinnliche Erkenntnis darstellte, indem er die physiologischen Organe des Empfindungsvermögens scharf von diesem »inneren Sinn«, dem eigentlichen Träger der sinnlichen Erkenntnis, trennte, und die Wesensverschiedenheit der »inneren Empfindung« und »ihrer Ursache« betonte und damit mehr oder weniger ausdrücklich die Funktion der physischen Sinne und der äußeren Körper für die Wahrnehmung entwertete.[17]

Vicq d'Azyr bemerkte sicher zu Recht, daß trotz allem Buffon ein wenn nicht richtigeres, so zumindest »lebendigeres« Menschenbild als Condillac zeichnete.[18] Zudem entfernte sich der Begründer des »Muséum« im Laufe seiner eigenen konkreten Untersuchungen und Analysen stillschweigend immerhin von der einen oder anderen seiner anfänglichen Äußerungen und ging an die Erforschung des Menschen, jenseits der allzu starren Dichotomien, empirischer und vorurteilsloser heran. So konnte sogar mit einigem Grund behauptet werden, daß sein Ansatz offenbar sowohl von Descartes wie von den Sensualisten – wenn auch nicht völlig kohärent – beeinflußt war.[19] Wie dem auch sei, jedenfalls trugen seine Thesen, so suggestiv und anregend sie manchmal waren, kaum zur Entwicklung der neuen »wissenschaftlichen« Erforschung des Menschen bei. In der Physiologie und Psychologie wurde gerade mühsam eine organisch-physische, in einigen Fällen sogar ausdrücklich materialistische Lehre vom Menschen und von seinen Empfindungen und Leidenschaften ausgearbeitet, wobei die Forscher im Vergleich zu Buffon systematischer und mit größerer theoretischer Unvoreingenommenheit vorgingen und mehr »positive« Ergebnisse erzielten. Der Verfasser der *Histoire naturelle de l'homme* war, wie Condorcet später schrieb, »eher produktiv als präzise«, allzu sehr »allgemeinen Systemen« verpflichtet und zugleich recht vage, wenig gewillt, seine Gedanken einer »strengen Analyse« zu unterziehen; er tendierte viel eher dazu, nur »brillante« Hypothesen aufzustellen, ohne daß er begriff, was – auch in bio-anthropologischer Hinsicht – die Studien der »modernen Chemiker« und der »allgemeinen Bewegung« der zeitgenössischen Kultur und Wissenschaft bedeuteten.[20] Vor allem war er übervorsichtig in seinen vergleichenden Analysen zwischen dem Mensch und den Tieren, welche – nach Condorcets Worten, die gewisse orthodoxe Skrupel Buffons zurückweisen – »dem Menschen fast in allem, was ihren Körper betrifft, gleichen und sich im sinnlichen und organischen Bereich von ihm nur *soweit unterscheiden, wie dies bei Lebewesen ein und der selben Natur der Fall ist, und höchstens in einigen Eigenschaften durch deren nicht so entwickelte Form unterlegen sind*«, so daß sie nicht einmal aufgrund andersgearteter intellektueller Fähigkeiten vom Menschen »absolut« verschieden sind.[21]

Für Buffon sprach, daß er so viel Material über den biologisch, anthropologisch und ethnographisch verstandenen »homme physique« gesammelt und aufbereitet hatte. Die Ergebnisse, die Condillac bei der Erforschung des »homme moral« erzielt hatte, waren viel entmutigender. Pierre-Charles Levesque, ein interessanter Anhänger der »Wissenschaft vom Menschen« des ausgehenden Jahrhunderts, der sich deutlich an Condillac orientierte, beklagte sich zu Recht: während »der physische Mensch seit kurzem« mit einer gewissen Exaktheit »beachtet wird«, »entzieht sich der moralische Mensch ständig, obwohl nicht die geringste Trennungslinie« zwischen dem einen und dem anderen existierte.[22] Gewiß lag die Schuld nicht allein beim Verfasser des *Traité des Sensations:* bei der Erforschung des »Moralischen« ergaben sich, wie gesagt, viel größere Schwierigkeiten als im anderen Forschungsbereich. Nichtsdestoweniger wurde am Ende des 18. Jahrhunderts vor allem Condillac mit den schwersten Vorwürfen überhäuft. Er hatte, wie aus dem *Essai sur l'Origine des Connaissances* und aus dem *Traité des Sensations* hervorgeht, sehr hohe Ambitionen gehegt. Wenn auch allgemein – und nicht zu Unrecht – angenommen wird, es habe sich dabei im wesentlichen um erkenntnistheoretische Ambitionen gehandelt[23], so berücksichtigte Condillac unbestreitbar auch eine anthropologische Perspektive oder, allgemeiner, die »Wissenschaft vom Menschen«. Das Grundthema aller seiner größeren und kleineren Schriften und »Analysen« ist nämlich letztlich der Mensch. Daß er in zahlreichen Werken und hauptsächlich im *Essai* versicherte, er wolle nicht die »Natur« des Menschen, sondern die einfachen intellektuellen »Operationen« untersuchen [24], hatte eher eine epistemologische als eine eigentlich thematische Bedeutung, das heißt, es gab einer bestimmten Auffassung von der Möglichkeit und den Grenzen der Wissenschaft Ausdruck. Faktisch setzte er sich auch anspruchsvollere Ziele als einige seiner methodologischen Behauptungen zu verstehen gaben. Nicht anders als seine Freunde aus der »coterie philosophique« hatte Condillac die Absicht, den Menschen wissenschaftlich zu untersuchen.

Auch der Typus der Forschungen Condillacs besagt etwas über die wirkliche Richtung und Bedeutung seiner Tätigkeit. Er beschäftigte sich mit den frühesten Anfängen der psycho-physiologischen Entwicklung des Menschen, genauso wie dies später, worauf wir noch zurückkommen werden, die »Observateurs de l'homme« zu tun versuchten. Anders gesagt, er betrachtete den Menschen wenigstens vorläufig als einzelnes und gesondertes Wesen, unabhängig von den Einflüssen der »Zivilisation«, und faßte ihn schließlich nicht so sehr als soziales Subjekt, sondern eher als »objektives«, belebtes, wenn auch nicht gerade tierisches Wesen. Im *Essai* untersucht er nicht nur die intellektuellen »Operationen«, er gibt auch offen zu, daß er den Menschen »im ersten Augenblick seiner Existenz« erfassen will.[25] Die gleiche Absicht findet sich im *Traité des Sensations* formuliert, und auch hier schließt sie, diesmal allerdings nicht ausdrücklich, eine »objektivierte«, experimentelle Untersuchung ein. Im *Extrait* des *Traité* macht Condillac geltend, er habe als erster den Menschen »ohne eine seiner Gewohnheiten« untersucht.[26] Was es bedeutet, die Gewohnheiten »einzuklammern«, so daß die experimentelle Gegebenheit »Mensch« isoliert und »gereinigt« übrig bleibt, präzisiert er in der *Dissertation sur la Liberté*: zu Beginn der Erforschung des Menschen sei es unerläßlich, diese derart streng isolierte und »gereinigte« »Erscheinung« zu beobachten.[27] Schließlich zeigt sich im *Traité des Animaux*, daß Condillac den Vergleich zwischen Mensch und Tier für möglich und gerechtfertigt hielt, denn faktisch bediente er sich seiner und wandte sogar in beiden Bereichen die gleiche Methode an.[28] Wenn auch dieser *Traité* eher die Unterschiede als die Ähnlichkeiten zwischen Mensch und Tier betont, so trug Condillac doch zweifellos dazu bei, eine gewisse natürlich-weltliche und vergleichende Methode der Erforschung des Menschen zu verbreiten und den thematischen Rahmen jenes »système de l'homme« zu definieren, über das er im *Extrait* und an anderer Stelle gesprochen hatte.[29]

Wenn sich Condillac auch nicht mit einer Anthropologie im modernen und geläufigen Sinn beschäftigte, beabsichtigte er doch, wie wir seinen

Texten entnehmen können, eine Grundlage wissenschaftlicher Methodik für die Erforschung des Menschen zu schaffen, für eine »Wissenschaft vom Menschen«, die freilich immer noch von der metaphysischen Tradition belastet und blockiert war, gelegentlich jedoch, zumindest programmatisch, als Wissenschaft verstanden wurde, die den Menschen als einzelnes und gesondertes Wesen erforschen und seine vielfältigen, objektiven Erscheinungen und Gegebenheiten exakt und systematisch analysieren sollte. Condillacs Forschungen und zum Teil auch seine Arbeitsmethoden schienen den zeitgenössischen Gelehrten in mehr als einer Hinsicht gültig und wertvoll zu sein. Eigentlich hatte er die Genealogie der menschlichen Empfindungen und Kenntnisse beschreiben wollen. Welch unschätzbaren Beitrag hätte eine derartige »Enquête« für die Psychologie und sogar für die »Wissenschaft vom Menschen« geleistet, wenn sie wirklich experimentell und konkret durchgeführt worden wäre!

Warum am Ende des Jahrhunderts so häufig und heftig eine Enttäuschung über Condillacs unbefriedigende Ergebnisse laut wurde, bleibt unverständlich, wenn wir nicht berücksichtigen, daß die zeitgenössische Kultur seinem Werk nicht nur eine enge, fachspezifische (psychologische), sondern eine umfassendere, für die »Wissenschaft vom Menschen« maßgebende Bedeutung zuwies. Interessanter als die Bekundungen der Enttäuschung ist die Sicherheit, mit der die Ideologen die Irrtümer erkannten, die der Verfasser des *Traité des Sensations* begangen hatte. Wie der Ideologe und »Observateur de l'homme« Destutt de Tracy bemerkt, habe Condillac ohne physiologische Kenntnisse die Empfindungen untersuchen wollen.[30] Cabanis, ebenfalls ein Ideologe und »observateur« beklagt, daß Condillac die Instinkte absolut vernachlässigt, den Menschen stückweise und atomistisch analysiert und schließlich die metaphysische und unverifizierbare Hypothese der »Existenz einer wirkenden, vom Empfindungsvermögen unterschiedenen Ursache« aufgestellt habe.[31] Ein dritter Ideologe, auch er ein Mitglied der »Société des Observateurs de l'homme«, Degérando, traf, vielleicht ohne es zu wollen, den eigentlichen Grund, warum Condillac keine Anthropologie oder zumindest keine »wirkliche« Genealogie der menschlichen Empfindungen und Ideen begründen konnte: er betont nämlich, daß Condillac von der Existenz einer unabhängigen Seele ausgegangen sei und ihr sogar »den höchsten und konstantesten Wirkungsgrad zugeschrieben« habe, so daß seine Philosophie »den Spiritualismus überspitzte« und deshalb dazu tendierte, »zu einem eigentlichen Idealismus zu degenerieren«.[32] Condillac wurde sogar geringer geschätzt als Charles Bonnet, der zwar ebenfalls den kryptocartesianischen Dualismus nicht überwand, aber immerhin die Empfindungen im Zusammenhang mit dem menschlichen Nervensystem untersucht hatte.[33] Noch deutlicher als bei Buffon zeigte sich bei Condillac, wie unmöglich es war, den Menschen wirklich konkret und experimentell zu analysieren, solange er dualistisch und spiritualistisch aufgefaßt wurde.

Kurz gesagt, Condillacs und Buffons Werke erschienen vor allem in ihrer allgemeinen Grundlegung als ungenügend; damit hingen auch die methodologischen Fragen zusammen. Es ist nicht verwunderlich, wenn am Ende des 18. Jahrhunderts die Gelehrten, die sich der wissenschaftlich-epistemologischen Problematik genau bewußt waren, vor allem Werke wie den *Traité des Sensations* und die *Histoire naturelle* als unglaubwürdig erachteten und sie auch unter diesem Aspekt zur Zielscheibe ihrer Kritik wählten. Gewiß, Condillac wollte den Lockeschen Empirismus theoretisch systematisieren, doch sei es, daß ihn verschiedene konformistische Skrupel belasteten, sei es, daß andere Gründe vorlagen, jedenfalls ließen seine Schriften an Systematik sehr zu wünschen übrig. Mit Recht zeigte Destutt de Tracy gerade in den Jahren, als er der »Société des Oberservateurs de l'homme« angehörte, daß Condillacs mehr oder weniger genetische Tafel der menschlichen Fähigkeiten und seine Analyse der Empfindungen nicht sehr stichhaltig war.[34] Noch fragwürdiger war ganz offensichtlich Buffons wissenschaftliche Strenge. Philosophen, Wissenschaftler, Publizisten, Kulturzeitschriften, – Condorcet und Geoffroy Saint-Hilaire, Mercier und Laharpe, Millin oder die »Décade Philosophique« – kritisierten verschiedentlich – auch wenn weiterhin gegenteilige Meinungen laut wurden – die ungenauen Ausführungen der *Histoire naturelle,* Buffons häufige Oberflächlichkeit, seinen »esprit de système« und seine emphatische Beredsamkeit.[35]

Als erste lehnten sich einige Naturforscher und Mediziner gegen den Begründer des »Muséum« auf. Sie gründeten im Jahre 1788 die »Société Linnéenne« – mit diesem Namen verband sich auch ein dem schwedischen Forscher verpflichtetes Arbeitsprogramm – und kritisierten und verurteilten bei zahlreichen Gelegenheiten Buffon, der immerhin ebenfalls einiges auf dem Gebiet der Naturgeschichte geleistet hatte.[36] Nachdem sich diese Gesellschaft, die es vorgezogen hatte, sich nach Linné und nicht nach Buffon zu nennen, ein paar Jahre später aufgelöst hatte, schlossen sich Physiker, Chemiker und Naturforscher zu einer neuen Vereinigung, der berühmten »Société d'Histoire naturelle«, zusammen. In der Einführung zu den »Mémoires« der Société, einem höcht interessanten Text, betont der Verfasser sogar, die »neue Generation« der Pariser Wissenschaftler habe der alten Generation Buffons Irrtümer und Vorurteile überlassen, um mit neuer Energie die wahren, auf Linnés Schule zurückgehenden Prinzipien anzuwenden.[37] Später, um die Jahrhundertwende, äußerte Georges Cuvier, der wohl genialste Forscher der neuen Generation, ebenfalls ein »Observateur de l'homme«, eines der härtesten Urteile über Buffons Werk: Buffon könne man bestenfalls zugestehen, daß er ein großer Erzähler, »einer unserer beredtesten Schriftsteller« gewesen sei, dies jedoch nur, wenn er von den Sinnen und allgemein – auch diese Bemerkung ist eher unfreundlich – »von den Phänomenen, die sich dem Verständnis noch entziehen«, spricht:

...sobald er aber die Ursachen erforschen und aufdecken will, indem er einfache Gedanken kombiniert oder, besser gesagt, seiner Einbildungskraft folgt, ohne daß er etwas beweist oder analysiert, erkennt auch der Voreingenommenste, wie fehlerhaft seine Methode ist. Jeder sieht, daß er, durch seine metaphorische Sprache selbst in die Irre geführt, organische Moleküle als Kristalle auffaßte; fand er etwas Sichtbares in der inneren »Form« *(moule)*, das seines Erachtens die Fortpflanzung der organisierten Wesen effektiv verursachte, glaubte er, die bewußte Bewegung der Tiere und alle ihre Eigenschaften, die unserem Verstand nahestehen, mit einer einfachen mechanischen Reaktion des Empfindungsvermögens erklären zu können; kurz, in einem Werk, das inhaltlich und formal fast überall bewundert werden muß, verbreitet er eine Unmenge verschwommener Hypothesen und phantastischer Systeme, so daß er es verdarb... Wenn ein exakter Denker von diesen hellen *lumières* [*calcul* und *expérience*] erleuchtet wird, so gibt er ganz bestimmt nicht einem eleganten Satz, sondern einer positiven Beobachtung, nicht einer Metapher, sondern präzisen Zahlen den Vorzug.[38]

Diese Passage ist von brutaler Deutlichkeit. Die *Histoire naturelle* wird nur noch als ein sprachkünstlerischer »Roman« angesehen – und einen »Roman« hatte Degérando auch den *Traité des Sensations* genannt.[39] In einem ganz auf »positive« Forschungen ausgerichteten Zeitalter war dies ein epochemachendes Urteil: die beiden Begriffe »Roman« und »positiv« bezeichnen in der Literatur des ausgehenden Jahrhunderts immer wieder zwei entgegengesetzte wissenschaftlich-kulturelle Methoden. Buffon war für viele der typischste Vertreter der Tradition des »Romans«. Deshalb wurde er trotz seiner vielen und unbestreitbaren Verdienste von den »Positiven« besonders heftig angegriffen, und deshalb konnte Cuvier in einem anderen methodologischen Text dem Verfasser der *Histoire naturelle*, dessen »Abneigung gegen Methoden und gegen präzise Nomenklatur« er beklagte, den unbedeutenderen, aber exakteren und »positiveren« Lacépède gegenüberstellen, der ebenfalls der »Société des Observateurs de l'homme« angehörte.[40]

Fassen wir diesen Teil unserer Darstellung zusammen, so läßt sich folgendes sagen: im 18. Jahrhundert zeigte sich, daß auch die aufkommende »Wissenschaft vom Menschen« an der allgemeinen Tendenz teilhatte – oder von ihr ausging –, gewisse Themen und Probleme nicht mehr ausschließlich unter metaphysisch-theologischen, sondern immer stärker auch unter »natürlichen« Aspekten zu betrachten. Nachdem die cartesianische Philosophie zuerst den Anstoß dazu gegeben hatte, übernahm sie innerhalb der Untersuchungen der menschlichen Natur eine zweideutige Funktion: einerseits förderte sie die wissenschaftlich-experimentelle Forschung, andererseits hemmte sie diese, weil sie ihr den Leib-Seele-Dualismus zugrundelegte. Dann wurde versucht, diesen Dualismus zu überwinden und den Menschen so zu begreifen, daß auf natürlich-experimenteller Basis neue anthropologische Kenntnisse erworben werden konnten, doch erzielte man dabei unterschiedliche Ergebnisse. Gewiß leistete der englische Empirismus mit seinen Forschungen auf theoretischem und praktischem Gebiet ganz Entscheidendes und zweifellos gab es schon in der ersten Hälfte des 18. Jahrhunderts zahlreiche Untersuchungen über den »homme moral« und noch mehr über den »homme physique«. Doch dürfen wir uns von wichtigen Entdeckungen und hervorragenden Werken, wie Linnés Schriften, nicht täuschen lassen: eine eigentliche Wissenschaft vom Menschen gab es im wesentlichen noch nicht, denn sie hatte sich von der bekannten metaphysischen Tradition noch nicht emanzipiert, sie war sich ihrer selbst und ihres spezifischen Gegenstandes noch nicht bewußt, sie wollte den Menschen noch nicht völlig als weltlich-natürliches Wesen begreifen und analysieren, und sie hatte sich auch noch nicht dazu entschlossen, die dualistischen Thesen zugunsten einer neuen, organisch-materiell-natürlichen Auffassung des Menschen zu verwerfen. Es ist kein Zufall, daß selbst der Begriff einer »Wissenschaft vom Menschen« sich nur ganz allmählich durchsetzte, weil gewisse allgemeine theoretische Schemata weiterhin bestehen blieben; die Untersuchungen der physischen Anthropologie steckten noch in ihren Anfängen, und die Forschung im Bereich der intellektuellen und kulturellen sowie der ethnologischen Anthropologie kamen erst später auf. Condillacs und Buffons Werke, die großen Synthesen der fünfziger Jahre, zeigten nicht nur faktische Lücken, sondern hatten vor allem entscheidende theoretische und philosophische Grenzen.

3. »Wissenschaft vom Menschen« und »philosophische« Medizin des ausgehenden 18. Jahrhunderts

Erst im letzten Drittel des 18. Jahrhunderts änderte sich offenbar die Situation. Im Laufe weniger Jahre gab es eine Reihe ausschlaggebender Ereignisse auf wissenschaftlichem und philosophisch-kulturellem Gebiet, die miteinander konvergierten. Ob man dabei von einer *coupure épistémologique* – um die bekannte, von Michel Foucault verbreitete Wendung zu benutzen – sprechen will oder nicht; es handelt sich jedenfalls um ein bemerkenswertes Phänomen. Neben Werken, in denen der Mensch noch als »Doppelnatur« behandelt wurde, nahm die Anzahl der kühneren und vorurteilsloseren philosophisch-anthropologischen Schriften zu. Vor allem untersuchte man immer häufiger in »positiver« Manier einzelne Forschungsgebiete und wollte den »homme physique« möglichst systematisch analysieren, auch wenn man damit, wie einige meinten, riskierte, allzu trocken und fachspezifisch zu werden. Zweifellos vollzieht sich in der Zeit zwischen Buffon und Lacépède einerseits und Vicq d'Azyr und Cuvier andererseits ein beachtlicher methodologischer und thematischer Wandel, ganz abgesehen davon, was effektiv erreicht worden war. Zudem »radikalisierten« seit etwa 1775 nicht nur französische, sondern auch englische und holländische Gelehrte die Erforschung des Menschen. Sie untersuchten ihn immer bewußter als natürliches Lebewesen, analysierten und klassifizierten die Rassen unter neuen Gesichtspunkten und begründeten Disziplinen wie Anthropometrie und Kraniometrie. Der Streit zwischen den Anhängern der monogenetischen und polygenetischen Theorie wurde endlich nicht mehr auf der Ebene der unwissenschaftlichen Prämissen und häufigen Vorurteile ausgetragen, die ihn so lange geprägt hatten. Im Jahre 1774 veröffentlichte Henry Home, der unter dem Namen Lord Kames bekannter ist, ein sehr bedeutendes, stark polygenetisch beeinflußtes Werk. Darin betont er unter anderem, daß die vergleichende Analyse der verschiedenen Menschenrassen hauptsächlich von den organischen Elementen und Strukturen ausgehen müsse, durch welche die verschiedenen menschlichen Arten wirklich charakterisiert würden. Die Untersuchung der Rassen müsse in erster Linie die physische »Organisation« des Menschen streng methodisch erforschen.[1]

An den Debatten über den Ursprung des Menschen, den Unterschied zwischen den verschiedenen Menschenrassen, die Beschaffenheit und die Implikationen dieses Unterschieds, nahmen zahlreiche Gelehrte teil – ihre Zahl war eher noch größer als zuvor. Mehrere der repräsentativsten Werke des Jahrhunderts, die diese Fragen behandeln, wurden praktisch zur gleichen Zeit und in mehreren europäischen Ländern veröffentlicht. Nach der bedeutenden *Dissertation sur l'origine des Nègres* des Franzosen Guillaume Rei (Lyon 1744) erschienen (wobei wir hier Buffons Studien und die Betrachtungen Voltaires und Diderots übergehen) im Jahre 1774 die bereits erwähnten *Sketches* des Schotten Lord Kames. 1775 wurde die nicht weniger berühmte *Dissertatio critica quaedam de hominibus varietate* des Engländers John Hunter publiziert. Im gleichen Jahr druckte man auch die Erstausgabe der grundlegenden Schrift *De generis humani varietate nativa* des Deutschen Blumenbach und 1776 erschien in Holland, in Leyden, die große *Zoologia geografica* von E. H. G. Zimmermann. Das ganze gelehrte Europa beschäftigte sich offensichtlich damit, den »homme physique« und seine rassischen Varietäten experimentell, konkret und quantitativ zu messen und zu analysieren.

Zu den bemerkenswertesten Werken der Zeit gehören ohne Zweifel die

Schriften eines der größten Erforscher der Menschen in der zweiten Hälfte des Jahrhunderts, Friedrich Blumenbach (1752–1840), der einmal als Begründer der modernen Anthropologie bezeichnet wurde. Unablässig erforschte er den physischen Menschen und die Menschenrassen, unermüdlich sammelte er die verschiedensten, anatomisch oder ethnoanthropologisch interessanten Belegstücke.[2] Äußerst wichtig ist auch das Werk des Holländers Peter Camper (1722–1789), vor allem wegen seiner exakten anatomischen und kraniometrischen Studien.[3] Hier wollen wir nicht so sehr darauf hinweisen, wie wichtig die Materialien und die Ergebnisse dieser Forscher waren, sondern vielmehr darauf, wie sehr sich offenbar die neuen Methoden durchgesetzt hatten. Zwar waren diese Gelehrten meistens nicht fähig, neue theoretische Ansätze zu entwickeln, doch kündigte sich in ihrem Werk ein neues wissenschaftliches und sogar epistemologisches Klima an. Blumenbach und Camper gaben unverhohlen Linné den Vorzug vor Buffon.[4] Sie betrachteten den Menschen hauptsächlich, wenn auch ohne großen philosophischen »Eklat«, als einen lebenden, dem Tierreich zugehörigen Körper. Besonders Blumenbach tendierte dazu, die Seele und alle mit ihr verknüpften Probleme stillschweigend aus der metaphysischen Tradition zu lösen.[5] Er beabsichtigte, nur die anthropologisch-physische »Organisation« des Menschen streng wissenschaftlich zu beschreiben. Dabei bestimmte er zuerst die spezifischen Merkmale, die ihn von den übrigen Lebewesen unterscheiden, und untersuchte dann die anatomische Struktur, deren Größen- und Zahlenverhältnisse, die Eigenschaften des Schädels, der Haut, der Augenfarbe, der Haare bei den verschiedenen Menschenrassen, die konkret wahrgenommen und deshalb beobachtet und wissenschaftlich analysiert werden konnten.[6] Camper, der weniger gelehrt und systematisch, aber vielleicht genialer als Blumenbach war, untersuchte die Probleme der Wissenschaft vom Menschen nicht weniger streng empirisch-experimentell als sein deutscher Kollege. Auch er schloß bestimmte Probleme aus, und zwar sogar ganz entschieden und nicht ohne einen deutlichen polemischen Akzent:

> Es ist die Aufgabe genialer und scharfsinniger Philosophen, über die seelischen Fähigkeiten zu diskutieren; wir dagegen müssen uns damit zufriedengeben, vom materiellen und sinnlichen Teil unseres Wesens und von seiner organischen Zusammensetzung zu sprechen, von der Haut, den Gliedern, den Muskeln, den Eingeweiden, die das Auge ohne Mühe erkennen kann ...[7]

Auf der Grundlage dieses empirisch-materiellen Ansatzes untersuchte Camper in denkwürdigen Schriften eingehend und erfolgreich einige der entscheidenden Probleme der physischen Anthropologie, wie z. B. die umstrittene Frage der Farbe der Neger, den Schädelbau, die menschliche Gesichtsform.[8] Seltener waren, wie gesagt, eindeutige philosophische oder theoretisch verallgemeinernde Aussagen. Doch darf keineswegs außer acht gelassen werden, wie wichtig, abgesehen von ausdrücklich persönlichen Meinungen, einige Perspektiven und Forschungen auch objektiv waren. Camper z. B. definierte den Menschen in seinen Studien zur vergleichenden Anatomie ohne Bedenken lediglich als den »schönsten Vierfüßler«, und der konkrete, experimentelle Vergleich zwischen den Skeletten des Menschen und des Hundes, des Adlers und des Pinguins, der dem Publikum »die Verwandtschaft« zeigen sollte, »die zwischen den entsprechenden Körperteilen dieser Lebewesen besteht«, ging für die aufmerksamsten Zuhörer und Leser über die Grenzen einer herkömmlichen wissenschaftlichen Darlegung hinaus.[9]

Wenn Camper zudem lange Jahre intensiv nach einer Methode suchte, um »die verschiedenen Leidenschaften auf dem Gesicht des Menschen zu malen«, so handelte es sich dabei keineswegs um den harmlosen Zeitvertreib eines Wissenschaftlers, der seine besten Kräfte anderswo einsetzte.[10] Auch eine solche Untersuchung war in einer bestimmten philosophisch-kulturellen, nicht nur in wissenschaftlicher Hinsicht von Bedeutung. Camper versuchte damit nämlich, auf materiell-experimentellem Weg – und im Bereich einer umfassenden und einheitlichen Anthropologie – Probleme zu analysieren, die bislang vor allem, wenn auch nicht ausschließlich, von Moralisten und Metaphysikern behandelt wurden, das heißt, von absolut überzeugten Anhängern der dualistischen Auffassung des Menschen. Da die Seele ihre ontologische Sonderstellung eingebüßt hatte und lediglich einen Teil der menschlichen Einheit bildete oder zumindest in enger Beziehung zu der physischen »Organisation« des Menschen stand, glaubte Camper, sie müsse physisch und konkret wahrnehmbar sein. So löste die exakte Analyse der seelischen Operationen, soweit diese sich in einer gewissen äußeren materiellen Struktur zeigten, die nicht nachprüfbaren Spekulationen der Philosophen mit großem Erfolg ab. Die Philosophen nämlich

> ... haben metaphysisch von den seelischen Operationen gesprochen, ohne die Physis, das heißt ohne die physischen Wirkungen zu berücksichtigen, die im Äußern von den seelischen Bewegungen hervorgerufen werden. Uns aber liegt weniger daran zu wissen, wie die Seele wirkt und in welchem Teil unseres Körpers sie sich befindet. Das alles ist ausschließlich Aufgabe der Metaphysiker, die, mit einem großen Aufwand an sinnlosen Worten, absolut nichts beweisen und noch sehr weit davon entfernt sind, uns zeigen zu können, wie die erstaunlichen Wirkungen dieser geistigen Substanz erzeugt werden.[11]

Aus diesem Text geht deutlich hervor, wie gewisse Probleme, die bei der Erforschung des Menschen nicht unbeachtet bleiben konnten, an verschiedenen europäischen Akademien und Universitäten allmählich in den

Vordergrund traten. Außer Zweifel steht auch, daß Campers neue und suggestive Untersuchungen für die Kulturgeschichte jener Zeit ganz besonders wichtig waren. Abgesehen davon, daß der holländische Gelehrte vorurteilslos auf neue Forschungen hinwies, führte er die Untersuchungen auf spezifisch anthropologischem Gebiet mit wahrhaft vorbildlicher Präzision durch. Zudem bewies auch er damit deutlich, daß die europäische Wissenschaft zwischen 1770 und 1780, wie in mehreren Fällen festgestellt werden kann, einer bestimmten wissenschaftlichen Praxis den Vorzug gab. Gerade im Namen dieser Praxis und ihrer theoretischen Implikationen wollte Camper auf experimentell-quantitativer Ebene herausfinden, welche Gesetze den Gesichtsformen der verschiedenen Menschenrassen zugrundelagen. Obwohl er die schönen Künste liebte, wollte er selbst in weniger gewichtigen Texten zu diesem Thema die Rassenphysiognomien nicht wie Buffon »literarisch« beschreiben, sondern lieber mit Lineal und Zirkel arbeiten:

Als ich die Köpfe des Europäers und des Affen neben die Köpfe des Negers und des Eskimos stellte, merkte ich, daß eine von der Stirn bis zur Oberlippe gezogene Linie in der Physiognomie dieser Völker einen Unterschied und zwischen den Köpfen des Negers und des Affen eine ausgesprochene Verwandtschaft zeigt. Nachdem ich einige dieser Köpfe auf einer horizontalen Linie gezeichnet hatte, fügte ich die Gesichtslinien, mit ihren verschiedenen Winkeln, hinzu, und merkte, daß ich, wenn ich die Gesichtslinie nach vorne neigte, wieder einen ähnlichen Kopf erhielt; wenn ich aber diese Linie nach hinten neigte, erzeugte ich die Physiognomie eines Negers; und je nachdem ich die gleiche Linie mehr oder weniger nach hinten neigte, entstand nach und nach das Profil eines Affen, eines Hundes, einer Schnepfe. Eben diese Beobachtungen waren der Anlaß zu dem vorliegenden Werk.[12]

Der sehr »humanistischen« Beschreibung, wie sie Buffon liebte, zog die europäische Wissenschaft nun – und das ist der springende Punkt – immer exaktere quantitative Messungen und nicht weniger exakte vergleichende Analysen vor. Es war kein Zufall, daß der Marquis de Condorcet in seiner *Éloge* auf Camper im Zusammenhang mit dessen Werken betonte, die »vergleichende Anatomie« sei nunmehr neben der Erforschung der Beziehungen, welche die Gesetze der allgemeinen Organisation der Lebewesen erhellen könnten, »die wichtigste Wissenschaft oder jedenfalls die Wissenschaft, die ihren Anhängern am ehesten zu Ruhm verhelfen kann«.[13] Von den achtziger Jahren an erkannte die europäische Wissenschaft immer mehr die Bedeutung der Anthropometrie und der vergleichenden Anthropologie. Im Jahre 1785 veröffentlichte Soemmerring einen Aufsatz *Über die körperliche Verschiedenheit des Negers vom Europäer,* der eine entscheidende Etappe für diese Forschungsrichtung darstellte.[14] Soemmerring kam auch zu den wichtigen Erkenntnissen über die quantitativen meßbaren Unterschiede zwischen der Physis des Weißen und des Negers. Solche vergleichenden

Analysen spielten mit gutem Grunde eine immer größere Rolle. Die Wissenschaft war offenbar nahe daran, die »richtige« Rangordnung der höheren Lebewesen erklären zu können. Die Analyse der verschiedenen Affen- und Menschenarten schien ihr Ziel beinahe erreicht zu haben. Die großen, in den sechziger Jahren von Charles Bonnet ausgearbeiteten Schemata hatten theoretisch vorweggenommen, was die Erfahrungswissenschaft, zu der Bonnet selbst einen bemerkenswerten Beitrag leistete, jetzt experimentell-quantitativ zu beweisen im Begriffe war. Im Jahre 1799 veröffentlichte Charles White seinen berühmten *Account of the Regular Gradation* der Lebewesen, in dem er aufgrund experimenteller Daten zeigen wollte, daß der Neger zwischen dem Menschen und einer bestimmten Affenart stehe.[15] Ganz offensichtlich hatte die physische Anthropologie des 18. Jahrhunderts eine Reihe theoretischer und praktischer Forschungen zu Ende geführt, die wenig später, im 19. Jahrhundert, wieder aufgenommen, doktrinär festgelegt und manchmal mit recht fragwürdigen Implikationen entwickelt wurden.

Die französischen Gelehrten waren sich vollkommen dessen bewußt, wie wichtig es war, den Menschen und die Menschenrassen auf experimenteller Ebene zu erforschen, und sie benutzten die wichtigsten und neuesten Texte, um sich auf dem laufenden zu halten. Besonders intensiv bemühten sie sich während der letzten fünfzehn Jahre des 18. Jahrhunderts um den neuesten Stand der Erkenntnisse: man übersetzte und las die Werke von Zimmermann, Camper, Blumenbach.[16] Viele französische Wissenschaftler wollten vor allem jene Disziplinen »positiv« erforschen, mit denen diese ausländischen Gelehrten sich so erfolgreich befaßt hatten. So beschäftigte sich Félix Vicq d'Azyr sehr erfolgreich mit anatomischen Studien[17]; so unternahm Dauberton, ein Naturforscher und Mitarbeiter Buffons, grundlegende Forschungen auf dem neuen Gebiet der Kraniometrie – besser gesagt, er entwickelte sie weiter, denn er hatte ihr mit und sogar vor Camper den Weg bereitet –, wobei er gleichzeitig umfassende »Beobachtungen« und »Vergleiche« zur Naturgeschichte des Menschen und der übrigen Lebewesen anstellte.[18] Wenige Jahre später wurde von Lacépède durch den Unterschied der Arbeiten Buffons und Daubentons ein Gegensatz bezeichnet, der in den letzten Jahren des Jahrhunderts die ganze wissenschaftlich-kulturelle Situation charakterisierte. Während Buffon, der sich in seine Gärten in Montbard zurückgezogen hatte, »sublimen Vorstellungen nachhing, gleichsam auf seinem Berg isoliert, allein mit der Natur, die er über Vergangenheit, Gegenwart und Zukunft befragte, und große *Bilder* für sein Jahrhundert und die Nachwelt schuf«, begann Daubenton,

die zahllosen unbelebten Objekte und organisierten Wesen zu untersuchen, zu rekognoszieren, zu vergleichen, zu klassifizieren, zu benennen; Objekte und

Wesen, die, je nach den Ursachen, von denen sie erzeugt werden und nicht entsprechend den Qualitäten, durch die sie sich unterscheiden, auf der ganzen Erdoberfläche verstreut sind und deshalb fast ebensowenig vom Geist wie vom Auge erfaßt werden konnten, da es für den Geist schwierig war, ihre Unterschiede zu vergleichen und für das Auge unmöglich, große Distanzen zu überwinden. Er skizzierte so die ersten Umrisse jenes Weltbildes, dessen Objekte nicht die phantastischen Effekte der magischen Kunst, Schatten und Licht miteinander zu kombinieren, sondern die wirklichen Produkte der Schöpferkraft sind.[19]

Trotz Daubenton war aber in der Zeit zwischen Buffon und Cuvier der wichtigste französische Beitrag zu dieser Forschungsrichtung hauptsächlich theoretischer Natur. Bei den »médecins-philosophes«, die aus der Schule von Montpellier hervorgingen und nun in der »Société médicale d'Émulation« vereint waren, geriet die dualistische Anthropologie endgültig in eine Krise, nachdem sie in den ersten zwei Dritteln des Jahrhunderts mehr oder weniger direkt die Untersuchungen und Reflexionen über den Menschen bestimmt hatte, wobei wir natürlich von Ausnahmen wie z. B. La Mettrie und Diderot absehen müssen, die unter diesem Aspekt allerdings noch nicht genügend erforscht worden sind.[20] Jetzt befaßte man sich nicht mehr – auf metaphysischer Ebene – mit der Seele und dem Leib, sondern tendierte dazu, die homogeneren Pole, das heißt den »homme physique« und »moral«, und deren Wechselwirkungen empirisch-experimentell zu untersuchen. Es handelte sich zweifellos weder um eine unbekannte Perspektive noch um unbekannte Begriffe, neu aber war, wie bewußt und systematisch jetzt dieses Schema angewandt wurde: in der beeindruckenden Anzahl von Aufsätzen, Büchern und Traktaten über den »homme physique« und »moral«, die am Ende des Jahrhunderts erschienen, spiegelt sich präzise eine intellektuelle Veränderung.[21] Die Philosophen und Mediziner, die in der ersten Hälfte des Jahrhunderts das Leib-Seele-Verhältnis mechanistisch und zum Teil sogar unter einem kryptomaterialistischen Aspekt analysieren wollten, hatte bereits Diderot verurteilt, als er am Ende seines Lebens hervorhob, wie zaghaft im Grunde genommen einer dieser »médecins-philosophes«, Jean-Paul Marat, in wissenschaftlich-spekulativer Hinsicht vorgegangen war, auch wenn er eine recht beachtliche Studie über die »Wirkung der Seele auf den Körper und des Körpers auf die Seele« vorgelegt hatte.[22] In Wirklichkeit mußte man nicht die *Beziehungen* der beiden traditionellen Komponenten des Menschen, sondern ihre Substanz selbst »naturalisieren« und zeigen, daß die eine, »edlere«, Komponente *wissenschaftlich* auf die andere zurückgeführt werden konnte, oder zumindest, daß beide homogen waren. Und zu eben dieser Problematik leisteten die französischen Gelehrten des ausgehenden Jahrhunderts einen epochemachenden Beitrag.

Dies konnte mit Hilfe verschiedener, eigentlich komplementärer Methoden geschehen – und es geschah auch tatsächlich so. Der große Anatom und Physiologe Vicq d'Azyr wollte 1786 den Begriff der Seele nicht direkt angreifen, sondern zog es vor, ihn irgendwie zu umgehen. So erklärte er die Erforschung und Untersuchung der Seele an sich für wertlos und behauptete, daß die Wissenschaft, auch wenn sie die Erscheinungen des Lebens weiterhin empirisch untersuche, früher oder später auf »das verborgene Agens, das mit der Materie verknüpft ist und sie beherrscht«, stoßen und es erläutern könne.[23] Andere »médecins-philosophes«, wie Barthez, Roussel und Bichat, tendierten dagegen radikaler dazu, die Seele auf ein »vitales Prinzip«, auf eine »zentrale sinnliche Kraft« zu reduzieren. Solche Definitionen führten dazu, die Natur des Menschen neu zu formulieren und neue Methoden und Techniken für ihre Erforschung anzuwenden. Andere Gelehrte schließlich konnten es nicht erwarten, ein offenbar so deutliches und nahes Ziel zu erreichen, und verneinten ausdrücklich, der Mensch besitze eine Seele oder ein denkendes Prinzip, das von seiner physischen »Organisation« qualitativ verschieden sei. Cabanis, der größte »médecin-philosophe« der Jahrhundertwende, vermied den zweideutigen Begriff des »vitalen Prinzips«, der manchmal auch verschiedene metaphysische Interpretationen ermöglichte, und konnte dadurch radikal die Seele oder den »Geist« in ein »Nervenzentrum« oder »Gehirnsystem« verwandeln:

> Das Gehirnsystem kann mit seinen Verzweigungen alle Stellen des Körpers beleben. Es ist überall zugegen; es lenkt alles; es spürt und verändert die lebenden Teile und läßt sie handeln; manchmal regeneriert es sie... Vor allem faßt es alle Körperteile zusammen, verbindet sie miteinander und speichert und verteilt das allgemeine Empfindungsvermögen: außerdem ist es aber auch für bestimmte Funktionen verantwortlich, die besonders wichtig sind, weil sie das Individuum schützen und lenken... Einerseits also belebt das Gehirnsystem alle Teile; anderseits empfängt es alle Eindrücke, die es zu sammeln ermöglicht... Doch ist diese Lebensquelle keine autonome und absolute Ursache. Damit sie wirken und ihre Wirkung den anderen Systemen übermitteln kann, muß sie von diesen beeinflußt werden. Alle Funktionen sind miteinander verkettet und bilden einen Kreislauf, der keine Unterbrechung duldet. Die Funktionen des Gehirns bilden keine Ausnahme von der allgemeinen Regel: obwohl sie besondere, recht bemerkenswerte Eigenschaften aufweisen, manifestieren sie sich doch ganz genau so, wie die anderen Organe tätig werden und die anderen Funktionen auslösen.[24]

Es lag, wie wir sehen, keineswegs in Cabanis' Absicht, die »Organisation« auf eine undifferenzierte und mechanische, letzten Endes mit der Weltmaschine vergleichbare »Maschine« zu reduzieren. Er betont vielmehr an einigen Stellen, daß die Kriterien und die Gesetze der Physik unmöglich auf die Erforschung des Menschen übertragen werden könnten.[25] Es scheint sogar fast so, als ob dieser »médecin-philosophe« dem »Gehirnzentrum« zuschrieb, was früher der Seele zugeschrieben worden war, und dafür nur eine andere Bezeichnung verwendete. Aber das wäre ein Trugschluß. Wenn Cabanis die Seele als Substanz und als Begriff ausschloß, wollte er damit jedes Prinzip ausschließen, das einen autonomen ontologischen Status besaß. Wenn er die Seele auf ein Gehirnzentrum zurückführte, wollte er damit betonen, daß das wahrnehmende und ursächliche Prinzip, das im Menschen unbestreitbar andere Merkmale als bei den übrigen natürlichen Wesen aufweist, sich nicht qualitativ von den physiologischen Fähigkeiten unterscheidet, die in der menschlichen »Organisation« konkret feststellbar waren. Da die »Seele« als »Gehirnzentrum« und damit als Nervensystem aufgefaßt wurde, war es möglich, die verschiedenen Bereiche und die verschiedenen Äußerungen ihrer empirischen Wirkung experimentell zu beobachten und zu analysieren. Man hob die Seele zwar nicht auf, reduzierte sie aber auf ein Geflecht von Wechselbeziehungen zwischen den zentralen und den äußeren Nervensystemen, die von der zeitgenössischen Wissenschaft mit wachsender Intensität untersucht wurden, und entdeckte im Menschen selbst die Voraussetzung seines Empfindungsvermögens und seiner ausgebildetsten höheren Handlungen, ohne daß die mysteriöse Wirkung meta-natürlicher Substanzen herangezogen werden mußte.

Wir werden in anderem Zusammenhang auf diese faszinierende »philosophische« Medizin der Jahrhundertwende zurückkommen (»philosophisch« war sie, wie wir gesehen haben, nur insofern, als sie die Themen als theoretische Probleme auffaßte). Hier haben wir die »Naturalisierung« der Seele nur kurz gestreift, um die neuen Perspektiven der Erforschung des Menschen zu verstehen, die sich am Ende des 18. Jahrhunderts in Frankreich eröffneten. Nachdem der traditionelle anthropologische Dualismus, oder zumindest sein doktrinärer metaphysischer Aspekt, einmal überwunden war, wurde selbstverständlich meistens der Mensch nicht nur zum Teil, sondern in seiner Totalität gleichermaßen experimentell beobachtet. Das hatte notwendigerweise wichtige theoretische und methodologische Implikationen. Tatsächlich merkte die traditionelle Philosophie, daß sie ihre jahrhundertelange Funktion, *wenigstens* für die Erkenntnis des Menschen das bevorzugte Organon zu sein, auf Grund der neuen Situation eingebüßt hatte. Jetzt erhoben vor allem einige der spezifischen Wissenschaften immer entschiedener den Anspruch, bei der Analyse des nunmehr ganz dem sinnlichen und erfahrbaren Bereich zugehörigen Menschen führend zu sein. Eine besonders verführerische und anspruchsvolle Perspektive ergab sich offenbar vor allem in der Medizin.

Bereits um die Mitte des Jahrhunderts und auch schon vorher hatten zahlreiche Mediziner betont, wie bedeutsam ihre Disziplin für die Erkenntnis des Menschen sei. Für Antoine Le Camus, der lange, mit unterschiedlichen Ergebnissen, den Traum einer einheitlichen Erforschung des Menschen zu verwirklichen suchte, war die Medizin die höchste Disziplin, die Wissenschaft, die »aus dem Zusammenwirken aller menschlichen Kenntnisse entsteht«, diese verbinde und die wertvollsten Erkenntnisse gewinne, wenn sie den Menschen unter seinen verschiedenen Aspekten betrachte.[26] Mit gutem Recht konnte Théophile Bordeu, der große »médecin-philosophe« und Freund Diderots, seinerseits bemerken, daß die Philosophen im Laufe ihrer Studien über den Menschen und seine Leidenschaften stets auf die Medizin zurückgreifen und sich immer mehr mit ihr beschäftigen mußten, »um ihre Systeme und ihre Theorien aufzustellen«.[27]

Mit der Zeit verschärfte sich diese Tendenz beträchtlich. Gerade weil es sich zeigte, daß der Mench ganz auf eine physiologische »Organisation« zurückgeführt werden konnte, mußte die Medizin, wie Lanthenas in den Jahren der Revolution schrieb, »die langweilige und trübselige Analyse von tausenden Krankheitsfällen« unterlassen, um endlich das zu werden, »was sie eigentlich sein muß: die Erkenntnis des natürlichen und des geselligen Menschen«.[28] In dieser Zeit wuchs die Zahl ähnlicher Äußerungen – man muß nur einmal die Schriften Vicq d'Azyrs, Roussels oder der Mitglieder der »Société médicale d'Émulation« unter diesem Aspekt lesen. Daraus geht nicht nur hervor, daß eine bestimmte Philosophie und ein bestimmtes Menschenbild in eine Krise geraten waren, es zeigte sich darin auch, daß die Medizin sich jetzt ganz deutlich als die Grundlage einer neuen Disziplin verstand, mit der die menschliche Natur einheitlich und streng wissenschaftlich analysiert werden konnte. Kurz gesagt, die Medizin wollte als Wissenschaft vom Menschen auftreten. Es war bestimmt kein Zufall, daß einer der bedeutendsten »médecins-philosophes« der Jahrhundertwende, Pierre-Joseph Barthez, seinem wichtigsten Werk, das in der französischen Kultur der letzten Jahre des Jahrhunderts sehr erfolgreich war, gerade den Titel *Nouveaux élémens de la science de l'homme* gab. »Die Anatomie von der Wissenschaft vom Menschen zu trennen«, schreibt Jean-Paul Marat, der spätere Revolutionär, energisch, »bedeutet nicht nur, einen natürlich gewachsenen Zweig eines Baumes abzubrechen, sondern sogar, die Wurzeln dieses Baumes abzuschneiden«.[29]

In diesem Zusammenhang sind wenige Schriften so beredt wie die Abhandlung eines anderen großen Forschers jener Zeit, Charles-Louis Dumas, der sich gerade mit dem Verhältnis zwischen der Medizin und der »Wissenschaft vom Menschen« befaßte. Die »Wissenschaft vom Menschen«, klagt Dumas, wurde lange »vernachlässigt, nur wenig gefördert und schlecht gelenkt«, und dann nach und nach »von der Philosophie, der Politik, der Moralistik, der Theologie, der Astronomie, der Mathematik und der Chemie« in Anspruch genommen. Das sollte nun nicht mehr geschehen: unser Menschenbild hat sich geändert und »wir besitzen größere Mittel, um den

Menschen erkennen zu können«.[30] Wir würden einen unverzeihlichen Fehler begehen, wenn wir weiterhin allein der Philosophie das Monopol der »Wissenschaft vom Menschen« zugestehen würden: »die Philosophie«, betont Dumas nachdrücklich, »ist hinfällig, wenn sie nicht zuerst einmal die Natur des Menschen kennt«.[31] Und gerade die Medizin habe angesichts des Menschenbildes, das die jüngsten experimentellen Untersuchungen gezeichnet hätten, das Recht und die Pflicht, neue Studien und Forschungen anzuregen. Der Bund zwischen Medizin und Philosophie war für Dumas »so alt wie die Welt« und mußte weiterhin bestehen. Darin nämlich zeige sich der neue und »eigentliche« Platz des »Objektes« Mensch, »die unzerstörbare Einheit des Menschen und der Natur«.[32] Mit dieser Aussage war wirklich ein denkwürdiges Ziel erreicht: gerade weil der Mensch »untrennbar« mit der Natur verbunden und selbst ein Teil der Natur war, konnte eine selbstbewußte Medizin sich als »Wissenschaft vom Menschen«, als Grundlage der früheren philosophischen Analyse und gleichzeitig als Alternative zu dieser verstehen:

> Die Wissenschaft vom Menschen kann allen gedanklichen Objekten gerecht werden. Ihre nützlichen oder angenehmen, wichtigen oder grundlegenden Anwendungen finden sich überall, und es gibt keine menschlichen Kenntnisse, die daraus nicht Nutzen ziehen können. Sie ist nützlich und wichtig für die abstrakten Dogmen, die tiefen metaphysischen Spekulationen und für die sinnlichen Erfahrungen, die exakten Demonstrationen, die unwiderlegbaren Theoreme der Physiker; für die Analyse der Fähigkeiten und Operationen des Verstandes und die Geschichte der Phänomene und Funktionen des Lebens; für die Entwicklung moralischer Maximen und Regeln und die Konstituierung politischer Prinzipien und Normen.[33]

4. Cabanis: Das Wesen des Menschen als physiologische »Organisation«

Zu den wichtigsten Wortführern und Begründern einer neuen »Wissenschaft vom Menschen« gehörte ein späteres Mitglied der »Société des Observateurs de l'homme«, der schon erwähnte Ideologe Pierre-Georges Cabanis (1757–1808). Wenn er auch keinen wesentlichen Beitrag zu der eigentlichen Anthropologie geleistet hat, so war sein Werk doch ganz besonders wichtig. In zwölf Abhandlungen, die zum Teil zwischen 1796 und 1797 im »Institut« vorgetragen und 1802 publiziert wurden, zeichnete Cabanis eine neue Naturgeschichte des Menschen. Im Zentrum seiner Untersuchungen stand nicht mehr der traditionelle Mensch, dessen Leib der Seele untergeordnet war. Ihm ging es nun um die einheitliche, vollständige menschliche »Organisation«, wobei der »physische Mensch« und der moralische Mensch« zwei dynamische, zwar differenzierte, ontologisch aber homogene und innerlich verknüpfte Pole bilden. Gerade weil Cabanis sich dieser Wesenseinheit bewußt war, konzipierte er eine neue autonome Disziplin, in welcher die Anatomie und die Physiologie, die Psychologie und die Moralistik eine einzige Wissenschaft wurden, die er ausdrücklich als »Wissenschaft vom Menschen« bezeichnete.[1]

Die »Wissenschaft vom Menschen«, wie Cabanis sie konzipierte, fand offenbar eine ausgewogene und suggestive Lösung für den Fragenkomplex, in dem sich Themen wie die folgenden überschnitten hatten: besitzt der Mensch wirklich eine innere physische Substanz? Welches Verhältnis besteht zwischen dieser Substanz und dem menschlichen Körper? Kann man den ganzen Menschen mit naturwissenschaftlichen und experimentellen Methoden untersuchen? – ein Problem, das sich deutlich aus den beiden erstgenannten ergab; ist es zweckmäßig, die Erforschung des Menschen vor allem auf seine physische »Organisation« zu verlagern? Wie muß das traditionelle Verhältnis zwischen der Philosophie und den Naturwissenschaften (vor allem Medizin, Physiologie, Anthropologie und vergleichende Zoologie) hinsichtlich ihrer erkenntnistheoretischen Kompetenz und Funktion verändert werden? Welches schließlich sind die besten Methoden, um die psychologisch-affektiven Funktionen des Menschen zu analysieren? Sollte man dabei vielleicht sogar systematisch, ohne respektlos zu sein, die entsprechenden Funktionen der Tiere vergleichen?

Es war kein Zufall, daß all diese Streitpunkte der philosophisch-wissenschaftlichen Debatte, die sich im Laufe des 18. Jahrhunderts entfaltet hatte, in den *Rapports du physique et du moral de l'homme* wieder auftauchten, wenn sie auch im einzelnen anders ausgeführt wurden. Wir haben schon darauf hingewiesen, daß Cabanis die Seele verneinte und sie auf eine zwar differenzierte, aber zutiefst homogene Funktion reduzierte, die mit der einheitlichen physischen »Organisation« des Menschen strukturell verknüpft war; in diesem Zusammenhang müssen wir hier nur noch anmerken, daß Cabanis nicht bei rein theoretischen Aussagen stehen blieb. Er war freilich den effekthaschenden Positionen und Behauptungen nicht abgeneigt und verglich z. B., nachdem er die Seele auf ein »Gehirnzentrum« reduziert hatte, das Gehirn mit dem Magen und die Bildung eines Gedankens mit der Sekretion des Magensaftes.[2] Doch im Verlauf der *Mémoires* beschränkte er sich keineswegs auf derartige Formulierungen. Die Reduktion der Seele auf ein Gehirn- oder Nervensystem bedeutete nie, daß Cabanis den Menschen gewissermaßen bei den höheren tierischen Organismen einstufte; vielmehr wies er ihm stets einen höheren Rang, eine höhere Entwicklungsstufe zu als allen übrigen natürlichen Wesen.[3] Eine solche Reduktion diente ihm hauptsächlich dazu, endlich einmal den »ganzen« Menschen experimentell beobachten und prüfen zu können. Er sprach der Metaphysik ausdrücklich jeden spezifischen Forschungsgegenstand ab; für ihn war sie nur noch die »Wissenschaft der Methoden«[4], denn der Mensch müsse endgültig von der Medizin, der Physiologie und allgemein von den »beobachtenden« Wissenschaften analysiert werden. Bereits im ersten *Mémoire* wies Cabanis besonders nachdrücklich darauf hin, daß die »Physiologen« seit kurzem der Abteilung des »Institut« angehörten, die sich mit der »Analyse der Ideen« beschäftigte – und das entsprach der früheren Philosophie, wobei die neue Benennung aber sehr vielsagend war.

»Die physische Kenntnis vom Menschen«, das heißt eine konkrete und nachprüfbare Kenntnis, werde fortan die »gemeinsame Grundlage« der philosophischen und moralischen Studien sein.[5] Die ersten Forschungen, die Cabanis in die Wege leitete, betrafen gerade die Beziehungen zwischen der Erforschung des physischen Menschen und der Erforschung seines intellektuellen Verhaltens, zwischen der systematischen Entfaltung seiner Organe und der analogen Entwicklung seiner Gefühle und seiner Leidenschaften – Beziehungen, aus denen deutlich hervorgehe, daß die Physiologie, die Analyse der Ideen und die Morallehre nur drei Zweige ein und derselben Wissenschaft seien, die man zu Recht als Wissenschaft vom Menschen bezeichnen könne.[6]

Die mehr oder weniger radikale Naturalisierung der Seele hing also organisch zusammen mit der Reduktion der Philosophie auf eine »Analyse der Ideen« und allgemeiner mit einer endlich wissenschaftlichen, auf Tatsachen beruhenden Auffassung des Menschen. Wissenschaft, versicherte Cabanis an mehreren Stellen seines Werkes, könne nur aus konkreten, »positiven«, experimentell überprüften Tatsachen bestehen. Damit nahm er deutlich Stellung für eine wissenschaftliche Philosophie und gegen die traditionelle Metaphysik, die sich mit nicht nachprüfbaren Substanzen und Prinzipien befaßte.[7] Andererseits forderten die *Rapports* nicht, ausschließlich von Tatsachen und von einem experimentellen Empirismus auszugehen. Wer nur die einzelnen Tatsachen, die Beobachtung von Teilbereichen berücksichtige, verfehle oft das Ziel seiner Forschungen. Außer den Tatsachen verlange die Wissenschaft auch die allgemeinen Beziehungen und Zusammenhänge. Ohne eine einheitliche Perspektive könne sie nicht vorgehen. Einer Wirklichkeit, deren vielfältige Aspekte innerlich und organisch miteinander verknüpft seien, müsse eine ebenso einheitliche Wissenschaft entsprechen – wobei, wie Cabanis ausdrücklich erläutert, diese Einheitlichkeit nur annähernd bestehe und Unterteilungen nicht ausschließe.[8]

Die Forderung, die Wissenschaft müsse organisch und einheitlich sein – oder wenigstens dazu tendieren –, war gerade im Zusammenhang mit der Wissenschaft vom Menschen sehr wichtig, wo sie durch bedeutende Beispiele erläutert wurde. Historisch gesehen, so meinte der Verfasser der

Rapports, sei die Kenntnis vom Menschen gerade dann in eine Krise oder ins Stocken geraten, als man den physischen vom moralischen Menschen trennte und gleichzeitig zwei verschiedene Disziplinen gründete, die überhaupt nicht oder nur ungenügend miteinander verknüpft waren.[9] Noch einmal müssen wir betonen, wie scharfsinnig Cabanis die Krise der positiven »Kenntnisse« mit einer bestimmten – metaphysischen, dualistischen – Auffassung der Wirklichkeit verband und einsah, daß diese Auffassung sich ändern mußte, damit die Zeit einer »neuen« Wissenschaft anbrechen konnte. Zu jener Krise nämlich sei es gekommen, als man ein Prinzip im Menschen postulierte, das ihm nicht angehörte; und dieser Irrtum habe sich in verschiedenen Versionen bis zu Condillac behauptet. Condillac nämlich habe »die Instinkthandlungen verneint und versucht, sie mit den raschen und nicht sehr geklärten Funktionen des Verstandes zu erklären«, und postulierte damit weiterhin »die Existenz einer vom Empfindungsvermögen unterschiedenen wirkenden Ursache«, das heißt, er hielt weiterhin an der Trennung zweier verschiedener Lebewesen fest und ließ sogar ein geistiges Prinzip gelten, das sich von den Prinzipien des organischen Lebens unterschied.[10] Die Wissenschaft vom Menschen, die diesen Namen verdiene und die Cabanis begründen wollte, sehe von jeder metaphysischen Substanz ab und gehe einzig von einer organisch-einheitlichen Betrachtung des menschlichen Lebens und des Menschen aus:

> In jeder gegebenen Situation ergibt sich die bekannte Wirkung aus dem Zusammentreffen aller Ursachen oder aller wirkenden Umstände. Diese Wahrheit, die man nur aussprechen muß, damit sie deutlich wird, läßt keine Ausnahme zu, doch fällt sie irgendwie noch mehr auf und zieht noch bemerkenswertere Konsequenzen nach sich, wenn wir die Erscheinungen des Lebens beobachten... Mit einem Wort, um es noch einmal mit Hippokrates zu sagen: alles trifft zusammen, alles verbindet sich, alles stimmt überein. Wenn man den Menschen erforscht, muß man ihn also sicher in einer allgemeinen und einheitlichen *(commune)* Perspektive betrachten, wo alle Eigenschaften und Operationen seiner Existenz gleichsam in einem einzigen Punkt überblickt werden können, so daß man ihre Wechselbeziehungen und ihre gleichzeitige Wirkung erfassen kann, denn eben sie erzeugen all die Erscheinungen, die man beobachten will.[11]

In einer derart weltlich-natürlichen und organisch-einheitlichen Perspektive wurde der Mench wirklich – und ohne unerkennbare Rückstände, die auch die übrige empirische Beobachtung unvollständig und unglaubwürdig gemacht hätten – zu einem Phänomen, das konkret und nicht mehr nur einseitig einer experimentellen Analyse unterzogen werden konnte. Wir wissen außerdem, daß Cabanis keineswegs die inneren Diffenzierungen und Spannungen der einheitlichen menschlichen »Organisation« außer acht ließ. Der Mensch war für ihn ein System von Systemen, die alle miteinander zusammenhingen; dabei übte jedes System eine besondere und scharf charakterisierte Funktion aus und war außerdem ein Glied der Kette jener Aktionen und Reaktionen, aus denen das ganze Wesen des Menschen besteht.

Wir dürfen auf keinen Fall diese differenzierte Auffassung des »Objektes« Mensch bei Cabanis vernachlässigen. Sie war nämlich direkt davon abhängig, daß er die »Wissenschaft vom Menschen« empirisch-experimentell, nicht »philosophisch« auffaßte. Diese Wissenschaft wollte und konnte nicht zu einer neuen »Philosophie« werden, wie es die traditionelle gewesen war, denn sie durfte nicht so leichtfertig wie die traditionelle Philosophie vorgehen; sie mußte auf verallgemeinernde Methoden und Interpretationen verzichten; sie durfte die Phänomene einer immer komplexeren Wirklichkeit nicht gleichschalten und auf ein Geflecht verschiedener, im voraus – vielleicht sogar *ab initio* oder *ab innato* - festgesetzter Begriffe reduzieren, denn der Organismus des Menschen war ja strukturell differenziert und bestand aus Systemen, die die verschiedensten Merkmale und Gesetze besaßen: so mußten, um deren spezifischen Charakter festzustellen und zu analysieren, nicht so sehr verschiedene *universalia,* sondern *besondere* und sachhaltige Beobachtungen herangezogen und diese aufgrund von Methoden durchgeführt werden, die mit der Philosophie, einer einheitlich-universell-begrifflichen Auffassung, abgesehen von der methodologischen Verifikation, wenig oder nichts gemein hatten. Es war kein Zufall, daß Cabanis nicht nur eine einheitliche Erforschung des Menschen forderte, sondern unmittelbar anschließend nicht weniger ausdrücklich und energisch feststellte – als ob er den Verdacht zerstreuen wollte, auch sein Menschenbild sei im herkömmlichen Sinn »philosophisch«, doktrinär –, bei der Analyse des Menschen müsse innerhalb einer ihrer Tendenz nach einheitlichen Perspektive jede Kategorie der Erscheinungen einer »detaillierten« Untersuchung unterzogen und während der Beobachtung »isoliert« und »gesondert« betrachtet werden. »Es ist nötig«, schließt Cabanis, »besonders streng analytisch vorzugehen, wenn so differenzierte, so bewegliche und so schwierige Objekte erforscht werden.« [12]

Der Mensch bestand also aus verschiedenen, völlig autonomen und ausnahmslos organisch miteinander verbundenen Ebenen, die sich vertikal überlagerten. Zur Außenwelt war er auf mehrere Arten geöffnet und empfing verschiedene Empfindungen, die in komplizierten Verbindungen gesammelt, von den äußeren Organen registriert und schrittweise den inneren Organen vermittelt wurden.[13] Einer der wichtigsten Aspekte der Anthropologie von Cabanis ist, wie deutlich er das Empfindungsvermögen ins Zentrum des Lebens und des Seins des Individuums stellte und experimentell oder induktiv dessen verschiedenste Äußerungen untersuchte, angefangen von den ersten Empfindungen, die der menschliche Fötus wahrscheinlich habe, bis zu der ständigen Wechselwirkung zwischen den peripheren Systemen und dem zentralen System. Wir werden an anderer Stelle diesen umfangreichen Teil des *Rapports* und seine zahlreichen sehr wichtigen und suggestiven Bemerkungen gebührend untersuchen. Hier müssen wir betonen, daß wir es nicht nur mit mehr oder weniger genialen und avantgardistischen Erkenntnissen zu tun haben. Cabanis' umfassende physioanthropologische, keineswegs nur intuitive Forschungen, waren vor allem in diesem Zusammenhang wichtig, weil er sich bemühte, die damals fortgeschrittensten wissenschaftlichen Erkenntnisse kennenzulernen und sie und ihre Ergebnisse aufzunehmen. Als er erkannte, daß das Empfindungsvermögen das zentrale Thema einer Debatte war, die auch viele philosophische Implikationen hatte, studierte und benutzte er deshalb zwar kritisch – und dies nicht immer zu Unrecht – Hallers grundlegende Texte über das Nervensystem. Dieser große Schweizer Gelehrte hatte um die Mitte des Jahrhunderts wieder angefangen, das Empfindungsvermögen, seine Funktionen und seine Träger zu untersuchen.[14] Cabanis griff Hallers Studien auf und führte sie weiter, wobei er einige Lehrsätze anfocht und versuchte, die eine oder andere doktrinäre, vom Mechanizismus beeinflußte These aufzuheben.[15] Natürlich überzeugten seine Kritiken und Entwicklungen nicht immer, doch spielten seine Forschungen im Kontext der Diskussionen über die »Wissenschaft vom Menschen« des ausgehenden Jahrhunderts eine bedeutende Rolle. Er zeigte, wie das, was allgemein recht verschwommen als Empfindungsvermögen bezeichnet wurde, entstand und *wirklich* beschaffen war, wie es sich differenzierte und in welchem Verhältnis es zu der Reizbarkeit und der Motilität stand. Er dokumentierte die unerschöpfliche Dynamik der menschlichen »Organisation«, indem er sowohl die einzelnen als die wechselwirkenden Tätigkeiten der verschiedenen Organe untersuchte; er wies nach, daß bereits der Fötus Reize empfindet, und daß es Instinkte, unbewußte Empfindungen oder Begierden gibt, wobei er die Erforschung der Beziehungen zwischen diesem »Innenleben« und der Tätigkeit bestimmter Organe anbahnte und entwickelte.[16] Er verstand das »Moralische« als Mechanismus der intellektuellen Funktionen sowie als den Komplex der menschlichen Wünsche und Willensäußerungen und verband es unauflöslich mit dem »Physischen«.[17] Beachtenswert ist auch, in welchem Maße Cabanis sich bemühte, seine Annahmen, soweit es die ihm bekannte Wissenschaft der Zeit zuließ, durch Tatsachen zu stützen, direkte Beobachtungen der vielfältigen Wechselwirkungen zwischen den beiden grundlegenden Aspekten des Menschen heranzuziehen, auch wenn es, wie gesagt, nicht an unbegründeten Thesen und wenig überzeugenden Stellen und Interpretationen fehlte.[18]

Gerade in diesem Zusammenhang und gerade aufgrund dieser thematischen und methodologischen Forschungsperspektiven war Cabanis' »Wissenschaft« deutlich anthropologischer und »philosophischer« Natur. Cabanis war fähig, die konkret ermittelten Tatsachen miteinander zu verknüpfen und zu verallgemeinern, und allmählich gelang es ihm, ein neues Menschenbild zu umreißen und für lange Zeit auch neuere, vermeintlich avantgardistische Untersuchungen außer Kurs zu setzen. Nehmen wir z. B. das so zentrale Problem des Empfindungsvermögens. Bis zu diesem Zeitpunkt hatte sich die Philosophie seine Behandlung weitgehend vorbehalten. Das war nun nicht mehr der Fall. Cabanis stellte den Zusammenhang zwischen zwei Bereichen her, die sehr lange im wesentlichen eigenständig erforscht worden waren, und zeigte, daß einer davon, der philosophische, angesichts der neuen wissenschaftlichen Errungenschaften die eigenen Begriffe und Methoden radikal ändern mußte.[19] Über das Empfindungsvermögen und die Empfindungen hatten wenige Jahre zuvor berühmte Philosophen wie Condillac und Helvétius gesprochen. Beide Denker wurden von Cabanis und dem ganzen Kreis der Ideologen geschätzt. Daß sie aber gewisse Probleme rein spekulativ angingen, kommentierte der Verfasser der *Rapports* mit unverhohlener Skepsis:

> Auch wenn wir Helvétius' weisen, umfassenden, tiefen Geist und Condillacs scharfen Verstand und seine perfekte Methode bewundern, müssen wir feststellen, daß sowohl dem einen als dem anderen die physiologischen Kenntnisse fehlten, die ihrem Werk zugute gekommen wären. Hätten sie den tierischen Bau besser gekannt, wäre es dem ersteren dann wohl möglich gewesen, das System der Gleichwertigkeit alles Geistigen zu vertreten? Und hätte der zweite nicht verstehen müssen, daß die Seele, so wie er sie begreift, ein Vermögen, aber nicht eine Substanz ist? ...[20]

Nachdem Cabanis die Seele in die zwar gegliederte »Organisation« des Menschen aufgelöst, die Bedeutung des Nervensystems und der inneren Organe für das psychisch-affektive Leben des Menschen entdeckt und die Instinkte und unbewußten Empfindungen oder Begierden rehabilitiert hatte, konnte er das Wesen des Menschen »verlagern«. Es wurde mit neuen, glaubhafteren Argumenten in die natürliche Ordnung eingefügt. Die objektive Logik, die dem neuen ontologischen Status des Menschen innewohnte, hatte zur Folge, daß Cabanis energisch für die Verwandtschaft des menschlichen Individuums mit den Tieren plädierte.[21] Andererseits schloß diese »Verlagerung« auch stichhaltigere Gründe für die Behauptung ein, der Mensch sei für die Einflüsse der Außenwelt empfänglich, die er zudem niemals nur passiv aufnehme. In mehreren Teilen des *Rapports* wird minuziös, aber nie pedantisch analysiert, wie Sein und Werden des Menschen je nach Geschlecht und Temperament beschaffen sind, vom *»Milieu«* und der »Lebensweise« beeinflußt und infolge von Alter und Krankheiten verändert werden.[22]

Cabanis, so muß betont werden, schuldete der vorausgegangenen Philosophie und Wissenschaft viel; er selbst verschwieg nicht, wieviel er Buffon und Condillac verdankte. Doch selbst seine schwächsten Analysen waren ganz anders angelegt als die seiner Vorgänger. Er trachtete nicht so sehr nach den mehr oder weniger suggestiven »Deskriptionen« als nach der positiven, auf Tatsachen beruhenden »Gewißheit«, die er einige Jahre vorher im Bereich der Medizin theoretisiert und als dringend notwendig bezeichnet hatte.[23] Daß er auf philosophischer und wissenschaftlicher Ebene in einigen Fragestellungen von Buffon und Condillac sich zu distanzieren verstand, zeigt, wie bewußt er sich der Eigenständigkeit seiner Auffassung vom Menschen und von der Wissenschaft vom Menschen war:

Nichts gleicht wohl dem Menschen, wie er tatsächlich ist, weniger als jene Statuen, die angeblich plötzlich die Fähigkeit haben sollen, die Eindrücke jedes einzelnen Sinnes gesondert wahrzunehmen, Eindrücke, die in sich Vorurteile enthalten und dann Entschlüsse hervorrufen. Wie könnten diese verschiedenen Operationen ausgeübt werden, wenn die Organe, ohne deren besondere Tätigkeit oder ohne deren Mitwirken selbst die einfachste sinnliche Wahrnehmung, die unbestimmteste intellektuelle Kombination und undeutlichste Begierde nicht erzeugt werden kann, sich nicht allmählich entwickelten; wenn sie nicht bereits durch die Folge von Bewegungen, die ihnen das keimende Leben einprägt, jenes zusehends fortschreitende Wissen erworben hätten, durch das allein sie fähig werden, ihre eigenen Funktionen auszuüben und ihre Kräfte auf das gemeinsame Ziel zu richten und miteinander verbinden zu können. Nichts gleicht der Weise, wie die Empfindungen wahrgenommen und die Ideen und Begierden wirklich gebildet werden, weniger als jene Teilhandlungen eines Sinnes, der angeblich völlig getrennt vom System wirken kann und selbst dem vitalen Einfluß entzogen sein soll, ohne den es doch gar keine Empfindungen geben könnte. Und vor allem ist nichts so unbegründet wie jene Handlungen des Denkvermögens, das man ohne zu zögern als unabhängige Kraft wirken läßt; das man, um es in Gang zu setzen, bedenkenlos von all den vielen sympathetischen Organen trennt, obwohl es von ihnen nicht nur sehr stark beeinflußt wird, sondern deren Nerven einen großen Teil des Stoffs der Gedanken oder der Bewegungen übermitteln, die zu seiner Tätigkeit (production) beitragen.[24]

In dieser denkwürdigen Stellungnahme, die wir, aus Raumgründen, ohne die wichtige nachdrückliche Bemerkung, es gebe vorbewußte Instinkte und eine pränatale Erfahrung, zitieren mußten, verknüpft Cabanis eine thematische Überzeugung und einen methodologischen Vorsatz miteinander, und zwar die Überzeugung, daß die Natur des Menschen organisch einheitlich sei, und den Vorsatz, diese Einheitlichkeit nie aus den Augen zu lassen, da sie nicht nur die hypothetische, sondern die wirkliche Dimension des Menschen sei und deshalb auch nicht mittels Hypothesen zu analysieren sei, die letzten Endes in metaphysisch-theologischer Abhängigkeit standen, sondern aufgrund der konkreten Phänomenologie psycho-physischer Vorgänge, die er, als ein in der Physiologie bewanderter »Observateur« – was Condillac nicht war – mit »Gewißheit« nachweisen konnte. Indem Canabis als erster – oder zumindest besser als jeder andere – dieses neue, einheitlich-natürlich-dynamische Menschenbild umriß, trug er auf theoretischer Ebene zur Begründung der modernen Wissenschaft vom Menschen ganz entscheidend bei. Andere leisteten neuere und bedeutendere spezielle Beiträge. Cabanis und seine Freunde stellten als erste den Menschen wieder in den Bereich einer allgemeinen Zoologie, wo er allerdings, wir wir gesehen haben, eine Sonderstellung einnahm. Damit erfüllten sie den anscheinend paradoxen Wunsch Voltaires, den Menschen wie ein Tier zu untersuchen, und legten ein allgemeines Schema vor, mit dem jene Beiträge geordnet und interpretiert werden konnten. Auf etwas »Moralisches« zurückgeführt, verlor die Seele endgültig ihre Würde. Nicht zufällig wurde in der Zeit der ersten gegenaufklärerischen Reaktion gerade Cabanis, den man auch als Agnostiker oder sogar, wegen eines überbewerteten Alterswerkes, als Kryptospiritualisten bezeichnet hat, besonders heftig angegriffen als einer der gefährlichsten Vertreter des verabscheuten »Matérialisme du XVIII siècle«.[25]

5. Von der »Wissenschaft vom Menschen« zur Anthropologie

Von den neunziger Jahren an verbreiteten und vermehrten sich zusehends die Untersuchungen zur »Wissenschaft vom Menschen«, zur Naturgeschichte des Mannes und/oder der Frau, sowie die Abhandlungen über die Beziehungen zwischen Physischem und Moralischem. Im gleichen wissenschaftlichen und kulturellen Zusammenhang kamen in Frankreich avantgardistische Forschungen und Disziplinen auf, von der Kraniometrie bis zur Physiognomik. Die zuletzt genannten Studien hatten gerade in diesen Jahren einen riesigen Erfolg, dessen eigentliche und positivste Bedeutung wir nicht verstehen können, wenn wir uns nur auf den Rahmen unseres Themas beschränken. Zumindest einer der Ursprünge der Physiognomik war der Versuch, herauszufinden, in welchen Formen und nach welchen Gesetzen sich die inneren Gefühle im Gesicht und in der Gestalt äußerten. Nach dem, was wir oben über das Problem der Beziehung zwischen Leib und Seele – oder dem »Physischen« und dem »Moralischen« – gesagt haben, versteht sich, wie bedeutend eine solche Initiative für die Kultur jener Zeit werden konnte. Wenn man eine exakte und wissenschaftliche Übereinstimmung zwischen den Gefühlen und den entsprechenden physischen Äußerungen fand, so konnte in der natürlichen Verkörperung des »Geistes« untersucht werden, welche Dimension er besaß. Das hieß auch, wie schon angedeutet, daß die bisher unfaßbare und unhörbare Stimme der Seele festgehalten und in einem »Text« gelesen und analysiert werden konnte, den die beobachtende und experimentelle Wissenschaft exakt untersuchen konnte. Daß einige Gelehrte solche Studien gerade in dieser kulturellen Perspektive betrieben, zeigt sich auch in den schon erwähnten Schriften eines so seriösen Gelehrten wie Camper, der der experimentellen Erforschung der physiognomischen Äußerungen – »das heißt, der natürlichen, äußerlich durch die seelischen Bewegungen hervorgerufenen Wirkungen« – die »metaphysische Art« gegenüberstellte, in welcher die dualistischen und spiritualistischen Philosophen, die noch immer unfähig seien, »uns zu zeigen, wie die überraschenden Wirkungen dieser geistigen Substanz zustandekommen«, hohle Phrasen über diese seelischen Bewegungen äußern.[1]

Gerade in dieser Perspektive wurden in Frankreich am Ende des Jahrhunderts die physiognomischen Untersuchungen von einem Teil der kulturellen Avantgarde verbreitet und verschiedenartig entwickelt. Campers bedeutendste Texte zu diesem Thema wurden in Frankreich um 1790 bekannt. In den gleichen Jahren zirkulierten überall Johann Caspar Lavaters Schriften, die freilich ganz anders und obskurer als die Werke des holländischen Gelehrten sind.[2] Die Physiognomie, bemerkt Marquart in der *Encyclopédie Méthodique,* »wird ein Gemälde, das alle Leidenschaften ebenso energisch wie getreu darstellt und in pathetischen Figuren die geheimsten Erregungen abbildet«.[3] Über die Physiognomik sprachen also nicht nur die Groschenblättchen, die modischen *sociétés savantes* oder die eher brillanten als tiefschürfenden Figuren der Pariser Kultur wie Louis-Sébastien Mercier.[4] Man erörterte dieses Thema auch am »Institut« und später in den Nummern der einflußreichen »Revue philosophique«; Lamarck widmete ihm einige Stellen und Napoleon unterhielt sich mit seinem Vertrauten Las Cases darüber.[5] Als Wissenschaft, die zwischen dem »Moralischen« und dem »Physischen« des Menschen vermittelt, legte die Physiognomik eines der merkwürdigsten, wenn auch nicht immer gültigen und vorurteilslosesten Zeugnisse davon ab, wie in der europäischen Anthropologie des ausgehenden Jahrhunderts allmählich die natürlich-experimentelle Richtung in den Vordergrund trat.

Wie geistig auch immer das Prinzip ist, das in uns existiert – schreibt 1797 ein Anhänger der neuen Wissenschaft – wie hoch es auch über unseren Sinnen stehen mag, so kann es doch wahrgenommen werden, weil es mit dem Körper, in dem es sich befindet, übereinstimmt und an ihn gebunden ist. Gewisse geistige Situationen erzeugen Vorlieben oder Neigungen, die Neigungen erzeugen Gewohnheiten und aus diesen entstehen die Leidenschaften: diese seelischen Affekte äußern sich ganz deutlich im Gesicht.[6]

Wir können hier nicht weiter darauf eingehen, wie und mit welchem Erfolg die Physiognomik in der französischen Kultur der Jahrhundertwende betrieben wurde. Es war aber unbedingt nötig, darauf hinzuweisen, weil sie, wie gesagt, mit dem Leib-Seele-Problem zusammenhängt, als auch deshalb, weil die »Société des Observateurs de l'homme« an diesen Untersuchungen sehr interessiert war. Übrigens war jener Moreau de la Sarthe, der 1806 eine schöne kommentierte und überarbeitete Ausgabe der Werke Lavaters besorgte, ein »Observateur«.[7] Ein »Observateur« war auch der Mediziner und Naturforscher J. J. Sue, der 1797 eines der ernsthaftesten und systematischsten Werke über die neue Wissenschaft veröffentlichte, wo er unter anderem nachdrücklich wiederholte, daß »man am Äußeren eines Menschen, und vor allem an seinem Gesicht, ablesen kann, was in seiner Seele vorgeht«. Und er fügt hinzu: »Man sieht es im Körper, und man kann sagen, der Körper sei das Abbild der Seele *oder die sichtbar gewordene Seele selbst«*.[8] Louis-François Jauffret, Begründer der »Société« und einer der größten Theoretiker der »neuen« Anthropologie, nahm in seiner grundsätzlichen Darlegung der Aufgaben und Ziele der »Observateurs« eine aufgeschlossene, aber auch sehr vorsichtige Haltung gegenüber der Physiognomik ein: er distanzierte sich gleichermaßen vom »absoluten Pyrrhonismus, der in den verschiedenen Physiognomien nichts als unbedeutende Merkmale sieht«, wie von der »übertriebenen Zuversichtlichkeit, die sich anmaßt, ihren Sinn erklären und sogleich das ganze Schicksal eines Menschen daraus ablesen zu können«.[9]

In den letzten Jahren des Jahrhunderts wurde die neue »Wissenschaft vom Menschen« durch die verschiedensten Einzelforschungen bereichert und mit wachsendem thematischen und epistemologischen Bewußtsein theoretisiert. Voll der verlockendsten Verheißungen, der Mensch könne endlich einheitlich-materiell und beobachtend-experimentell erforscht werden, entwickelt sie sich schnell zu einer Institution. Die Prämissen, die der so sehr kritisierte Buffon gesetzt hatte, erleichterten die Aufgabe der alten und der neuen »anthropologistes«. Paris hatte es auch seiner Initiative zu verdanken, daß es die Stätte der ersten Vorlesungen über die Wissenschaft vom Menschen wurde. Im »Muséum d'Histoire Naturelle« sprach Lacépède in den Jahren VI–IX der Republik über die »Naturgeschichte des Menschen«. Unter anderem behandelte er den Menschen im allgemeinen und die Unterschiede zwischen dem Menschengeschlecht und den Tierarten, legte die wissenschaftlich-soziale Funktion dieser Studien dar und umriß sogar »eine Geschichte der Menschenrassen und eine Analyse der Hauptvarietäten des Menschengeschlechts«.[10] Einige Jahre vorher, 1795, hatte

Lacépède zusammen mit Daubenton der »Naturgeschichte des Menschen« bereits eine Reihe von Vorlesungen an der »École Normale« gewidmet.[11] Auch bei dieser Gelegenheit befaßte er sich vor allem mit sehr allgemeinen oder, was der Programmatik der »École Normale« entsprach, mit methodologischen Problemen. So sprach er »über die Art und Weise, die Naturgeschichte zu erforschen«, wobei er – in sehr interessantem Zusammenhang – Daubentons Beitrag zur Begründung der vergleichenden Anatomie und das medizinisch-anthropologische Werk von Hunter, Camper, Scarpa, Vicq d'Azyr und Portal rühmte.[12]

Trotz ihres rhetorischen Stils, der bei den Gelehrten der neuen Generation unbeliebt war und von ihnen angefochten wurde, sind Lacépèdes Thesen zum Inhalt und zu den Methoden der »Naturgeschichte des Menschen« stark beachtet worden – angefangen von der Behauptung, daß eine anthropologische Wissenschaft »mit der Erforschung des völlig wilden Menschen anfängt und bis zum Erscheinen der Individuen in den bestehenden Gesellschaften fortgehen muß«.[13] Das war ein anregender Vorschlag, die Anthropologie mit der Psychologie, der Geschichte, der Soziologie zu verbinden. In seinen Vorlesungen zögerte Lacépède nicht, auch auf weniger allgemeine, spezifischere Themen einzugehen. Der Vortrag über die »Hauptsächlichen Formen des Menschen, der Vierfüßler, der Vögel, der Wirbeltiere und der rotblütigen Tiere sowie die daraus abgeleiteten Fähigkeiten und Gewohnheiten« ist ein Beispiel dafür, wie Lacépède eine vergleichende Analyse durchführt und erläutert, wobei er in gewisser Hinsicht nicht viel anders vorging als Camper und Blumenbach.[14] Die spezielle Vorlesung zur »Naturgeschichte des Menschen« beginnt zudem mit einem Passus, den wir ganz zitieren wollen:

Im Zentrum des unermeßlichen, aus den Erzeugnissen der Natur gebildeten Ganzen, inmitten der organisierten, lebenden und empfindenden Wesen befindet sich der Mensch, dieses Lebewesen, das von der schöpferischen Kraft erzeugt ist. Was ist interessanter, als ihn zu beobachten? Was ist schwieriger, als ihn kennenzulernen? Welches Objekt steht uns näher? Wir sehen es, berühren es, wir fühlen es in unserm Innern: dieses Objekt sind wir, und dennoch entzieht sich sein Wesen unserem Geist; es entgeht unserer Intelligenz. Ach! Gerade diese Identität entzieht es der Anschauung. Wir können nur aufgrund der Verschiedenheit von Beziehungen begreifen, und hier gibt es nur Ähnlichkeiten, aber keine Unterschiede zwischen dem Beobachter und dem Untersuchungsobjekt. Suchen wir also das Licht, das uns fehlt, außerhalb von ihm, außerhalb von uns; beziehen wir alles, was uns auffallen wird, immer auf dieses besondere Objekt; damit unsere Vergleiche nützlicher sind, wollen wir aber schon von diesem Moment an die großen Ergebnisse ähnlicher oder analoger Gegenüberstellungen mit denen vereinigen, die wir veranstalten. Die Anatomen haben die äußere Struktur und die Triebkräfte des Lebens und der Gefühle des Menschen aufgedeckt. Untersuchen wir unsererseits die Produkte dieser Triebkräfte. Vergessen wir nicht, daß wir, wenn wir die Wirkungen dieser mächtigen Ursachen darlegen, nur den Menschen der Natur, das Menschengeschlecht und nicht die Individuen behandeln dürfen.[15]

Bei diesem außergewöhnlichen Text brauchen wir Lacépèdes rhetorische Akzente nicht zu entschuldigen. Keine Rhetorik kann die Tatsache auslöschen, daß seine theoretischen Thesen höchst bedeutend und modern waren. Dem leidenschaftlichen Hinweis darauf, wie wesentlich die Erforschung des Menschen für den Menschen sei – ein Hinweis, der von der französischen Kultur der Jahrhundertwende in ähnlicher Form mehrfach geäußert wurde – kam in seiner Intensität der Sinn und Wert eines intellektuellen Manifests zu. Dieses Manifest wurde, wie wir wissen, Jahre später von Jauffret und der »Société des Observateurs de l'homme« wieder aufgenommen. Doch so intensiv Lacépède zur Anthropologie aufrief, rückte er die vielen theoretischen Probleme und Schwierigkeiten, die mit einer exakten und ihres Namens würdigen Wissenschaft vom Menschen zusammenhingen, keineswegs in den Hintergrund. Lacépède ging von einer beachtlichen epistemologischen Beobachtung aus: Wissenschaft ist nur dort möglich, wo zwischen Subjekt und Objekt eine Beziehung, ein Unterschied besteht und wo es möglich ist, einen Abstand zwischen Subjekt und Objekt herzustellen. Nun, auf den ersten Blick scheint es, daß die anthropologische Forschung diesen Unterschied, diesen Abstand im wesentlichen nicht besitzt und nicht herstellen kann. Das Problem ist ernstzunehmen: noch heute steht es im Zentrum der theoretischen Reflexion über Gegenstand und Methode der Kulturanthropologie. Es versteht sich deshalb, daß Lacépède das Problem, das er so scharf formulierte, auf epistemologischer Ebene nicht lösen konnte. Wenn es auch selbstverständlich ist, daß Lacépède weder auf eine strukturale Methodologie, die eben von dem Problem von Identifikation und Differenz, von dem Lacépède spricht, beherrscht ist, noch auf irgendeine andere Methodologie des 20. Jahrhunderts zurückgreifen konnte, so ist um so bemerkenswerter, wie scharfsinnig er die Unmöglichkeit eines intuitionistischen Vorgehens erkannte und wie energisch er dazu aufrief, auch trotz apriorischer Schwierigkeiten dem Abstand und der Verschiedenheit zwischen Subjekt und Objekt nachzuspüren und gleichzeitig ein immer dichteres und »objektivierbareres« Netz von immer artikulierteren und – im strengen Sinne – systematischeren »Vergleichen« zu knüpfen.[16]

Mit Recht läßt sich sagen, daß nunmehr, nach der erwähnten komplexen philosophisch-wissenschaftlichen Bewegung, nach Veröffentlichung der ersten allgemeinen »Mémoires« von Cabanis, nach Einrichtung von Vorlesungen zur »Naturgeschichte des Menschen«, nach Jauffrets ersten ethnoanthropologischen Vorlesungen [17], und schließlich, nachdem Lacépède seine theoretischen Thesen zur »Wissenschaft vom Menschen« geäußert hatte, die moderne anthropologische Wissenschaft entstanden war. Es war gewiß kein Zufall, daß gerade in dieser Periode zur Bezeichnung der neuen Disziplin allmählich immer häufiger der Begriff »Anthropologie« verwendet wurde.[18] Der Begriff selbst war sehr viel früher entstanden. Aristoteles bezeichnet in der Nikomachischen Ethik als »Anthropologe«, wer von sich selbst oder von den anderen Menschen spricht oder sich mit sich selbst oder den anderen Menschen befaßt.[19] Doch fand das Wort in dieser Bedeutung offenbar keinen Anklang und keine Nachfolge. Später, vor allem in der Patristik, wurde der Begriff, besonders als Verb, in der theologischen Sprache von Autoren wie Anastasius Sinaita, Apollinarius von Laodicea, Didimus Alexandrinus in dem Sinne verwendet, daß von göttlichen Dingen auf menschliche Art gesprochen wurde oder daß Gott, der Unendlichkeit, etc., menschliche Gefühle oder Handlungen zugeschrieben wurden [20]; doch auch diese Bedeutung verschwand dann im wesentlichen, obwohl sie noch in der »Encyclopédie« und sogar bei Littré erwähnt wurde.[21] Die Renaissance benutzte das Wort für einige Schriften über die menschliche *fabrica;* und dieser Gebrauch nahm die Verwendung im 18. Jahrhundert vorweg, und zwar auch deshalb, weil er eine neue Würdigung des Menschen und seiner physischen Struktur einschloß.[22] Schließlich – Beispiele des 17. Jahrhunderts und Varianten wie *anthropografia* übergehen wir [23] – gebrauchte man den Begriff im 18. Jahrhundert ziemlich häufig, vor allem in Deutschland, doch war man sich dabei noch nicht vollkommen bewußt, wie eigenständig und spezifisch die betreffende Disziplin war.[24] Erst die verschiedenen *Histoires naturelles de l'homme* umrissen die spezifischen Konturen des neuen Stoffgebiets schärfer, das sich nicht, wie bereits Buffon begriff, einfach aus der Summe heterogener, anderen Wissensgebieten zugehöriger Daten ergeben durfte. Gewöhnlich wird an diesem Punkt auf die Werke Ernst Platners und Kants verwiesen.[25] Der modernen Wortbedeutung steht jedoch in Wirklichkeit der Gebrauch näher, den Blumenbach in dem berühmten, der dritten Auflage seines *De generis humani varietate nativa* vorangestellten »Widmungsbrief« von diesem Begriff gemacht hat.[26] Nicht weniger interessant ist, wie er einige Jahre vorher von Herder verwendet wurde, der an mehreren Stellen seines Hauptwerkes unter anderem nachdrücklich darauf hinwies, wie wichtig ein enges Band zwischen den verschiedenen Wissenschaften vom Menschen sei.[27] Doch besonders wichtig ist, wie 1788 der Schweizer Alexandre C. Chavannes in einem häufiger zitierten als gelesenen Werk die Anthropologie definierte: die »eigentliche Anthropologie«, schreibt dieser Professor aus Lausanne, ist die »Wissenschaft vom Menschen, die die Konstitution seiner Natur betrachtet, und zwar *alle Züge, die ihn in die Nähe der übrigen Arten rücken und alle, die ihn von diesen unterscheiden*«.[28]

Daß in Frankreich ein gewisser Alexandre Savérien das Wort »Antropologie« (sic) bereits 1778 in einem schon sehr modernen Sinn benutzte, ist offenbar allen Historikern entgangen, die sich mit dieser Disziplin und diesem Begriff befaßten.[29] Doch verbreitete sich der neue Begriff vor allem am Ende des Jahrhunderts, im Kreis der »idéologues«. Er findet sich in Cabanis' *Rapports du physique et du moral de l'homme,* im »Magasin Encyclopédique« und in der »Décade Philosophique«. Gerade in der zuletzt genannten Zeitschrift gab der »Observateur« Moreau de la Sarthe, in einer Rezension über ein Werk eines anderen »Observateur«, Pinel, eine äußerst interessante Definition der anthropologischen Wissenschaft, die freilich – denken wir an Jauffret – sich der Besonderheit dieser Disziplin noch nicht genügend bewußt war:

Anthropologie oder Menschenkunde ist eine sehr umfassende Wissenschaft, die vor allem aus zwei Teilen, der physischen und der moralischen Anthropologie, besteht. Die physische Anthropologie gliedert sich in verschiedene Disziplinen, und zwar erstens in die Naturgeschichte des Menschen und die Anatomie; zweitens in die Physiologie oder die Lehre von der menschlichen Organisation; drittens in die Hygiene oder die Physiologie, angewandt auf die Lebensführung und die Kunst, die Gesundheit zu erhalten; viertens in die eigentliche Medizin oder die Physiologie, die zur Unterstützung des kranken Menschen angewandt ist. Die moralische Anthropologie umfaßt erstens den experimentellen Teil, zu dem die Biographie, die Geschichte und die Reisen gehören; zweitens die Ideologie oder Analyse der intellektuellen Fähigkeiten; drittens die spekulative Morallehre oder die Analyse der Gefühle...; viertens die angewandte Morallehre, also die politische Ökonomie, die Gesetzgebung, etc.[30]

6. Die Gründung der »Société des Observateurs l'homme«

Die »Société des Observateurs de l'homme« entstand also in dem philosophischen und kulturellen Klima, das wir summarisch zu umreißen versuchten. Wesentlich war dabei, zwei fundamentale Punkte ins Licht zu rücken: zum einen die – kritische – Kontinuität, die die Anthropologie des späten 18. Jahrhunderts mit der mühsam im Laufe des Jahrhunderts entwickelten Analyse des Menschen verband, zum anderen, den weltlich-naturalistischen und interdisziplinären Charakter der Problematik, die so lange Zeit gedrängt hatte, bis sie nun eben in der Form einer »Wissenschaft vom Menschen« zutage trat. Dieser letztere Punkt macht verständlich, welche kulturellen Gründe die Entstehung und Zusammensetzung der »Société« bestimmten und was für Forschungen von ihr in die Wege geleitet wurden.[1] Wenn man die menschliche Natur *ganz,* d.h. mit all ihren verschiedenen, potentiell in den Bereich der »Beobachtung« und der »Analyse« fallenden Aspekten erforschen konnte und mußte, so durfte diese komplexe Untersuchung nicht den Gelehrten einer einzigen Disziplin überlassen werden. Es mußten vielmehr Vertreter der verschiedensten Wissensgebiete, die sich mit dem Menschen befaßten, dafür gewonnen werden. Jauffret, der Gründer der »Société«, war sich all dieser Probleme bewußt und forderte neben vielen anderen insbesondere die folgenden Gelehrten auf, in die Gesellschaft einzutreten [2]: Naturforscher wie Cuvier, Duméril und Jussieu, Philosophen und Psychologen wie Destutt de Tracy, Laromiguière, Garat ..., Mediziner wie Cabanis, Hallé, Morau de la Sarthe ..., Gelehrte, die die Zeichen und Sprache erforschten, wie Degérando, Sylvestre de Sacy, Sicard, Itard ..., Geographen und Entdecker wie Baudin, Bougainville, Levaillant ..., Historiker und Archäologen wie Volney, Millin, Pastoret ... Dieses interdisziplinäre Zusammenwirken, das es so noch nie gegeben hatte, und mehr noch das Bedürfnis, den Menschen umfassend zu erforschen, rief in der zeitgenössischen Kultur großen und äußerst bezeichnenden Enthusiasmus hervor:

Die neue, soeben gegründete Gesellschaft, die sich Société des Observateurs de l'homme nennt und das alte Motto *Gnoti seauton,* »Erkenne dich selbst«, gewählt hat, – schreibt das »Magasin Encyclopédique« – ... hat sich dem dreifachen, physischen, moralischen und intellektuellen Aspekt der Wissenschaft vom Menschen verschrieben: sie hat die wahren Freunde der Philosophie und der Morallehre, den tiefschürfenden Metaphysiker und den praktizierenden Arzt, den Historiker und den Reisenden, den Erforscher des Geistes der Sprachen und denjenigen, der die ersten Entwicklungsjahre der Kinder leitet und beschützt, eingeladen, an ihren Beobachtungen teilzunehmen. So wird der Mensch, wenn man ihn unter den verschiedenen Aspekten des Lebens genau beobachtet und vergleicht, das Objekt von Werken werden, die um so nützlicher sind, als man sie ohne jede Leidenschaft, ohne jedes Vorurteil und vor allem ohne jedes Systemdenken *(esprit de système)* durchführen wird.[3]

Die polemische Anspielung des »Magasin Encyclopédique« auf das »Systemdenken« führt uns darauf zurück, daß, wie wir schon erwähnten, die Wissenschaft des ausgehenden Jahrhunderts immer eindeutiger eine vorsichtige und »positive« Haltung einzunehmen begann. Die Einführungsrede zu den leider nie veröffentlichten »Mémoires« der Gesellschaft eröffnet Jauffret mit der bezeichnenden Aufforderung, sich auf Tatsachen zu beziehen und diese empirisch zu beobachten:

Schon durch ihren Namen zeigt die Gesellschaft an, wie sie eine gründlichere Kenntnis des Menschen erlangen zu können glaubt. Ihr Plan ist es vor allem, viele Tatsachen zu sammeln, die Beobachtungen zu erweitern und zu vermehren und dabei alle leeren Theorien, alle verwegenen Spekulationen beiseite lassen will, die zu nichts anderem führen würden, als ein ohnehin schon so dunkles Forschungsgebiet noch mehr in Finsternis zu hüllen.[4]

Gerade aufgrund dieser mißtrauischen und vorsichtigen Einstellung lehnten die »Observateurs« nicht nur Buffon und Condillac, sondern auch Rousseau und den Mythos vom Guten Wilden ab. Wir werden sehen, welche ethnologischen und kulturphilosophischen Implikationen diese Haltung hatte. Hier im Zusammenhang mit Jauffrets Text, müssen wir hervorheben, wie suggestiv und modern die programmatische Definition der neuen Wissenschaft vom Menschen war, die der Begründer der »Société« theoretisierte. Wenn Jauffret auch davon überzeugt war, daß der Mensch ohne spiritualistische Rückstände in die natürliche Ordnung, und die Erforschung des Menschen ganz in die empirischen Wissenschaften eingereiht werden mußten, so spürte er offenbar doch sehr genau, daß die Autonomie dieses Forschungsbereichs unerläßlich war. »Die Gesellschaft – schreibt er – [wird] nie aus dem Blick verlieren, daß sie in diesen verschiedenen Wissenschaften nur das untersuchen will, was zur eigentlichen Naturgeschichte des Menschen gehört.«[5] Zwar spricht Jauffret hier nur von den Wissenschaften, die den »physischen Menschen« erforschen, doch war seine Argumentation ganz offensichtlich auch dort gültig, wo es um die Autonomie der eigentlichen »Wissenschaft vom Menschen« gegenüber allen angrenzenden Disziplinen ging. Und auch aufgrund dieses ausgeprägten epistemologischen Spürsinns konnte Jauffrets Text als »ein Werk von größter historischer Wichtigkeit« bezeichnet werden.[6] Dank derartiger Texte entstand um die Jahrhundertwende eine Anthropologie, die sich ihres Gegenstandes und ihrer Autonomie bewußt war.

Während Jauffret die vielfältigen Aufgaben der im weiten Sinne verstandenen anthropologischen Forschung skizzierte, vergegenwärtigte er sich, daß die Wissenschaft vom Menschen, wie gerade damals Destutt de Tracy wieder forderte, in eine allgemeine Zoologie eingereiht werden mußte. Doch formulierte er nicht weniger präzis, wie nötig es sei, die spezifische Natur des Lebewesens »Mensch« zu betrachten.[7] Die Wissenschaft vom Menschen hatte große Fortschritte gemacht. Jauffret, der bezeichnenderweise nicht Buffon, sondern Blumenbach und Camper zitierte, sah eine der fundamentalen Aufgaben der »Société« in der Schaffung einer »vergleichenden Anatomie der Völker« sowie einer »methodischen Klassifizierung der verschiedenen Rassen«.[8] Bei der Verwirklichung dieses Projektes, das zu den aktuellsten und erregendsten Themen der anthropologischen Wissenschaften jener Zeit gehörte, konnte Jauffret vor allem auf André-Marie Duméril zählen, der gerade in jenen Jahren diese komplexe Frage sehr streng zu untersuchen im Begriffe war.[9]

Was die Erforschung des Menschen an sich betraf, so war sich Jauffret völlig im klaren, welch wichtige Rolle Cabanis' Hinweise spielten, denn die Beobachtungen des physischen und des moralischen Menschen hingen zutiefst miteinander zusammen, und deshalb sei es fast unmöglich, den Körper oder den Geist gesondert zu untersuchen.[10] Aufgrund dieser radikalen psychophysischen Einheitlichkeit interessierte er sich, wie wir wissen, auch für die Physiognomik. Er akzeptierte Cabanis' anthropologische Theorie ohne Einschränkung und betraute deshalb Mediziner und Philosophen mit der Aufgabe, gemeinsam die menschliche Natur zu beobachten. Die ersteren sollten »den Einfluß der Affekte des Menschen auf das Spiel seiner Organe und des Spiels seiner Organe auf seine Affekte« beobachten und dabei ebenso »die beständige Wirkung des Geistes auf den Körper und des Körpers auf den Geist« prüfen.[11]

Doch im Gegensatz zu sehr vielen Gelehrten seiner Zeit war Jauffret kein Anhänger des Physikalismus. Auch das Werk der Philosophen bedeutete ihm viel, vor allem – und dieser Hinweis ist für die Geschichte der Philosophie wichtig –, wenn es sich um Philosophen handelte, »die die ›Ideologie‹ erfolgreich erforscht haben und deshalb alle Arbeiten, die sie [die Société] für nötig erachtet, um Klarheit in diese so edle und zugleich so verachtete Wissenschaft zu bringen, mit Erfolg leiten können«.[12] Von den Ideologen, die wertvolle Beiträge zur Beobachtung des Menschen leisten könnten, nannte Jauffret Destutt de Tracy, Volney, Cabanis und Garat. Nachdrücklich hob er den bedeutenden Beitrag hervor, den Sicard, Leiter des berühmten »Institut pour les Sourds et Muets«, der damals durch seine theoretischen und praktischen Forschungen sehr berühmt war, leisten könnte. Die »Wissenschaft vom Menschen« – bemerkt Jauffret – könnte »wertvolle Materialien für eine philosophische Geschichte des menschlichen Geistes« gewinnen, wenn die Angehörigen des Instituts sachdienliche Fragekataloge beantworteten.[13] Verständlich war auch der Wunsch, mit Sicards »équipe« zusammen ein »Handbuch der Zeichen« auszuarbeiten. Ein solches Handbuch sei nicht nur wertvoll, weil damit ein Verzeichnis der Kommunikationsmittel mit den Taubstummen und »mit den wilden Völkern« geschaffen würde, sondern auch deshalb, weil man darin die physiologische Entstehung der Ideen verfolgen könne (womit Jauffret die »sensualistische« These der Verknüpfung von Ideen und Sprache aufnahm).[14] Auf anthropologischer Ebene ist noch erheblicher, daß die Ausdrucksweisen des Menschen untersucht werden sollten, um die spezifischen Unterschiede zu den Ausdrucksweisen der Tiere herauszufinden, und daß ferner die Entstehung, die Struktur und die Entwicklung der verschiedenen menschlichen Idiome, auch und besonders »der wildesten Völker«, erforscht werden sollten, bis man eines Tages jenes »Vergleichende Wörterbuch aller bekannten Sprachen« verwirklichen könne, das der große Traum des Präsidenten De Brosses und Court de Gébelins gewesen war.[15]

Jauffrets Studien- und Forschungsprogramm der »Wissenschaft vom Menschen« beschränkt sich natürlich nicht nur darauf. Da er Cabanis' Anthropologie völlig akzeptierte, mußte er die natürlich-milieubedingte Situation des Menschen, die schon von Montesquieu und noch stärker von Buffon hervorgehoben worden war, ganz besonders berücksichtigen. Und wirklich zeichnete sich hier das Projekt ab, eine »anthropologische Topographie Frankreichs« und später eine »Anthropologie der verschiedenen Regionen« zu erarbeiten, wobei besonders sorgfältig der Einfluß des Klimas auf den Menschen untersucht werden sollte. »Niemand verkennt, daß die physische und moralische Verschiedenheit der Individuen sehr häufig von diesem Einfluß herrührt.«[16] Wenn der Mensch Teil eines natürlichen »Milieus« war, so durfte andererseits nicht vergessen werden, daß er nicht weniger radikal zur Geschichte gehörte. Deshalb formulierte Jauffret ein suggestives Programm, um die menschliche Geschichte in ethnoanthropologischer Sicht zu analysieren: man sollte die Generationenfolge in der Antike untersuchen, die Anfänge der Künste, der Gesetze und der Wissenschaften ausfindig machen und vor allem die Herkunft und die verschiedenen Wanderungen der Völker analysieren.[17]

Wir werden später sehen, wie klar Jauffret, nachdem er den »Historikern« der Société die Aufgabe übertragen hatte, die zeitliche Entwicklung des Menschen zu untersuchen, die »reisenden Mitglieder« mit der Aufgabe betraute, die räumliche Ausbreitung des Menschen zu erforschen, wobei er im Zusammenhang mit dem zuletzt genannten Forschungsbereich sehr scharfsinnige ethnologische Hinweise gab. Schon jetzt aber können wir würdigen, wie umfassend die theoretischen und praktischen Perspektiven waren, die der Begründer der »Société des Observateurs de l'homme« der »Wissenschaft vom Menschen« gab. Wenn die neue Disziplin von einem anderen Standpunkt ausgehe als die übrigen Wissenschaften, so müsse sie folgendes zu ihren Aufgaben zählen: die Erforschung des »physischen Menschen«, von der vergleichenden Anatomie bis zur Physiognomik und von der Kraniologie bis zur Untersuchung der Rassenmerkmale; die Erforschung der menschlichen Wechselbeziehungen mit dem natürlichen »Milieu« – handle es sich um die Auswirkung des Klimas oder um andere Einflüsse dieses »Milieus« auf den Menschen – und die Untersuchung der verschiedenen Ernährungsweisen, Kleidungs- und Wohnungsformen und der verschiedenen Formen des geselligen Lebens; schließlich auch die Erforschung des »moralischen Menschen«, wobei man zuerst seine Beziehung zum »Physischen« betrachten müsse, dann seine sprachlichen Ausdrucksmittel, seine intellektuellen und moralischen Äußerungen und zuletzt die verschiedenen Modelle von »Zivilisationen«, die im Laufe der Zeit und in verschiedenen Gebieten der Erde entstanden waren. Die moderne allgemeine Anthropologie hat sich nicht wesentlich von dieser grundlegendprogrammatischen Konzeption der Wissenschaft vom Menschen entfernt, wie Jauffret sie umriß.[18]

7. *Louis-François Jauffret und die Entstehung der Kulturanthropologie*

Der Gelehrte, der einen so umfassenden und eindringlichen Entwurf der anthropologischen Wissenschaft konzipierte, mußte ein außergewöhnlicher Mensch sein. Trotz seiner Jugend war Jauffret im Jahre 1800 keineswegs mehr ein Unbekannter. Wie viele andere Intellektuelle seiner Zeit lehnte er sich gegen jede auf einen engen Bereich begrenzte Tätigkeit auf. So war er bis zu diesem Zeitpunkt nicht allein durch seine Forschungen zur »Naturgeschichte des Menschen« berühmt geworden, er befaßte sich vielmehr mit den unterschiedlichsten Fragen von der Politik bis zur Pädagogik, wobei es ihm immer gelungen war, andere zu übertreffen. In einer Stadt wie Paris, die ja reich an mehr oder weniger außergewöhnlichen Talenten war, vermochte er sich einen bedeutenden Namen zu machen. Wer die Fähigkeit besaß, eine Institution wie die »Société des Observateurs de l'homme« ins Leben zu rufen, verdient unsere ganze Aufmerksamkeit.[1]

Louis-François Jauffret wurde im Jahre 1770 in einem Dorf der Provence geboren. Er war noch sehr jung, als er nach Paris übersiedelte und mit verschiedenen wissenschaftlichen und philosophischen Kreisen der Hauptstadt in Berührung kam. Wahrscheinlich trat er in eine Freimaurerloge durch die Vermittlung eines Ideologen ein, eines Mitglieds des Kreises um Madame Helvétius. Wir finden ihn nämlich schon früh unter den Mitgliedern der Loge der »Neuf-Sœurs«, die von den Ideologen kontrolliert wurde und eines der geistig lebendigsten und heterogensten Zentren der Pariser Freimaurer war.[2] Jauffret beschäftigte sich zuerst, wie die meisten jungen Männer aus der Provinz, mit der Literatur: er schrieb einige Gedichte und Idyllen, die nicht ganz unbeachtet blieben.[3] Doch die Lektüre naturgeschichtlicher Bücher, angefangen von den phantasievollen und suggestiven Werken des Abbé Pluche bis zu den seriöseren Schriften Charles Bonnets, hatte zur Folge, daß die vorrangigen Interessen des jungen Provenzalen eine entscheidende Wende nahmen.

Der Ausbruch der Revolution hinderte Jauffret jedoch daran, ruhig an seinen wissenschaftlichen Studien und an seinen literarischen Schriften zu arbeiten, die er von nun an hauptsächlich der Jugenderziehung widmete.[4] Als Anhänger der gemäßigten Bürgerpartei hielt er zur Unterstützung dieser großen politisch-sozialen Bewegung zwei Reden und gab von 1791 bis 1795 die »Gazette des nouveaux tribunaux« heraus.[5] Gerade noch rechtzeitig entschloß er sich, Paris zu verlassen: wie aus seiner »Broschüre« über den Prozeß gegen Ludwig XVI. hervorgeht, deckte sich seine politische Einstellung nicht mit den Positionen, die innerhalb der revolutionären Bewegung allmählich die Oberhand gewannen.[6]

Nach dem Sturz Robespierres kehrte Jauffret nach Paris zurück und engagierte sich auf den verschiedensten Gebieten: er beschäftigte sich von neuem mit der Literatur für die Jugend, schenkte auch den »belles-lettres« Beachtung – unter anderem trug er dazu bei, Florians Werke zu verbreiten – und vor allem verkehrte er ständig in den wichtigsten wissenschaftlichen Vereinigungen der Hauptstadt, schrieb sich im »Athénée des Arts« ein und nahm an den Sitzungen der »Société philomathique« und der »Société philotechnique« teil.[7] Gerade in diesen wissenschaftlichen Gesellschaften knüpfte er enge Beziehungen zu den hervorragendsten zeitgenössischen Gelehrten, wie Lacépède und Lamarck, Jussieu und Cuvier, Cabanis und Pinel. Diese vielfältigen Kontakte, die später für die Gründung der »Société des Observateurs de l'homme« sehr wertvoll sein sollten, regten ihn an, seine naturwissenschaftlichen Studien zu vertiefen. Sein großes Wissen war offenbar aufgefallen, denn er wurde von der Regierung als Professor der Naturgeschichte an die »École Centrale« in Versailles und später als Dozent des gleichen Faches an das »Prytanée« berufen.[8]

Bis dahin deutete wenig oder nichts darauf hin, daß Jauffret kurze Zeit später sein Interesse auf anthropologische Fragen verlagern sollte. Wahrscheinlich entzündete sich dieses Interesse an den lebhaften zeitgenössischen Debatten über die »Wissenschaft vom Menschen«. Außerdem wurde das kulturelle und wissenschaftliche Milieu von Paris zwischen 1795 und 1800 zu einem guten Teil von den »médecins-philosophes« und den Erforschern der »Naturgeschichte des Menschen« beherrscht, und groß war das Interesse an Reiseliteratur und Berichten über die Sitten und Gebräuche exotischer Völker. Es überrascht deshalb nicht, daß Jauffret seine naturwissenschaftlichen Studien Untersuchungen zuwandte, die man gerade damals als anthropologische zu bezeichnen begann. Da Jauffret der »Société de l'Afrique Intérieure«, einer Wiege der modernen Afrikanistik, angehörte, kannte er gewiß deren Präsidenten, den Reiseschriftsteller Levaillant, einen späteren »Observateur de l'homme«, und begann sich für ethnologische Forschungen zu begeistern. Nunmehr war der Professor der Naturgeschichte vorbereitet, seine Interessen und seine Fähigkeiten auf die Wissenschaft vom Menschen zu richten. Die Gründung der »Société« zu Ende des Jahres 1799, der Typus der zur Mitarbeit aufgeforderten Gelehrten, später auch die Rede über die wissenschaftlichen Ziele der neuen Vereinigung, verrieten, wie weit gespannt der von Jauffret konzipierte Rahmen der neuen ethnoanthropologischen Wissenschaft war.

Wir werden im folgenden sehen, inwieweit das Programm, das der Gründer der »Société« entwarf, verwirklicht wurde. Vorher müssen wir noch eine weitere, nicht weniger bedeutende Initiative Jauffrets erwähnen. Parallel zur Institution der neuen wissenschaftlichen Gesellschaft begann dieser unermüdliche Förderer der französischen Anthropologie der Jahrhundertwende, eine öffentliche Vorlesung zur »Naturgeschichte des Menschen«. Diese Vorlesungen fanden alle vierzehn Tage im »Saal der Herzöge und der Pairs« des Louvre statt und hatten einen großen Erfolg.[9] Jauffret gab dabei seinen Hörern wohl nicht nur allgemeine Hinweise zu ethnoanthropologischen Themen oder gar nur Anekdoten, wie sie der damals so beliebten Reiseliteratur entnommen werden konnten. Im Gegenteil, Jauffret bereitete seine Vorlesungen sehr sorgfältig vor, hielt sie schriftlich fest und besaß deshalb in Kürze ein umfangreiches, aus zwei Oktavbänden bestehendes Manuskript. Es liegt auf der Hand, wie interessant es gewesen wäre, diesen Text, wohl die erste richtige Abhandlung der modernen Ethnoanthropologie, zu analysieren. Jauffret mußte jedoch 1804 wegen einer schweren finanziellen Krise Paris verlassen, seine vielfältigen Aktivitäten aufgeben und sein umfangreiches Manuskript als Kaution für eine große Geldschuld zwei Papierhändlern überlassen.[10] Da die Schuld nie beglichen wurde, ging Jauffrets *Cours* in den Besitz der beiden Händler über und ist verschollen. Zu Beginn des 20. Jahrhunderts gelang es dem verdienstvollen Georges Hervé, unter nicht näher bezeichneten Umständen, zwei Fragmente der im Louvre gehaltenen Vorlesungen sicherzustellen; das eine davon bezieht sich auf die Völker Ostasiens, das andere auf Japan.[11]

Wir wollen als Beispiel kurz auf den einen dieser Texte eingehen, um dann einen anderen Text ausführlicher zu untersuchen. Im übrigen sei gleich darauf hingewiesen, daß diesen Äußerungen zur ostasiatischen Ethnoanthropologie weder thematisch noch theoretisch entscheidende Bedeutung zukommt. Da sie, wie gesagt, für eine öffentliche Vorlesung bestimmt waren, mußten sie einem nicht spezialisierten Publikum zugänglich sein, was nicht heißt, daß die beiden Texte nicht auch interessante Stellen enthalten. Bemerkenswert ist die Spannweite der Thematik, die Jauffret zu vergegenwärtigen wußte. Im Zusammenhang mit der ethnoanthropologischen Analyse Chinas begann er z. B. mit einigen präzisen Angaben über den Ursprung und die historische Überlieferung der chinesischen Kultur, wobei er aber sinnvollerweise nicht auf die historischen Ereignisse an und für sich besonderen Nachdruck legte, sondern auf die ethnosozialen Strukturen, die sich im Laufe der Zeit herausgebildet hatten. Mehrfach verwies er auf die ersten Kontakte zwischen Europa und dem Fernen Osten, angefangen von Marco Polos weit zurückliegendem Unternehmen bis zu den ersten systematischen Handelsbeziehungen mit China und der Tätigkeit der Missionare.[12] Jauffrets Hauptthese zeichnet sich bereits am Anfang ab: seiner

Meinung nach besaßen die Chinesen schon seit vielen Jahrhunderten eine eigene »Zivilisation«, doch lag ihm nichts ferner, als in den unkritischen Enthusiasmus zu verfallen, mit dem einige seiner Zeitgenossen China verherrlichten. Diese große Nation lebe gewiß nicht in Barbarei, doch sei die »exaltierte Phantasie« einiger Reisenden und »Philosophen« weit »über die Wahrheit hinaus« gegangen:

Sie verschloß die Augen vor den Irrtümern der chinesischen Regierung und übertrieb deren Milde und deren Verdienste. Noch stärker übertrieb sie die Vollkommenheit und Bedeutung ihrer Wissenschaften und ihrer Künste. Fast könnte man glauben, China habe dem menschlichen Geist mehr Ehre erwiesen als alle europäischen Völker zusammen, während es doch schon ein beachtlicher Ruhmestitel ist, daß die Chinesen eine höhere Zivilisiertheit aufweisen als jedes andere Volk der mongolischen Rasse.[13]

Diese entschiedene Stellungnahme kennzeichnen zwei Merkmale, denen wir in der Einstellung und im Werk der »Observateurs« immer wieder begegnen – zum einen das Mißtrauen gegenüber den meisten Reisenden und ihren Berichten, zum anderen der Versuch, sowohl die unkritische Verherrlichung der »exotischen Völker« wie die Abwertung der europäischen Kultur zu entmythologisieren.[14] Jauffrets Analysen und Urteile waren gewöhnlich besonnen und maßvoll; die Ernsthaftigkeit seiner wissenschaftlichen Einstellung deutet sich auch in diesem Text an, trotz seines vorwiegend populären Charakters.

Nach einleitenden Angaben historischer Art verwendet Jauffret für die ethnoanthropologische Beschreibung der Chinesen ein Schema, dessen theoretische Struktur die Ideologen entworfen hatten: »Wir werden eine Idee von den Gebräuchen, Gewohnheiten und Kenntnissen der Bewohner Chinas geben, nachdem wir über ihre physischen Züge gesprochen haben.«[15] Der »moralische Mensch« wird also nach dem »physischen Menschen« analysiert. Doch im Laufe beider Ausführungen spielt Jauffret, nicht anders als es der andere »Observateur«, Volney, in seinen Schriften – freilich systematischer und gründlicher – zu tun pflegte, mehrmals auf Bodenbeschaffenheit und Klima in Ostasien an. In der einheitlich-materialistischen Anthropologie des späten Jahrhunderts waren Boden und Klima zwei Hauptkomponenten der Erforschung des Menschen, und zwar sowohl dort, wo es um das individuelle Naturell ging, als dort, wo die gesellschaftlichen »Sitten« betrachtet wurden. Während die Mongolen, die einen unfruchtbaren, kalten und isolierten Landstrich bewohnten, ein hartes, unabhängiges und kriegerisches Volk seien, hätten die Chinesen dank der ganz anderen Lebensbedingungen einen viel weicheren, friedlicheren, trägeren Charakter.[16]

Dann geht Jauffret dazu über, die Chinesen unter dem Aspekt der physischen Anthropologie zu analysieren. Er hebt die typischsten Körperzüge exakt hervor: »gut proportionierte Glieder, ein breites und rundes Gesicht, kleine schräg gestellte Augen, große Augenbrauen und hohe Schläfen, eine kleine und platte Nase«.[17] Er spricht auch über den Einfluß bestimmter »moralischer« Prinzipien und Bräuche auf das »Physische« der Chinesen, wie es sich z. B. dort zeige, wo die Frauen alles unternähmen, um die Augen der Kinder zu verkleinern oder das Wachsen ihrer Füße zu verhindern.[18] Auch im folgenden untersucht er die physischen Gegebenheiten, insofern sie durch den »kulturellen« Eingriff des Menschen verändert werden. So genügt es dem »anthropologiste« nicht, festzustellen, wie das Haar der chinesischen Rasse »an sich« beschaffen war; es interessiert ihn auch, welche Merkmale die künstlich »gewordenen«, das heißt durch bestimmte Haarbehandlung und Haartracht veränderten Haare aufwiesen. Auch dort, wo Jauffret die verschiedenen Kleiderformen untersucht, gibt er sich nicht mit einer oberflächlichen Beschreibung zufrieden, sondern versucht, zumindest in einigen Fällen, bestimmte Kleidungsstücke im Lichte bestimmter kultureller und sozialer Normen zu erklären. Es sei nämlich unergiebig, die verschiedenartigen Fußbekleidungen aufzuzählen, ohne die Gebrauchsvorschriften und ihre verschiedenen Funktionen einzeln anzugeben.[19]

Dank dieses scharfen ethnographischen »Blicks« konnte Jauffret, der dabei auch Forschungen anderer Gelehrter verwertete, die nicht »natürliche«, sondern »kulturelle« Bedeutung der Farbe bei den Chinesen präzise erläutern: Gelb z. B. sei eine Farbe, die ausschließlich vom Kaiser und den Prinzen von Geblüt getragen werden dürfe; eine bestimmte Klasse der Mandarine, und nur sie allein, könne Rot tragen, etc.[20] Der Gründer der »Société des Observateurs de l'homme« wußte genau, daß solche Angaben, wenn sie sinnvoll analysiert und interpretiert wurden, nicht mehr zur Anekdotik, sondern zu einer wirklichen Wissenschaft gehörten. Der Erforscher der Ideengeschichte, der sich unter Jauffrets Zuhörer mischt und zuerst den Beschreibungen und Erläuterungen des Redners lauscht, nimmt nicht ohne eine gewisse Emotion an der materiellen, empirischen Vorführung einiger Objekte teil:

> ... hier ist das Gewand, die Hose, der Mantel eines Mandarins der zweiten Klasse; ... hier das Eßbesteck, das die Chinesen immer bei sich tragen ... Hier seht Ihr die Stiefel, auf die sie so große Stücke halten ... Schaut Euch hier auch das Schuhwerk an, das ich bereits beschrieben habe ... Ich kann Euch hier eine Tasche zeigen, die einer chinesischen Dame gehörte ...[21]

Die Faszination des Ideengeschichtlers ist gerechtfertigt: die direkte Vorführung von Objekten nämlich, die die vorausgehenden Darlegungen stützen sollten, bedeutete, daß diese Objekte bewußt von der Ebene ihrer – auch wenn es sich in diesem Fall um Artefakte handelt – »natürlichen«, unbedeutenden, bereits existenten Stofflichkeit auf die Ebene der »kulturellen« Argumentation übertragen wurden und dadurch nicht mehr »allgemeine« Objekte, sondern sachbezogen und spezifisch die Beweisstücke einer bestimmten Wissenschaft waren.

Jauffret fährt dann fort mit der geordneten und systematischen Beschreibung der Struktur der Wohnstätten und der Wohnungseinrichtungen, wobei er sich wiederum auffallend darum bemüht, nicht nur über die Tatbestände, sondern auch über deren kulturelle und soziale Bedeutung Rechenschaft zu geben.[22] Der Vielfalt der erläuterten Angaben und Themen entspricht in einigen Fällen eine bemerkenswerte Fähigkeit, die verschiedensten Zeugnisse auszuwerten. Wenn er z. B. über die chinesischen Gärten spricht, bezieht er sich auf eine chinesische Dichtung, die von Missionaren übersetzt worden war.[23] Nicht weniger aufmerksam analysiert er das Verhalten der Chinesen, wobei er betont, wie extrem kompliziert die Vorschriften für die familiären und gesellschaftlichen Beziehungen seien.[24] Auch die Namensgebung und die Ernährungsweise waren für Jauffret offenbar Themen von eindeutig ethnologischem Interesse.[25] Im übrigen gelingt es dem »anthropologiste« nur dank einer so umfassenden und gründlichen Untersuchung, die Märchen, die immer noch über die chinesische Gesellschaft verbreitet wurden, zu entlarven. Von den einen unkritisch verherrlicht, wurden die Chinesen von anderen der schlimmsten Greueltaten bezichtigt; Jauffrets besonnene Analyse hingegen machte es sich zur Aufgabe, zwischen Lobpreisungen und Kritiken ein Gleichgewicht herzustellen.[26] In welchem Maße Jauffret diese Absicht zu verwirklichen vermochte, beweist sein Urteil über die Vorzüge und Nachteile der chinesischen Sprache, Kultur, Kunst, Religion und Wissenschaft.[27]

Die beiden Vorlesungen des *Cours d'histoire naturelle de l'homme* sind nicht alles, was abgesehen von der Einleitung zu den *Mémoires* der »Société« von Jauffrets ethnoanthropologischem Werk erhalten geblieben ist.[28] In dem umfangreichen Manuskript der »Bibliothèque de l'Académie de Médecine« von Paris, wo auch die Autographen der beiden eben erwähnten Fragmente aufbewahrt werden, findet sich eine umfangreiche Gruppe von Studien, die vor fast einem Jahrhundert Robert Reboul unter dem Titel *Histoire physiologique des différentes races d'hommes, ou histoire du genre humain* neu geordnet hat.[29] Es handelt sich dabei wohlgemerkt nicht immer nur um unvollendete und fragmentarische Entwürfe. In vielen Fällen haben wir es mit eigentlichen Abhandlungen zu tun, die zwar unterschiedlich lang und von unterschiedlichem Anspruch sind, aber ganz deutlich – allerdings einzelne und nicht zusammenhängende – Kapitel eines großen ethnoanthropologischen Werkes darstellen, an dem Jauffret offenbar während vieler Jahre arbeitete. Wir halten es auch für unsere Pflicht, darauf hinzuweisen, daß die Lektüre dieser Manuskripte nicht immer begeisternd ist. Sein Bestes gab Jauffret wahrscheinlich in seinen glänzenden programmatischen Darlegungen der Ziele und der Methoden einer ethnoanthropologischen Wissenschaft. In seinen übrigen – veröffentlichten und unveröffentlichten – Werken treten oft seine Grenzen hervor, und nicht immer handelt es sich um Grenzen, die nur auf die unruhigen und bewegten Zeiten, in denen er leben mußte, zurückgeführt werden können. Bei der Lektüre seiner anthropologischen Manuskripte aber stellt sich heraus, daß er zwar oft eine gründliche Auseinandersetzung mit den – im übrigen disparaten – Themen vermissen läßt, andererseits aber ganz außergewöhnliche Interessen bekundet und äußerst scharfsinnige Interpretationen vornimmt. In Kohärenz zu dem, was er in seiner programmatischen Rede theoretisierte, betrachtete der Gründer der »Société« ganz zu Recht die unterschiedlichsten Themen als Teilfragen der ethnoanthropologischen Wissenschaft. Es fehlt hier der Platz, um die 500 Kolumnen dieses Manuskripts im einzelnen zu analysieren, was jedoch in anderem Zusammenhang und auf eine andere Art geschehen sollte. Doch schon allein ein Überblick über den Inhalt der zahlreichen Fragmente zeigt, wie viele Themen und Probleme einer »Wissenschaft vom Menschen« Jauffret am Herzen lagen.

An eine Problematik anknüpfend, die seit Montesquieus Zeiten bis zum Ende der Aufklärung – denken wir z. B. an Volney, an Madame de Staël, an Bonstetten ... – stets in aller Schärfe wahrgenommen wurde, untersucht unser »anthropologiste« die Frage des Klimas und seines Einflusses auf die Gesundheit der verschiedenen Völker. Er äußert auch seine Meinung über andere, nicht weniger bekannte Themen, wie z. B. den Naturzustand und den Begriff des Despotismus.[30] Die neuartigsten und interessantesten Seiten, so oberflächlich und voreilig sie auch in vielen Fällen sein mögen, sind wohl jene, wo Jauffret sich mit anderen, in einem engeren Sinne ethnoanthropologischen Fragen beschäftigt. Beispielsweise untersucht er besonders aufmerksam, wie verschiedene Völker sich ernähren, geht gewissen besonderen gastronomischen Bräuchen nach, wie z. B. der Gewohnheit einiger »Wilder«, faulen Fisch oder gesalzenes oder gar rohes Fleisch zu essen, und ergründet die Motive, warum die südlichen Völker mehr als die nordischen heiße und berauschende Getränke zu trinken pflegen.[31] Großes Interesse zeigt der »Fachgenosse« von Cabanis, Pinel und vielen anderen Physiologen und Medizinern auch an Fragen, die mit dem »physischen Menschen« zusammenhängen, wie dies aus einer längeren Schrift über die Reizbarkeit der Nerven bei einigen Völkern hervorgeht. Ebenso aufmerksam analysiert er den »moralischen Menschen«, wie wir z. B. der Schrift über die Schlauheit und die »finesse« einiger primitiver Gruppen oder der Schrift über die Ideen gewisser »Wilden« von Ehre und Schande entnehmen können.[32]

Der umfangreichste Teil des Manuskripts aber beschäftigt sich mit einer

Reihe anthropologischer Themen, die in den heute »Kulturanthropologie« genannten Bereich gehören. Mit großem Interesse an den Sitten und Gebräuchen der Primitiven untersucht Jauffret die verschiedenartigen Körperstrafen, die bei verschiedenen Bevölkerungen üblich waren, den Begriff der Seele, wie er in einigen Gegenden der Erde bezeugt war, die Vorstellungen über die Herkunft des Menschen, die verschiedenen Wertungen der Jungfräulichkeit bei den Primitiven, den Brauch der Kinderehe, den einige Völker pflegten, die verschiedenen Beurteilungen des Ehebruchs und die den Ehebrechern angedrohten Strafen.[33] In einigen Fragmenten bemüht sich der Gelehrte, Anschauungen oder Gewohnheiten der »wilden« Völker organisch miteinander zu vergleichen, bis er mit einem gewissen Anspruch auf Systematik, wenn nicht sogar auf Vollständigkeit, so etwas wie einen »historischen Abriß« skizzieren konnte. In dieser Weise verfährt er in einer kurzen Studie über die Ideen der Primitiven vom Wesen der Tiere und vor allem in einer ziemlich umfangreichen Abhandlung über die Normen, die bei »wilden oder halbwegs zivilisierten« Völkerschaften für die Wohltätigkeit und »politesse« galten.[34] Eines der wesentlichsten Merkmale dieser Forschungen ist ferner, daß Jauffret nicht etwa von den Gewohnheiten und »Sitten«, die im Vergleich zu denen der zivilisierten Länder besonders bizarr und anormal anmuteten, abgestoßen, sondern im Gegenteil offenbar sehr angezogen war. Zwar verhehlt er in manchen Fällen nicht seine Mißbilligung, doch untersucht er sehr aufmerksam den Hang zum Selbstmord bei einigen Völkern, bei anderen, wie sie die Zähne färbten oder den Mund verformten, damit er gefälliger wurde, oder sogar, wie bestimmte Gruppen sich selbst körperliche Verstümmelungen zufügten.[35] Angesichts all dieser Bräuche versucht Jauffret stets, wenn auch freilich oft nur unzulänglich und annähernd, ein doppeltes Ziel zu erreichen: Präzision in der Beschreibung der Tatbestände und Schlüssigkeit der Interpretation. Es ist bedauerlich, daß er seine ethnoanthropologischen Kenntnisse nicht erweitern und vor allem sein Werk nicht überarbeiten und vervollständigen konnte, das, einmal abgeschlossen, eines der außergewöhnlichsten Zeugnisse der theoretischen und praktischen Situation der Wissenschaft vom Menschen zu Beginn des 19. Jahrhunderts darstellen würde.

Zwei weitere Texte müssen wir eigens erwähnen. Wegen ihrer Abgeschlossenheit und ihrer Fragestellung fanden sie schon Georges Hervés Aufmerksamkeit. In einer dieser beiden Arbeiten befaßt sich Jauffret mit einer Studie »Über die verschiedenartigen Schriften«, in der anderen entwirft er eine »Geschichte der Hieroglyphen« und äußert sich in einer Art Anhang »Über die Idee einer Universalsprache«.[36] Diese Themen waren nicht nur mit einer geistigen Tradition verknüpft, die zurückging auf Warburton, auf Leibniz, auf die Debatten des 17. und 18. Jahrhunderts über Hieroglyphen, über Sprache, über die Möglichkeiten ihrer Formalisierung oder zumindest ihrer Systematisierung [37], sie hingen auch, und zwar direkter, mit den Studien und Forschungen der Sprachphilosophie und der »Analyse der Zeichen« zusammen, die von Cabanis in die Wege geleitet und dann in den Kreisen der Ideologen beträchtlich entwickelt wurden, in erster Linie von Destutt de Tracy, Volney, De Maimieux, Degérando – alle mit gutem Grund Mitarbeiter der »Société des Observateurs de l'homme«.

Jauffret aber geht die von seinen Zeitgenossen so beachtete und erforschte Thematik anders an und gibt ihr, vor allem durch seine Dokumentation und die Perspektive seiner Fragestellung eine unverkennbar originelle Prägung. Im Unterschied zu Destutt de Tracy, der, wenn auch kritisch, an Condillac und Beauzée anknüpfte, interessiert sich Jauffret überhaupt nicht für eine strukturelle Sprachanalyse, das heißt, er befaßt sich nicht damit, die linguistischen und syntaktischen Regeln und parallel dazu vielleicht sogar die psychisch-intellektuellen Kategorien zu untersuchen, wie dies seine Zeitgenossen taten. Der Gegenstand seiner Untersuchung lag außerhalb der theoretischen und thematischen Grenzen der vielen »Grammaires raisonnés« oder »philosophiques« oder »universelles« seiner Zeit. Jauffret vermied es, sich allzusehr an die Kultur seiner Zeit anzupassen und faßte nicht so sehr eine linguistische, als vielmehr eine anthropologisch-kulturelle Thematik ins Auge.[38] Es war im übrigen kein Zufall, wenn er sich mehr mit der »Schrift« *(écriture)* als mit der »Sprache« befaßte. Bewußt interessierte er sich gerade für die »Schrift« als das Ausdrucksmittel einer bestimmten Kultur. Deshalb eröffnete er seine Analyse mit der Definition – und es handelte sich dabei um eine sehr bedeutsame Definition – der »Schrift« als einer »Ansammlung sichtbarer, von der menschlichen Hand gemalter oder geritzter Zeichen«.[39]

Ein anderer der bekanntesten »Observateurs de l'homme«, Joseph-Marie Degérando, befaßte sich in einem Werk mit dem nicht zufälligen Titel *Des Signes* umfassend mit dieser Problematik.[40] Wenn er aber, wie der Titel schon sagt, den traditionellen Bereich der Sprachforschung erweiterte, so wollte er damit vor allem die psychologischen Äußerungen und Operationen des Individuums deutlicher ermitteln können: indem er die Sprache als »Zeichen« auffaßte, konnte er, oft sehr scharfsinnig und interessant, nicht nur die verbalen Äußerungen, sondern auch die Sprache der Mimik, der Gestik, usw. analysieren. Jauffrets erwähnte Definition der »Schrift« dagegen war mit einer anderen Absicht verbunden. Er hatte vor, die Mittel und Formen einer »Schrift« – heute würden wir sagen, eines »Code« – zu untersuchen, die gewisse, nicht unbedingt »wilde« Völker benutzten, um Nachrichten zu übermitteln. Zu diesem Zweck erforschte er nicht die Äußerungen des psychologisch verstandenen *Individuums,* sondern die der ethno-kulturellen *Gruppe.* Hier müssen wir gleich hinzufügen, daß er dazu eine beträchtliche ethnographische Dokumentation heranzog: sie erstreckt sich von den »Wilden« der Molukkeninseln bis zu den amerikanischen Indianern, von den Völkerschaften der russisch-sibirischen Gebiete bis zu den Peruanern, von den Chinesen bis zu den Ägyptern – das heißt also, unter anderem, von den primitivsten »Wilden« bis zu den Vertretern der höchsten Stufe der »Zivilisation«.

Von Anfang seiner Untersuchung an verrät Jauffret, daß er mehr an ethnologischen als an linguistischen Fragen interessiert ist. Das verbreitetste und wirksamste Kommunikationsmittel, die eigentliche, in die hieroglyphische und die alphabetische unterteilte Schrift, war keineswegs der einzige Gegenstand seiner Untersuchungen:

> Außer diesen beiden Schriften gibt es zahlreiche andere Systeme sichtbarer intellektueller Zeichen, die, obwohl absichtlich gewählt, um Gegenstände der Außenwelt oder innere Regungen der Seele zu bezeichnen, nicht von Menschenhand gemalt oder geritzt sind. Diese verschiedenen Schriften sind unter mehreren Aspekten bemerkenswert, und zwar vor allem, weil einige davon unendlich diffiziler sind und mit größerer Kunstfertigkeit ersonnen wurden als die ältesten Hieroglyphen, die von vielen wilden Völkern nach wie vor gebraucht werden.[41]

Welches sind diese anderen »sichtbaren intellektuellen Zeichen«? Für Jauffret gab es deren so viele, das es unmöglich sei, sie auf knappem Raum zu klassifizieren. Der Gründer der »Société« hatte einen fundamentalen, außergewöhnlich modernen Sachverhalt verstanden: es gibt keine apriorisch begrenzte Reihe von Zeichen, die als einzige die Funktion eines Kommunikationsmittels haben. Die Menschen gebrauchen die verschiedensten Gegenstände, um in unterschiedlichster Weise miteinander zu kommunizieren. Genau der heute von Lévi-Strauss vertretenen These entsprechend, stellt die Natur, die wir hier als Komplex der materiellen, auch handgefertigten vorgegebenen Bestände verstehen müssen, Objekte bereit, die von der Kultur in Kommunikationsmittel verwandelt werden können. Jauffret, der einen solchen Ansatz noch nicht, vor allem natürlich nicht in seiner strukturalistischen Version, zu entwickeln wußte, verstand immerhin den natürlich-kulturellen Mechanismus, der im Prozeß der menschlichen Kommunikation wirksam ist. So weist er auf den »kulturellen« Gebrauch (natürlicher) Holzstückchen oder Holzstäbchen hin, die bei den amerikanischen »Wilden« als Verständigungsmittel dienten – eine Sprache, wohlgemerkt, in der diese »Wilden« bis zu fünf Stunden ununterbrochen sprechen könnten, wie Charlevoix berichtet habe.[42] Außerdem würden sie scharfsinnig die gleichen Holzstückchen auch dazu verwenden, um die Jahre, die Monate und die Tage anzugeben und um den Zeitpunkt geheimer Unternehmungen zu bestimmen.[43] Andere amerikanische Völkerstämme benützten Schnüre oder Ketten aus Glasperlen: »Die einen wie die anderen dienen dazu, wichtige Ereignisse wie Friedensverträge, Bündnisse, Einladungen zu Festen oder Aufforderungen zu gemeinsamen Expeditionen anzuzeigen«; die Nachricht werde durch die verschiedene Farbe oder die verschiedene Anordnung der Glasperlen vermittelt.[44] Immer noch im Zusammenhang mit den Indianern, verstand es Jauffret – und zwar bedeutend einsichtiger als seine Quellen –, auf semiologischer Ebene zu beschreiben und zu interpretieren, wie je nach der Nachricht, die übermittelt werden sollte, verschieden geschnitzte oder gerauchte *calumet,* eine Art Pfeifen, als Verständigungsmittel dienten.[45]

Äußerst suggestiv ist auch, wie er bestimmte Handlungen oder Riten als Botschaften interpretiert: auch diese müßten, schreibt Jauffret, als »symbolische Zeichen oder ebensosehr als besondere Schrift« angesehen werden. Wenn man z. B. mit einem anderen Stamm in den Krieg ziehen wolle, schicke man diesem »oft nur eine große Muschel, aus der man gemeinsam die Suppe trinkt, die aus den Gefangenen gekocht wird, oder eine blutdurchtränkte Fahne« oder auch andere derartige »Zeichen«, die der oder die Empfänger der Nachricht ohne Mühe »aufschlüsseln« könnten.[46] Der gleiche »kulturelle« Gebrauch bestimmter »natürlicher« Stoffe oder Objekte für semiologische Zwecke, bemerkt Jauffret außerdem, könne in den verschiedensten ethnischen Zonen nachgewiesen werden. Die »Bewohner von Ternate oder der anderen Molukkeninseln verwenden bei den wichtigsten Gelegenheiten gewisse Blumen und Früchte, um den Abwesenden ihre Gedanken mitzuteilen«. Diese Sprache erfordere natürlich einen Code, den nicht alle kennen, dessen Bedeutung vielmehr so esoterisch sei, daß ein in Pflanzensprache »geschriebenes« Todesurteil von den uneingeweihten Verurteilten selbst denen gebracht werde, die dieses Urteil vollstrecken sollten. Eifersüchtige Frauen bedienten sich unkundiger Personen, um ihren Rivalinnen »Blumensträuße« zu schicken, »die die schwerwiegendsten Kränkungen enthalten«.[47]

Fast alle diese Informationen stammten natürlich nicht aus erster Hand, sondern sie waren der Reiseliteratur entnommen; gewissenhaft sichtete Jauffret jedoch alle Angaben und verglich sie miteinander. Nur so gelang es ihm, im Unterschied zu den Reiseschriftstellern, eine einheitliche Linie der Interpretation und Darstellung anscheinend disparatester Phänomene zu verfolgen. Oft bestritt er auch, daß die Erklärungen der Beobachter oder Gelehrten gültig oder erschöpfend waren. In einigen Fällen konnte er offenbar gerade dank seiner semiologischen Haupthypothese Urteile richtigstellen. Im Zusammenhang mit den *quipos* der alten Peruaner (eine Art von Fransen, die aus verschiedenfarbigen, an verschiedenen Stellen querlaufend an einen Strick geknoteten Schnüren bestehen) bemerkt er die Unzulänglichkeit der Erklärung Robertsons. Diese Fransen dienten nicht nur bloß zu numerischen Angaben: »man bediente sich der *quipos* nicht nur ... als Zahlen, sondern auch als richtiger Zeitungen und Dokumente.« Durch die

Veränderung der Schnüre, ihrer Farbe oder der Knoten wurde »nicht nur die Anzahl der Bewohner der Provinzen und Städte, der Geburten und der Todesfälle von Kriegern« angegeben, sondern auch an »Gesandtschaften, Friedensverträge, Kriege, Kämpfe, Gesetze, Gebräuche, usw.« erinnert.[48] In völliger Übereinstimmung mit seinen Nachfolgern im 20. Jahrhundert (ohne daß diese sich dessen bewußt waren) lehnte Jauffret es stillschweigend ab, die Ethnoanthropologie auf das Studium der primitiven Völker zu reduzieren: er betont nämlich, daß diese semiologische Verwendung verschiedenfarbiger und unterschiedlich geknoteter Schnüre nicht nur in anderen Gebieten der Erde, wie im alten China, belegt sei, sondern immer noch mit den gleichen symbolischen Codes in Nordamerika, Chile und in Ardra angetroffen werde.[49]

Nicht weniger bemerkenswert ist, wie Jauffret den Brauch zahlreicher primitiver Völker interpretiert, »auf dem Gesicht oder Körper Tier- oder Pflanzenfiguren einzuritzen, einzubrennen oder einzunähen«, oder auch, wie es noch in modernen Zeiten bei den Ostjaken und den Samojeden vorkomme, mit Hilfe des Feuers »Darstellungen aller Tierarten auf die Hände zu prägen«.[50] Das semiologische Prinzip solcher Bräuche definiert Jauffret mit gewohnter Genauigkeit: diese *Zeichen,* die die einzelnen Menschen oder Völker in verschiedener Weise ihrem Körper hinzufügten, dienten jeweils dazu anzugeben, »zu welchem Volk man gehört, wie vornehm die Rasse ist, von der man abstammt, welchen Rang man bekleidet oder durch welche großen Taten man sich hervorgetan hat«.[51] Doch müssen wir hier eine weitere Bemerkung hinzufügen: Jauffret bewies, wie bewußt und modern er als Ethnologe war, weil er, was zu seiner Zeit noch sehr selten vorkam, die Fähigkeit besaß, angesichts von gewöhnlich als »barbarisch« oder »wild« erachteten Sitten und Gebräuchen klar und unbeirrt zu bleiben, und keine moralischen Urteile zuließ, wo Tatsachen und Dokumente wissenschaftlich analysiert und ausschließlich in ihrer ethnographischen Natur oder Qualität behandelt werden sollten.

Da Jauffret der Schrift eine so prägnante ethnoanthropologische Bedeutung zuwies, überrascht es nicht, daß er die semiologischen Mittel als ideales Medium für die vergleichende Erforschung der verschiedenen Völker betrachtete. Abgesehen von den wichtigen Ausnahmen, die mit Vico einsetzten, hatte die vergleichende Sprachanalyse bis dahin im wesentlichen einer *internen* Erforschung im Rahmen der Sprachwissenschaft oder -philosophie gedient. Dank seiner *linguistischen* Vergleiche entdeckte Jauffret »Analogien *zwischen den Völkern*«, die er, wie er selbst schreibt, nie erkannt hätte, wenn er nicht diesen Weg eingeschlagen hätte.[52] Weniger zutreffend war seine Behauptung, aus dem »Vergleich der verschiedenartigen Schriften« Anhaltspunkte für das unterschiedliche »Niveau der intellektuellen Fähigkeiten, die die Natur den verschiedenen Rassen des Menschengeschlechtes gewährt hat« gewinnen zu können. Diese These war nicht nur unhaltbar und gefährlich, sondern schien auch Jauffrets offener und positiver Einstellung gegenüber der autonomen Wirklichkeit der verschiedenen Schriften zu widersprechen, da er sie ja als kommunikatives und expressives Mittel ansah, das auf allen Stufen des geselligen Lebens vorhanden und von den eigentlichen (psychologisch und erkenntnistheoretisch) höheren Prozessen unabhängig war.

Die Bemerkungen über die Hieroglyphen, angefangen von ihren theoretischen Grundlagen bis zu ihrer expressiven Bedeutung, sind dagegen unter mehreren Aspekten interessant. Nicht anders als die meisten, die vor ihm dieses Gebiet erforschten, sah Jauffret den Ursprung der Hieroglyphen in der »natürlichen« Tendenz, spezifische oder allgemeine Objekte der sinnlich wahrnehmbaren Wirklichkeit durch Zeichen und Bilder zu imitieren und zu reproduzieren. Gerade da diese Tendenz so »natürlich« sei, sei diese Schrift praktisch bei allen primitiven Völkerschaften verbreitet.[53] Die Sprachphilosophen, die Jauffret in diesem Zusammenhang am liebsten nannte, waren vor allem der Präsident De Brosses und Warburton. Während er mit ihnen einig war, daß der Nachahmung eine zentrale Funktion für die Bildung der Hieroglyphen zukam, lehnte er ihre These ab, daß die sogenannten »symbolischen Hieroglyphen« – das heißt diejenigen, die unsichtbare Objekte bezeichnen – eine zeitlich und kulturell spätere Stufe der Entwicklung dieser Schrift darstellten. In Wirklichkeit stammten für Jauffret alle Hieroglyphen im wesentlichen aus der gleichen Zeit, mochten sie »einfach«, »symbolisch« oder auch »änigmatisch« sein, wie Warburton diejenigen nannte, die keine offenkundigen Ähnlichkeiten mit den bezeichneten Objekten aufwiesen.[54] Bei den höher entwickelten und reiferen Völkern dagegen seien diese Zeichen erheblich vervollkommnet worden, das heißt, man habe die Bilderschrift zusehends vereinfacht und ihr einen immer »willkürlicheren« Sinn unterlegt, wie es vor allem in China zu sehen sei.[55]

Da Jauffret sich mehr für den ethnoanthropologischen als für den technisch-linguistischen Aspekt des Problems der Hieroglyphen interessierte, hob er besonders hervor, zu welch außergewöhnlichen, symbolisch-kulturellen Zwecken einige Völker diese Schrift zu benutzen wußten, wie z. B. die alten Mexikaner: »mit ihren Hieroglyphen brachten sie, wie die Peruaner mit den *quipos,* zum Ausdruck, wie sie die Zeit berechneten, was sie über die Heilmittel, die Naturerscheinungen oder die Bewegung der Himmelskörper wußten, welchen Gang die Geschichte ihres Reiches und vor allem die Geschichte der Stadt Mexikos nahm und schließlich, wie die Bevölkerung beschaffen war und welcher Zustand in den Provinzen herrschte«.[56] Jauffret war sich auch dessen bewußt, daß einige Hieroglyphen eine magische Bedeutung besaßen und erkannte, daß die Verbindung von bildlichem Zeichen und ritueller Handlung über die ganze Welt verbreitet war.

Beispielsweise »malten die vorgeblichen Zauberer der lappländischen Völker, der sibirischen Götzenanbeter und auch der nordamerikanischen Wilden gewisse Tierfiguren auf ihre Zaubertrommeln«; später dagegen »verwendete man die Hieroglyphen, um den abwesenden Personen oder den Nachfahren bestimmte Ereignisse mitzuteilen«.[57] Weniger triftig sind einige Urteile über die ägyptischen Hieroglyphen, wobei wir allerdings betonen müssen, daß Jauffret viel größere ethnologische Einsicht bewies als gewisse Anhänger des Diffusionismus am Anfang des 20. Jahrhunderts (wie Elliot-Smith oder Perry), da er es als eine »überflüssige und sogar verwerfliche Hypothese erachtete, aufgrund einer gemeinsamen Verwendung von Hieroglyphen »einen gemeinsamen Ursprung oder eine wechselseitige Verbindung« zwischen den Chinesen, den Ägyptern und vielleicht sogar auch anderen Völkern anzunehmen.[58] Nicht weniger relevant für diese ethnologische Einsicht war seine Weigerung, in der Verwendung der Hieroglyphen nur die schlaue Erfindung einer Kaste zu sehen, die sich entschlossen das Monopol der Kultur und der Kommunikationsmittel sichern wollte[59], wenn er auch nicht ausschloß, daß diese These wohl auch einen wahren Kern haben mochte.[60]

Wir können uns nicht länger bei diesem Text aufhalten, so interessant auch weitere Bemerkungen zum Thema der Hieroglyphen sind, ganz zu schweigen von Jauffrets Polemik gegen die *characteristica universalia* von Leibniz.[61] Was wir davon dargelegt haben, zeigt, wie außergewöhnlich aufgeschlossen und wach dieser Theoretiker der »Wissenschaft vom Menschen« gewesen ist. An diesem Punkt nun müssen wir die Aktivität der »Société des Observateurs de l'homme« etwas eingehender untersuchen, wobei wir zunächst von Jauffret absehen.[62]

8. Die Aktivität der »Société des Observateurs de l'homme«

Leider verhinderten die beschränkten Geldmittel der Gesellschaft, die allzu vielen Verpflichtungen der bedeutenderen Mitglieder, die Schwierigkeiten, die mit der Neuartigkeit des Projektes und auch mit den anfangs wohl zu großen Ambitionen verbunden waren, daß die »Observateurs de l'homme« ihre bedeutenden Gruppenarbeiten zu Ende führen konnten. Für eine langwierige Arbeit, die nur wenige unmittelbare Ergebnisse brachte, waren die Zeiten eher ungünstig. Wegen der Kontinentalsperre und der allgemeinen Schwierigkeiten bei überseeischen Verbindungen war es fast unmöglich, die vielen umfangreichen »Enquêtes« durchzuführen, die Jauffret und seine Freunde angekündigt hatten. Auch die interne politische Situation konnte eine Einrichtung wie die der »Observateurs de l'homme« nicht gerade fördern. Viele ihrer Mitglieder waren, zwar in unterschiedlicher Weise, Anhänger der republikanischen und der revolutionären Tradition und konnten sich den überzeugtesten Parteigängern des neuen, von Napoleon eingeleiteten politischen Kurses nicht anschließen. Zu der Gesellschaft gehörten unter anderem verschiedene »idéologues« [1], die bekanntlich mit regimefeindlichen Gruppen verbunden waren. Napoleon konnte weder als Erster Konsul, noch später als Kaiser den »Observateurs de l'homme« besonders wohlwollend gegenüberstehen. Doch, trotz der vielen dem Regime keineswegs freundlich gesinnten Mitglieder unternahm die Gesellschaft nicht wenige Versuche, von der Regierung gefördert zu werden.

Einige Zeit nach der Proklamation des Kaiserreiches versuchte Jauffret 1804 ein letztes Mal, das Wohlwollen des Regimes zu gewinnen. In einem Text, der bestimmt nicht von allen Mitgliedern gutgeheißen wurde, erging sich der Sekretär in Lobreden auf Napoleon, wobei er beteuerte, die »Société« habe seit jeher den politischen Prinzipien der neuen Regierung die Treue gehalten, da sie deren »Grundlagen in der gründlichsten Erforschung des menschlichen Herzens und der sozialen Ordnung« gefunden habe. Im Namen dieser Unterstützung, die die »Wissenschaft« seines Erachtens der »Politik« zugute kommen ließ, schloß er mit der Bitte, Napoleon die *Mémoires* der »Observateurs« widmen und der Gesellschaft die Bezeichnung einer »Kaiserlichen« Gesellschaft verleihen zu dürfen.[2]

Der Mißerfolg dieser letzten »Démarche« trug dazu bei, die Krise der von Jauffret begründeten Gesellschaft zu beschleunigen. Diese Schwierigkeiten dämpften den Enthusiasmus vieler Mitglieder; die politischen Meinungsverschiedenheiten innerhalb der »Société« ließen es nicht zu, daß ihre Aktivität einen neuen Aufschwung nahm. Gerade in diesem heiklen Moment mußte der Gründer und Sekretär seine Mitarbeit aufgeben, da er wegen einer schweren finanziellen Krise gezwungen war, Paris zu verlassen, wobei er, wie gesagt, die beiden handgeschriebenen Bände weggeben mußte, die seinen *Cours d'histoire naturelle de l'homme* enthielten.[3] Die Gesellschaft, die sich selbst überlassen war und weder über die technischen noch die finanziellen Mittel verfügte, um systematisch auf dem Gebiet der »Wissenschaft vom Menschen« zu arbeiten, richtete allmählich ihr Interesse auf neue Ziele. So unterstützte sie das Werk des Gräzisten Coray (oder Koraïs), indem sie zuerst seine kulturell und politisch wichtige Denkschrift *Sur l'état actuel de la civilisation en Grèce* veröffentlichte und sich dann für die philhellenische Bewegung begeisterte. Die Erforschung des Menschen war nunmehr in den Hintergrund gerückt; deshalb kam es sehr gelegen, daß 1805 eine Gruppe von Mitgliedern beschloß, zur »Société Philanthropique« überzutreten, wo man sich weiterhin für die Unabhängigkeit Griechenlands und die Abschaffung der Sklaverei einsetzte. Die »Société des Observateurs de l'homme« existierte nicht mehr.[4]

Auf wissenschaftlicher Ebene ist besonders zu bedauern, daß es Jauffret und seinen Kollegen trotz wiederholter Versuche nicht gelang, die *Mémoires* der Gesellschaft zu veröffentlichen.[5] Unglücklicherweise wurden später, vor nicht allzu langer Zeit, die Archive der »Observateurs de l'homme« zerstört, die in der zweiten Hälfte des 19. Jahrhunderts in die Archive der »Société d'Anthropologie« übergegangen waren.[6] Immerhin konnten einige davon sichergestellt werden, dank der Nachforschungen von E. T. Hamy, Pierre Broca und vor allem durch die systematischen Ermittlungen und die verdienstlichen Publikationen von Texten und Fragmenten, die Georges Hervé zu Beginn des 20. Jahrhunderts vornahm. Diese Reste und Zeugnisse verdienen beachtet zu werden; sie sind manchmal, wie wir schon im Fall von Jauffrets Schriften gezeigt haben, sehr bedeutende wissenschafts- und kulturgeschichtliche Dokumente. Im übrigen kann und muß die Ideengeschichte sich manchmal auch bloß mit Absichten, mit konzipierten, aber nie verwirklichten Projekten begnügen: darin zeigen sich immerhin zumindest die theoretischen und kulturellen Tendenzen; an ihnen aber läßt sich ohne weiteres ablesen, ob ein philosophisch-wissenschaftlicher Ansatz vorliegt, der den zufälligen praktischen Mißerfolg zu überdauern vermag oder nicht. Bereits Jauffret verriet in seiner Schrift mit einer Reihe von Plänen, daß er die Aufgaben einer Wissenschaft vom Menschen im modernen Sinne genau erkannt hatte: beispielsweise die systematische Erforschung der verschiedenen Menschenrassen in der vergleichenden Anatomie oder die nicht mehr nur vereinzelten kraniometrischen Beobachtungen und die, wenn auch vorsichtigen, physiognomischen Studien; die Forschungen einer »vergleichenden Anthropologie« – diese wichtige Bezeichnung stammt von Jauffret –, die von ethnographischem Material aus den verschiedensten Gebieten ausgehen sollte, oder die Aufnahmen anthropologischer Topographie; ein »Dictionnaire des Signes« oder ein ebenfalls »vergleichendes« Wörterbuch der verschiedenen Sprachen der Welt. Ganz besonders relevant war Jauffrets Projekt, ein »Spezialmuseum« für die Sammlung anthropologischer und ethnographischer Materialien einzurichten. Es ging darum, wie Jauffret mit gewohnter Präzision erläuterte, an einem einzigen Ort die verschiedenen Objekte zu vereinen, die einen Bezug zu den Arbeiten der Gesellschaft hatten, insbesondere alle Erzeugnisse der Arbeitsamkeit der Wilden, alle Vergleichsobjekte, mit deren Hilfe die Varietäten des Menschengeschlechts sowie die Sitten und Gebräuche der alten und der modernen Völker kennengelernt werden konnten.[7]

Ein faszinierendes Projekt, aus dem wohl mehr als aus jedem anderen Zeugnis hervorgeht, daß in einem bestimmten theoretischen Milieu klar erkannt worden war, daß die vielfältigen Untersuchungen über den physischen und den moralischen, den vereinzelten und den geselligen Menschen als eine autonome und exakte Wissenschaft betrachtet werden mußten.

Denn die Einrichtung eines Museums setzte eine genaue Vorstellung von den Inhalten und Grenzen eines bestimmten Wissensgebietes voraus, das zuvor in andere bereits bestehende Disziplinen aufgeteilt war (vgl. den zitierten Text von Moreau de la Sarthe). Jetzt aber konnte Jauffret für die Wissenschaft vom Menschen ein »Spezialmuseum« fordern und behaupten, er sei gewiß, daß dieses eines Tages für die Wissenschaft wertvoll und reizvoll für die reine Neugierde der Amateure sein werde.[8] Außerdem war der Gründer der »Société« nicht der einzige, der dazu aufrief, ein Museum der anthropologischen Wissenschaften einzurichten. Zur selben Zeit äußerten auch andere Intellektuelle und Gelehrte eine solche Forderung. In den neunziger Jahren wurde sie wohl von niemandem so bewußt vertreten wie von Volney, dem »idéologue« und späteren »Observateur«.

In seinen berühmten, 1791 veröffentlichten *Ruines* stellt sich Volney vor, die verschiedenen Völker der Erde würden sich treffen und eine »Generalversammlung« abhalten. Dieser Einfall und der darin enthaltene Wunsch haben einen ausgesprochen ideologischen und politischen Gehalt. Bei diesem Treffen sollten nämlich die vielen Streitigkeiten geschlichtet, die unzähligen Vorurteile beseitigt, die unvereinbaren Standpunkte, die immer noch die Nationen der Erde blutig voneinander trennten, in Einklang gebracht werden. Doch Volney war nicht oder nicht nur Ideologe und Politiker. Angesichts der großartigen »Generalversammlung«, die seine Phantasie heraufbeschworen hatte, erwachte in ihm auch der Ethnologe, der neugierige und aufmerksame Erforscher des Menschen und der Gesellschaften, der er bereits wenige Jahre vorher gewesen war, als er eine Reise nach Ägypten und Syrien unternommen hatte.[9] Der »riesige Kongreß« unzähliger verschiedener ethnischer Gruppen, die »durch ihre verschiedenen Trachten, Gesichtszüge, Hautfarbe« gekennzeichnet sind, war ein Schauspiel, das ihn zutiefst bewegte.[10] Sein Blick gleitet langsam über »die zahllose Menschenmenge« und hält die hervorstechenden Züge der Vertreter aller ethnoanthropologischen Gebiete der Welt mit großer Präzision fest. So entsteht eine lange, dichte Beschreibung, fast ein Fresko; der Reihe nach erscheinen die verschiedenen Menschenarten: der Asiate »mit dem langen Bart, dem kahlen Kopf, dem um den Kopf geschlungenen Turban«, der Afrikaner »mit einer Haut wie Ebenholz und krausem Haar«, der Malaie »mit großen Ohren, von einem Ring durchbohrter Nase und einem großen Palmenhut«, das »platte Gesicht des Kalmükken«, das mit der »Adlernase der Tscherkessen« kontrastiert, die »bemalten Tücher des Indianers«, die so verschieden sind von den »kunstvollen Stoffen des Europäers«, von den »reichen Pelzen des Sibiriers« und von dem »Geflecht aus Schilf, Blättern oder Federn der wilden Völker«, deren Haut mit »bläulichen Bildern von Schlangen, Blumen und Sternen« bedeckt ist.[11] Ein unvergeßliches und in jeder Hinsicht lehrreiches Schauspiel. Dann kehrt Volney unvermutet zu einer realistischen Abhandlung, zu seinem konkreten Vorhaben zurück. Warum sollte man nicht versuchen, jenseits des phantasievollen literarischen Entwurfes wirklich einen derartigen Überblick zu schaffen? Warum sollte nicht die politisch und ideologisch getrennte Menschheit wenigstens in der Einheit des ethnoanthropologischen Wissens vereint werden?

Ein Trachtensaal in einer der Galerien des Louvre wäre eine in jeder Hinsicht höchst interessante Einrichtung: sie würde der Neugier des Volkes die schmackhafteste Nahrung, den Künstlern wertvolle Modelle und vor allem der Betrachtung des Mediziners, des Philosophen, des Gesetzgebers nützliche Objekte verschaffen. Stellen wir uns eine Sammlung von Gesichtern und Körpern aller Länder und Nationen vor, die ganz exakt gemalt sind, im Ton ihrer Hautfarbe, dem Schnitt ihrer Gesichtszüge, der gewöhnlichen Form ihrer Glieder: welche Stätte für Studien und Forschungen über den Einfluß des Klimas, der Gewohnheiten, der Ernährung! Dort befände sich die wahre Wissenschaft vom Menschen![12]

Den Berichten der Zeitungen, in erster Linie dem *Magasin Encyclopédique,* können wir sehr aufschlußreiche, wenn auch fragmentarische Nachrichten über die Aktivität der »Observateurs de l'homme« entnehmen. Über den »physischen« und den »moralischen« Menschen wurden Abhandlungen vorgelegt, die die im Organismus wirksamen galvanischen Kräfte, die verschiedenen Formen der Geistesgestörtheit (Pinel), die theoretischen und praktischen Probleme der Erziehung der Taubstummen (Jauffret, Sicard, Massieu), die entgegen einer Meinung Rousseaus wichtige Rolle der physischen Erziehung (Moreau de la Sarthe), die Möglichkeit, das Erinnerungsvermögen wiederherzustellen, und andere Fragen behandelten. Ein gewisser Godeluck führte der Gesellschaft zwei Zwerge verschiedenen Geschlechtes vor, und es wurde sofort beschlossen, zwei Kommissionen zu ernennen, die die Entwicklung ihrer intellektuellen und moralischen Fähigkeiten untersuchen sollten, nachdem bereits festgestellt worden war, daß »die Glieder äußerst regelmäßige Proportionen« aufwiesen.[13] Auf ethnographischem Gebiet unterbreiteten verschiedene Mitglieder Studien über die Gebräuche der Tartaren und der Sibirier und über die indischen Religionen. Palisot de Beauvois zeigte einige Musikinstrumente von Neger- und Indianerstämmen und versuchte auch, auf ihnen zu spielen. Daneben hielt es die Gesellschaft für nicht unter ihrer Würde, die *Méditations sur la Solitude,* die Degérando während seines Aufenthalts in Neapel verfaßt hatte, und sogar Lerminiers *Observations sur les derniers momens de la vie* anzuhören. Andere Gelehrte dagegen präsentierten in den »Sitzungen« der Gesellschaft Untersuchungen über die Herkunft des Wortes »Sklave« und über das Verhältnis zwischen der »Dekadenz« der Staaten und der Unzulänglichkeit der Gesetzgebung.[14]

Außer diesen Berichten und Abhandlungen müssen wir auch die Themen erwähnen, über die die »Observateurs«, wie damals bei den »gelehrten Gesellschaften« üblich, Preisfragen ausschrieben. So sollte man im Jahre 1802 »aufgrund allgemeiner und ausgewählter spezifischer Beobachtungen genau beschreiben, wie jeder der verschiedenen Berufe den Charakter derer beeinflußt, die ihn ausüben«.[15] Die Bedeutung und Wichtigkeit dieses Themas kann nicht hoch genug eingeschätzt werden: es gehört ganz deutlich in einen präzisen psychologischen und soziologischen Kontext, der bereits von verschiedenen »Philosophen« – wie z. B. Helvétius und d'Holbach – beachtet, doch immer noch nicht mit exakten und systematischen Beobachtungen und Experimenten untersucht worden war. Die Preisfrage des vorangegangenen Jahres war noch relevanter:

> Nach täglichen Beobachtungen eines oder mehrerer Wickelkinder ist zu beschreiben, in welcher Reihenfolge sich die physischen, intellektuellen und moralischen Fähigkeiten entwickeln und inwieweit diese Entwicklung vom Einfluß der Objekte, mit denen das Kind umgeben ist, und von dem noch stärkeren Einfluß der Personen, die mit ihm umgehen, begünstigt oder durchkreuzt wird.[16]

Das Thema ist in jeder Hinsicht faszinierend. Diese Gelehrten des späten 18. Jahrhunderts nahmen die oben dargelegte philosophisch-anthropologische Entwicklung äußerst ernst: wenn der gesamte Mensch in eine natürliche Dimension eingelassen war, so konnte und mußte er ganz in seinem weltlich-milieubedingten Kontext erforscht werden. Nun wurde sein Wesen und sein Schicksal nicht mehr von unverifizierbaren himmlischen »semina« bestimmt, sondern von den Beziehungen, die er von seiner Geburt an (Cabanis war mit seinem »Blick« sogar bis zum fötalen Zustand vorgedrungen) zu den Objekten und Menschen der gleichen natürlichen Dimension anknüpfte. Aus einer solchen Konzeption folgte, daß der Mensch uneingeschränkt das Objekt der *Human*wissenschaft und der empirisch-experimentellen »Beobachtung« wurde.

Im übrigen begünstigte die neue anthropologische Auffassung der »Observateurs« nicht nur, daß die Struktur der affektiv-intellektuellen Welt des Menschen zusehends entschiedener empirisch und naturwissenschaftlich untersucht wurde, auch die Thematik des Naturzustandes und des Naturmenschen erhielt einen neuen Impuls. Eine der reizvollsten der Aufgaben, mit denen die »Société des Observateurs de l'homme« sich befassen wollte, war, anhand endlich »positiver« Grundlagen näher zu bestimmen, was der Mensch vor seiner »Zivilisierung« und »Vergesellschaftung« wirklich war, um dann, wie Rousseau es erträumt hatte, die positiven und negativen Einflüsse der Erziehung und der »Zivilisation« bewerten zu können. Das neue Menschenbild erlaubte es, eine solche Forschung insofern ganz zu verwirklichen, als nun der gesamte Mensch einer experimentellen »Analyse« unterzogen werden konnte, und es sich zeigte, daß seine Entwicklung einheitlich, ohne »Rangunterschied« zwischen dem »Physischen« und dem »Moralischen« sich vollzog und daß sich in dieser Entwicklung der Einfluß der Menschen und der Objekte parallel und einheitlich auf die psychophysische Gesamtheit der menschlichen »Organisation« erstreckte. Es war kein Zufall, daß Jauffret es in seiner theoretisch-programmatischen Abhandlung zu den wichtigsten und anspruchsvollsten Aufgaben der »Société des Observateurs de l'homme« zählte,

mit Genehmigung der Regierung ein Experiment über den Naturmenschen zu unternehmen, das darin bestünde, während zwölf oder fünfzehn Jahren vier oder sechs Kinder, zur Hälfte männlichen, zur Hälfte weiblichen Geschlechts, sorgfältig zu beobachten, nachdem man sie von Geburt an am selben umfriedeten Platz, fern jeder gesellschaftlichen Einrichtung ausgesetzt und die Entwicklung ihrer Ideen und ihrer Sprache dem natürlichen Instinkt überlassen hätte.[17]

Wir wissen nicht genau, ob dieses Experiment tatsächlich versucht worden ist.[18] Wir wissen aber, daß gerade damals, als die »Société« gegründet wurde, eine Reihe von Umständen die »Observateurs de l'homme« in die unverhoffte Lage brachten, eine Untersuchung durchzuführen, die sich allem Anschein nach von Jauffrets Projekt nicht allzu sehr unterschied. Bevor wir darüber sprechen, wollen wir, auch um den spezifischen anthropologischen Bereich noch nicht zu verlassen, auf den Fall des Chinesen Tchong-A-Sam eingehen.

9. Tchong-A-Sam, ein Chinese in Paris

Tchong-A-Sam war ein junger chinesischer Händler. Nachdem er sich zusammen mit einigen Landsleuten in Nanking auf einem englischen Schiff eingeschifft hatte, war er von Seeräubern gefangen, dann in Bordeaux eingesperrt und von dort nach Tours, Orleans, Valenciennes und schließlich nach Paris in das berühmte Hospital Val-de-Grâce überführt worden. Dem jungen Chinesen wäre ein elendes Los zuteil geworden, wenn ihm nicht Eustache Broquet, ein Lehrer an Sicards Taubstummenschule, Wohlwollen und Interesse entgegengebracht hätte. Nachdem Broquet die Anfangsbegriffe der chinesischen Sprache erlernt und mit Tchong-A-Sam einen Kontakt hergestellt hatte, wies er die »Observateurs de l'homme« auf diesen Fall hin.[1]

Es war freilich diese Episode nicht das erste Mal, daß ein Chinese die französische Hauptstadt erreichte. Wir müssen nur an den Fall des Chinesen Fo-Tsung erinnern, der 1687 die Neugierde des Hofes des Sonnenkönigs erregt hatte, oder an jenen Hoange, der einige Jahre später nach Paris gekommen und dort bis zu seinem Tod im Jahre 1716 geblieben war.[2] Ihn hatte auch Montesquieu gekannt, der ihm einen umfangreichen und ins einzelne gehenden Katalog historischer und auch spezifisch ethnographischer Fragen vorlegte: sie betrafen die chinesische Religion und Philosophie, die ethisch-juristischen Normen, die Anschauungen über Besitz und Regierung, Kultur und Sprache, Bekleidung, Naturell, etc.[3] Später, um 1760, weckte die Ankunft zweier weiterer »sehr geistvoller« Söhne des großen Reiches der aufgehenden Sonne das Interesse von Dupont de Nemours und selbst der Regierung, die ihnen sogar eine Pension gewährte, wofür sie als Gegenleistung – eine sehr bedeutsame Gegenleistung – regelmäßig Briefe aus ihrem Land senden sollten, durch die man »die chinesische Literatur und Wissenschaft genau kennenlernen« konnte.[4] Der Minister und »Philosoph« Furgot ließ persönlich den beiden Chinesen eine Reihe minuziöser »Questions sur la Chine« zukommen, um die Erfahrungen und Kenntnisse der ungewöhnlichen Gäste mit Gewinn verwenden zu können.[5] Das Interesse, die Gesellschaft, und zwar auch die entferntesten und exotischsten Gesellschaften, zu erforschen, wuchs zusehends. Dabei zeigte sich, daß die Kultur der zweiten Hälfte des Jahrhunderts »positive« Berichte und Daten gesellschaftlichen und kulturellen Charakters den bloß exotisch-literarischen »Kuriositäten« vorzog. Am Ende des Jahrhunderts brachten die zahlreichen, von den Engländern in den Fernen Osten organisierten Handelsreisen weitere Vertreter der gelben Rasse nach Europa. »Europareisen von Chinesen – schrieb das *Magasin Encyclopédique* zu Recht in einem Artikel über Tchong-A-Sam – sind nicht so selten, wie man gewöhnlich denkt«.[6]

Freilich, bis um die Jahrhundertwende löste die Anwesenheit »exotischer« Menschen keine eigentlich wissenschaftlichen Interessen und »Enquêten« aus. 1769 landete der Seefahrer und spätere »Observateur« Bougainville nach einer seiner Reisen um die Welt in Saint-Malo, begleitet von Aotourou, einem jungen Eingeborenen aus Tahiti.[7] Schon während der Expedition hatte Bougainville begonnen, den Tahitianer zu erforschen, und versucht, ihn mit den europäischen Bräuchen vertraut zu machen. Doch vor allem hoffte er, daß er in der Heimat, in Paris, anregen könnte, Aotourou zum Objekt exakter Studien zu machen. Diese Hoffnung wurde bald enttäuscht. Gewiß, am Anfang war der Wunsch, den »Wilden« zu sehen, äußerst groß, doch handelte es sich dabei, wie Bougainville betrübt vermerkt, um eine »fruchtlose Neugierde, die zu nichts anderem führte, als einer Bestätigung der Vorurteile der Menschen, die von Natur aus alles verspotten, nie aus der Hauptstadt herausgekommen sind, nie etwas eingehend prüfen und, Opfer der verschiedensten Irrtümer, nur durch die

Brille ihrer Vorurteile sehen und trotzdem scharfe und unwiderrufliche Urteile fällen«.[8] Allzuviele, sogar gebildete Personen, äußerten Verwunderung und Befremden über Aotourous Unfähigkeit, französisch zu lernen, wobei sie ihn mit anderen – freilich europäischen – Fremden verglichen, die nach einem kurzen Aufenthalt in Frankreich die Sprache schon leidlich beherrschten. Vergebens versuchte Bougainville, und zwar zu Recht, zu erklären, daß

... jene Fremden eine Grammatik hatten, die der unseren ähnlich ist und moralische, physische, politische, soziale Ideen besaßen, die den unseren gleichen und in ihrer Sprache genau wie in der französischen mit Worten ausgedrückt werden (...) Der Tahitianer dagegen, der nur eine geringe Zahl von Ideen kennt, die sich einerseits auf eine einfachere und beschränktere Gesellschaft, andererseits auf denkbar wenige Bedürfnisse beziehen, müßte sozusagen in einem Geist, der so träge ist wie sein Körper, eine Welt primärer Ideen schaffen, bevor es ihm überhaupt gelingen könnte, auf diese Ideen die Worte unserer Sprache anzuwenden, von denen sie ausgedrückt werden.[9]

So sehr diese Erklärung das Richtige traf, konnte sie doch die Öffentlichkeit nicht bewegen, ein ernsthafteres Interesse für den jungen Tahitianer aufzubringen. Nichts weist darauf hin – das ist der springende Punkt – daß die »Philosophen« selbst sich bewußt gewesen wären, zu welchem Schatz an anthropologischen, psycho-linguistischen, historisch-kulturellen Kenntnissen Aotourou ihnen mit der Zeit hätte verhelfen können.

Um die Jahrhundertwende herum vollzog sich in der französischen Kultur ein tiefer Wandel. Die Menschen ferner Länder wurden nun nicht mehr in einer Perspektive untersucht, in welcher die Thematik des Guten oder Bösen Wilden, der Gegensatz von »Natur« und »Zivilisation« und ähnliches beherrschend war. Einem neuen Aotourou wäre das Wohlwollen und das wissenschaftliche Interesse entgegengebracht worden, die 30 Jahre vorher gefehlt hatten. Da kein Tahitianer da war, so begnügte man sich mit einem Chinesen. Gewiß, dieser war natürlich kein »Wilder« wie Aotourou, doch war es jedenfalls auch sehr schwierig, mit ihm in Kontakt zu kommen. Wichtig war ferner vor allem, wie bereitwillig und begeistert man Tchong-A-Sam während der allzu kurzen Zeit, die zur Verfügung stand, wissenschaftlich »beobachtete«. »Die Anwesenheit eines Chinesen in der Hauptstadt – schrieb später François Péron, als er seines Reisegefährten Baudins während der Expedition gedachte – erregte ein solches Aufsehen, daß der Erste Konsul unterrichtet wurde.«[10] Doch hier interessiert uns nicht die stets tadelnswerte »Neugierde« des Publikums, sondern wie die Gelehrten sich diesmal verhielten. Nachdem Sicard, der Leiter des »Institut pour les Sourds et Muets«, von Broquet unterrichtet worden war, bat er die Regierung, mit diesem Fall beauftragt zu werden. Dies wurde ihm auch gestattet. Unverzüglich ermächtigte er Broquet, weiterhin die chinesische Sprache zu erlernen und die Beziehungen zu Tchong-A-Sam zu pflegen. In der öffentlichen Sitzung der »Société des Observateurs de l'homme« vom 18. Thermidor des Jahres VIII gab der Sekretär Jauffret seinen Kollegen und der Hörerschaft bekannt, daß eine eigens zu diesem Zweck gebildete Kommission den Auftrag erhalten habe, den jungen Chinesen anthropologisch zu untersuchen und die Arbeit schon in Angriff genommen habe.[11]

Die Kommission, der Le Blond und Jauffret selbst, ein Experte fernöstlicher Ethnoanthropologie, angehörten, forderte zunächst Cuvier auf, Tchong-A-Sams Rasse und Nationalität festzustellen. Cuvier analysierte und maß den Schädel und kam zu dem Schluß, daß es sich tatsächlich um einen Chinesen handelte, der nach Blumenbachs Klassifikation der mongolischen Rasse angehörte. Fast gleichzeitig untersuchte J. J. Virey, der zwar nicht eingeschriebenes Mitglied der »Société« war, den »Observateurs« aber sehr nahestand, Tchong-A-Sam, zeichnete sorgfältig dessen Gesicht und Kopf und fügte diese Zeichnungen dem Kapitel über die mongolische Rasse in seiner interessanten *Histoire naturelle du genre humain* als experimentelle Dokumente bei.[12] Von Jauffrets Beitrag ist nur eine kurze Notiz erhalten, in der er hervorhebt, wie bedeutend diese Forschungen seien und wie nötig es sei, bei den anthropologischen Studien nicht dem Beispiel eines »systematischen« Forschers zu folgen, der die »Phantasiegebilde einer exaltierten Vorstellungskraft« für bare Münze nehme.[13] Von Le Blond ist ein *Rapport* erhalten geblieben, der an sich recht unerheblich ist, uns aber über Cuviers Untersuchungen und über die Forschungen zu Tchong-A-Sams »Moral« unterrichtet, die von Jauffret und Le Blond selbst geleitet wurden. Man befragte den Chinesen direkt und führte indirekte Experimente aus, zu denen Millin und der Arabist Sylvestre de Sacy als Berater herangezogen wurden. Unter anderem mußte er die Kleider aus seiner Heimat anziehen, damit man experimentell sein Erinnerungsvermögen, sein Heimatgefühl und die Intensität seiner emotiven Reaktionen prüfen konnte.[14] Ferner wurden wichtige Untersuchungen über die Sprache und die geistigen Fähigkeiten des jungen Mannes angestellt, der sehr lebhaft zu sein schien. Man versuchte auch, und mit einigem Erfolg, anhand seiner Erklärungen die chinesischen Figuren und Illustrationen zu verstehen, die man in Paris besaß. Broquet setzte inzwischen zusammen mit Le Blond seine Sprachstudien fort. Das Thema der chinesischen Schrift faszinierte nicht erst jetzt die französische Kultur, doch trotz aller Bemühungen der »Observateurs« konnte das »Geheimnis« der chinesischen Schriftzeichen nicht enträtselt werden.

Die chinesische Sprache – berichtet Le Blond seinen Kollegen der »Société« – besteht nur aus einsilbigen Wörtern und widersetzt sich deshalb den gebundenen

Lauten; nicht nur läßt A-Sam ein Intervall zwischen einer Silbe und der nächsten, sondern er kann innerhalb einer Silbe die Laute, die wir Doppelkonsonanten nennen, nicht genügend schnell aussprechen. Er schiebt einen Vokal dazwischen, und zwar den, der dem nächstfolgenden am meisten entspricht. Außerdem ersetzt er die schwachen durch starke Konsonanten, so daß *grand* zu *caland*, *gros* zu *colos*, *français* zu *falançais* wird (...) Zweifellos – bemerkt er etwas vorher – setzt sich jedes Wort aus mehreren Zeichen zusammen, von denen jedes auf seinen Stamm verweist; doch wie kann sich aus der Zusammensetzung dieser Stämme schließlich eine komplexe Idee ergeben, die mit einem einsilbigen Laut ausgedrückt wird? [15]

Für derartige semiologische und linguistische Probleme hatten die Kreise der »idéologues« sich schon lange interessiert. Leider konnten Sicard, Broquet und Le Blond diese in der Kultur der Jahrhundertwende so beliebte Thematik nicht weiter vertiefen, denn Tchong-A-Sam reiste plötzlich ab, da die Regierung beschlossen hatte, ihn mit Baudins Expedition in den Orient zurückzuschicken. Wenn die Episode auch an sich eher unbedeutend war, so zeigt sich darin immerhin eine Fülle artikulierter und genuiner Interessen, die ebenfalls mit der großen Bewegung der »Wissenschaft vom Menschen« verflochten waren.

10. Victor, der »Wilde von Aveyron«

Durch äußere Umstände fanden die Untersuchungen und Debatten über den Chinesen Tchong-A-Sam ein vorzeitiges Ende, doch in den gleichen Monaten, und mit noch größerem »Eklat«, begann ein anderes trauriges und bizarres Wesen die Pariser Kultur und Wissenschaft lebhaft zu interessieren: Victor, der junge »Wilde von Aveyron«. Im Sommer des Jahres 1798 hatten drei Jäger im Département von Aveyron einen anscheinend ungefähr 11–12jährigen, nackten, wilden und stummen Knaben aufgespürt und eingefangen.[1] Sie brachten ihn in ein benachbartes Dorf, doch gelang ihm nach kaum einer Woche die Flucht. Das ganze folgende Jahr verbrachte er in völliger Einsamkeit, am 9. Januar 1800 aber tauchte er plötzlich wieder auf und ließ sich widerstandslos ergreifen. Er schien noch genauso wild und stumm zu sein wie das erste Mal.

Ich fand ihn – berichtet der zu den ersten Untersuchungen herbeigeeilte Regierungskommissar – als er sich mit Vergnügen erwärmte; zwar zeigte er eine gewisse Unruhe und antwortete auf keine Frage, weder mit Lauten noch mit Zeichen, doch ließ er sich wiederholt zutraulich streicheln... ich kam zu der

Überzeugung, daß dieser Knabe seit seiner zartesten Kindheit in den Wäldern gelebt hatte, bar aller sozialen Bedürfnisse und Gewohnheiten...[2]

Dieses Mal wurde der Knabe nach der ersten Pflege zuerst dem Hospiz von Saint-Affrique anvertraut und darauf nach Rodez geschafft, wo er mehrere Monate blieb. Dort untersuchte ihn wahrscheinlich der erste von zahlreichen Gelehrten, die sich in der Folge mit ihm befassen sollten. Nach einer sorgfältigen Visite und Beobachtung verfaßte der Bürger Bonnaterre, Professor für Naturgeschichte an der »École Centrale« des Département Aveyron, eine kurze, aber präzise *Notice historique,* die wohl nicht wenig dazu beitrug, daß der außergewöhnliche Fall des »Wilden von Aveyron« bekannt wurde.[3]

Ein vielleicht außergewöhnlicher Fall, doch bestimmt nicht der erste und nicht der einzige dieser Art. Bonnaterre selbst resümierte im ersten Teil seiner Schrift die Geschichte verschiedenaltriger solitärer und wilder Kinder, die zu verschiedenen Zeiten und in den verschiedensten Gegenden Europas gefunden worden waren. Die moderne Wissenschaft und Philosophie hatten ihre Existenz nicht außer acht gelassen. Linné klassifizierte sorgfältig einige der ihm bekannten Fälle: den Knaben, der 1344 in Hessen mit Wölfen lebte *(Juvenis Lupinus Hessensis),* die beiden 1719 in den Pyrenäen entdeckten Kinder *(Pueri Pyrenaici),* die beiden, *Puella Campanica* und *Puella Karpfensis* genannten Mädchen, weil das eine in der Champagne, das andere in den Karpaten gefunden worden war.[4] Einige Jahre später erwähnten Rousseau und Condillac einen Fall, der das »gelehrte Europa« besonders bewegte, nämlich einen in den litauischen Wäldern von Bären aufgezogenen Knaben, der 1694 aufgespürt wurde und in Linnés Verzeichnis mit dem unvermeidlichen Namen *Juvenis Ursinus Lituanus* erscheint.[5] Der Zwölfjährige, in den Wäldern des Aveyron eingefangene Wilde war also nur eines der bereits ziemlich zahlreichen Wildkinder, die die Wissenschaft nicht ganz ignoriert hatte. Aus der minuziösen Beschreibung in Professor Bonnaterres »Mémoire« ergaben sich auch keine auffallend neuen Züge oder Eigenschaften des »Wilden« von Aveyron.[6]

Wenn auch dieser Fall wohl an sich nicht neu war, so hatte die zeitgenössische Kultur und Wissenschaft ein neuartiges Interesse daran – oder zumindest hatte sie dies aufgrund anderer Perspektiven neu definiert. In der Generation der Gelehrten, die an den Erörterungen der Physiologen und der Philosophen über die Grundlagen einer neuen »Wissenschaft vom Menschen« mitgearbeitet oder teilgenommen, die ersten Schriften Cabanis', Destutt de Tracys, Degérandos, Volneys gelesen und schließlich der Gründung von Institutionen wie Sicards Taubstummenschule und Pinels Pflegeanstalt für Geisteskranke und Schwachsinnige beigewohnt hatten, mußte eine Meldung wie die über den Fall des »Wilden von Aveyron« große

Erregung auslösen. Nun handelte es sich nicht mehr einfach nur darum, einen neuen lateinischen Namen für den Wilden auszutüfteln und ihn dann in den Archiven der verdienstlichen, aber ungenügenden Anthropologie Linnés unterzubringen. Mit dem Knaben, der im Städtchen Rodez schmachtete, war eine neue, wertvolle Gelegenheit gegeben, um eine Reihe verschiedenartigster Untersuchungen anzustellen, die mit dem Naturzustand und dem wilden Zustand des Menschen, mit der möglichen Entfaltung der intellektuellen und affektiven Vermögen und, allgemeiner, mit dem Grad des Einflusses der »Zivilisation« auf die »Natur« zusammenhingen. Trotz eines gewissen Pessimismus hinsichtlich der Möglichkeit, den kleinen »Wilden« zu erziehen, ließ Bonnaterre in seiner bescheidenen Schrift den Wunsch durchblicken, eine experimentelle, an den Studien der sensualistischen Schule und an den jüngeren Untersuchungen über den »physischen« und »moralischen« Menschen orientierte Analyse des Falles in die Wege zu leiten.

Diesem Kind – bemerkt der Professor der Naturgeschichte – mangelt es weder an Intelligenz noch an Denkfähigkeit und Urteilskraft völlig, doch müssen wir gestehen, daß an ihm dann, wenn es sich nicht darum handelt, seine natürlichen Bedürfnisse zu befriedigen oder seinen Hunger zu stillen, immer nur rein animalische Funktionen bemerkbar sind. Falls es überhaupt Empfindungen besitzt, so erzeugen sie keine Ideen; es ist auch nicht imstande, diese miteinander zu vergleichen. Es hat fast den Anschein, als ob zwischen seiner Seele und seinem Körper keinerlei Verbindung bestehe und als ob es über nichts nachdenke. Daraus folgt, daß es kein Unterscheidungsvermögen, keinen Geist und kein Erinnerungsvermögen hat ... Ein so überraschendes Phänomen – meinte Bonnaterre schließlich – wird der Philosophie und der Naturgeschichte zu wichtigen Kenntnissen über die ursprüngliche Beschaffenheit des Menschen und über die Entwicklung seiner intellektuellen Fähigkeiten verhelfen, vorausgesetzt, daß die Idiotie, die wir bei diesem Kind festgestellt haben, seiner Unterweisung keine Hindernisse in den Weg legt ...[7]

Die Voraussage, daß der Fall des »Wilden von Aveyron« bei Philosophen und Naturforschern größtes Interesse hervorrufen würde, erwies sich als richtig. Die Meldung des außergewöhnlichen Fundes erreichte Paris zudem unmittelbar nach der Gründung der »Société des Observateurs de l'homme«, und diese bestand ja vorwiegend aus Philosophen und Naturforschern, für deren Forschungen die direkte Beobachtung des im Spital von Rodez verwahrten Knaben von größtem Wert sein konnten. Tatsächlich erhielt die Direktion des Spitals am 9. Pluviôse des Jahres VIII eine bedeutsame, von Jauffret unterzeichnete Anfrage. Der Wunsch, das Waldkind möglichst bald analysieren zu können, kam dabei deutlich zum Ausdruck:

Wenn es zutrifft, daß Ihr in Eurem Spital gegenwärtig einen jungen, zwölfjährigen, in den Wäldern gefundenen Wilden verwahrt, so wäre es für den Fortschritt der Menschenkenntnisse sehr wichtig, daß ein intensiver und gewissenhafter Beobachter sich seiner annehmen und während einer gewissen Zeit seine Zivilisierung hinauszögern würde, um alle seine erworbenen Ideen feststellen und untersuchen zu können, wie er diese ausdrückt, und um zu sehen, ob der Zustand eines sich selbst überlassenen Menschen der Entfaltung der Intelligenz entgegensteht.[8]

Es vergingen allerdings noch einige Monate, bis die Pariser Wissenschaft sich des »Wilden von Aveyron« annehmen konnte. Erst als sich der Innenminister Champagny persönlich für den Knaben interessierte, wurde er nach Paris gebracht und, wie schon Tchong-A-Sam, dem »Institut pour les Sourds et les Muets« anvertraut, dessen Leiter Sicard war. Es ist nicht schwierig, sich das Interesse vorzustellen, das der Knabe in einigen Kreisen der Hauptstadt hervorrief. Seine Narbe am Hals, die von menschlichen Waffen zu stammen schien, verleitete – wie die »Décade Philosophique« entrüstet bemerkt – zu unzähligen phantastischen Hypothesen.[9] Flüchtige Visiten des außergewöhnlichen Patienten wurden immer häufiger, und voreilig äußerte man unüberlegte Meinungen und unumstößliche Urteile. Doch das Interesse, das die Pariser Salons dem »Wilden von Aveyron« entgegenbrachten, hielt im ganzen gesehen nur kurze Zeit an. Die mondäne Gesellschaft empfand bald nur noch Langeweile für diesen schmutzigen und zuweilen plötzlich gewalttätigen Knaben, der offenbar kein Wort verstehen oder sprechen konnte und wahrlich eher den Tieren, unter denen er gelebt hatte, als den Menschen ähnelte. Die Besuche der Laien und der Neugierigen wurden seltener.[10] Doch dieses Mal warfen die »Gelehrten« die Flinte nicht ins Korn.

Zumindest drei Zentren beschäftigten sich weiterhin mit dem »Wilden von Aveyron«: Sicards Taubstummenschule, das »Institut« und vor allem die »Société des Observateurs de l'homme«, und nicht zufällig waren alle drei Institutionen durch die Ideologen beeinflußt und geleitet. Im »Institut pour les Sourds et les Muets« war der Knabe der Obhut Jean Itards anvertraut worden, einem noch recht jungen Gelehrten, der eine bemerkenswerte Zukunft vor sich hatte.[11] Vor seinem Eintritt in Sicards Schule war Itard unter anderem ein Schüler des Arztes und »Observateur« Philippe Pinel gewesen. Pinel, ein Spezialist für Geisteskrankheiten, hatte eine Methode gefunden, um die Existenz zahlreicher psychischer, von zerebralen oder anderen Schädigungen verursachter Störungen festzustellen und nachzuweisen. Sein Schüler war von diesen Beweisführungen offenbar nicht vollkommen überzeugt; zumindest war er, als er mit dem Kind von Aveyron in Berührung kam, der Meinung, daß hier kein Fall von Geisteskrankheit vorliege, den man, wie Pinel behauptete, mit den in der schon berühmten, von ihm geleiteten Anstalt Bicêtre untersuchten und nur selten geheilten Fällen vergleichen konnte. Kaum hatte Itard seine täglichen therapeutisch-didaktischen Kontakte zu dem kleinen »Wilden« aufgenommen, begann er eine Reihe von Aufzeichnungen über das außergewöhnliche Experiment zu machen, die er wenig später in einer kurzen, systematischen Abhandlung darlegen konnte.

11. »Philosophie« gegen »Wildheit« in Jean Itards »Mémoire«

Das *Mémoire,* in dem Itard auf Anregung der »Société des Observateurs de l'homme« von seinem Versuch, den jungen Wilden zu erziehen, berichtet, ist einer der faszinierendsten Texte der Literatur der »idéologues« vom Ende des Jahrhunderts.[1] Es handelt sich dabei nicht bloß um die Zusammenfassung einiger Versuche und Studien, sondern eher um das Tagebuch einer dramatischen Suche, für die der junge Lehrer weit mehr als nur seine intellektuellen Kräfte einsetzte. Die Beziehung zwischen ihm und seinem Zögling unterscheidet sich wesentlich von der Beziehung zwischen einem Wissenschaftler und seinem Patienten, die sich gegenseitig stets fremd bleiben. Hier dagegen besteht eine totale Beziehung, fast ein Kampf zwischen Itards »Philosophie« und der »Wildheit« Victors, wie der Knabe genannt wurde; ein Kampf zwischen der praktisch-»kulturellen« Erfindungsgabe des ersteren und der beharrlichen »natürlichen« Widerspenstigkeit und Abwehr des letzteren. Hier können wir natürlich nicht näher auf den existentiellen Aspekt dieser Geschichte eingehen – einer Geschichte, für die Itard, das darf nicht vergessen werden, mehr als fünf Jahre seines Lebens sich voll und ganz einsetzte. Diese Geschichte zusammenzufassen, wäre unmöglich, und sie kann kaum analysiert werden, ohne daß dabei ihre tiefe menschliche Bedeutung verlorengeht.[2] Doch auch kulturgeschichtlich ist Itards Bericht reich an interessanten Aspekten, wenn man ihn richtig zu lesen versteht. Wenn es auch zutrifft, daß Itard bei allen täglichen Fortschritten und Rückschlägen seiner Versuche mit der Zeit viele anfängliche Schemata und Hypothesen fallen oder in den Hintergrund treten ließ, so bestand seine Aufgabe doch hauptsächlich darin, eine ganz bestimmte Philosophie auf die Beobachtung und Veränderung eines anomalen menschlichen Phänomens anzuwenden. Gerade diesen Aspekt müssen wir etwas präziser fassen, auch wenn wir dabei unzählige Einzelheiten einer faszinierenden Begebenheit vernachlässigen.

Itards Ausgangspunkt war, wie bereits erwähnt, die später einmal als *felix culpa* bezeichnete Hypothese, Victor sei nicht eigentlich ein Geisteskranker, sondern ein konstitutionell gesunder Junge, der nur an einer erheblichen Verzögerung seiner normalen intellektuellen Entwicklung leide. Der Taubstummenlehrer Itard machte diese Voraussetzung jedoch nicht in streng medizinischen Begriffen. Bereits in seinen einleitenden Bemerkungen behandelt er das Problem ganz deutlich nach »philosophischen« Gesichtspunkten. Er will nämlich nicht feststellen, ob Victor unheilbar in seiner natürlichen »Organisation« geschädigt oder nur das Opfer einer unglückseligen menschlichen, das heißt historisch-sozialen Situation war. Anders gesagt, es ging ihm wohl weniger darum, das Dilemma abstrakt zu erörtern, als sich vielmehr für eine der beiden Thesen zu entscheiden, und zwar für diejenige, die der menschlichen Initiative größeren Spielraum ließ, um dann so zu verfahren, als sei diese die gültige Hypothese, bis erkennbar war, ob sie von den künftigen Ergebnissen bestätigt oder widerlegt wurde. Genau so verfuhr Itard. Für ihn war Victor nicht so sehr »ein schwachsinniger Junge nur in dem Sinne, wie ein Kind von zehn oder zwölf Monaten«; ein der Sprache noch nicht mächtiges Kind, weil es (hier war Itard offenbar von der physiologischen Anthropologie Cabanis' und Pinels beeinflußt) »wenig flexible Organe« habe und sein »Empfindungsvermögen akzidentellerweise abgestumpft« sei, und zwar ausschließlich aufgrund der »antisozialen Gewohnheiten« seines bisherigen Lebens.[3] Falls das zutraf, konnte ein tragisches, nicht so sehr von der Natur gewolltes als vom Zufall bestimmtes Schicksal, wenngleich nur als Hypothese und als Problem, wieder in den Horizont menschlicher Möglichkeiten und konkreten menschlichen Eingreifens treten. Ein natürliches Übel nahm die Gestalt eines historischen Übels an, dessen Heilung man versuchen konnte, denn es handelte sich nicht darum, eine nach Pinels Diagnose offensichtlich kranke und im wesentlichen unveränderliche »Natur« ändern zu wollen. Vielmehr ging es darum, einen »Geist« zu erziehen, ihm mittels einer angemessenen »moralischen Behandlung« zu einem aufgrund von Zufällen verzögerten intellektuellen und affektiven Reifeprozeß zu verhelfen.

Itards Arbeitsprogramm beruhte, auch wenn er die späteren Fortschritte der Forschung keineswegs ignorierte, deutlich auf der Lehre vom Menschen, welche die von Condillac und Helvétius begründete sensualistische und »umweltbezogene« Philosophie entwickelt hatte. Der Knabe von Aveyron war gewissermaßen die so lang gesuchte lebendige Verkörperung der Statue, die im *Traité des Sensations* beschrieben wurde – eine Statue, die, wie es Condillac getan hatte, »erweckt« und mit Affekten und Ideen »erfüllt« werden mußte. Im übrigen dürfen wir diese Orientierung jedoch nicht so deuten, als sei Itard mit dem Rückgriff auf Condillac auch zu einer dualistisch ausgerichteten Anthropologie zurückgekehrt. Trotz einer gewissen Tendenz, das »Physische« zu gering zu bewerten, folgte er einer streng einheitlichen und weltlichen anthropologischen Perspektive. Auch dort, wo er die Gesichtspunkte seines Vorhabens umreißt, zeigt Itard, daß er den Forschungen der »médecins-philosophes« keineswegs fern stand. Zunächst freilich sollte dieses Individuum, das bis dahin von der Natur weniger aufgezogen als konditioniert worden war, in das »gesellschaftliche Leben« reintegriert werden. Als zweites aber wollte Itard, ganz ähnlich wie in Cabanis' Physiologie und in der therapeutischen Praxis Pinels verfahren wurde, das menschliche Empfindungsvermögen Victors »durch die wirksamsten Reizmittel« und gelegentlich auch »durch lebhafte seelische Affekte« wecken. Der dritte Gesichtspunkt bezog sich wiederum auf Locke, die Sensualisten und die »idéologues«: »Den Umfang seiner Ideen erweitern, indem ihm neue Bedürfnisse gegeben und seine Beziehungen zu den Wesen seiner Umgebung vervielfältigt werden«. Das vierte, wohl ehrgeizigste Ziel war, Victor zum Gebrauch der Sprache zu führen. Als letztes schließlich sollte versucht werden, einige intellektuelle Tätigkeiten zuerst anhand von Objekten seiner physischen Bedürfnisse und später an abstrakteren, der Trieb- und Spontaneitätssphäre fernerliegenden Objekten zu entwickeln.[4]

Abgesehen von den konkreten, zwar recht bescheidenen, aber gewiß nicht unbedeutenden Ergebnissen, fügte sich dieses Arbeitsprogramm vollkommen in die theoretisch-experimentellen Forschungsperspektiven, die von der »Société« erarbeitet worden waren – beispielsweise die Debatte über den »Naturmenschen« und die Preisfrage über die Entwicklung von Neugeborenen. Am direktesten nahm Itard Bezug auf das theoretische und praktische Werk des »Observateur« Sicard, auf die wichtigen Studien von Degérando über die menschlichen Kommunikationsmittel und auf die Forschungen, die die Ideologen und »Observateurs« Destutt de Tracy, Cabanis, Garat, Laromiguière über die psychologische Struktur und die Dynamik der intellektuellen und affektiven Fähigkeiten des Menschen angestellt hatten.

Zu diesem beträchtlichen wissenschaftlichen und kulturellen Erbe kam Itards eigene, sehr rege Erfindungsgabe, mit der er die stets sehr schwierigen zwischenmenschlichen Beziehungen zu dem kleinen »Wilden« zu meistern versuchte, und sein vorsichtiger Empirismus, mit dem er bestimmte analytische und didaktische Methoden anwandte. Er wollte seine Pläne auf keinen Fall übereilt und allzu doktrinär durchführen, sondern zog es vor, Victor zuerst einmal zu beobachten und zu unterstützen. Er verbrachte den ganzen Tag an seiner Seite, beaufsichtigte ihn unauffällig, studierte seine Verhaltensweisen und seine Reaktionen und hielt schließlich zahllose Züge und Episoden fest, die eines Tages vielleicht aufschlußreich sein könnten. Sein *Mémoire* ist die Chronik dieser täglichen Analyse, die er immer mit größter Anteilnahme und manchmal mit tiefer Bewegung durchführte. So beobachtete er beispielsweise »mit unsäglichem Vergnügen«, wie Victor sich ganz allein im Garten auf den Rand des Wasserbassins setzte und wie bei dieser Gelegenheit

alle krampfartigen Bewegungen und das ständige Wiegen des Körpers nachließen, allmählich aufhörten, um einer ruhigeren Haltung Platz zu machen, und seine bedeutungsleere oder von Grimassen entstellte Miene allmählich einen sehr ausgeprägten Ausdruck von Trauer oder melancholischer Träumerei annahm, und zwar in dem Maße, als seine Augen zusehends regungsloser auf der Oberfläche des Wassers ruhten und er zuweilen kleine Stücke dürrer Blätter ins Wasser warf.[5]

Die verschiedenen Etappen, die Itard in diesem langen Kampf zurücklegte, waren, wie gesagt, nichts anderes als der Versuch, gewisse von den Schulen der Sensualisten und der Ideologen aufgestellte Thesen experimentell zu bestätigen. So bestand das erste Problem, das er anging, darin, Victors Sinne zu »wecken«, und zwar natürlich der Reihe nach, wie bei Condillacs Statue. Die einfallsreichsten Mittel wurden zu diesem Zweck aufgeboten. So mußte der Knabe, dessen Temperaturempfindlichkeit reaktiviert werden sollte, eine Zeit lang mehrere Stunden im heißen Wasser liegen und sehr warme Kleider tragen, bis sein Körper ein starkes Gespür für die Unterschiede zwischen warm und kalt erworben hatte.[6] Dann zeigte sich nach und nach, daß Victors Geruchs- und Geschmackssinn und schließlich alle seine übrigen Sinne erwachten und tätig wurden. Sein Körper wurde von Tag zu Tag empfindlicher. »Endlich – schreibt Itard begeistert in seinem Tagebuch – bestätigen sogar die Krankheiten, diese unwiderleglichen und lästigen Zeugen des vorherrschenden Empfindungsvermögens des zivilisierten Menschen, die Entwicklung dieses Lebensprinzips«.[7] Hier berührt sich bezeichnenderweise ein für Cabanis und andere »médecins-philosophes« charakteristisches Thema, die Beziehung zwischen Empfindungsvermögen und Krankheit, mit Itards auf Condillac fußender Methode.

Gleichzeitig griff Itard, um die einfachsten geistigen Funktionen seines Zöglings zu wecken, auf bestimmte therapeutisch-didaktische Spiele zurück – ein bemerkenswert moderner Einfall.[8] So versteckte er einen konkreten, mit Victors spezifischen Bedürfnissen verbundenen Gegenstand immer geschickter oder ersetzte ihn durch abstraktere Elemente. Nicht immer folgte der Knabe den Schachzügen seines Lehrers geduldig und verständig, aber immerhin gelang es, wie Itard bemerkt, diesen Experimenten oft, in Victors Blick und Verstand Aufmerksamkeit, Urteilskraft und Beobachtungsgabe zu wecken. Gleichzeitig machten sich die ersten psychischen Assoziationen bemerkbar: jedesmal wenn Itard z. B. mit dem Hut auf dem Kopf und Victors Jacke über dem Arm in sein Zimmer trat, war das für ihn das Signal, sich zum Ausgehen anzukleiden.[9] Sicards Schüler sammelte auf diese Weise wertvolle Erfahrungen im Bereich der experimentellen

Psychologie, für den die Ideologen sich so stark interessierten. Denken wir z. B. an die kluge Analyse der Gehörtätigkeiten oder an die von Itard auf Grund seiner Beobachtungen zuerst gemachte Unterscheidung zwischen der einfachen Wahrnehmung des Lautes und der Wahrnehmung der einzelnen Elemente, aus denen sich der Laut, der einzige konkrete Träger des eigentlichen Gehörs, zusammensetzte.[10]

Die wissenschaftliche und kulturgeschichtliche Bedeutung des Itardschen Werkes kann kaum überbetont werden. Gewisse Begriffe und Hypothesen, die im Werk von Condillac, Destutt de Tracy und Degérando enthalten waren, wurden nun auf der konkreten Ebene der experimentellen Forschung angewandt, bestätigt oder richtiggestellt. Die »Statue« Victor war nicht mehr die Hauptperson des »Romans«, als den viele den *Traité des Sensations* ansahen, vielmehr hatte man es jetzt mit einem wirklichen Objekt zu tun, mit einem lebenden und kontrollierbaren Zeugnis für Studien und Untersuchungen, in denen »Philosophie« und »Wissenschaft« nun tatsächlich vereint waren, denn sie zeigten, daß sich die »philosophischen« Begriffe an einem konkreten »wissenschaftlichen« Vorhaben bewährten. Itard zögerte keinen Augenblick, die Analysen und Methoden der zeitgenössischen Philosophen soweit als möglich zu verwenden. Als er z. B. das schwierige Problem anging, Victor den Gebrauch der Sprache beizubringen, ordnete er die unzähligen Beobachtungen über dessen Ausdrucksweisen anhand der Begriffe und Kategorien, die Condillac und Degérando erarbeitet hatten. Wie viele Konzepte er diesen Gelehrten verdankte, zeigte sich z. B. darin, daß auch er die Funktion der vorsprachlichen, imitativen und gestischen Äußerungen positiv bewertete, die Degérando zur gleichen Zeit in seinem umfangreichen Werk *Des Signes* eingehend erörtert hatte:

> Viele – schreibt Itard im Zusammenhang mit seinen Beobachtungen – sehen in diesem Benehmen nur das Verhalten eines Tieres, während ich gestehen muß, daß ich darin die Gebärdensprache in ihrer ganzen Einfachheit zu erkennen glaube, diese ursprüngliche Sprache des Menschengeschlechts, die in der Kindheit der ersten Gesellschaften verwendet wurde, bevor das Werk vieler Jahrhunderte das System des Wortes hinzugefügt und dem zivilisierten Menschen ein fruchtbares und erhabenes Mittel zur Vervollkommnung verschaffte.[11]

Leider sollte sich seine Hoffnung nicht erfüllen. Als Itard erreicht hatte, daß Victor beim Anblick der Milch das Wort »lait« aussprach, bemerkte er, daß der Laut für ihn nicht den geringsten Aussagewert hatte:

> ... statt daß das ausgesprochene Wort das Zeichen eines Bedürfnisses war, war es in dem Augenblick, als es artikuliert wurde, nur ein leerer Freudenausruf. Hätte er dieses Wort ausgesprochen, bevor ihm das Gewünschte gewährt wurde, so wäre das Ziel erreicht gewesen: Victor hätte den wahren Gebrauch des Wortes erfaßt ...[12]

Die Bedeutung der wenigen anderen Wörter, die Victor auszusprechen lernte, war ebenso beschränkt. Erfolgreicher, wenn auch für Lehrer und Schüler anstrengender, waren einige Versuche, Victors Erinnerungsvermögen zu entwickeln und die Urteilskraft zu beleben. Dann ging Itard dazu über, Victor beizubringen, das Wort L-A-I-T aus vier Buchstaben zusammenzusetzen, wobei er gewisse, von Sicards Schule bereits ausgebildete Verfahren benutzte.[13] Das war nur der erste Schritt eines sehr harten und komplizierten Weges, aber auch der wichtigste Schritt, weil er bezeugte, daß in Victor nun ganz bestimmte intellektuelle Fähigkeiten in Funktion waren und er einige präzise technische Fertigkeiten erworben hatte.

Am Ende seines *Mémoire* konnte Itard sich nicht enthalten, mit großem Nachdruck zu betonen, wie bedeutend der zurückgelegte Weg und wie grundlegend Victors Erwerbungen seien, der nun, wenn auch in unterschiedlichem Maße, im Besitz aller seiner Sinnesorgane und intellektuellen Fähigkeiten sei.[14] Schon diese erste Reihe von Beobachtungen sei für die »philosophische und natürliche Geschichte des Menschen« von großer Wichtigkeit. Tatsächlich konnte man, wenn man gewisse Analysen und Forschungen rekapitulierte, die er an dem »Fall« Victor durchgeführt hatte, so präzise Regeln für den Mechanismus der psychophysischen »Organisation« des Menschen gewinnen. Zudem zeigte sich, wie Itard selbst hervorheben wollte, daß bestimmte Hypothesen, die die Philosophie von Locke bis zu den Ideologen aufgestellt hatte, sehr nützlich waren und vor allem sich endlich auf unwiderlegbare experimentelle Nachweise stützen konnten. In seinen Untersuchungen habe man »den materiellen Beweis für die wichtigsten Wahrheiten, welche Locke und Condillac nur durch die Kraft ihres Genies und die Tiefe ihrer Meditation zu entdecken vermochten«.[15]

Daß Itard seine Studien im übrigen nach dem Vorbild der Philosophie der Sensualisten und der Ideologen ausrichtete und ständig auf deren Themen und Probleme Bezug nahm, vor allem auf das dialektische Verhältnis von Natur und Gesellschaft, das diese Philosophie auch im Rahmen ihrer psychologischen Forschungen ergründet hatte, zeigt sich deutlich in den Schlußfolgerungen, die Victors Lehrer aus seinen Erfahrungen glaubte ziehen zu können. Die Ursache für affektive und intellektuelle Zurückgebliebenheit des sogenannten Wilden von Aveyron war nach seiner Ansicht allein in seiner früheren sozialen Isolation zu suchen. Mußte man die metaphysische Frage, welches die Intelligenzstufe und die Natur der Ideen eines Jungen seien, »der von Kindheit an ohne jede Form von Erziehung, völlig von den Individuen seiner Art getrennt gelebt hat« theoretisch lösen, so ergäbe sich ein »moralisches Bild«, das auch für seinen Schützling gültig sei.[16] Er betrachtete also Victors Fall vor allem als konkrete und experimentelle Verkörperung einer bestimmten philosophischen, von den »idéologues« beeinflußten Problemstellung, wie sie etwa in den Preisfragen der Sektion »Analyse des idées et des sensations« des »Institut« behandelt wurde. Deshalb fühlte sich Itard am Ende seines *Mémoire* dazu berechtigt, aus seinen langwierigen Untersuchungen einige rein theoretische Schlußfolgerungen zu ziehen, die sich genau in die damals gerade erörterte anthropologische und kulturelle Problematik einreihten. Grundthema dieser Überlegungen war nämlich das Problem des Gegensatzes von Natur und Gesellschaft. Im reinen Naturzustand, schreibt Itard, sei der Mensch vielen Tieren unterlegen und müsse elend, »ohne Intelligenz und ohne Affekte« ein unsicheres und »allein auf die animalischen Funktionen« reduziertes Leben führen.[17] Seine eigentlich menschliche Dimension – seine »moralische Überlegenheit«, fügt er mit deutlichem Hinweis auf seine Vorgänger hinzu –

> ist nichts anderes als das Ergebnis der Zivilisation, die ihn durch eine große und mächtige Triebfeder über die anderen Lebewesen erhebt. Diese Triebfeder ist das seiner Art eigentümliche Empfindungsvermögen; eine wesentliche Eigenschaft, von der die Nachahmungsfähigkeiten und jene ständige Neigung herrühren, die ihn in neuen Bedürfnissen neue Empfindungen suchen läßt.[18]

Dank dieser Voraussetzungen konnte Itard sowohl seine Hoffnungen auf eine »Reedukation« des Wilden von Aveyron als auch seine lange psychologische und pädagogische Arbeit legitimieren. Anfangs schien es, als ob ihm die Ergebnisse recht gäben, doch später hatte er nur noch wenig Grund zum Optimismus. Da er noch in einer philosophischen Tradition befangen war, die nicht akzeptieren wollte, daß es »natürliche«, mit den Waffen der »kulturellen« Erziehung unangreifbare Strukturen gab, konnte Itard nicht klären, was einigen seiner Mißerfolge zugrunde lag und was sie bedeuteten. Es bedurfte anderer Studien und anderer Ansätze, um die Pariser Kultur und Wissenschaft zu einer anderen medizinisch-anthropologischen Bewertung des Wilden von Aveyron zu bringen.

12. Der »Wilde«, der »Naturmensch«, der »gesellige Mensch«

Bevor wir Itards Kritiker und Gegner zu Wort kommen lassen, wollen wir einen der interessantesten Beiträge zu der Debatte über den jungen Victor untersuchen. Abgesehen von ihrem beachtlichen theoretischen Interesse, ist diese kurze Abhandlung in gewisser Hinsicht das Zeugnis einer kritischen Reaktion auf die leidenschaftliche und vorurteilsvolle, fehlerhafte und naive Art, in der zumindest ein Teil der Pariser Kultur den Fall des »Wilden von Aveyron« interpretierte.

Tatsächlich war Victors Geschichte zu außergewöhnlich, als daß die Diskussionen, die sich an ihr entzündeten, nicht den streng wissenschaftlichen Rahmen gesprengt hätten. Von Anfang an glaubten einige z. B., sie könnten aufgrund einer mehr oder weniger summarischen »Beobachtung« Victors die alte Thematik des Naturmenschen und des Naturzustandes glaubhaft wieder zur Sprache bringen. War es etwa nicht zulässig, in Victor einen »Naturmenschen« zu sehen, der außerhalb des gesellschaftlichen Systems gelebt hatte? Diese These wurde von vielen aufgestellt; die Deduktionen und Konklusionen, die daraus für das berühmte Problem und sogar für das Wesen und das Schicksal des Menschen gezogen wurden, waren sehr unterschiedlicher und widersprüchlicher Natur. Innerhalb dieses Kontextes bestand die Gefahr, daß die Erörterungen über den »Wilden« von Aveyron jede ernsthafte und gültige Grundlage verloren.

Im Interesse der Ernsthaftigkeit und einer Wissenschaft, die diesen Namen verdiente, schaltete sich im Vendémiaire des Jahres IX ein anonymer Gelehrter in der »Décade Philosophique«, dem Organ der »idéologues«, mit einer vorzüglichen Abhandlung in die Debatte ein.[1] Seine Kritik wandte sich sehr scharf gegen die »Leichtfertigkeit und Anmaßung«, mit der man über eine so komplexe Problematik wie die des Naturmenschen und des Naturzustandes verbindliche Urteile fällte. Es sei absurd, eine Diagnose über den »Wilden« von Aveyron stellen zu wollen, nachdem man bestenfalls an einigen Tagen ein paar Stunden mit ihm zusammengetroffen sei.

> Um den wirklichen Zustand eines solchen Geschöpfes zufriedenstellend zu beobachten ... müßte man auf irgendeine Weise mehrere Tage an seiner Seite leben; man müßte ihn in den verschiedensten Momenten seines Daseins im Auge behalten, bei der Entstehung und Entwicklung seiner Bedürfnisse zugegen sein, man müßte die Eindrücke, die er empfängt, miteinander vergleichen und dürfte sich nicht einen einzigen Zug seiner Handlungen und seines Charakters entgehen lassen.[2]

Damit wurde im Grunde das Werk, das Itard in die Wege geleitet hatte, theoretisch formuliert und gewürdigt. Doch dem anonymen Mitarbeiter der »Décade« lag nicht so sehr am Herzen, über den »Wilden« zu sprechen, als radikal zu kritisieren, daß man allzu schnell bereit war, diesen Fall zu theoretisieren. Wie konnte der junge Victor mit dem Naturmenschen identifiziert werden, wenn man über sein vergangenes Leben noch nicht genügend unterrichtet war, wenn »glaubwürdige Beweise« dafür noch ausstanden, daß er »sein *ganzes* Leben« in den Wäldern verbracht hatte? Außerdem und vor allem: war es nicht abwegig, Victor *jetzt* als einen Naturmenschen zu erforschen? Jetzt, da der immer fluchtbereite, immer gewaltsam zurückgehaltene und gezwungenermaßen als »Gefangener« lebende Victor ein Leben führte, dem das typischste Merkmal des Naturzustandes fehlte, nämlich die Freiheit? [3]

Wie wir sehen, wurde ernst und besonnen dazu aufgerufen, sich bewußt zu werden, welches das Wesen und welches die die *wirkliche* Situation des »Wilden« von Aveyron betreffenden Daten seien und inwiefern zumindest zu diesem Zeitpunkt die Kenntnisse, die man über den »Fall« hatte, beschränkt waren. Noch bemerkenswerter aber ist die Kritik an der Einstellung, die in dieser Debatte vielfach konkret zum Ausdruck kam. Außer Ignoranz und Eilfertigkeit wurde die Debatte vor allem durch die Vorurteile (im genauen Wortsinne) beeinträchtigt, mit denen man den »Wilden« von Aveyron untersuchte. Die Entmythologisierung, die dem Mitarbeiter der »Décade« in diesem Zusammenhang gelang, ist eine bedeutsame Leistung. Im Grunde gingen viele Gelehrte nach wie vor folgendermaßen vor: »Jeder bildet sich ganz nach Belieben, je nach dem *System,* dem er gerade folgt, mehr oder weniger wohlwollende Ideen über diesen Naturmenschen«. Dann maße man sich an, auch auf Kosten der Tatsachen, daß die Erfahrung diese Theorien bestätige. So sei Victor für die einen, da der Naturmensch besser als der soziale Mensch sein *müsse,* nur ein bedauernswerter Kranker oder besser gesagt, das unschuldige Opfer der niederträchtigen Gesellschaft, für die anderen dagegen sei er gerade der wahre »Naturmensch« und biete eine glänzende Gelgenheit, »das Menschengeschlecht zu erniedrigen und zu verleumden«, falls und solange ihm die »Lumières« fehlten.[4]

Dieser rein »ideologischen« Betrachtung des Problems versucht der Autor einen strengeren Ansatz entgegenzustellen. Unabhängig davon, wie die wirkliche Lage des jungen Victors einzuschätzen sei, müsse zuerst einmal präzise definiert werden, was man unter »Natur« und unter »Naturmensch« verstehe. Erst wenn diese Begriffe geklärt seien, könne vielleicht der »experimentelle« Fall, den der junge Victor darstelle, wirksam und glaubwürdig benutzt werden. Sehr scharfsinnig analysiert er dann den Begriff der »Natur« und seine verschiedenen Anwendungen: er versteht »Natur« als »substantielle Eigenschaft eines Wesens«, als »all das, was nicht vom menschlichen Fleiß erarbeitet worden ist«, als »Sammelbegriff für das Schicksal der Lebewesen«, als Komplex der »Ursachen und Gesetze, die die Wirkungen mit diesen Ursachen verbinden«, als Personifizierung der guten oder bösen, in der Realität wirkenden Kräfte, als Komplex der »Endzwecke, die im All vorausgesetzt oder erkannt werden«.[5] In unserem Zusammenhang ist jedoch die Begriffsanalyse des »Naturmenschen« interessanter. Auch in diesem Fall, bemerkt der Mitarbeiter der »Décade«, könne man mehrere – genau genommen, drei – Anwendungen eines einzigen Begriffes feststellen. Der »Naturmensch« lasse sich folgendermaßen begreifen: erstens als »das Individuum, dem keine Erziehung zuteil geworden ist, dessen Fähigkeiten sich nur durch das Spiel seines inneren und aktiven Lebensprinzips entfaltet haben«, und das nie »durch irgendwelche äußeren und zufälligen Umstände verändert worden ist«; zweitens als »derjenige, der einzig von den äußeren Umständen unserer physischen Existenz verändert und nie von den äußeren Ursachen moralischer Art beeinflußt worden ist«; drittens als »der Mensch, der der Bestimmung der Natur genau entspricht, der die Absichten verwirklicht, die sie für unser Geschlecht gehabt hat«.[6]

Angesichts dieser drei grundlegenden Begriffe des »Naturmenschen« hält es der anonyme Gelehrte für abwegig, daß der Fall des jungen Victor und seine psychisch-moralischen »Unvollkommenheiten« so viele Vorurteile und so viele Kontroversen über die Natur und das Schicksal des Menschen überhaupt auslösen konnte. Denn natürlich wird weder der Wilde von Aveyron noch irgendein anderes Individuum von der ersten Begriffsbestimmung des »Naturmenschen« getroffen. Die Erwägungen, die der Autor zu diesem Punkt anstellt, sind besonders eindrucksvoll. Von dem Tag an, an dem er das Licht der Welt erblicke, komme jeder Mensch unweigerlich in Kontakt mit »vielen Objekten der Außenwelt«; die meisten davon übten eine präzise Wirkung oder einen präzisen Einfluß auf ihn aus, so daß zwangsläufig Gewohnheiten, Bedürfnisse, Ideen entstünden. Auch ein von Anfang an in den Wäldern lebender Mensch – was für Victor, wie wir wissen, nicht absolut sicher nachzuweisen war – entwickle sich und werde dabei von den besonderen Phänomenen und Objekten, mit denen er in Berührung komme, wie z. B. den Jahreszeiten, den verschiedenartigen Nahrungsmitteln und den wilden Tieren, richtiggehend erzogen, »auch wenn dies zweifellos nicht die vollkommenste« denkbare Erziehung sei.[7] Die entschiedene Stellungnahme gegen ein bestimmtes abstraktes Menschenbild verrät ein großes anthropologisches und anti-»philosophisches« Bewußtsein:

Der Mensch existiert nicht im leeren Raum, sein Platz ist im Zentrum einer unermeßlichen Maschine, deren verschiedene Triebkräfte *(ressorts)* ihm ununterbrochen neue Impulse geben. Wird der Mensch im allgemeinen, einzig in seinen natürlichen Fähigkeiten betrachtet, so ist er nichts anderes als eine Abstraktion der Metaphysiker; in Wirklichkeit gibt es nur *diesen* oder *jenen* Menschen, und die Varietäten, die ihn auszeichnen, hängen weitgehend von den Varietäten der Umstände ab.[8]

Was die zweite Hypothese oder Interpretation des »Naturmenschen« betrifft, die sich auf ein von Ursachen »moralischer« Art nicht verändertes oder beeinflußtes Individuum bezieht, so schließt der Mitarbeiter der »Décade« zwar nicht aus, daß der »Wilde« von Aveyron in gewisser Hinsicht als ein konkretes Beispiel dafür gesehen werden kann, er betont jedoch, daß das nicht heiße, die Geschichte oder die Erfahrung des jungen »Wilden« sei typisch oder »natürlich« für den Menschen. Gerade im Hinblick darauf, was er über das völlig »relative« Wesen des Menschen gesagt habe, »liegt es auf der Hand, daß der in den Wäldern lebende Mensch sich in Umständen befindet, die für die Entwicklung seiner Fähigkeiten gerade die ungünstigsten sind«.[9] Daß es – absolut unwiderlegbar – Individuen gebe, die in jeder Hinsicht weiter entwickelt seien als der unglückliche Victor, beweise, daß der Mensch in einem weniger »natürlichen« und »menschlicheren« Milieu angeborene Vermögen entwickle und damit sowohl seine Vervollkommnungsfähigkeit als seine Würde offenbare. Diese Würde – ein typischer Begriff der Aufklärung – liege nicht in irgendeiner statischen »Vollkommenheit«, sondern eben gerade darin, daß der Mensch dynamisch »eine hohe Vollkommenheit *erreichen*« könne, wo bestimmte Umstände auf natürliche Weise zur Geltung kommen. Daß für diesen Erben der Aufklärung der wichtigste dieser Umstände das »gesellige« Dasein war, bringt er scharfsinnig und energisch zum Ausdruck:

> Der Mensch ist für seinen Mitmenschen ein Spiegel, der sein eigenes Dasein reflektiert. Dem vereinzelten Menschen fehlt dies. Der vereinzelte Mensch erforscht sein Denken nicht, denn er verspürt kein Bedürfnis es zu übersetzen und versucht nicht, es mit Zeichen festzuhalten; so muß der vereinzelte Mensch nicht über sich selbst nachdenken; so kennt er weder das Meditieren noch den Genuß des Moralischen; so muß er sich in einem Zustand befinden, der beinahe mit dem der Tiere verwechselt werden kann, obwohl zwischen den Fähigkeiten des Menschen und den Fähigkeiten des Tieres ein sehr großer Unterschied besteht.[10]

Innerhalb der zeitgenössischen Debatte über die Probleme der Identifizierung des Lebewesens »Mensch« und seines Soseins im Vergleich zu den anderen Lebewesen sind die Erwägungen dieses anonymen Gelehrten einerseits ein nicht unwesentlicher Beitrag zur Kritik an der metaphysischen Wesenheit »Mensch«, andererseits bringen sie wieder zur Sprache, daß das menschliche Individuum auf einer anthropologischen Ebene gerade durch die Dimension der Soziabilität gekennzeichnet ist.

Die Bemerkungen zum dritten Fall, zu der Möglichkeit, daß der Begriff des »Naturmenschen« irgendwie zeige, welche Zwänge das menschliche Dasein zutiefst bestimmten, führen im Grunde nur die gerade erläuterten Thesen der »Relativität« und »Soziabilität« der menschlichen Natur weiter. Diese dritte Definition ist die »ideologischste«, das heißt, sie hängt am nächsten mit dem Mythos vom »Guten Wilden« zusammen. Freilich hatte man diesen Mythos im Zusammenhang mit Victor ganz offensichtlich nur in der Absicht aufgegriffen, um ihn zu zerstören. Wenn man nämlich den »Wilden« von Aveyron als Beispiel für den Naturmenschen auffassen konnte, so war das natürlich ein tödlicher Schlag für den »Guten Wilden« und für alle damit verbundenen Theorien. Nun, in einer gewissen Hinsicht hätte der Mitarbeiter der »Décade« diese Interpretation des Falles Victor bestätigen können, denn im Grunde konnte damit seine leidenschaftliche Lobrede auf den geselligen Zustand triftig und »experimentell« begründet werden. Das aber tat er nicht. In dem letzten Teil seiner Schrift verfolgt er anscheinend nicht mehr nur eine Absicht, sondern zwei: zum einen will er, wie es im Laufe der ganzen Abhandlung deutlich ist, verhindern, daß die Pessimisten den »Wilden« von Aveyron dazu mißbrauchen, ein negatives Menschenbild zu propagieren; zum anderen will er das Problem der Existenz des – nicht mehr mit Victor identifizierten – »Naturmenschen« vollends unentschieden lassen. Hinter diesem Ansatz steht nicht nur das methodologische Bedenken, über ein so komplexes und delikates Problem ein endgültiges Urteil zu fällen. Es verbirgt sich dahinter auch eine Gesinnung, die mit der Tendenz, den Begriff des Naturmenschen radikal, in allen seinen möglichen Auslegungen, abzulehnen, nichts gemein hat. Um die Jahrhundertwende *konnte,* wie wir später sehen werden, die Ablehnung der Ideen oder Mythen, die den »Guten Wilden«, den »Naturzustand«, das »Naturgesetz« und ähnliche Begriffe zum Gegenstand hatten, durchaus eine konservative Wurzel haben; sie *konnte* der Absicht entsprechen, die Existenz jeder Idee oder Ordnung oder Norm zu bestreiten, die nicht von den bestehenden Gewalten der Gesellschaft – Staat, Kirche oder auch der historischen Tradition in ihren verschiedenen Inhalten und Bedeutungen – verkörpert wurde. Es genügt hier, nur auf Louis de Bonald und Joseph de Maistre hinzuweisen, die sich beide den genannten Ideen und Mythen widersetzten.[11]

Unser Autor aber unterscheidet sich ganz wesentlich von den Zeitgenossen, die, wenn sie die Idee der Natur als einer rationalen Ordnung und alles, was damit zusammenhing, bekämpften, sich zugleich auch mehr oder weniger direkt und ausdrücklich gegen die progressive Tendenz des Jahrhunderts der Aufklärung auflehnten. Entschlossen, den Primat der sozialen Dimension des Menschen zu verteidigen, bestreitet der Mitarbeiter der »Décade«, wie wir am Ende des Kapitels noch deutlicher sehen werden, deshalb nicht die Existenz einer natürlichen Ordnung. Die Natur spreche nicht weniger als die Gesellschaft zum Menschen. Nur äußere die erstere ihre Ratschläge oder ihre Vorschriften nicht, indem sie diese auf ein bestimmtes Menschenbild oder auf eine konkrete Lebenssituation doktrinär festlege und darin erschöpfe: »Was die Natur mit uns beabsichtigt, wozu sie uns bestimmt haben mag, zeigt sich uns auf zwei Weisen: durch unsere Fähigkeiten und durch unsere Bedürfnisse«.[12]

Die Stimme der Natur sei sehr beredt. Sie sei auch deshalb äußerst wertvoll, weil sie die Instinkte und Bedürfnisse zeige, die wir befriedigen müssen, um das »Glück« zu erreichen. In gewissen Fällen wolle uns diese Stimme, die uns die Konstitution der Gesellschaft angeraten habe, offenbar vor Verirrungen und Fehlern warnen, denen wir, auch und gerade in dem an sich positiven gesellschaftlichen Zustand, verfallen könnten. Denn die Gesellschaft schaffe jene »Scheinbedürfnisse und willkürlichen Begierden«, jene Verdrehung der »unserem Wesen angeborenen Bedürfnisse«, jenen Mißbrauch »der uns dargebotenen Genüsse«, die der Autor kritisiert. So konnte er in seinen Schlußfolgerungen bedeutsamerweise auf die oberflächliche und entstellende Gleichsetzung einerseits von »Wildheit« und »Naturzustand«, andererseits von »Kultur« und »Gesellschaft« verzichten. Denn gerade wenn wir aufhörten, »die Ratschläge jener Vernunft zu befolgen, die uns die Natur zur Führerin gegeben hat«, erweise sich, daß wir uns »unbesonnenen Wünschen« hingeben und »nichts anderes mehr sind als eben jener ›Wilde‹ und als die ›Naturmenschen‹«.[13]

Nach diesen bemerkenswerten Überlegungen wieder auf den jungen Victor eingehend, bestimmt der Mitarbeiter der »Décade« in seinen Schlußworten ruhig und überzeugend die philosophisch-anthropologischen Implikationen des Falles dieses ungücklichen Wilden:

... Wir kommen zu dem Schluß, daß es nichts Abwegigeres gibt als jenen sogenannten Schrecken, in den uns sein Zustand versetzen soll, als könnte er entweder den Menschen erniedrigen oder unsere Ideen über das Verhängnis seiner Geburt ändern oder eine Unvollkommenheit in diesem schönen Teil des Universums aufdecken. Wir betrachten dieses Individuum als Opfer einer Privation, die nicht weniger folgenschwer war als die seiner Organe; das heißt, es mangelte an den äußeren Umständen, die seine Entwicklung hätten fördern können; wenn man, was noch ungewiß ist, eines Tages beweisen kann, daß er immer in den Wäldern gelebt hat, daß er weder schwachsinnig noch taub ist, dann ziehen wir nur aus dieser Erfahrung eine einzige Folgerung und sehen in ihr nur einen neuen Beweis jener großen Wahrheit, daß der Mensch für die Gesellschaft geschaffen ist, und finden nur einen weiteren Grund, uns rückhaltlos dem Wohl der Gesellschaft zu widmen, der wir alles verdanken, was wir sind.[14]

13. Der Primat des »Physischen« bei Pinel

In der Debatte über den Fall des »Wilden« von Aveyron, die sich an Itards Thesen und Daten von neuem entzündete, spielten die Ideologen des »Institut« eine gewichtige Rolle. In dem offiziellen, anläßlich einer Versammlung der Sektion für die Analyse von Ideen und Gefühlen vorgetragenen Bericht zeigte sich selbst Degérando skeptisch gegenüber den Erwartungen, wie Sicard und sein Kreis sie hegten, Victor eines Tages vollständig genesen zu sehen.[1] Itards Schützling gebe nur schwache Anzeichen eines Erinnerungsvermögens; nur unter größten Schwierigkeiten gelinge es ihm, die Ideen, an die er sich erinnern könne, miteinander zu vergleichen; die Fähigkeit, seiner Umwelt Aufmerksamkeit zu schenken, schlummere sozusagen; sogar seine Sinne seien im wesentlichen träge. Diese pessimistische Diagnose, die einige erst später erzielte, positive Ergebnisse natürlich nicht berücksichtigen konnte, verleitete Degérando jedoch nicht dazu, Itards theoretisch-praktische Initiative zu verwerfen. Im Gegenteil, Itards Methode schien ihm sehr lobenswert, vor allem, weil dieser streng philosophisch vorgehe und ein treuer Schüler »des großen *Beobachters* unserer intellektuellen Fähigkeiten, des Philosophen, der uns den Ausgangspunkt unserer Intelligenz angezeigt hat«, mit anderen Worten, ein treuer Schüler Lockes sei. Der Lehrer habe mit großer Intelligenz, und auf Lockes Anregung hin, »die Bedürfnisse seines Schülers« vervielfältigt und die ersten Erfolge könnten ihm einige »vielversprechende Hoffnungen« geben. Doch Locke selbst, erinnert Degérando, habe nicht nur den Ausgangspunkt, sondern auch den Endpunkt oder die Schranke angegeben, vor der die menschliche Intelligenz anhalten müsse, wo der Mensch »Gefahr läuft, sich in den unermeßlichen Bahnen der Illusion zu verlieren«. Victor zeige einige dieser Schranken oder jedenfalls so viele, daß es schwierig sei, noch weiter »zu behaupten, die Organe des jungen Wilden seien überhaupt nicht verletzt worden oder von Natur mißgebildet . . .«.[2]

Die These, von einer unheilbaren organischen Mißbildung und damit der Existenz eines *natürlichen* Gebrechens, vor dem die *soziale* Erziehung anhalten müsse, war damit sehr deutlich formuliert. Die stärkste Reaktion gegen Itards Thesen zeigte sich allerdings in der Haltung, die von Anfang an die »Société des Observateurs de l'homme« oder zumindest einige ihrer Mitglieder gegenüber dem Wilden von Aveyron einnahmen. Zwischen Sommer und Herbst des Jahres 1800 ernannte die »Société« eigens eine Kommission, die sich aus einigen der angesehensten »Observateurs de l'homme« zusammensetzte: Cuvier, Degérando, Jauffret, Pinel, Sicard. In dieser Zusammensetzung verrät sich, wie unschlüssig die Gesellschaft anfangs über die Natur des Problems war, das sie zu untersuchen beabsichtigte.[3] Neben dem Generalsekretär standen sich je zwei Gelehrte, die die physiologische und pathologische »Organisation« des Menschen erforschten, und zwei Gelehrte, die das »Moralische« des Menschen und die für seine Erziehung verwendeten Mittel analysierten, gegenüber. Doch führten wohl nicht alle Kommissionsmitglieder ihre Untersuchungen zu Ende – die erhaltenen Dokumente erlauben jedenfalls keinen anderen Schluß. Degérando befaßte sich zweifellos mit dem jungen Victor, aber er gab dem »Institut« offenbar keinen Bericht darüber. Auch Sicard studierte den Fall, doch betraute er schließlich den zuverlässigen Itard mit der gründlicheren theoretischen und praktischen Untersuchung. Gar nichts wissen wir über die konkreten Unternehmungen von Cuvier und Jauffret. Der einzige Bericht, der erhalten geblieben ist, stammt von Philippe Pinel. Er unterbreitete seinen *Rapport,* der von Jauffret verlesen wurde, am 8. Nivôse des Jahres IX (29. Dezember 1800).[4]

Pinel, Leiter einer der ersten Pflegeanstalten für Geisteskranke, die diesen Namen verdienen, verfocht wie sein Freund und Kollege Cabanis die These, das »Moralische« hänge vom »Physischen« ab, und näherte sich dem »Wilden« von Aveyron mit einer direkten und gründlichen empirischen Kenntnis gewisser psycho-physischer Erkrankungen. Da er überzeugt war, daß die meisten Schädigungen organischer Natur und Herkunft seien, konnte er an Victors Fall nur einen Maßstab legen, der von Itards Kategorien sehr verschieden war. Es war kein Zufall, daß Pinels *Rapport* auf einem minuziösen Vergleich zwischen dem jungen »Wilden« und einer Gruppe geistig behinderter, in seiner berühmten Anstalt Bicêtre verwahrter Knaben und Mädchen bestand. Die Beschreibung, mit der Pinel seinen Bericht eröffnete, ließ keinen Zweifel aufkommen, wie er über den jungen Victor urteilen würde:

Er läßt seinen Blick hierhin und dorthin schweifen, ohne gezielte Aufmerksamkeit zu zeigen, abgesehen von dem, was einen Augenblick lang seine Verwunderung weckt... Wenn man ein intensives Geräusch erzeugt, dreht er sich unverzüglich um, aber das geschieht nur das erste Mal, und nur wenn zu dem Eindruck im Gehör Staunen hinzukommt... Man könnte vermuten, daß sein Geruchsinn sehr empfindlich und ausgebildet ist, wenn wir nicht wüßten, daß er ekelhaft schmutzig ist und seine Notdurft auf seinem Lager verrichtet, was ihn unter den Instinkt fast aller Tiere, sowohl wilder Tiere als Haustiere, zu stellen scheint... Unfähig, gekochtes und rohes Fleisch voneinander zu unterscheiden, trägt er es ohne Unterschied auf die Glut, nimmt es gleich wieder weg, riecht daran und führt es zum Mund. Es liegt ihm fern, dieses Organ [den Tastsinn] zu Rate zu ziehen, um sich ein Urteil über die verschiedenen Formen der Körper zu bilden... Man bemerkt in ihm eine gewisse Dissonanz zwischen dem Gebrauch des Gesichts und dem Gebrauch des Tastsinns, eine Eigenschaft, die ich in den Spitälern bei den der Intelligenz beraubten Kindern feststellte.[5]

Da Victor keine normal funktionierenden Sinne besitze, habe er demzufolge auch keine Ideen und sei unfähig, den Dingen Bedeutungen zuzuordnen oder auch nur elementare Zusammenhänge erkennen zu können. Nicht einmal bestimmte Schreie oder Heiterkeitsausbrüche könnten, wie man getan habe, auf ein ausgeprägtes Erinnerungsvermögen oder eine besonders intensive Vorstellungskraft zurückgeführt werden: »Ich kann versichern, daß diese schnellen Ausbrüche einer verschwommenen und delirierenden Heiterkeit oft bei Kindern oder Erwachsenen beobachtet werden, die der Idiotie verfallen und in unseren Anstalten eingeschlossen sind ...«.[6] Ebenso sei es unmöglich, in dem Knaben auch nur keimhafte affektive Fähigkeiten zu entdecken. Vielleicht werde sich später, in der Zeit der Pubertät, etwas Neues feststellen lassen, »aber alles zeigt an, daß dieser Knabe ganz unfähig ist, selbst für die Menschen, die ihm Gutes erweisen, Zuneigung zu empfinden«.[7] Sogar einige Züge des jungen Victor, die man positiv interpretieren wollte, wie z. B. die Lebhaftigkeit seines Blickes oder einige Zeichen von Fröhlichkeit, führte der Leiter von Bicêtre Punkt für Punkt auf spezifische Erscheinungen der Idiotie zurück. Er fügt sogar hinzu, daß gewisse Patienten seiner Anstalt Symptome einer größeren affektiven und geistigen Entwicklung aufwiesen.[8]

Es ist in unserem Zusammenhang nicht so interessant, die eingehende Analyse des »Idioten« von Aveyron in allen ihren Aspekten und die mehr oder weniger präzisen Analogien, die Pinel zwischen Victor und den Kindern der berühmten Pariser Irrenanstalt feststellte, zu verfolgen. Es sei hier nur angemerkt, daß der »Observateur« offenbar imstande war, dank dieser anscheinend unwiderlegbaren Vergleiche die Thesen derjenigen zu vernichten, die naiv auf eine schnelle Reedukation des jungen Victor gehofft hatten. Der »médecin-philosophe« kannte mit Sicherheit Itards Versuche und die Voraussetzungen, die diese ermöglicht hatten. Das *Mémoire* seines früheren Schülers war jedoch noch nicht geschrieben. Doch gab es ein weiteres bedeutsames Dokument für den »erzieherischen« Ansatz, den Pinel als verfehlt erachtete, und zwar die kurze Schrift des Professor Bonnaterre. Auch wenn dieser die Hypothese der angeborenen Idiotie für den in den Wäldern von Aveyron gefundenen Knaben nicht ausschloß, betonte er letzten Endes doch vor allem einige Ähnlichkeiten zwischen Victor und gewissen »wilden«, fern der menschlichen Gesellschaft aufgewachsenen Kindern, deren Existenz literarisch überliefert war. Doch für Pinel ergaben sich aus dem Vergleich mit diesen Wildkindern, und auch aus dem mit anderen Wilden, die unterschiedlich präzise in Reiseberichten beschrieben waren, keinerlei Ähnlichkeiten oder Verwandtschaften.[9] Ein ganz anderes Ergebnis dagegen zeige sich, wenn der Knabe mit den unglücklichen Insassen von Bicêtre verglichen werde. Mit diesem Vergleich beschäftigte sich ein großer Teil seines *Rapport*, und dabei handelte es sich nicht, wie der Gelehrte hervorhob, um abstrakte, »philosophische« Vergleiche:

Die Objekte, die wir vergleichen, sind hier, vor Euren Augen. Jedem steht es frei, herzukommen und die Tatsachen, auf die wir uns stützen, zu überprüfen und zu studieren... Wir können also höchst wahrscheinlich annehmen, daß der Knabe von Aveyron den Kindern und Erwachsenen gleichgestellt werden muß, die an einer erworbenen oder einer angeborenen Demenz oder Idiotie leiden.[10]

Victors Fall gehöre demnach in gar keiner Weise zu der Problematik des Naturzustandes oder der Konsequenzen, die sich ergäben, wenn ein Individuum mehr oder weniger gezwungenermaßen aus der Gemeinschaft der Menschen entfernt würde. Nicht die Gesellschaft, sondern die Natur habe Victor in die schmerzliche Lage gebracht, in der er sich befinde. Nicht eine lange Untätigkeit seiner affektiven und intellektuellen Fähigkeiten, sondern eine organische Mangelerscheinung oder Mißbildung sei die Ursache seiner Beeinträchtigung. Deshalb müsse man nicht so sehr auf die Erziehung des »Moralischen« als vielmehr auf die Heilung des »Physischen«, falls eine solche überhaupt möglich sei, Hoffnungen setzen, um Victor dahin zu bringen, wieder – einigermaßen – normal zu werden.

14. Kontroversen und Debatten über den »Wilden von Aveyron«

Als Pinel sein Gutachten am 29. Dezember 1800 vorlegte, erntete er dank der Klarheit seiner These und der scheinbaren Stichhaltigkeit seiner Beweisführung lebhaften Beifall. In der eher kühlen Aufnahme, die wenig später Itards *Mémoire* fand, äußerte sich offenbar zu einem gewissen Grade die »physizistische« Orientierung der »Société«. Auf die Aufforderung der »Observateurs« hin hatte Victors Lehrer zuerst einige seiner Beobachtungen vorgetragen, die er bis zu diesem Zeitpunkt (28. Prairial des Jahres IX = 17. Juni 1801) gesammelt hatte. Er sah aber davon ab, ein zusammenhängendes *Mémoire* vorzulegen, da ein anderer Gelehrter, der »Observateur« Mathieu de Montmorency, bereits an einer Studie für die »Société« arbeitete. Als die »Observateurs de l'homme« Itard jedoch ausdrücklich darum baten, brach er schließlich sein Schweigen, verfaßte das *Mémoire,* das wir oben analysiert haben, und legte es in der Sitzung des 8. Fructidor (26. August 1801) zur Diskussion vor. Die erste Reibung zwischen dem Lehrer des »Wilden von Aveyron« und den »Observateurs« entstand auf rein formaler Ebene: Itard wurde vorgeworfen, er habe sich offiziell als Forscher der »Société« ausgegeben, und er wurde öffentlich aufgefordert, dies im Text der Publikation des *Mémoire* zu dementieren.[1] Zu einer relevanteren und schwerwiegenderen Meinungsverschiedenheit kam es jedoch später, in der Versammlung vom 9. Brumaire des Jahres X (31. Oktober 1811), als man erneut über den Wilden – oder Idioten – von Aveyron und über Itards Thesen diskutierte. Ein »Observateur«, der Reisende Patrin, bemerkte, Itard habe auf der letzten Seite des *Mémoire* wiederum absichtlich Tatsachen im Dunkeln gelassen, »von deren Wichtigkeit die Société unterrichtet werden muß«.[2]

In Wirklichkeit handelte es sich um mehr und um etwas anderes als bloß eine Verschleierung. Am Schluß seiner Schrift beschränkte sich Victors Lehrer nicht darauf, die konkreten Ergebnisse herauszustellen, er betonte auch, nicht ohne eine gewisse polemische Spitze, die »philosophische« Bedeutung seiner Studien, vor allem, was das Verhältnis zwischen Natur und Gesellschaft betreffe. Er schreibt ferner, er habe einige wichtige Erwägungen beiseitegelassen, weil »sie die Grenzen und den Zweck« dieser kleinen Schrift »überschritten hätten«, und fügt hinzu, er habe beim Vergleich seiner »Beobachtungen mit der Lehre einiger unserer Metaphysiker« gemerkt, daß er »in einigen interessanten Punkten« nicht mit ihnen übereinstimme.[3] Im gleichen halb sybillinischen, halb versteckt polemischen Ton äußert er sich über die Erfahrungen, die er sammeln konnte, als plötzlich Victors Pubertät hervorbrach, »deren erste Phänomene viele Zweifel über den Ursprung gewisser Neigungen aufkommen lassen, die wir für ganz natürlich halten«.[4] Auch über diese Angelegenheit wolle er lieber hinweggehen und keine Schlußfolgerungen daraus ziehen, da er überzeugt sei, »daß man all jene Erwägungen genügend reifen und durch weitere Beobachtungen bestätigen läßt, welche vielleicht ehrenwerte Vorurteile, die süßesten und tröstlichsten Illusionen des geselligen Lebens, zu zerstören drohen«.[5]

Wenn Itard die wirklichen Erfolge seiner auf einer präzisen philosophischen Grundlage durchgeführten Arbeit hervorhob, wenn er unleugbar gewisse Aspekte verschwieg und wenn er gewisse versteckt polemische Sätze äußerte, so vermuteten einige der »Observateurs« dahinter wahrscheinlich – und wohl nicht zu Unrecht – eine Stellungnahme gegen die »naturalistischen« und damit antierzieherischen Thesen, die Pinel und einige »médecins-philosophes« vertraten, ganz abgesehen von den »idéologues«, die diese Thesen zu einem gewissen Grade philosophisch formuliert hatten. Auch wenn Itard sich keiner der von der »Société« angegriffenen philosophischen oder wissenschaftlichen Anschauungen angeschlossen hatte, beurteilte er offenbar die Chancen der Erziehung allzu optimistisch und unterließ es gleichzeitig, die Hindernisse aufmerksamer zu betrachten, die die möglicherweise vorhandenen strukturellen Mißbildungen der »Natur« dem Werk der »Vernunft« entgegenstellten.

Es besteht wohl kein Zweifel, daß Itard an sein erzieherisches Werk größere Hoffnungen und Ansprüche knüpfte, als er es bei einem so schwierigen Fall hätte tun dürfen, doch ebenso wahrscheinlich ist, daß sein Ansatz im wesentlichen richtig war. Zwar kann man die Hypothese nicht vollends ausschließen, Victor sei gerade deshalb in den Wäldern ausgesetzt worden, weil seine Eltern ihn für geistig zurückgeblieben hielten, doch scheint es mehr als wahrscheinlich zu sein, daß wir seinen psychisch-affektiven Zustand als eine Entwicklungsverzögerung interpretieren und diese

Verzögerung auf das isolierte, durch die mehr oder weniger erzwungene Rückkehr in die Gesellschaft ein Trauma hervorrufende Leben zurückführen müssen.[6] Im Zusammenhang mit unseren Ausführungen mußten wir im übrigen vor allem beleuchten, welche anthropologisch-philosophische Positionen verschiedene Gelehrte, an erster Stelle die Mitglieder der »Société des Observateurs de l'homme«, gegenüber der außergewöhnlichen Geschichte des »Wilden« von Aveyron einnahmen.

Nicht alle akzeptierten offenbar vorbehaltlos die Thesen, die Pinel in seinem Gutachten aufgestellt hatte, und die Tatsache, daß die »Observateurs de l'homme« Pinels strenge Diagnose einmütig gutgeheißen hatten. In einem von der »Décade Philosophique« veröffentlichten Brief macht ein anonymer Gelehrter keinen Hehl aus seiner Bestürzung über Pinels Schlußfolgerung, Victor sei organisch geisteskrank. Der anonyme Autor wagt sogar die Hypothese, hinter Pinels scheinbar strenger »Wissenschaft« verberge sich so etwas wie ein »philosophisches« Vorurteil, das die konkretfaktische Existenz eines vernunftbegabten, guten, weisen »Naturmenschen« voraussetze – ein Vorurteil, das durch den jungen »Wilden« in Frage gestellt worden wäre, hätte man ihn nicht sofort durch die Kasuistik eben nicht »natürlicher«, sondern »zivilisiert-gesellschaftlicher«, aber geisteskranker Individuen erfaßt.[7] Diese Hypothese war, wie wir wissen, bereits von einem anderen anonymen Autor in der gleichen Zeitschrift geäußert worden, doch wurde sie von den wissenschaftlich-kulturellen Vereinigungen der Hauptstadt nicht ernsthaft in Erwägung gezogen.

Auch durch die Intervention eines so einflußreichen Gelehrten und Freundes der »Observateurs« wie Jules-Joseph Virey änderte sich die Haltung der »Société« offenbar nicht. In einer umfangreichen und gut dokumentierten, ebenfalls 1801 publizierten Studie versuchte Virey, Pinels Thesen zu verwerfen und zwar nicht unbedingt das Problem der Erziehung Victors, doch zumindest die faszinierende Thematik des Verhältnisses zwischen »Wildheit« und »Zivilisation« wieder zur Sprache zu bringen, nachdem sie durch die neuesten Forschungstendenzen in den Hintergrund gedrängt worden war. Auch in Vireys Augen war der Knabe von Aveyron natürlich sowohl in seiner physischen als in seiner moralischen Entwicklung sehr zurückgeblieben, seiner Meinung nach lag die Ursache dafür jedoch nicht in einer *natürlichen* Idiotie, sondern war *gesellschaftlich*: da die Gesellschaft den Knaben sich selbst überlassen habe, sei er wild *geworden*[8] und weise nun alle psychisch-physischen Kennzeichen auf, die dem Naturmenschen eigen seien und ihn vom »zivilisierten« Menschen unterscheiden.[9] Besonders abwegig sei es, sich darüber zu wundern, daß es ihm an Intelligenz fehle: keineswegs eine dem Menschen angeborene Gabe, «ist unsere Intelligenz nur das Erzeugnis von Übung und Erziehung«.[10] Die Gesellschaft müsse den »Wilden« rehabilitieren, ohne allzu leichtfertig organische Gebrechen anzunehmen; außerdem sei es ihre Pflicht, bei dieser Reedukation so vorzugehen, daß der Knabe sein früheres »Glück« nicht verliere. Denn offenbar war Virey tatsächlich nicht ganz sicher, ob der fortgeschrittene gesellschaftliche Zustand immer und für alle besser sei als der Naturzustand. Wie könne man die Augen vor der Tatsache verschließen, daß »alle verstoßenen und wild gewordenen Menschen ihr einfaches, übermäßig hartes und unbequemes Leben und ihre Unabhängigkeit den Annehmlichkeiten der Gesellschaft und ihren Gütern vorgezogen haben«? [11] Vireys Reflexion entging es nicht, daß eine solche konstante Vorliebe heikle Probleme hervorrufen mußte. Zwar verteidigte er letzten Endes voller Überzeugung den höheren Rang des gesellschaftlichen Zustandes, doch äußert er sich am Schluß seiner Schrift mit einem eigentümlichen Anflug von Skepsis und Pessimismus über die Zukunft des jungen »Wilden«, wobei sein literarisches Pathos Rousseaus noch immer lebendige Lektion nicht verdecken kann:

Geh, junger Unglücklicher, über diese unglückselige Erde, geh und verliere in den Fesseln der Zivilisation deine ursprüngliche und einfache Rauheit. Du lebtest im Zeichen der alten Wälder; du lebtest dein Leben zu Füßen der Eichen und Buchen; du stilltest deinen Durst im Kristall der Quellen; du warst mit dem Los deiner Armut zufrieden, außerhalb der Grenzen deiner einfachen Begierden wunschlos und von deiner Lebensweise befriedigt, welche die einzige war, die du kanntest, und die Früchte der Erde waren dein einziger Besitz. Jetzt besitzt du nur noch etwas dank der Wohltätigkeit des Menschen; dem bist du ausgeliefert, ohne Eigentum, ohne Macht, und von der Freiheit gelangst du in die Abhängigkeit. Genauso arm kommen drei Viertel des Menschengeschlechts zur Welt: wieviele bittere Erfahrungen erwarten dich, da man dich jenen wohltätigen Dryaden entriß, die über deine Erhaltung wachten. Du kanntest nur das eine Bedürfnis, dich zu ernähren; wieviele neue Bedürfnisse, die du nicht befriedigen kannst, werden über dich kommen, ohne dir jemals Ruhe zu gewähren? Wieviele Begierden werden unter deinen Schritten aufkeimen und wachsen, zusammen mit dem Baum deiner Erkenntnisse, zusammen mit deinen gesellschaftlichen Beziehungen? Wie wirst du deine absolute Unabhängigkeit in den politischen Ketten, in unseren zivilen Institutionen verlieren! Wieviele Tränen wirst du vergießen müssen! [12]

Obwohl die Bemerkungen und Erwägungen Vireys alles andere als alltäglich waren, hatte seine Schrift keinen großen Erfolg. Die intellektuelle Entwicklung der zeitgenössischen Kultur ließ es nicht mehr, oder jedenfalls nicht mehr im früheren Ausmaß zu, daß man frei und »philosophisch« allgemeine und gar so suspekt gewordene Themen wie beispielsweise die Sehnsucht nach dem Naturzustand untersuchte, sondern forderte »positive«, anscheinend sehr strenge Beobachtungen konkreter Daten und Probleme. Im Rahmen der Studien und Forschungen über den »Wilden von Aveyron« sah man allgemein Pinels Bericht als den »wissenschaftlichsten« und am besten dokumentierten Beitrag an. Man konnte und mußte demnach seine Schlußfolgerungen akzeptieren. Da die »Société« überzeugt war, daß in dem zur Diskussion stehenden Fall der berühmte »Observateur« die richtige Diagnose gestellt hatte, verlor sie in den folgenden Monaten deutlich ihr Interesse an Victor. Nachdem man den Knaben, der einer der sensationellsten wissenschaftlichen und kulturellen Fälle zu Beginn des neuen Jahrhunderts gewesen war, vom »Wilden« zum »Idioten« deklassiert hatte, verlor er für die spezifischen Interessen der »Société des Observateurs de l'homme« an Bedeutung. Für sein Problem wurde nun Sicards Schule und vielleicht noch eher Pinels Anstalt zuständig. Der »Fall« ließ nicht mehr die Möglichkeit zu, anhand des konkreten Experiments mit einem lebendigen Objekt das für ein »normales« Individuum typische allmähliche Erwachen der Seele, des Empfindungsvermögens, der Summe der affektiven und intellektuellen Operationen zu verfolgen. In dem Maße als Victor in den Augen der meisten »Observateurs« von der menschlichen zur pathologisch-natürlichen Stufe herabsank, mußte die »Wissenschaft vom Menschen« wohl oder übel ihr Interesse an ihm einschränken.

15. Itards zweites »Mémoire«

Itard setzte indessen in einer ruhigeren und ungestörteren Situation seine mühsame Arbeit beharrlich fort. Nach der Veröffentlichung des ersten *Mémoire* wurde ihm nicht wenig Lob zuteil.

> Die Sorge, Monseigneur, die Ihr Victor zuwendet – schrieb ihm der Naturforscher und »médecin-philosophe« Alphonse Leroy –, ist undankbar, aber nicht unnütz. Der Scharfsinn Eurer Bemerkungen könnte dazu beitragen, eine Methode für die Entfaltung der intellektuellen Fähigkeiten zu entwerfen. Das wäre eine neue und für das Glück des Menschengeschlechts sehr wichtige Wissenschaft, vor allem, wenn man sie vervollkommnen und dazu verwenden würde, den Intellekt, das heißt die Intelligenz, die Vernunft, das Urteilsvermögen und die Leidenschaften derjenigen zu leiten, die von der Gesellschaft in die höchsten Ämter berufen werden ...[1]

Ein solches Lob war angemessen und im Grunde auch richtig. Daß Victor nicht alle erhofften Fortschritte gezeigt hatte, schmälerte Itards Verdienste und die Bedeutung seiner Beobachtungen keineswegs. Leroy, Professor an der »École de Médecine«, der die Beziehungen zwischen dem »Physischen« und dem »Moralischen« des Menschen erforschte[2], fügte also Itards Werk in die psychologische und anthropologische Problematik ein, die von der Kultur des ausgehenden Jahrhunderts entwickelt wurde, und zwar viel ausdrücklicher und überzeugter als es die »Observateurs de l'homme« jemals getan hatten. Es war kein Zufall, daß er sich in seinen Äußerungen zu Itards Werk veranlaßt fühlte, einige seiner eigenen Forschungen zu erwähnen, die er einige Jahre vorher in einem von dieser Kultur so durchdrungenen Milieu wie dem »Lycée« durchgeführt hatte. Nicht anders als Itard versuchte auch er, »Wissenschaft« mit einer gewissen »Philosophie«, Physiologie mit einer Analyse des menschlichen Geistes und der menschlichen Affekte zu verbinden und für eine wahrhaft organische Erziehung des Menschen zu nutzen.[3] In diesem Strom interdisziplinärer, für die Kultur des späten 18. Jahrhunderts ganz typischer Forschungen, war Leroy letzten Endes nur ein Glied jener Kette, die die verschiedenen Figuren wie Cabanis, Destutt de Tracy, Pinel, Sicard, Degérando innerhalb des gleichen Interessenbereichs mit Victors leidenschaftlichem Lehrer verband.

Zu diesem Kreis gehörte Itard zu Recht, auch wenn er, vor allem in der ersten Zeit seiner Studien und seiner praktischen Versuche, allzu sehr die »physische« Seite und die komplexen und schwierigen physiologischen und pathologischen Beobachtungen vernachlässigte, die erforderlich gewesen wären. Einige seiner anfänglichen Hoffnungen hatte er wohl gezwungenermaßen aufgeben müssen, als er sein Werk weiterführte. In seinem zweiten, 1806 beendeten und ein Jahr später publizierten *Mémoire* zeigte sich, daß er zumindest einige seiner ersten Voraussetzungen stillschweigend aufgegeben hatte. Es war wohl auch kein Zufall, daß er zwar immer noch Lockes und Condillacs Theorien ausdrücklich die Treue hielt, dann aber Erwägungen anstellte, die ganz anders ausgerichtet und durch andere Einflüsse bestimmt waren. Dank einer neuen, gründlicheren Erfahrung hatte er offenbar seine früheren Versäumnisse weitgehend nachgeholt. So schreibt er an einer Stelle:

> Solcherart ist [...] der innere Zusammenhang, der den physischen mit dem intellektuellen Menschen vereint, daß sich alles an den Grenzen vermischt, an denen diese beiden Funktionsbereiche sich berühren, obwohl beide sehr verschieden zu sein scheinen und es tatsächlich auch sind. Sie entwickeln sich gleichzeitig und beeinflussen sich gegenseitig. Während ich meine Anstrengungen darauf beschränkte, die Sinne unseres Wilden in Tätigkeit zu setzen, nahm auch der Geist seinen Anteil an der ausschließlich auf die Erziehung dieser Organe gerichteten Pflege und zeigte die gleiche Abfolge der Entwicklung.[4]

Das bedeutete jedoch nicht, daß die Erziehung des jungen Victor mit den schon erzielten elementarsten Erfolgen abgeschlossen war. In dieser zweiten Periode wurden Itards Bemühungen ebenfalls durch beachtliche

Erfolge belohnt, die zeigten, daß die »Vernunft« auch gegenüber einer nicht willfährigen »Natur« viel vermag. Höchst bedeutsam war vor allem der Erfolg, den Itard erzielte, als er Victor die Verwendung von Zeichen beibrachte.[5] Mit der Zeit lernte er, den geschriebenen Wörtern zuerst einzelne Objekte, dann ganze Objektklassen zuzuordnen. Nun zeigte sich, daß die beiden psychologischen Funktionen der Einbildungskraft und der Nachahmung, von denen die Tradition der Sensualisten und der »idéologues« lange gesprochen hatte, auch konkret bei der Erziehung eine genau faßbare Rolle spielten. Als Itard seinem Schüler die ersten Kenntnisse der Schrift beibringen wollte, stützte er sich vor allem auf sein Nachahmungsvermögen.[6] Die gleiche Fähigkeit machte er sich erfolgreich zunutze, als er ihn die Nomenklatur und Funktion der Namen, Adjektive und zuletzt der Verben lehrte.[7] Im Laufe dieser anstrengenden Lektionen entdeckte Itard empirisch jenen aktiv-wirkenden Charakter des Verbs, von dem bereits, Condillacs Hinweisen folgend, sowohl Destutt de Tracy als Degérando gesprochen hatten. Doch erwies es sich auch in grundlegenden Bereichen mehrfach, daß sich die physische »Organisation« der intellektuellen und moralischen »Erziehung« nicht vollständig unterwerfen ließ. So mußte der Lehrer feststellen, daß es unmöglich war, Victor den Gebrauch des Wortes beizubringen. In einem anderen Paragraphen berichtet Itard über die Anstrengungen, die er im Bereich der affektiven Aktionen und Reaktionen unternommen hatte, wobei er offensichtlich stellenweise die Wirklichkeit und die Bedeutung von Victors Fortschritten ein wenig übertreibt.[8] Trotzdem sind einige dieser Stellen außerordentlich interessant, wie z. B. die, wo er Victors Gefühl für Gerechtigkeit auf die Probe stellen will oder wenn er beschreibt, wie in Victor neue und reifere Formen des Empfindungsvermögens zum Vorschein kommen.[9] Daß Victor langsam neue Einstellungen, neue Neigungen, neue Fähigkeiten erwarb, bedeutete für Itard, daß an seinem Zögling allmählich die Züge eines zivilisierten Menschen hervortraten. Und es gehörte nicht mehr in den Bereich des natürlichen, sondern des zivilisierten Zustandes, wenn Victor neue Impulse, neue Gefühle und vor allem ein neues Bewußtsein – so wenigstens schien es Itard – seiner eigenen Kämpfe und seiner eigenen Erfolge oder Mißerfolge zeigte. Tief bewegt stellte der Lehrer in diesem Zusammenhang fest, von welcher Verzweiflung Victor übermannt wurde, als er vergebens »mit allen Kräften seiner Aufmerksamkeit« gegen eine neue Schwierigkeit kämpfte und dann spürte, daß er das Hindernis nicht zu überwinden vermochte.

> Danach sah ich, wie er, durchdrungen vom Gefühl seiner Ohnmacht und vielleicht auch berührt von der Vergeblichkeit meiner Anstrengungen, die für ihn unverständlichen Buchstaben mit Tränen benetzte, ohne daß ein Wort des Vorwurfs, eine Drohung, eine Züchtigung, seine Tränen hervorgerufen hätten.[10]

Ebenso mitfühlend beschreibt Itard schließlich, wie die ersten sexuellen Begierden und Erregungen in Victor erwachten.[11] Wenn Itard auch nach Monaten und Jahren hartnäckiger und geduldiger Fürsorge Victors psychologisches Bild gewiß etwas idealisierte, so zeigte es sich doch, daß weder Pinels Pessimismus noch die übergroßen Optimisten Recht gehabt hatten. Der in den Wäldern von Aveyron gefundene Knabe war zwar in gewisser Hinsicht in seiner Entwicklung hoffnungslos zurück- und stehengeblieben, doch hatte er immerhin eine gewisse Persönlichkeit und einige zutiefst und qualitativ neue Fähigkeiten erworben. Am Schluß des zweiten *Mémoire,* nachdem alle bemerkenswerten Tatsachen dieser Erziehungsperiode berichtet waren, schien Itard jedoch selber nicht mehr recht zu wissen, wie weit die erzielten Ergebnisse wirklich reichten und welche Hoffnungen er für die Zukunft hegen durfte:

Eine große Zahl dieser Tatsachen sprechen zugunsten seiner Vervollkommnungsfähigkeit, während andere sie zu negieren scheinen... Diese erstaunliche Vielfalt der Ergebnisse verunsichert die Meinung, die man sich über diesen Jüngling bilden kann und bringt eine Art Mißklang in die Folgerungen, die sich aus den in diesem Bericht vorgelegten Tatsachen ergeben...[12]

Trotz dieser Unsicherheiten, die zum Teil darauf zurückgingen, daß Itard den komplexen Fall des »Wilden« von Aveyron nicht genügend theoretisch ergründete, gewährte ihm die praktische Vernunft nicht geringe Befriedigung. Auch wenn sich zeigte, daß die anfänglichen theoretisch-diagnostischen Prämissen allzu optimistisch gewesen waren, war es dem konkreten Werk Itards doch gelungen, Vernunft und Natur in viel höherem Maße in ein dialektisches Verhältnis zu bringen, als es gewisse »médecins-philosophes« vorausgesagt hatten.

Als Itard nach vielen Jahren bewundernswerter Fürsorge Victor schließlich seinem Schicksal überließ, lebte dieser zuerst in der Taubstummenanstalt, dann in Pension bei seiner früheren Pflegerin, ohne irgendeinen weiteren Fortschritt zu machen; schließlich, noch relativ jung, starb er im Jahre 1828.[13] Als 1894 einige Gelehrte den Fall des »Wilden von Aveyron« und Itards *Mémoires* wieder entdeckten, unterließen sie es nicht, die historische Bedeutung der moralischen und psychologischen Haltung hervorzuheben, die der unermüdliche Lehrer seinem angeblich idiotischen Schützling gegenüber eingenommen hatte.[14] Und als nicht viel später Maria Montessori auf die gleichen Texte stieß, zeigte auch sie ein lebhaftes Interesse an Itards pädagogischen Ideen und an den Techniken, deren er sich für die Behandlung und Erziehung des jungen Victor bedient hatte.[15]

Zweiter Teil: Ethnologie

> Ethnologie, ou science de l'homme considéré comme appartenant à une espèce repandue sur le globe et divisée en divers corps de sociétés, ou nations, occupées à pourvoir à leurs besoins et à leurs goûts, et plus ou moins civilisées.
>
> Chavannes

> L'histoire des usages des sauvages et de leur esprit ne seroit qu'une nouvelle manière de faire l'histoire des hommes.
>
> Boulanger

1. Die Entstehung der Ethnologie im 18. Jahrhundert

Genauso bedeutend wie der Beitrag der »Société des Observateurs de l'homme« zu einer spezifischen, das heißt psycho-anthropologischen Wissenschaft vom Menschen, war ihr Beitrag zur Entwicklung der modernen Ethnologie. In seiner programmatischen Rede betonte Jauffret mehr als einmal die Notwendigkeit, nicht nur den Menschen als Individuum und als physisches Exemplar einer Rasse zu erforschen, sondern auch sozio-kulturelle Untersuchungen über die verschiedenen Menschengruppen anzustellen: es sei unumgänglich, eines Tages »umfassende Kenntnisse über die Sitten und Bräuche der verschiedenen Völker« zu erwerben. Zu diesem Zweck bedürfe es nicht nur präziser Reiseberichte über ferne Länder, sondern auch neuer Studien über die antiken Völker, vor allem – dieser Hinweis ist außerordentlich modern und erinnert an Thesen von Lévi-Strauss – »über diejenigen, die in der Geschichte keine führende Rolle spielten und deshalb völlig unbekannt sind«.[1]

An Studien und Forschungen über die Kultur und die Gesellschaft der »anderen«, weniger bekannten Völker fehlte es natürlich auch in früheren Jahrhunderten nicht. Ohne auf die Alten, von Herodot bis Ibn-Kaldun, zurückzugehen, verbreitete sich in Europa durch die Berichte über die ersten großen Reisen in ferne Länder ein beträchtliches ethnographisches Material, beispielsweise durch die Werke, die mit den Fahrten von Marco Polo, Cristoforo Colombo, Giovanni da Verrazzano in Zusammenhang standen.[2] Die Sammlung ethnographisch interessanten Materials ist – wie immer Historiker darüber denken mögen – etwas ganz anderes als die ethnologische Reflexion, die von der Einsicht ausgeht, daß es zwischen den verschiedenen Völkern sozio-kulturelle Unterschiede gibt, und die gerade diese Unterschiede erforscht. Damit es zu einer derartigen Reflexion kam, konnte es nicht genügen, daß Reisende wie Jean Thévet, Jean de Léry oder auch Jesuitenmissionare primitive Völker, denen sie in Nord- und Südamerika oder im Fernen Osten begegnet waren, *unmittelbar* beobachteten.[3] Es bedurfte vielmehr eines wirklichen philosophisch-epistemologischen *Einschnitts* (coupure), und zwar jenes Einschnitts, der mit Montesquieu begann, von einer freidenkerischen Kultur weiterentwickelt wurde, und im Verzicht auf die althergebrachte Überzeugung bestand, Europa sei das Zentrum der Welt, und die Werte der abendländisch-christlichen Tradition seien absolut; erst jetzt konnte man sich den »Anderen« und ihren Denk- und Lebensformen zuwenden. Wenn der Mythos vom Guten Wilden nichts als die naive Verherrlichung der Primitiven betrachtet wird, sondern als dialektisch mit einem Urteil über die abendländische Kultur verknüpft, zeigt sich, daß er nicht so sehr in den Schriften der Reisenden entstand, die einander in der Einschätzung der primitiven Völker im übrigen viel mehr widersprachen, als bis heute geglaubt wurde, sondern eher in den Werken der Schriftsteller und Philosophen, die ihrer Welt kritisch entgegentraten.[4]

Das 18. Jahrhundert, das zu den unvoreingenommensten Forschungen und den kühnsten Fragestellungen bereit war, wurde die Ära der ersten großen Reflexion der modernen Ethnologie. Die ersten stichhaltigen Untersuchungen des 17. Jahrhunderts, die der »anderen« Menschheit zuerst ein neues, offeneres Verständnis entgegenbrachten, machten im neuen Jahrhundert große Fortschritte. »Wilde« und »exotische« Völker wurden allmählich unabhängig von den herkömmlichen theologisch-kulturellen Maßstäben beschrieben. »Beobachtung« und »Analyse« der Reisenden und Gelehrten verrieten immer größere Aufgeschlossenheit und Sympathie für diese Völker. Die Lebens- und Kulturformen, die für die Europäer ungewohnt waren, wurden immer weniger bloß als bizarre Zeugnisse einer entwürdigten Menschheit betrachtet. Im Gegenteil, das Interesse an solchen »Sitten« nahm, gerade weil sie so anderes waren, ständig zu. 1704 versuchte ein bedeutender Reisender und »philosophe«, De La Crequinière, die »Bräuche« der Inder zu beschreiben, indem er sie mit denen »der Juden und der anderen antiken Völker« verglich.[5] Diese zwar noch einfache und ungenaue Untersuchung war in theoretischer Hinsicht bemerkenswert. De La Crequinière nahm keine moralisierende Haltung ein, hielt mit Werturteilen zurück und bedauerte, daß er seine Asienkenntnisse nicht noch mehr habe vertiefen können. Das betraf offenbar gerade den ethnographischen Bereich. Sein Traum nämlich wäre es gewesen, andere Landstriche des asiatischen Erdteils zu durchstreifen, »und genau ... die alten Bräuche des Volkes, seine Feste, seine Sprichwörter und die Verfahren zu beobachten, nach denen es baut, sich ernährt, sich kleidet und die Felder bestellt«.[6]

De La Crequinière ist nur ein Beispiel für die neue Aufgeschlossenheit und die neuen Interessen, die in dieser Zeit Gestalt annahmen. Im übrigen gab man sich keineswegs nur mit einem breiteren menschlichen und kulturellen Verständnis zufrieden. Für einige Gelehrte der ersten Hälfte des Jahrhunderts stellte die Existenz »anderer« Völker und Gesellschaften zusehends nicht nur einen einfachen Tatbestand dar, sondern war die Grundlage einer ganzen Anzahl komplexer Probleme. Als Fontenelle in den letzten Jahren des 17. Jahrhunderts seine kurze vergleichende Studie über die Fabeln der Alten und der Primitiven beendete und 1724 Joseph-François Lafitau seine *Mœurs des sauvages amériquains comparées au mœurs des premiers temps* veröffentlichte, war die ethnologische Wissenschaft wirklich entstanden.[7] Paradoxerweise konnte sie nämlich nicht entstehen, wenn man sich dem ethnographischen Material *näherte,* sondern nur, wenn man sich davon *distanzierte,* denn nur durch eine solche Distanz wurde die »Beobachtung« zur rationalen »Analyse«, die aus dem Vergleich verschiedener Materialien die Strukturen, Prinzipien und Gesetze des Zusammenlebens der Menschen, ihrer Sitten und Bräuche gewinnen konnte, während sie sich dem Blick des »direkten« Beobachters nie offenbart hätten.[8]

In dieser Hinsicht war Fontenelles kleines Werk ganz außergewöhnlich wichtig, weil sich darin nicht ein »direktes«, sondern ein »reflektiertes« Interesse für den Untersuchungsgegenstand verriet.[9] Gerade in dieser »reflektierenden« Haltung konnte Fontenelle, ähnlich wie Vico – was bisher nicht hinreichend bemerkt wurde –, die Möglichkeit und die Notwendigkeit theoretisch formulieren, in den antiken Fabeln mehr und anderes als die Merkwürdigkeiten längst vergangener Zeiten zu sehen: »Wir suchen demnach in den Fabeln nichts anderes als die Geschichte der Irrtümer des menschlichen Geistes«. Gerade auf dieser Grundlage konnte er die antiken oder primitiven Fabeln als ethnographisch interessante Dokumente, als Materialien eines neuartigen Wissens interpretieren: »Sich den Kopf mit allen Narrheiten der Phönizier und Griechen vollzustopfen ist nicht wissenschaftlich, Wissenschaft aber ist es, *zu wissen, was die Phönizier und die Griechen zu diesen Narrheiten gebracht hat«.*[10]

Diese denkwürdige Behauptung steht im Zentrum der Abhandlung Fontenelles über die Fabeln der Alten und der Primitiven. Wenn er es zudem einerseits für möglich hielt, sie als Ausdruck bestimmter psychisch-kultureller, nicht notwendig sinnloser oder anormaler Bedürfnisse zu werten, und andererseits davon ausging, daß die Menschen einander im Wesentlichen ähnlich seien, so konnten, ja mußten diese Dokumente in einer vergleichenden Studie untersucht werden.[11] Abgesehen von den ebenfalls grundsätzlichen Bemerkungen über das »Wesen« der Fabeln betonte Fontenelle die »Natürlichkeit« ihres Ursprungs (das heißt, daß ihnen zumindest anfangs nicht ein Betrug zugrundelag) und die Gründe und Art und Weise ihrer Bildung, ihrer Verbreitung und Veränderung; unabhängig von den üblichen zeitlichen und dokumentarischen Grenzen versenkte sich Fontenelle unvoreingenommen in die ältesten Zeiten.[12] Nicht nur die neue oder erneute Aufgeschlossenheit für den »Anderen« und die »vermittelt-reflexive« Einstellung zu ihm, sondern gerade diese epistemologische Dimension der vergleichenden Methode wurde das spezifischste und fruchtbarste Kennzeichen der gesamten modernen Ethnologie.

Lafitau formulierte diese »reflexive« und vergleichende Dimension klar und deutlich:

Ich habe mich nicht damit begnügt, den Charakter der Wilden kennenzulernen und ihre Bräuche und Praktiken zu erkunden, ich habe in jenen Praktiken und Bräuchen die Spuren des längst vergangenen Altertums gesucht; ich habe aufmerksam die ältesten Autoren gelesen, die die Sitten, die Gesetze und die Bräuche der Völker behandelten, von denen sie einige Kenntnisse besaßen; ich habe *Vergleiche* zwischen den Bräuchen der einen und der anderen angestellt und gestehe, daß mir, wenn mir auch die antiken Autoren zu Einsichten und einigen glücklichen Vermutungen über die Wilden verholfen haben, *die Sitten der Wilden eine Reihe von Aussagen der antiken Autoren leichter verständlich und erklärbar erscheinen ließen.*[13]

Die »Wilden« wurden nicht mehr rational-kritisch untersucht oder sogar wegen ihrer barbarischen »Sitten« verachtet, sondern waren jetzt ein positiver, epistemologisch unumgänglicher Vergleichspunkt einer zu Recht als neuartig betrachteten Wissenschaft. Werke wie die Studie *Dieux Fétiches, ou Parallèle de l'ancienne religion de l'Égypte avec la religion actuelle de la Nigritie* (1760) des Präsidenten De Brosses oder Court de Gébelins *Monde primitif comparé avec le monde moderne* (1773) gewinnen ihren einmaligen Wert nur innerhalb dieser Perspektive.

Im Vergleich zu der vorausgegangenen Erforschung der Probleme, die wir nunmehr als ethnologische definieren können, waren De Brosses' Fortschritte beachtlich. Er studierte die Mythologie, sah in dieser aber keineswegs das Ergebnis von Irrtümern und abergläubischen Ansichten, vielmehr polemisierte er gegen die alten Griechen, weil sie für Kontaminationen und Überlagerungen verantwortlich waren, die die Interpretation der antiken Mythen noch mehr komplizierten. Dennoch hätten die modernen Gelehrten, bemerkt De Brosses mit erstaunlicher Klarheit, endlich »*in der wirklichen Geschichte all jener ersten Völker* den Schlüssel für deren Meinungen und Erinnerungen gefunden«.[14] Gerade diese Aufmerksamkeit auf die »wirkliche Geschichte« der Völker macht den so modernen methodologischen und heuristischen Ansatz seines Werkes aus. Während er diese »wirkliche Geschichte« erforschte, bemerkte er nämlich in zeitlich und räumlich verschiedenen Gebieten eine relativ konstante Struktur der Glaubensformen und der religiösen Gewohnheiten, die er als Fetischismus bezeichnete. Zudem war das Interesse, das er dem antiken Fetischismus entgegenbrachte, keineswegs philologisch-antiquarischer Natur. Da er diese Struktur sowohl bei antiken als bei modernen Völkern vorfand, faßte er das Problem des Fetischismus eben als das seiner *Struktur als solcher* auf. Jedenfalls stellte De Brosses die traditionelle Methode einer gelehrten Untersuchung auf den Kopf und ordnete die übliche Bezugnahme auf die zeitliche Entwicklung und die übliche Unterscheidung zwischen »Wilden« und »Zivilisierten« dem Ziel unter, das Phänomen des Fetischismus zu begreifen. Die wilden Völker waren für ihn in erster Linie ein wertvolles Mittel, um den ursprünglichen Zustand der Kulturvölker zu verstehen: »Um zu erfahren, was bei diesen letzteren üblich war, genügt die Untersuchung dessen, was gegenwärtig bei den ersteren geschieht«.[15] Seine eigentliche, sehr moderne Zielsetzung war es nicht so sehr, einige mehr oder weniger primitive Völker zu erforschen, sondern Denk- und Lebensstrukturen ausfindig zu machen, die verschiedenen menschlichen Gesellschaften gemeinsam waren. Und dieses Ziel könne man nur erreichen, wenn man das Mittel des systematischen »Vergleichs« unvoreingenommen benutze:

> Wenn ich dargelegt habe, wie der gegenwärtige Fetischismus der modernen Nationen beschaffen ist, werde ich ihn mit dem der antiken Völker vergleichen, und diese Parallele, die uns natürlich zu dem Urteil führt, daß die gleichen Handlungen den gleichen Ursprung haben, wird uns klar genug zeigen, daß alle diese Völker im Fetischismus *die gleiche Denkweise* besaßen, da sie genau gleich handelten, was bloß eine Folge davon ist.[16]

Am Ende seiner Schrift polemisiert De Brosses gegen die »hypothetischen Romane«: »Nicht im Möglichen, sondern im Menschen muß der Mensch erforscht werden; es handelt sich nicht darum, auszudenken, was er hätte tun können oder müssen, sondern zu beobachten, was er getan hat«.[17] In seiner umfangreichen Studie über die primitive Welt versuchte Court de Gébelin dem gleichen methodischen Prinzip zu folgen. Seine intellektuelle Aufgeschlossenheit für die antiken Völker, »ihre Sprache, ihre Bräuche, ihre Gesetze, Künste und Gepflogenheiten« war bemerkenswert.[18] Bei der Erforschung der »verschiedenen« Kulturen müsse zunächst berücksichtigt werden, daß sie zutiefst organisch seien. Deshalb polemisierte er gegen zu ausschnitthafte Untersuchungen oder gegen »schwache Analogien«.[19] Nicht einmal die »exakte Musterung« und der »exakte *Vergleich*« schienen ihm nunmehr für die historisch-ethnologische Forschung ausreichend, vielmehr sei es unumgänglich, das einheitliche »Prinzip« aufzuspüren, das das »wahre System« und die Geschichte der menschlichen Kultur fördere und stütze.[20] Nach der sympathetischen Zuwendung, distanzierenden Reflexion, vergleichenden Analyse und vorurteilslosen Verknüpfung von Vergangenheit und Gegenwart fügt sich nun in den epistemologischen Kontext der Ethnologie auch noch die Forderung nach organisch-systematischer Einheit ein. Obwohl Court de Gébelin die antiken und modernen Kulturen vor allem auf sprachlicher Ebene analysierte, ließ ihn diese Forderung auch die anderen kulturellen Komponenten berücksichtigen. So bemerkt er im Zusammenhang mit der Erforschung der primitiven Welt, daß es unumgänglich sei, außer der Sprache auch »ihre Existenz, ihre Sitten, ihre Bräuche, ihre Gesetze, ihre Religion und deren Verbreitung« zu untersuchen und außerdem »auf den Ursprung und die Ursachen dieser grundlegenden Aspekte (objets)« der Kultur zurückzugehen.[21]

2. Reisen als Wissenschaft und die Wissenschaft vom Menschen

Wir können uns hier nicht länger mit diesen Texten und Themen befassen, auf die wir im übrigen bei nächster Gelegenheit zurückkommen wollen. Nicht weniger wichtig als der Beitrag der Philosophen und Gelehrten zur Entwicklung des ethnologischen »Blicks« war der »praktische« Beitrag der Forschungsreisenden. Das geht deutlich aus dem großartigen, für die Kultur der Aufklärung fundamentalen Unternehmen der *Encyclopédie* hervor: dort wurden die unzähligen »Reiseberichte« in sehr beachtlichem Maße ethnologisch und soziologisch ausgewertet, und zwar nicht immer unter ausschließlich ideologisch-politischen Gesichtspunkten, wie weithin behauptet wird. Im Gegenteil, in sehr vielen, von Diderot und De Jaucourt besorgten Artikeln der *Encyclopédie* ist das Bemühen erkennbar, exakte Auskunft zu erteilen und die »anderen« Völker, das heißt die antiken und vor allem die exotisch-primitiven oder jedenfalls die fernen, unbekannten oder kaum bekannten Völker ausführlich zu beschreiben.[1] Wenn die *Encyclopédie* die Forderung nach Exaktheit noch nicht befriedigen konnte, so lag das an der noch allzu impressionistischen und dilettantischen Einstellung der meisten zeitgenössischen Reiseberichte. Seit Beginn des Jahrhunderts wurde diese Tatsache oft kritisiert und beklagt. In seinen *Réflexions sur les voyages* entwarf De La Crequinière ein trostloses Bild des Bildungsniveaus vieler Reisenden:

> Wenn einer reist, nur damit er das Vergnügen hat, sagen zu können, er habe viele Länder gesehen, damit er Tatsachen erzählen kann, die ungewöhnlich zu sein scheinen, damit er sich in seiner eigenen Provinz als Orakel bestaunen las-

sen kann, so bedeutet das zu viel nutzlosen Aufwand für ein zu dürftiges Ergebnis.[2]

Viele Reisende, fährt De La Crequinière fort, seien sich nicht bewußt, daß es nicht genüge, von einem Land zum andern zu reisen, das Klima zu wechseln, die Meere zu überqueren, um eine seriöse und nützliche Reise gemacht zu haben. Wenn man auf diese Weise durch die Welt fährt, »erhält man viele Eindrücke, doch keiner bleibt haften«; es sei logisch, daß viele Reisende in die Heimat zurückkehrten »wie sie sie verlassen haben, das heißt, sehr unwissend«. Und gerade die ethnographischen Kenntnisse litten am meisten unter dieser Situation: »Es wäre falsch, sie über die Bräuche der verschiedenen Völker, die sie gesehen haben, oder über die wichtigsten antiken Denkmäler der Städte auszufragen, durch die sie gekommen sind, denn oft erinnern sie sich kaum noch an ihre Namen«.[3]

Auch in der zweiten Hälfte des 18. Jahrhunderts war ein großer Teil der Aufklärer der Ansicht, die ethnographischen Reiseberichte seien trotz einiger Ausnahmen nicht besonders systematisch und exakt. So zahlreich diese Berichte am Ende des Jahrhunderts waren und obwohl sie zu den beliebtesten literarischen Gattungen gehörten [4], genügten sie den »positiven« Forderungen der zeitgenössischen Kultur keineswegs.[5] Auch als man neben den hauptsächlich politisch-militärischen Expeditionen oder Handelsreisen auch andere, wissenschaftlichen Zwecken gewidmete Reisen zu unternehmen begann, war die Situation zunächst nicht sehr viel besser. Das lag in erster Linie am Dilettantismus und an der mangelnden Ausbildung der Reisenden:

Dem Reisenden – schreibt noch 1798 La Rochefoucauld-Liancourt – fehlt es gewöhnlich an den Kenntnissen, die er besitzen müßte, um seine Fragen wirklich gut stellen zu können; manchmal ist seine Beobachtung von Vorurteilen abhängig, manchmal von dem, was *System* genannt wird; die ihn beherrschende Meinung lenkt alle seine Fragen; er will alle Antworten dazu sammeln. Fügt man diesen wesentlichen Schwierigkeiten diejenigen hinzu, die aus der Situation des Reisenden erwachsen, aus seinen augenblicklichen Stimmungen, aus den Vorurteilen, denen er unwillkürlich ausgesetzt sein kann, wenn er Fragen stellt, so zeigt sich, wie schwierig es ist, den Bericht über eine lange Reise mit genügend spezifizierten und absolut wahren Angaben zu füllen.[6]

Diese fundierten Beanstandungen wurden in den gleichen Jahren von mehreren Ideologen und »observateurs« aufgegriffen.[7] Der Verwissenschaftlichung der ethnoanthropologischen Materialien mußte zuerst einmal eine Verwissenschaftlichung der Methodologie der wissenschaftlichen Expedition vorausgehen. Eine der entscheidenden Etappen dieser Entwicklung, die nicht zufällig gerade in der zweiten Hälfte des Jahrhunderts durchlaufen wurde, war die Ausarbeitung der sogenannten »Instructions de voyage«.

In diesen »Instructions«, von denen Linné ein erstes suggestives Modell gegeben hatte, wiesen Gelehrte und Philosophen systematisch auf die Daten hin, welche die Reisenden sammeln, und auf die Methode, mit der sie diese sammeln sollten.[8] Das erste wirklich gültige und strenge Beispiel dafür war wohl die Schrift, die der Orientalist Michaelis 1768 vorlegte. Diese »Instructions«, die er für eine von dem dänischen Forschungsreisenden Carsten Niebuhr geplante Arabienreise verfaßte, trug wesentlich dazu bei, daß diese Expedition ein wirklich wissenschaftliches Unternehmen wurde.[9] Bereits in der Einleitung zu seinem kleinen Werk betont Michaelis die negativen und unbefriedigenden Aspekte der so zahlreichen Forschungsreisen, die nach wie vor unternommen wurden. Der Hauptgrund für deren Mängel müsse darin gesehen werden, daß Kultur und Wissenschaft an der Vorbereitung dieser Reisen kaum oder überhaupt nicht teilnahmen. Völlig auf sich gestellt, könne der Forscher am Ziel seiner Reise nur willkürlich seiner Neugierde frönen und er sammle Daten und Beobachtungen ganz nach seiner Wahl, während es doch unbedingt nötig sei, ihn anzuleiten und ihn mit präzisen Fragen auf die Themen hinzuweisen, über die man aufgeklärt werden möchte. Sonst bestehe die paradoxe Gefahr, daß ihm tausende von Objekten, über die die europäischen Wissenschaftler seit langer Zeit unterrichtet sein möchten, vor die Augen kämen, ohne überhaupt seine Aufmerksamkeit zu wecken.

Die Erforschung der Wahrheit – fügt Michaelis hinzu – fordert oft Mittel, die nicht auf den ersten Blick hin wahrnehmbar sind. Der Reisende, der eine Woche oder einen Monat an den für eine solche Forschung geeigneten Orten weilt, kann in einer so kurzen Zeit und inmitten so vieler Zerstreuungen nicht an alle Hilfsmittel denken, die seine Forschung erleichtern können... Wir werden dieses Hindernis umgehen, wenn die europäischen Wissenschaftler es auf sich nehmen, eine vollständige und ins einzelne gehende Sammlung von Fragen auszuarbeiten, die dem Reisenden als Führer dienen können, so daß er die Möglichkeit hat, das auszuführen, was wir ohne eine solche Hilfe vergebens von ihm erwarten.[10]

Auf Grund dieser Prinzipien und Sorgen machte sich Michaelis eifrig ans Werk. Auch die Vorbereitung der »Instructions« verriet die wissenschaftliche Strenge dieses Gelehrten und des ganzen kulturellen Milieus, in dem er wirkte. Damit der geplante Text möglichst umfassend und präzise wurde, lancierte Michaelis in »vielen Gazetten« eine Art Appell, in dem er die Gelehrten ganz Europas aufforderte, ihm Ratschläge und Anregungen zu schicken.[11] Wissenschaftler und kulturelle Einrichtungen des ganzen Kontinents antworteten begeistert. Da er so etwas wie einen zentralen »brain trust« für die Sammlung und Vereinigung des Materials organisierte, konnte Michaelis nach kurzer Zeit seine »Instructions de voyage« veröffentlichen, die so umfassend und minuziös wie nie zuvor waren, wobei häufig auf die ethnoanthropologische Erforschung der Individuen, der Völker und der gesellschaftlichen »Sitten« hingewiesen wurde, die Niebuhr im Laufe seiner Orientreise angetroffen hatte.[12] Michaelis' Text, der bald auch in Frankreich verbreitet wurde, hatte großen Erfolg. Auch J. F. La Pérouse benutzte ihn für die Vorbereitung seiner tragischen Weltreise. In den folgenden Jahren verfaßten auch einige französische Gelehrte derartige »Instructions de voyage«. Ganz besonders interessant waren die des Ideologen und späteren »Observateur« Volney.[13]

In einem sehr knappen, doch erschöpfenden Schema, das ausdrücklich »für den Gebrauch der Reisenden« bestimmt war, begrüßte Volney zunächst mit Genugtuung, daß die wissenschaftliche Dimension der Reisen nunmehr erkannt worden war. Die Reisenden seien sich jetzt der Notwendigkeit bewußt, »Forschungsmethoden« zu schaffen, »die ihnen helfen können; sie haben sogar für jede Materie Kataloge von Fragen angelegt«.[14] Gerade den Forschungsreisenden, die Volney als »fragende Klasse (classe questionneuse) par excellence« definiert, gibt er in seiner kurzen Schrift Ratschläge und stellt einen Fragekatalog auf. Die in zwei Gruppen unterteilten Fragen, die er aufzählt, folgen einem einer ganz bestimmten Konzeption der Wissenschaft und der Wirklichkeit verpflichteten Schema. Der wissenschaftliche Reisende müsse sich vor allem darum bemühen, die geographische Situation der neuen Gegend zu erforschen, indem er ihre räumlichen Koordinaten sowie ihre Ausdehnung bestimme. Dann solle er zur Analyse des Klimas übergehen, worunter Volney nicht nur die Berechnung der Temperatur, der Feuchtigkeit und ihrer Schwankungen, sondern auch die Untersuchung der Winde, sowie der jährlichen Schnee-, Hagel- und Regenmengen versteht. Dann sei es nötig, die Beschaffenheit des Bodens zu analysieren, wobei der Reisende die Landschaft, das heißt die Zahl und Anordnung der Ebenen und der Gebirge, der Wälder und Wüsten, der Sümpfe, Seen und Flüsse untersuchen solle. Wenn er diese Daten gesammelt habe, könne er schließlich zur geologischen Analyse des Bodens und seiner Mineralbestände übergehen. Zuletzt seien dann die verschiedenen Pflanzen und Tiere umfassend und systematisch zu erforschen. Im zweiten, breiter angelegten Teil entwirft Volney ein logisch-progressives Schema von Fragen, mit denen die – im weitesten Sinn des Wortes verstandene – menschliche Situation des besuchten Landes ermittelt werden konnte. Man müsse von der anthropologischen Analyse der Ortsbewohner, das heißt von der physischen Struktur, der Hautfarbe, dem Haartyp, etc., ausgehen, um dann organisch die Ernährungsweise, die verschiedenen Tätigkeiten, die verbreitetsten Krankheiten, »die bemerkenswertesten moralischen Eigenschaften«, die Gesamtzahl der Bevölkerung, ihre Verteilung auf Stadt und Land, die Struktur der bewohnten Zentren, etc. zu untersuchen. Dann müsse man gesondert die ökonomischen, traditionell in Landwirtschaft, Industrie und Handel unterteilten Tätigkeiten analysieren. Schließlich sei eine, wie man sagen könnte, soziologisch-politische Analyse notwendig: angefangen von der Regierungsform bis zur Verwaltungs- und Gerichtsordnung; von der Art und Höhe der Steuern bis zu den gesetzgebenden Institutionen; von der Familienstruktur bis zur Autorität der Ehemänner und der Väter innerhalb der Familie; von der kulturellen Situation bis zur Bewegung der Personen und Dinge ...[15]

Volneys äußerst interessanter kurzer Text entwirft vor allem eine sehr komplexe und moderne Konzeption der geographischen Forschung. Wir können hier die von Volney aufgeworfenen Einzelfragen nicht analysieren; wichtig ist in unserem Zusammenhang der Hinweis, daß die Anregung zu diesem Werk von der Regierung ausging und daß sie sich für seine praktische Durchführung an einen Forschungsreisenden und Philosophen wie den Verfasser der *Ruines* wandte. Lange Zeit wurden die Reisen in ferne Länder von den europäischen Höfen kaum unterstützt, sie wurden entweder als eine persönliche Angelegenheit von Privatleuten oder als eine Regierungsinitiative mit vorwiegend politisch-militärischer und ökonomisch-kommerzieller Zielsetzung betrachtet. Nun aber begann man zu verstehen, daß die Reisenden berechtigterweise und auch nützlicherweise andere Ziele verfolgen konnten, und daß es sich lohnte, ihnen eine konkrete Hilfe zu bewilligen, auch ohne einen unmittelbaren Nutzen oder Vorteil als Gegenleistung zu beanspruchen.

Die »Société des Observateurs de l'homme« konnte der Entwicklung der Reisen und den »Instructions de voyage« gegenüber, die deren gewichtigstes Zeugnis waren, nicht gleichgültig bleiben. Sie mußte sich möglichst schnell in diesen Prozeß der Verwissenschaftlichung, den die geographischen Expeditionen durchliefen, einschalten, damit auch die Anthropologie nützliche Ergebnisse daraus ziehen konnte. Das war umso dringender, als die vor allem epistemologisch und methodologisch noch so junge »Wissenschaft vom Menschen« in den Berichten der Forschungsreisenden kaum oder sehr unzulänglich berücksichtigt wurde. Damit sich eine strenge Ethnoanthropologie entwickeln konnte, mußten diese ein tiefes kulturelles Bewußtsein für den Sinn und den Wert der Wissenschaft vom Menschen erwerben, denn das war der Schritt, den die unleugbar fortgeschrittene Wissenschaft der geographischen Forschungsreisen noch vollziehen mußte, auch wenn dies in einigen Ausnahmefällen schon geschehen war. Bereits Rousseau beklagte in einem berühmten Text, daß die Erforschung des Menschen von den Expeditionen in ferne Länder vernachlässigt würde.[16] Vorher hatte schon Voltaire im *Dictionnaire philosophique* die Forschungsreisenden aufgerufen, sich in größerem Maße als bisher mit ethnologischen Problemen zu befassen:

Wir erwarten von Euch Belehrungen über die Sitten, die Gesetze, die Bräuche dieser in Europa unbekannten Nationen. Wir besitzen zwanzig Darstellungen über die portugiesischen Niederlassungen in Indien; *doch in keiner haben wir die verschiedenen Regierungen jenes Landes, seine Religionen, seine antiken Denkmäler, die Brahmanen, die Anhänger des Heiligen Johannes, die Gebern, die Banianen kennengelernt.* Es sind uns zwar die Briefe Xaviers und seiner Nachfolger erhalten geblieben. Wir haben Darstellungen von Indien erhalten, die in Paris angefertigt wurden, auf das Zeugnis der Missionare hin, die die Sprache der Brahmanen nicht kannten. Man wiederholt uns in hundert Werken, daß die Inder den Teufel verehren. Einige Prediger einer Handelsgesellschaft gehen mit diesem Vorurteil auf die Reise; und kaum sehen sie auf den Häusern in Coromandel symbolische Figuren, so versäumen sie nicht zu schreiben, daß es sich um Bilder des Teufels handele, daß sie sich in seinem Reich befänden, daß sie ihn bekämpfen würden. Sie denken nicht daran, daß wir es sind, die den Gott Mammon anbeten und ihm unsere Gelübde 6000 Meilen von unserer Heimat entfernt darbringen, um dafür Geld zu bekommen.[17]

Doch Voltaires leidenschaftlicher Aufruf verhallte offenbar ungehört, oder zumindest wurde er nicht so bewußt und systematisch befolgt, wie es der eine oder andere »Philosoph« gewünscht hatte. Und doch war es in verschiedener Hinsicht dringend notwendig, die ethnoanthropologischen Forschungen zu systematisieren und zu vertiefen. Lesen wir eine bestimmte Art von Texten, so bemerken wir, daß der »physische« und der »moralische« Mensch weitgehend unbekannt blieben, wenn sie »anders« als die in den »gesitteten« Gegenden bekannten und vertrauten Menschen waren. Man hatte weiterhin keine klare Vorstellung über das Verhältnis und den Unterschied zwischen dem Menschen und bestimmten Affenarten; man war sich immer noch sehr unschlüssig, welches die wirkliche Natur von bestimmten Wesen, wie z. B. den Pygmäen, war.[18] Die theoretischen und vor allem die empirischen Kenntnisse über die verschiedenen Menschenrassen waren in vieler Hinsicht lückenhaft und oberflächlich. Eine vergleichende und unterscheidende Analyse der verschiedenen menschlichen Kulturen gab es noch nicht. Ein starkes Gefühl von Unzufriedenheit und Frustration beherrschte, wie wir gesehen haben, einige der sensibelsten »Philosophen« der Zeit. Noch kurz vor der intellektuellen Blüte des ausgehenden Jahrhunderts verrieten nicht wenige Autoren diese Unzufriedenheit. Im Jahre 1777 äußerte Delisle de Sales, ein außergewöhnlicher Schriftsteller, der wenig später in engen Kontakt zu den Ideologen trat, den Wunsch, das bevorstehende neue Jahrhundert möge auf dem Gebiet der »Wissenschaft vom Menschen« das verwirklichen, was das 18. Jahrhundert versäumt habe:

Vielleicht wird sich im kommenden Jahrhundert ein Pythagoras finden, der nur in der Absicht reisen wird, den Menschen zu beobachten und die große Reihe seiner Varietäten zu prüfen; unterstützt von einem Marc Aurel, wird er den Chimossen in Madagaskar, den Patagonier in den Magellanischen Gebieten, den Seemann an den Küsten des Ozeans, den Albino in Darwin-Land, den Orang-Utan in den glühenden Wüsten Zanguebars erforschen.[19]

Dieser Text verrät einerseits, daß es weiterhin Vorstellungen gab, die die anthropologische Wissenschaft zerstören mußte, wie z. B. die Existenz der »Chimossen«, einer imaginären, angeblich zwischen den Menschen und den Affen stehenden Rasse, oder die Gleichstellung des Orang-Utan und des Menschen; andrerseits wird in ihm terminologisch vorweggenommen – »observer l'homme« –, was einige Jahre später Jauffrets Vorhaben sein sollte.

Am Ende des Jahrhunderts war es gerade Jauffret, der Theoretiker der neuen anthropologischen Wissenschaft, der die Kritik der »Philosophen« aufgriff und mit ihnen beklagte, daß es an Kenntnissen über die nichteuropäischen Menschen mangelte. In seiner lebhaften Stellungnahme verknüpfte er die Forderung, daß derartige Kenntnisse dringend entwickelt werden müßten, scharfsinnig mit der Polemik gegen die Teilnahmslosigkeit der Öffentlichkeit, sowie gegen die wissenschaftlich-kulturellen Grenzen allzu vieler Expeditionen in ferne Länder. Er hielt es für abwegig und unhaltbar, ausschließlich die naturwissenschaftlichen Forschungen zu bevorzugen, zumindest soweit die anderen Untersuchungen dadurch beeinträchtigt wurden. Allzu lange hatte »der Wunsch, den Menschen zu beobachten, keinerlei Einfluß auf die Durchführung der von den Regierungen veranstalteten Reisen. Tiere, Pflanzen, Mineralien aus den fernen Ländern mitzubringen, war der einzige Beweggrund aller wissenschaftlichen Reisen«.[20]

Diese Situation mußte theoretisch und praktisch geändert werden. Im Grunde war dies gerade deshalb nötig, weil sich die Auffassung vom Menschen und von der Wissenschaft vom Menschen entwickelt hatte. So bemerkt Cabanis, der Mensch sei auf Grund seines starken Empfindungsvermögens am engsten seinem physisch-natürlichen Milieu verhaftet.[21] Er fügt hinzu, daß der Mensch sich gerade deshalb je nach den geographischen Bedingungen radikal verändere und der »Wissenschaft vom Menschen« stets neue und schwierige Aufgabe eröffne, die nur eine interdisziplinäre Zusammenarbeit mit den im Gelände durchgeführten »Enquêtes« lösen könne. Derartige Bemerkungen standen keineswegs allein. Auch ein anderer Wissenschaftler, der große Anatom und Biologe Xavier Bichat, äußerte gerade in jenen Jahren, der Mensch sei ein wesensmäßig bewegliches Lebewesen und bewohne deshalb »die Welt und nicht wie die Pflanze den Ort, an dem er entstand«.[22] Deshalb mußte eine Wissenschaft vom physischen und moralischen Menschen, die diesen Namen verdiente, ihn in den verschiedenen Gegenden der Erde, in seinen stets verschiedenen psycho-physischen Wesenszügen, in den stets neuen Wechselwirkungen erforschen, die ihn organisch mit seinem natürlichen »Milieu« verknüpften. Buache und Mentelle, zwei aus den Kreisen der »idéologues« stammende Gelehrte, sagen von der Geographie, deren Begriff sie in ausdrücklich anthropologischer Richtung entwickeln:

Sie führt den *Beobachter* in die verschiedenen Gegenden der Erde und zeigt ihm, daß der Mensch im Zentrum Europas sehr hell, im Zentrum Afrikas sehr dunkel, an der südlichsten Spitze Amerikas sehr groß und im nördlichsten Teil der beiden Kontinente von abstoßender Häßlichkeit ist. Entsprechend gibt es zwischen dem runden Gesicht des Chinesen und den wilden Zügen des Kariben Abstufungen, für die ebenfalls der Geograph zuständig ist ...[23]

Man hätte die engen Beziehungen zwischen der Geographie und der Wissenschaft vom »physischen« Menschen nicht besser hervorheben können. Doch den »Observateurs de l'homme« entging es nicht, daß die direkte Untersuchung der fernen Völker und Gesellschaften auch vom Standpunkt der später als Kulturanthropologie oder Ethnologie bezeichneten Disziplin einen unschätzbaren Wert haben würde. In diesem Zusammenhang ist es sehr bedeutsam, mit welcher Genugtuung ein zeitgenössischer Vertreter der »Wissenschaft vom Menschen«, Jean-André Perreau, im Jahre 1802 betont, wie bewußt »einige Forschungsreisende, Mitglieder der Société des Observateurs de l'homme«, die Wichtigkeit der *im Gelände* durchgeführten Forschungen erkannt hätten.[24] Perreau dachte wohl an die Forschungsreisen der »Observateurs« Bougainville, Volney und Baudin. Weitgehend dank der Initiative dieser Reisenden – wobei auch der unglückliche La Pérouse nicht vergessen werden darf – wurden in Frankreich seriöse wissenschaftliche Expeditionen vorbereitet, die auch anthropologische und ethnographische Fragen berücksichtigten. In den achtziger Jahren äußerte ein anderer Forschungsreisender und späterer »Observateur«, Levaillant, seine Unzufriedenheit über das spärliche und ungeordnete Material der Pariser Kabinette und darüber, daß dort »die Sitten, Neigungen, Gewohnheiten« der exotischen Völker, die einen fundamentalen Gegenstand des wissenschaftlichen Interesses darstellten, vernachlässigt wurden.[25] Wahrscheinlich war es ein vergleichbares »Unbehagen«, das wenig später Volney veranlaßte, Europa den Rücken zu kehren, um die geographische und menschliche Wirklichkeit des Mittleren Orients zu erforschen. Wie dem auch sei, jedenfalls leistete dieser Gelehrte zu der Verschmelzung der neuen Wissenschaft der Reisen mit der nicht weniger neuen »Wissenschaft vom Menschen« und zu der weiteren Verwissenschaftlichung der ethnoanthropologischen Forschung einen der wichtigsten Beiträge des ausgehenden Jahrhunderts.

3. Zwischen Geographie und Ethnosoziologie: Volneys Lektion

Vielfache kulturelle Anregungen veranlaßten Volney, 1782 nach Alexandrien zu reisen. Nachdem er gut vier Jahre in Ägypten und Syrien verbracht hatte, kehrte er nach Frankreich zurück und veröffentlichte einen Reisebericht. Darin wollte er, im Unterschied zu vielen anderen Forschungsreisenden, die geographische und menschliche Wirklichkeit der von ihm besuchten Länder wirklich organisch-einheitlich schildern, was ihm tatsächlich auch gelang.[1] Dank der sorgfältigen »Beobachtung« und »Analyse« der vielen Völker und Gesellschaften, denen er begegnet war, hatte diese Schrift anthropologische und ethnologische Bedeutung. Volney erwähnte und diskutierte Buffon, Blumenbach und andere Erforscher des »physischen Menschen«. Sorgfältig untersuchte er die Mumienschädel und beschrieb mit großer Exaktheit die physischen Züge der Neger, der Araber und anderer Völker und Rassen.[2] Er machte sich Gedanken über das Phänomen der antiken und modernen Völkerwanderungen, wobei er auch ihre anthropologischen und ethnographischen Implikationen erwog.[3] Er stellte zahlreiche Vergleiche an, und zwar bald mit den Völkern entlegener Gebiete, angefangen bei den Eskimos bis zu den Tataren und Chinesen, bald mit den europäischen und besonders französischen ethnischen Gegebenheiten.[4] Er interessierte sich auch für die Physiognomik, eine Wissenschaft, die, sinnvoll angewandt, seiner Meinung nach wichtige anthropologische Belege »für die Herkunft der Völker« liefern konnte.[5] Er versuchte vor allem, im Namen eines ganz bestimmten Menschenbildes, die Beziehungen zwischen der psycho-physiologischen Struktur der Menschen und dem natürlichen »Milieu« systematisch zu ergründen. So hob er z. B. hervor, daß hauptsächlich »die Lage, in die die Natur die Beduinen versetzt hat« – die weiten Wüstenräume, die Hitze, die Unmöglichkeit, Landwirtschaft zu betreiben –, »aus ihnen eine sowohl in moralischer als in physischer Hinsicht besondere Menschenrasse« mache.[6] Wie sollte nicht verstanden werden, daß die besondere Genügsamkeit der Araber nicht so sehr die Frage einer moralischen Entscheidung als vielmehr die Folge der geographischen Lage und ein physiologisches Mittel war, auf die Bedingungen des Klimas und der Umwelt zu reagieren?[7] Indem Volney einige auf Montesquieu zurückgehende Intuitionen im Licht der neuen Anthropologie der Jahrhundertwende entwickelte, gehörte er zu den ersten Gelehrten, die die physisch-geographische Situation als eine wichtige anthropologische und soziologische Komponente betrachteten. Aus diesem Grund schenkte er der geographischen und sogar geologischen Struktur der durchreisten Länder, ganz abgesehen von der Beschaffenheit ihrer Gebirge und Flüsse und ihres

Klimas, so viel Aufmerksamkeit.[8] Seine größte Aufmerksamkeit galt jedoch dem, was wir heute als Kulturanthropologie bezeichnen. »Der wichtigste aller Aspekte eines Landes, die der Beobachtung würdig sind«, sei nämlich »zweifellos die Moral seiner Bewohner«.[9] Unter »Moral« verstand Volney ausdrücklich nicht nur die psychologische Dimension des Individuums, sondern auch »jene gewohnten Handlungsweisen, die man *Sitten* nennt«.[10] Die »Moral« zu erforschen, hieß für ihn demnach, die Sitten und Bräuche der Völker zu erforschen. Und natürlich war es hier mehr als anderswo nötig, den früheren Reiseberichten zu mißtrauen, die so oft unvollständig und lückenhaft, impressionistisch und parteiisch waren. Deshalb versuchte Volney, sich nicht nur auf fremde Zeugnisse, sondern möglichst auf seine eigene Erfahrung zu stützen. Deshalb war das erste Mittel, mit dem der spätere »Observateur« sich der ethnoanthropologischen Wirklichkeit der bereisten Länder näherte, die »Beobachtung«. Der Begriff »beobachten« kommt in seinem *Voyage en Égypte et en Syrie* ständig vor: »ich habe beobachtet...«; »es ist gut, zu beobachten...«; »es müssen gewiß noch viele weitere Beobachtungen angestellt werden...«.[11] Auf eben dieser kritisch-beobachtenden Haltung fußen Volneys berühmte, bewundernswert klare und präzise Beschreibungen, in denen er, ganz anders als Buffon oder Savary, den Impressionen und Phantasien keinerlei Zugeständnisse machte, ohne jedoch deshalb trocken oder ermüdend zu sein. Dort, wo er die Situation des ägyptischen Volks so treffend darlegt, beschreibt er die Kleidungs- und Wohnweise äußerst lebhaft und genau:

> Ihre ganze Kleidung besteht aus einem Hemd aus festem blauen Leinen und einem schwarzen, lose und grob gewobenen Mantel. Als Kopfbedeckung tragen sie einen Hut aus einer bestimmten Stoffart, um den sie ein langes rotes Wolltuch wickeln. Arme, Beine und Brust sind nackt, und meistens tragen sie keine Hosen. Sie wohnen in Lehmhütten, in denen man vor lauter Rauch und Hitze erstickt und wo die von Schmutz, Feuchtigkeit und schlechter Ernährung verursachten Krankheiten sie oft belästigen...[12]

Es ist bedauerlich, daß Volney nicht auch von unbekannteren und primitiveren Völkern so exakte Schilderungen gibt. Auf jeden Fall war diese auf den »Blick« und die »Beobachtung« fundierte Methodologie nicht zufällig. Als Grundlage und Anregung dienten ihr die methodischen Prinzipien der cartesischen »Evidenz« und der sensualistischen »Analyse«, die während des ganzen 18. Jahrhunderts miteinander eng verknüpft waren. Theoretisch und praktisch beruhte Volneys Erkenntnis des Wirklichen auf der Ontologie, die zuerst vom englischen Empirismus und von Lockes Forschungen umrissen und später vom kontinentalen Sensualismus entwickelt und »gereinigt« wurde. Die Objekte waren zwar Ausschnitte der gleichen einheitlichen, einfachen und materiellen Wirklichkeit, doch eine jahrhundertelange Kritik hatte inzwischen diese Wirklichkeit, zumindest hinsichtlich ihrer Erkennbarkeit, aufgelöst. Übrig blieben die Objekte, die einzelnen Objekte, die völlig homogen, doch keineswegs unabhängig und isoliert waren. Es handelte sich um atomare Objekte, die in der zweiten Hälfte des 18. Jahrhunderts von der Philosophie zusehends mit dem gleichen Maß gemessen wurden wie die Elemente und Teilchen, von denen die Physik und vor allem die Chemie der Zeit sprachen. Diesem Wirklichkeitsbild entsprach eine Erkenntnistheorie, die auf Intuition und Synthese verzichtete und stattdessen die genaue Aufnahme der elementaren Daten und Tatsachen sowie ihre graduell-systematische Verknüpfung verlangte, die eine »positive« Wissenschaft schaffen konnten, wenn sie sich hinreichend durch »Gewißheit« und »Ordnung« auszeichneten. Dieser Erkenntnistheorie entsprach eine vor allem von Cabanis und Destutt de Tracy (die beide geistig und persönlich eng mit Volney verbunden waren) entwickelte Methodologie, die zum einen auf der »Zerlegung« eines für klare Erkenntnis zu komplexen Zusammenhangs beruhte, zum andern auf der »Beobachtung« und »Analyse« der einzelnen »Teile«. Und schließlich entsprach ihr die Assoziationspsychologie, die die Eigenart der Objekte durch geduldige Vereinigung und Verbindung ganz genau »beobachteter« und »analysierter« Daten rekonstruierte. Für eine Kultur, die den Intuitionen und Abstraktionen immer mehr mißtraute und immer entschiedener nur noch den wahrnehmbaren Erscheinungen der Dinge trauen wollte, waren schließlich das »Auge« und der »Blick«, die die einzelnen Daten der sichtbaren Welt analytisch »beobachten« konnten, das sicherste Mittel, um sich dem Wirklichen zu nähern.[13]

Kaum ließen sich überzeugendere und prägnantere ethnographische Beispiele dafür finden als die zahlreichen Äußerungen Volneys. Die Struktur seiner Beschreibungen erfüllt alle genannten Kriterien: die Ablehnung der Synthese oder des Augenmaßes; die »Zerlegung« eines Schauplatzes oder einer Landschaft; die »Beobachtung« und »Analyse« der einzelnen Teile; die erneute »Zusammensetzung« des Ganzen mittels aufeinanderfolgender Verbindungen. Auch die besondere stilistische Technik dient dazu, dieses heuristische Verfahren zu betonen, wie gleich zu Anfang des Werkes die Beschreibung der pittoresken Einwohner Alexandriens zeigt. Der gerade angekommene Reisende

> betrachtet verwundert die braungebrannten Gesichter mit Bart oder Schnurrbart; die um die rasierten Köpfe geschlungenen Stoffe; das lange Gewand, das vom Hals bis zu den Fersen reicht und den Körper eher verhüllt als bekleidet; die sechs Fuß langen Pfeifen; die langen Rosenkränze, die ihre Hände schmücken; die schrecklichen Kamele, die in Ledersäcken Wasser tragen; die gesattelten und gezäumten Esel, die mühelos ihre Pantoffel tragende Reiter transportieren; den mit Datteln und kleinen runden und flachen Broten knapp versorgten Markt;

den Haufen schmutziger, in den Straßen herumirrender Hunde; jene Art wandelnde Gespenster, die unter einem aus einem Stück bestehenden Kleid nichts Menschliches außer zwei weiblichen Augen zeigen...; die engen und ungepflasterten Straßen; die niedrigen Häuser, deren wenige Öffnungen vergittert sind; dieses magere und schwärzliche Volk, das barfuß geht und als Kleid nur ein blaues, mit einem Lederriemen oder einem roten Tuch gegürtetes Hemd trägt...[14]

Eine menschliche Landschaft, die langsam, Stück für Stück, aus einer Nebelbank hervorzutauchen und sich nur allmählich zu einer organischen und bedeutsamen Einheit zusammenzuschließen scheint. Volneys anthropologischer und ethnographischer »Blick« richtete sich auf eine klare und exakte Darstellung der menschlichen Wirklichkeit. Der Ideologe fand an den Vereinfachungen der Phantasie und an den von einer literarischen Einbildungskraft geschaffenen Illusionen keinen Gefallen. Sein eigentliches Ziel muß im Gegenteil in einer systematischen Entlarvung der Tatsachen gesehen werden. Vor allem entlarvte er, was jene Reisenden geschrieben hatten, die im Mittleren Orient der Versuchung, ein so verführerisches wie unwirkliches »Bild« der besichtigten Gegenden zu zeichnen, nicht zu widerstehen vermochten. So schilderte z. B. Savary idyllische, aber rein imaginäre Bilder der orientalischen Gärten oder der im Nil badenden Ägypterinnen; so übermittelte Robert Wood den europäischen Lesern völlig aus der Luft gegriffene Darstellungen der archäologischen Monumente.[15] Überhaupt entlarvte Volney das Werk all derer, die die »wahre« Wirklichkeit des Mittleren Orients zu beschreiben unterlassen hatten: ein nunmehr verarmtes Land; einst berühmte, jetzt arme, schmutzige, vernachlässigte Städte; eine nicht miteinander verquickte, erschöpfte Bevölkerung, die sich mit einer jahrhundertelangen Unterdrückung abgefunden hatte; eine unzeitgemäße Religion und Kultur; despotische und grausame politische Regimes. Es liegt auf der Hand, wie sehr sich die aufkommende ethnographische Wissenschaft diese strenge und kritische Lektion Volneys zunutze machen konnte, das heißt, wie sie im Gegensatz zur Tradition die ethnosoziologische Wirklichkeit eines von Europa verschiedenen Landes mit klaren Augen und vorurteilslosem Verstand zu betrachten lernte.

Volney, der mit den oberflächlichen Reiseberichten streng ins Gericht ging, war im übrigen nicht weniger hart gegenüber den Philosophen, die, ohne ihren Schreibtisch zu verlassen, verbindliche anthropologische und soziologische Urteile fällten, wie z. B. der große Montesquieu, der aufgrund von lückenhaften Informationen einiger Forschungsreisender und von voreiligen Aussprüchen der Alten das Klima als ausschließlichen Faktor für die psychologische Struktur und die politische Lage der orientalischen Völker betrachtet hatte[16] – eine These, die Volney zu einem guten Teil widerlegte, indem er sich auf seine eigene direkte Erfahrung mit diesen Völkern und auf eine gründlichere Lektüre der herkömmlichen historisch-literarischen Quellen zu diesem Thema stützte.[17] Auch das war eine sehr bedeutende Entlarvung. Volney verteidigte zwar den tiefen Zusammenhang zwischen Mensch und Erde, Gesellschaft und Natur, doch lernte er aus der Beobachtung der gegenwärtigen Wirklichkeit und aus der historischen Analyse der vergangenen Kulturen, daß ein übertriebener physischer Determinismus irreleitete, und daß zu den Hauptursachen einer bestimmten ethnoanthropologischen und politisch-sozialen Situation unbedingt auch die historisch-menschlichen Faktoren gerechnet werden mußten.

Neben der Theoretisierung einer einheitlichen ethnoanthropologischen Untersuchung und neben der Entlarvung bestand Volneys dritter großer Beitrag zur Errichtung einer modernen integralen Wissenschaft vom Menschen in der systematischen und bewußten Verwertung zahlreicher Hilfsdisziplinen. Die »Wissenschaft vom Menschen« verlangte Volney zufolge genaue physisch-geographische und physisch-psychologische Kenntnisse, aber ebensosehr die ständige Berufung auf Geschichte, Archäologie, Politik und Ökonomie, Religion und Philosophie. Deshalb drängte der künftige »Observateur« auf die historisch-politische sowie kulturelle Analyse des Mittleren Orients.[18] Seine Grenze lag wohl darin, daß er das Spezifische der neuen ethnoanthropologischen Disziplin auf epistemologischer Ebene nicht bewußt genug abgrenzte. Doch wenige Gelehrte verstanden es, mit ebensoviel Scharfsinn der Kultur der neunziger Jahre – und überhaupt der modernen Kultur – das spezifische Ethos der Erforschung des Menschen, der Erforschung des »Anderen« zu vermitteln:

> Für eine solche Studie muß man mit den Menschen, die man gründlich untersuchen will, verbunden sein; man muß sich in ihre Situation hineinversetzen, so daß man spüren kann, welche Kräfte auf sie wirken und welche Gemütsbewegungen daraus entstehen; man muß in ihrem Lande leben, ihre Sprache lernen, ihre Bräuche ausüben; oft fehlt es den Reisenden an diesen Voraussetzungen; wenn sie sie erfüllt haben, müssen sie noch die in der Sache selbst liegenden Schwierigkeiten überwinden; und diese sind zahlreich, denn man muß nicht nur die Vorurteile bekämpfen, auf die man stößt, man muß auch die besiegen, die man mit sich bringt; denn das Herz ist parteiisch, die Gewohnheit mächtig, die Tatsachen sind verfänglich und die Täuschung ist bequem.[19]

4. Ethnologische Reflexion und vergleichende Forschung

Wahrscheinlich dachte Perreau in erster Linie an Volney, als er in der zitierten Passage das Werk einiger Reisender der »Société des Observateurs de l'homme« lobte. Volney nämlich leistete einen sehr viel wichtigeren und »philosophischeren« Beitrag zur Entwicklung der ethnographischen Wissenschaft als Gelehrte wie Bougainville, Levaillant, Baudin. Er hatte unter anderem einen sehr bedeutenden theoretischen Sachverhalt völlig begriffen: die moderne ethnoanthropologische Reflexion konnte nur entstehen, wenn das Problem einer »Differenz« bewußt wurde, und zwar der zwischen dem Ich oder dem Wir und den »Anderen«. Wenn ein Europäer im Mittleren Orient ankomme, berichtet er im Zusammenhang mit den ägyptischen und syrischen »Sitten«, so sei er vor allem betroffen von dem »nahezu vollständigen Gegensatz zwischen ihren und unseren Sitten«. Es sei, als ob jemand »mit Vorbedacht« Gefallen daran gefunden habe, »eine Fülle von Gegensätzen zwischen den Asiaten und den Europäern« herzustellen.

Für die große Menge der Reisenden – fügt Volney an dieser Stelle hinzu – sind diese Gegensätze lediglich seltsam; für Philosophen aber könnte es interessant sein, herauszufinden, woraus diese verschiedenen Gewohnheiten bei Menschen, die die gleichen Bedürfnisse besitzen, und bei Völkern, die eine gemeinsame Herkunft zu haben scheinen, entstanden sind.[1]

Diese Bemerkung, die dem am Ende des vorigen Kapitels zitierten Text folgt, scheint wirklich den epistemologischen Anfang einer reifen und modernen ethnologischen Reflexion zu definieren. Für Volney war es wesentlich, nicht bei den einfachen, mehr oder weniger impressionistischen »Beschreibungen« stehen zu bleiben, die von den traditionellen Reisenden so geschätzt wurden. Es ging darum, wie er auf der gleichen Seite bemerkt, die Phänomene in einen historisch-menschlich umfassenderen Rahmen zu stellen, um bedeutungsvolle Verbindungen und Beziehungen herauszufinden.[2] Die moderne ethnologische Reflexion geht gerade von dieser nicht mehr nur beobachtenden, sondern auch analytischen heuristischen Forderung aus, von dieser Absicht, nach Ursprüngen zu suchen und Vergleiche anzustellen. Einige Jahre zuvor wurde von Jean-Nicolas Demeunier, der zweifellos mit den Ideologen und den »Observateurs« in Verbindung stand, scharfsinnig betont, wie notwendig die metaempirische und vergleichende Forschung sei. Demeunier klagte zuerst, daß man »nach so vielen Büchern über den Menschen« noch immer nicht versucht habe, »die Sitten, Bräuche und Gesetze der verschiedenen Völker« miteinander zu vergleichen. Diese Untersuchung müsse möglichst bald in die Wege geleitet werden: »Wir kennen beinahe alle gesitteten oder wilden Nationen, *nun ist die Zeit gekommen, sie miteinander zu vergleichen*«. Bis jetzt hätten die Schriftsteller die Sitten der »Anderen« höchstens »unter einem seltsamen oder lächerlichen Gesichtspunkt« dargestellt, da sie in dem alten Irrglauben befangen waren, »daß unsere Sitten und unsere Gesetze allen Gebieten der Welt als Vorbild dienen müssen«. Damit aber sei es nun genug: »Hier wenden wir eine andere Methode an und forschen nach dem Geist dieser Sitten«, das heißt, wir wollen über die bloßen Tatsachen hinausgehen und den tiefen Sinn der Sitten und Bräuche freilegen, die gewiß anders als die unsrigen, doch gerade deshalb für uns so interessant sind und ein helles »Licht« auf die vielgestaltige Entwicklung der menschlichen »Zivilisation« werfen können.[3]

Diese so bedeutende methodische Wende, die Demeunier und indirekt auch Volney ankündigen, stand später im Zentrum der theoretischen Überlegungen Jauffrets. Dabei müssen wir besonders deutlich hervorheben, daß für Jauffret, wie für Demeunier, die neue Methode in erster Linie darin bestand, eine systematisch *vergleichende* Analyse der zeitlich und räumlich verschiedenen und einander fernstehenden menschlichen Sitten durchzuführen. Es genügte also nicht, allgemeine »umfassende Kenntnisse über die Sitten und Bräuche der verschiedenen Völker« zu erwerben – auch wenn man selbstverständlich davon ausgehen mußte. Es war vielmehr nötig, vergleichende Studien in die Wege zu leiten und dabei eine ganz bestimmte epistemologische »Distanz« zum analysierten Material zu wahren. Nur eine solche vergleichende Analyse erlaubte es, jenseits der bloßen Neugierde oder abstrakten Gelehrsamkeit jene anthropologischen Kenntnisse über die Ursprünge und die Entwicklung der menschlichen Kultur zu erlangen, an welchen den »Observateurs de l'homme« so viel lag:

Während die Erforschung der Sitten und Bräuche der antiken Völker die Untersuchungen über die Sitten und Bräuche der modernen Völker fördern werden, werden gleichzeitig die Beobachtungen der Seefahrer bei den heutigen Bewohnern der verschiedenen Gegenden wertvolle Erkenntnisse über die ersten Epochen der Geschichte des Menschengeschlechts vermitteln. Was nämlich könnte die dunkelsten Punkte unserer Urgeschichte besser erhellen als ein Vergleich der Sitten, der Gewohnheiten, der Sprache und der Tätigkeiten der verschiedenen Völker, vor allem der noch nicht zivilisierten?[4]

Daß hier die Forderung einer vergleichenden Methode so bewußt formuliert wurde, war ein sehr bemerkenswerter Fortschritt. Jauffret griff die wertvollen, von Lafitau, dem Präsidenten De Brosses, Court de Gébelin und schließlich Demeunier gegebenen Hinweise wieder auf und systematisierte sie. Diese Gelehrten hatten eine Methodologie vorweggenommen, die fortan von den Anhängern der »Wissenschaft vom Menschen« immer entschiedener empfohlen und praktisch angewendet wurde.[5] Andrerseits trug die sensualistische Erkenntnistheorie dazu bei, in allen Wissensgebieten theoretisch einen vergleichenden Ansatz zu begründen, da sie die Erkenntnis als einen Prozeß begriff, in dem die verschiedenen Erscheinungen der Wirklichkeit nicht nur einzeln beobachtet, sondern auch miteinander verbunden und verglichen wurden. Von Condillac bis zu Degérando war die »Beobachtung« eines der entscheidenden Momente des Erkenntnisprozesses. Die

Kultur der »idéologues«, die direkt vom Sensualismus beeinflußt war und sich für die ersten Entwicklungen der Wissenschaften vom Menschen einsetzte, schuf die notwendige Verbindung bestimmter epistemologischer und methodologischer Prinzipien mit einer nicht weniger bestimmten wissenschaftlichen Praxis. Innerhalb der »Société des Observateurs de l'homme« gab es zahlreiche Beispiele dafür, gerade hinsichtlich Begriff und Instrument des »Vergleichs« (comparaison). »Wenn man darüber nachdenkt, wie unsere Erkenntnisse zunehmen – schreibt der bedeutende Naturforscher und Observateur Duméril – bemerkt man, daß sie stets die Folge eines *Vergleichs* sind«. Da auch die natürlichen Körper »sich nur in ihren Eigenschaften unterscheiden«, folge unter anderem, daß die ganze Wissenschaft die Gestalt einer analytisch-vergleichenden Forschung annehme.[6] Daß inzwischen die meisten zeitgenössischen Pariser Wissenschaftler der gleichen Ansicht waren, zeigt sich auch in den Schriften von Lacépède, der immer wieder auf das Thema des »Vergleiches« zurückkommt, und zwar gerade im Bereich der vergleichenden Anatomie und der »Wissenschaft vom Menschen«.[7]

In Lacépèdes und Dumérils vergleichenden Forschungen wurde unter anderem das Menschengeschlecht den Tierarten angenähert: das war ein weiterer nicht unbedeutender Schritt. Doch Jauffrets Text geht darüber hinaus. Er besagt, daß die vergleichende Methode, die bei der Erforschung des »physischen« Menschen gültig und sogar notwendig sei, bei der Erforschung des »moralischen« Menschen und auch – oder vor allem – bei der Analyse der vielschichtigen menschlichen Gesellschaften nicht weniger notwendig sei. Trotz der berühmten Vorläufer, die wir erwähnt haben, wurde diese These immer noch nicht genügend realisiert und begründet. Auch in dieser Hinsicht war das Werk der »Observateurs de l'homme« nicht ganz erfolglos. Gerade in den Jahren ihrer Aktivität verpflichtete sich der »Observateur« Volney, anhand konkreter Beispiele zu zeigen, daß die vergleichende Methode auch für die ethnographischen Untersuchungen Gültigkeit hatte. Diese Beispiele führte er in einer kurzen Studie an, in der der Verfasser der *Voyage en Égypte et en Syrie* aufgrund umfassender, *im Gelände* erworbener Kenntnisse einige *Observations générales sur les Indiens, ou Sauvages de l'Amérique-Nord* darlegte.[8]

In dieser Schrift beschränkte sich Volney nicht nur auf eine, wie wir unten sehen werden, trotz ihrer Kürze bemerkenswert interessante Beschreibung der Indianer. An mehreren Stellen sprengte er den lediglich faktisch-deskriptiven Rahmen und stellte eine suggestive Reihe vergleichender Überlegungen an. Als er die Gestalt des Indianers betrachtete, fielen seinem »Blick« die großen »Ähnlichkeiten« mit der Physiognomie der Tartaren auf.[9] Wie konnte ein Anthropologe nicht bemerken, daß die Hautfarbe, die Haarqualität, der Schnitt des Mundes, die Form der Zähne der Indianer und der arabischen Fellachen eine sonderbare Übereinstimmung aufwiesen? Mehrere Gelehrte äußerten aufgrund solcher Entsprechungen verwegene Hypothesen über die gemeinsame Abstammung dieser Völker.[10] Volney, wie vor ihm Robertson, war sehr viel vorsichtiger. Er gab implizit zu, daß das Problem sehr wichtig sei, doch vorläufig schenkte er offenbar unmittelbaren und wahrnehmbaren Erklärungen für diese »Ähnlichkeiten« mehr Glauben: ihnen lägen die gleichen klimatischen Einflüsse, Nahrungsmittel, Gewohnheiten und überhaupt eine entsprechende Lebensweise zugrunde.[11] Immerhin war er, sehr viel bewußter als seine zahlreichen Vorgänger, davon überzeugt, daß die ethnographische Forschung derartige Studien nicht außer acht lassen durfte. Sie waren um so wichtiger, als Übereinstimmungen zwischen zeitlich und räumlich einander noch so fernstehenden Völkern sich auch im »moralischen« Bereich zeigten, ganz zu schweigen von den »Sitten« und sogar den politisch-wirtschaftlichen Strukturen. So konnte er unter Berücksichtigung der Unterschiede einige Seiten des Naturells der Araber mit gewissen psychologischen Eigenschaften der Indianer vergleichen.[12] Als Volney untersuchte, wie die amerikanischen »Wilden« sich über das Land verteilten und es in Besitz nahmen, bemerkte er außerdem »Entsprechungen« mit afro-asiatischen Stämmen.[13]

Ein derartiges vergleichendes Vorgehen war natürlich noch ziemlich ungenau, doch Volney wußte offenbar sehr gut, daß man nicht bei begrenzten und zufälligen Übereinstimmungen stehenbleiben durfte. Er vermied Verallgemeinerungen und versuchte, die Unterschiede nicht weniger als die Ähnlichkeiten festzustellen – wie z. B. dort, wo er die Indianer und die Araber verglich –, um die beiden Vergleichspunkte exakter erfassen und die Vergleiche zu einem besseren Verständnis für seine Untersuchungsgegenstände nutzen zu können. Er bemühte sich vor allem, organische Verbindungen, ursächliche Zusammenhänge zwischen den verschiedenen Ebenen von Analogien herzustellen. Gerade die zahlreichen »Vergleiche« bewiesen ihm, daß die »Lebensweise« und die »Neigungen und Sitten« eines bestimmten Volkes notwendigerweise zusammenhingen.[14] Aus diesen und aus anderen Gründen waren seine »Vergleiche« nie müßig und dienten nie als Selbstzweck. So verglich er sorgfältig den Grundbesitz bei den Indianern und auf Korsika auch deshalb, weil er eine Arbeitshypothese oder zumindest ein Referenzmodell bilden wollte, um die außergewöhnliche Rückständigkeit, die »Halb-Wildheit«, dieser Mittelmeerinsel zu verstehen.[15] In dieser stets fundierten Perspektive führte Volney die vergleichende Analyse durch, an welcher ihm am meisten lag, nämlich zwischen den amerikanischen »Wilden« und den alten Griechen und Italern:

Ich bin vor allem von der Verwandtschaft betroffen, die ich jeden Tag zwischen den Wilden Nordamerikas und den so gepriesenen alten Völkern Griechenlands und Italiens bemerke. Ich finde bei Homers Griechen, vor allem in der Ilias, die Sitten, Gewohnheiten, Bräuche der Irokesen, der Delaware, der Miami wieder. Sophokles' und Euripides' Tragödien schildern mir fast wörtlich die Ansichten der Rothäute über die Notwendigkeit, das Verhängnis, das Elend der menschlichen Kondition und die Härte des blinden Geschicks.[16]

Auch eine Anzahl von Stellen aus Thukydides über die Lebensgewohnheiten und die Lebensweise der Griechen beschreibe ganz genau, was man von den Indianern sagen könne. Diese vergleichende Analyse hat sehr wichtige und suggestive Aspekte. Der »Observateur« hält sich nun nicht mehr dabei auf, das »Physische« oder »Moralische« des Menschen oder die »Sitten« zu behandeln: »Die Grundlagen des Vergleichs sind so wahr, daß die Ähnlichkeit sogar bis zu den philosophischen und religiösen Ansichten reicht«.[17] Er tendierte also dazu, das Mittel der »Beobachtung« und des »Vergleichs« auch auf das vielschichtige Gebiet der Ideen und Gefühle, der Mythen und des Glaubens zu übertragen. Insbesondere brachte ihn die genaue Analyse der indianischen Religion dazu, überraschende Ähnlichkeiten zwischen dem indianischen Manitou und dem griechischen Zeus, zwischen den von den amerikanischen »Wilden« verehrten kleineren Gottheiten und den in Griechenland angebeteten »daimones« zu entdecken.[18]

Derartige Vergleiche zwischen den Wilden und den Alten waren, wie wir wissen, keineswegs neu. Neu war die Vorsicht, mit welcher Volney seine Hypothesen nicht dogmatisch vertrat und naheliegende phantasievolle Schlußfolgerungen ablehnte. »Ich folgere keineswegs, die amerikanischen Wilden hätten ihre Ideen aus Griechenland oder von den Skythen übernommen«.[19] Er hielt eher eine Hypothese jener Art für möglich, die von der Wissenschaft des späten 19. Jahrhunderts »Diffusionismus« genannt wurde. Doch in Wirklichkeit neigte er zu der Ansicht, daß eine Weiterführung dieser Studien zeigen werde, daß der allgemeinen Verbreitung bestimmter Auffassungen »eine natürliche Erzeugung des menschlichen Geistes« zugrunde liege.[20] Sagen nicht einige Gelehrte unseres Jahrhunderts, wie beispielsweise Claude Lévi-Strauss, etwas Ähnliches?

Wir müssen außerdem hervorheben, daß der Schwerpunkt dieser bei Schriftstellern des 17. und 18. Jahrhunderts häufigen vergleichenden Analyse der Alten und »Wilden« kaum eine Hypothese über den gemeinsamen Ursprung gemeinsamer religiöser Überzeugungen gewesen ist. Volney wollte vor allem die Folgerungen seiner Untersuchungen in die zeitgenössischen Probleme und Debatten eingliedern. Die »frappanten« Übereinstimmungen zwischen den Indianern und den alten Griechen verrieten vor allem, wie falsch das traditionelle Bild war, das man sich in Europa von der Kultur Homers oder Thukydides' gemacht hatte. In einer Zeit, in der in Europa auch aus politischen Gründen – denken wir an Koraïs und an den Philhellenismus [21] – der Griechenland-Mythos wieder aufkam, zeigte die vergleichende Forschung, daß jene antike Kultur im Grunde auch eine »wilde« Welt gewesen war.

Man würde ein äußerst lehrreiches Werk vollbringen – bemerkt Volney in diesem Zusammenhang –, wenn man die Geschichte des antiken Griechenland und des antiken Italien unter diesem vergleichenden Gesichtspunkt betrachten und darstellen würde... man sähe dann, was von diesem angeblich Goldenen Zeitalter zu halten ist, als die Menschen nackt durch die Wälder Hellas' und Thessaliens irrten und von Kräutern und Eicheln lebten; man sähe ein, daß die alten Griechen echte Wilde von der Art der amerikanischen Wilden waren und sozusagen in den gleichen klimatischen und Bodenverhältnissen lebten.[22]

Eine bedeutende Folge dieser Argumentation darf nicht unausgesprochen bleiben: es war widersinnig, die Griechen zu verherrlichen und die Indianer zu verachten. Zwar stellten Zivilisation und »Wildheit« zwei ganz verschiedene Stadien der menschlichen Entwicklung dar, doch gehörten sie der gleichen Wirklichkeit an, sie waren zwei eng miteinander verbundene Seiten derselben menschlichen Wirklichkeit.[23]

Jenseits der Gültigkeit spezifischer »Vergleiche« blieb Volneys »vergleichender« Diskurs bedeutsam. Als Sohn der Aufklärung spürte Volney nicht das gleiche Bedürfnis wie die zeitgenössische deutsche Kultur, die historisch-menschlichen Erscheinungen in ihrer Autonomie und Einzigkeit historisch zu bestimmen. Wie für die übrigen »Observateurs« nahm bei ihm der physische und moralische, der einzelne und gesellige Mensch keine Sonderstellung ein, die von der Wissenschaft anders als gewöhnlich angegangen werden mußte. Volney war überzeugt, daß auch die »Wissenschaft vom Menschen«, wie die anderen Erfahrungswissenschaften, allgemeingültige Konstanten und Normen auffinden mußte. Das geht daraus hervor, daß für ihn die hauptsächliche Funktion der verschiedenen Untersuchungen über den Menschen darin bestand, die allgemeinen Strukturen der menschlichen Natur und die Gesetze ethnoanthropologisch relevanter Erscheinungen zu bestimmen. Es handelte sich im übrigen nicht darum, eine abstrakte »Wissenschaft vom Menschen« absolut zu setzen. Es ging eher darum, ein Bezugsschema zu berücksichtigen, das in die Fülle von empirisch im Gelände gesammeltem Material »Ordnung« zu bringen vermochte. Im Unterschied auch zu moderneren Gelehrten, die sich darauf beschränkten, den Menschen abstrakt zu klassifizieren, wollte Volney den Menschen und die Menschheit jeweils als Teile einer bestimmten zeitlichen und räumlichen Dimension untersuchen. Bei der einheitlichen Erforschung des Menschen im Raum ging er von der Überzeugung aus, daß der Mensch wesentlich an die Erde gebunden sei, aufgrund des Klimas und des »Milieus« der Produkte, die der Boden anbot oder anbieten konnte. Die Erforschung der zeitlichen Dimension andererseits war notwendig, weil er sich der Funktion der wirtschaftlich-sozial-zivilen und politischen Faktoren bewußt war, die innerhalb des anthropologischen Feldes wirkten und historischer Natur waren. Aus diesem Grund ging Volneys Erforschung des Menschen von sorgfältigen Studien über das »Physische« und das »Moralische« des Menschen und damit auch vom geographischen »Milieu« aus und erweiterte sie dann, am Ende eines vielschichtigen theoretischen und heuristischen Wegs, zu einer Reflexion über die menschliche Gesellschaft und Zivilisation und ihre rationale Entwicklung innerhalb der zeitlichen und historischen Dimension.

5. Literatur, Religion und Folklore in der Wissenschaft vom Menschen an der Wende zum 19. Jahrhundert

Damit war ein entscheidender Schritt vorwärts getan. Nun war die »Wissenschaft vom Menschen« nicht mehr auf die wichtige, aber enge medizinisch-anthropologische Perspektive beschränkt, die im Kreis von Gelehrten wie Barthez, Cabanis, Dumas entstanden war. Die »Wissenschaft vom Menschen«, wie sie von Jauffret und Degérando – auf den wir weiter unten eingehen werden – theoretisch begründet und von Demeunier und Volney praktiziert wurde, neigte dazu, gewisse thematische und methodologische Grenzen zu überschreiten und nach neuen Inhalten, neuen Zielen, neuen Verbindungen mit benachbarten Untersuchungen und Disziplinen zu suchen. Ohne die Ergebnisse der fundamentalen Forschungen der »médecins-philosophes« und der »anthropologistes« abzulehnen, beachtete die Wissenschaft vom Menschen der Jahrhundertwende in zusehends stärkerem Maße die großen Themen der »Sitten«, der Kultur, der »Zivilisation«. Sie interessierte sich nun nicht mehr nur für den einzelnen, sondern auch für den geselligen Menschen. Neben physiologische und psychologische Studien traten die historischen und sozialen Forschungen. Die menschlichen Gruppen wurden nicht mehr nur als Rassen, sondern auch als Kulturgemeinschaften betrachtet. In der Nachfolge der Anthropologie entstand die Ethnologie. Die wertvollen Hinweise von Lafitau, Goguet, De Brosses und Court de Gébelin wurden direkt oder indirekt aufgegriffen und weiterentwickelt. In Jauffrets und Volneys bewundernswerten Texten sahen wir bereits, wie bewußt die Erforschung des gesellschaftlichen oder kulturellen Phänomens als solche nun thematisiert wurde. Auf alle diese Gesichtspunkte wollen wir nicht weiter eingehen, vielmehr soll an einigen Beispielen gezeigt werden, daß einer der bemerkenswertesten wissenschaftlichen Versuche der französischen Kultur der Jahrhundertwende klären wollte, was die adäquate Interpretation bestimmter Dokumente für die ethnologische Forschung und Reflexion zu leisten vermochte. Einer der einflußreichsten »Observateurs de l'homme«, Millin, hob z. B. die außergewöhnliche Bedeutung der Analyse der archäologischen Zeugnisse für diese Forschungsrichtung hervor. Natürlich war es zu diesem Zweck nötig, die archäologische Wissenschaft umzubilden und besser zu gliedern. Eines der interessantesten Motive einiger Abhandlungen Millins (dessen vielschichtiges Werk übrigens noch keine adäquate Darstellung und Interpretation gefunden hat) ist der Scharfsinn, mit dem er die methodologische und kulturelle Problematik der Archäologie als solcher anzupacken verstand.[1] Er wollte diese Disziplin ohne überflüssige Gelehrsamkeit betreiben, und ohne bestimmten Themen einseitig den Vorzug zu geben. Es ging ihm um eine Altertumswissenschaft im weitesten Sinne, die nicht nur ein unentbehrliches Moment der historischen Forschung, sondern auch »die Kenntnis all dessen, was mit den Sitten und Bräuchen der Alten zusammenhängt«, sein wollte; das heißt, er verstand sie als die »Kenntnis vom Menschen in seinem öffentlichen und privaten Leben«.[2]

Pierre-Charles Levesque, der zum Kreis der Ideologen gehörte und Mitglied des »Institut«, wenn auch nicht der von Jauffret gegründeten Gesellschaft war, betonte, daß es möglich und vorteilhaft sei, für die ethnologischen Studien literarische Texte heranzuziehen. Levesque, der historische und vielerlei altertumswissenschaftliche Fragen untersuchte, befaßte sich auch mit der »Wissenschaft vom Menschen« und schrieb sogar einige bemerkenswerte Arbeiten zu diesem Thema, die wir an anderer Stelle bereits erwähnt haben. Doch sein interessantester Beitrag zu den ethnoanthropologischen Studien kann – nur scheinbar paradoxerweise – in einem *Mémoire* über die homerischen Texte gesehen werden, das 1799 in den Akten des »Institut« (Abteilung für moralische und politische Wissenschaften) erschien.[3] In dieser Abhandlung versuchte Levesque, Homers Epen ganz anders als üblich anzugehen: »Nehmen wir an, daß Homers Dichtungen, die seit mehr als zwanzig Jahrhunderten die Bewunderung der Menschen erregen, im Gegenteil nur mittelmäßige Werke sind.« Was wären die Folgen dieser Neubewertung? Zum einen könnte man sie natürlich nicht mehr als ein verehrungswürdiges Dokument des literarischen Genies des Menschen ansehen. Doch die ästhetische Entwertung der homerischen Texte hob für Levesque ihre Einmaligkeit nicht auf. Sie blieben weiterhin »ein sehr wertvolles Monument«. Ein »Monument« wofür? Wenn die Ilias und die Odyssee unter diesem Blickwinkel gelesen wurden, stellten sie auf jeden Fall zwei unersetzliche ethnographische Zeugnisse der archaischen griechischen Kultur dar:

Durch sie lernen wir die Ansichten und Sitten der Zeit kennen, in der ihr Verfasser lebte; sie sind ebensoviele Materialien für die Geschichte des menschlichen Geistes. Und tatsächlich, welches wirkliche Interesse hätte für uns die Kenntnis von Ereignissen, die uns nicht betreffen und für immer im Abgrund nunmehr vergangener Zeiten begraben sind, wenn sie nicht zur schönsten Wissenschaft gehörte, zu derjenigen nämlich, die den Menschen in allen Situationen betrachtet, in die ihn seine mehr oder weniger großen kulturellen Fortschritte, seine Ansichten, die Natur seines Geistes und das Zusammenwirken der Umstände führen können? Wir werden die Geschichte des Menschen nur unvollständig kennen, wir werden einen ganzen, sehr interessanten Teil dieser Geschichte übersehen, wenn wir uns damit begnügen, die neuesten Fortschritte seiner Fähigkeiten zu betrachten. Es darf keine Gelegenheit versäumt werden, ihn auch in der Zeit, die der Zivilisation vorausgeht und in der Ära der bereits fortgeschrittenen, ihrer Vollendung aber noch sehr fernstehenden Zivilisationen zu betrachten. Die Geschichte dieser letzteren Periode finden wir eben in Homers Dichtungen.[4]

Levesque nimmt nicht nur den möglichen ethnographischen Gehalt und Sinn des literarischen Textes genau wahr, ebenso deutlich hebt er hervor, daß die menschlichen Gesellschaften nicht nur in der, wenn auch langen, Periode ihres »zivilen« Lebens analysiert werden sollten. Er rechtfertigt schließlich seine Aufforderung, die sogenannte Vorgeschichte zu erforschen, auch im Lichte einer »Wissenschaft vom Menschen«, die sich nicht mit der Kenntnis der reifen Epochen zufriedengab, sondern auch die ersten und elementaren Etappen des Wegs, den der gesellige Mensch zurückgelegt hatte, berücksichtigen wollte.

Daß die literarischen Werke nicht nur aus einer ästhetischen Perspektive gelesen werden konnten, war in der Aufklärung bereits mehrfach hervorgehoben worden. Die Untersuchungen über die sogenannte Volksliteratur, die im 18. Jahrhundert in ganz Europa durchgeführt wurden, entwickelten das Interesse dafür, was bestimmte Texte über Gefühle, Ideen, gesellschaftliche »Sitten« auszusagen vermochten. Abgesehen natürlich von einigen Vorläufern, gewannen jedoch auch diese Untersuchungen erst im letzten Drittel des Jahrhunderts eine neue Intensität und Systematik. Insbesondere erkannte man erst damals, daß Texte oder Dokumente auch eine ethnosoziologische Bedeutung haben konnten. »Auch die gemeinen Volkssagen, Mährchen und Mythologie gehören hieher«, schrieb Herder 1777 in einer denkwürdigen Abhandlung: »Sie sind gewissermaßen Resultat des Volksglaubens, seiner sinnlichen Anschauung, Kräfte und Triebe.« Sie seien sogar nahezu das einzige Zeugnis, das der Gelehrte über Völker sammeln könne, die keine anderen, verfeinerteren Ausdrucksformen ihrer Kultur hinterlassen hätten. Ein riesiges und suggestives Gebiet, »ein großer Gegenstand« eröffnete sich dem, der die Formen menschlichen Lebens und menschlicher, mangels bestimmter Ausdrucksmittel außerhalb des Hauptstroms der Geschichte gebliebener Gesellschaften kennenlernen wollte:

Alle unpolizirte Völker *singen* und *handeln;* was sie handeln, singen sie und singen Abhandlung. Ihre Gesänge sind das Archiv des Volks, der Schatz ihrer *Wissenschaft* und *Religion,* ihrer *Theogonie* und *Kosmogonien* der Thaten ihrer Väter und der Begebenheiten ihrer Geschichte, Abdruck ihres Herzens, Bild ihres häuslichen Lebens in Freude und Leid, beim Brautbett und Grabe.[5]

Auf diesen Grundlagen forderte Herder dazu auf, die »von den Lippen jedes Volkes weggenommenen« Volkslieder zu sammeln. Damit erschloß er der ethnographischen Forschung einen ganz bestimmten Weg. Bisher sind diese theoretischen Texte vorwiegend in einer literarischen Perspektive untersucht und interpretiert worden, es wäre jedoch lohnend, innerhalb und außerhalb der Schule Herders den »anderen« Bedeutungen nachzugehen, die diese Schriften in der europäischen Kultur hatten. Tatsache ist, daß um die Jahrhundertwende in einem großen Teil des Kontinents zahlreiche Stimmen laut wurden, die auf die Erforschung der Volksliteratur als Ausdruck neu zu entdeckender künstlerischer und kultureller Formen drängten. Doch dieser allgemeine Impuls war nicht nur durch das Interesse einer Erneuerung der Schönen Literatur bestimmt, es gehörten auch die politischen Motive derer hinzu, die in den Schriften und Überlieferungen der Völker die eigenen nationalen und kulturellen Ursprünge finden wollten. Schließlich gab es das – bisher am wenigsten erforschte – Interesse, die Beziehungen zwischen Volksliteratur und bürgerlicher Gesellschaft zu analysieren, die Kenntnisse über die Menschheit auf ihrer elementaren, ursprünglichen oder untergeordneten Stufe zu vermehren und die volkstümlichen Lieder und Überlieferungen zu erforschen, um Aufschluß über den Anfang der menschlichen Gesellschaften und »Zivilisationen« zu gewinnen.

Der kosmopolitische Kreis von Coppet, der durch Schlegel mit der deutschen »volkstümlichen« Philologie verbunden war und mit den an den Volkstraditionen interessierten Schweizern Muralt und Bodmer in Kontakt stand, ist in seinen vielfältigen ethnosoziologischen Interessen noch nicht beleuchtet worden. Vor allem bei Madame de Staël war das Interesse an der »Wissenschaft vom Menschen«, die sie durch die mit ihr befreundeten Ideologen kennengelernt und in einigen Jugendschriften ausdrücklich berücksichtigt hatte, lebendig geblieben. In ihrer hervorragenden Abhandlung über die Literatur in ihren Beziehungen zu den gesellschaftlichen Einrichtungen fehlte es nicht an genauen und anregenden Hinweisen auf eine organische Erforschung des einzelnen und des geselligen Menschen, auf das Verhältnis von »Aufklärung« und Volk und auf die Wechselbeziehung zwischen der kulturellen Verfeinerung und dem psychisch-sozialen und nationalen Substrat.[6] Das politische Engagement dieses Werks löscht die wissenschaftliche Perspektive einer objektiv-empirischen Analyse der psychologischen, kulturellen, ethnisch-sozialen Strukturen nicht aus, ganz im Gegenteil.[7] Später, als das Echo der Aktivität der »Observateurs de l'homme«

noch nicht verhallt war, beobachtete Corinne auf ihrer Italienreise aufmerksam die Volksfeste und Volkstraditionen der Halbinsel.[8] Einige Jahre später begab sich Madame de Staël nach Deutschland und beschrieb die deutsche »Kultur« ebenso unter ethno-folkloristischen und sozialpsychologischen Aspekten wie von der Höhe der Universitätskultur, der Kunst Goethes und Schillers, der Philosophie Jacobis und Kants, Fichtes und Schellings.[9] Während die Aufmerksamkeit bislang vorwiegend dem geistigen und literarischen Gehalt von *De l'Allemagne* gilt, bleiben die in einer unvoreingenommeneren Perspektive augenfälligen soziokulturellen Analysen unbemerkt, obwohl sie nicht unbedeutend sind und in ähnlicher Weise wie die »Wissenschaft vom Menschen«, die Madame de Staël aus ihren Jugendjahren nicht nur flüchtig kannte, nach einer auf die Arbeit des »Blickes« aufmerksamen »Beobachtung« streben und den Zusammenhängen zwischen der Natur und dem menschlichen »Geist«, zwischen »Physischem« und »Moralischem«, den psychisch-sozialen Eigenschaften und der materiellen Situation nachgehen.

Bereits aus den »Allgemeinen Beobachtungen«, die *De l'Allemagne* einleiten, geht hervor, daß Madame de Staël an den Beziehungen zwischen den verschiedenen europäischen »Rassen« und an den verschiedenen ethnisch-kulturellen »Schichten«, die einander auf deutschem Boden folgten, ein besonderes Interesse hatte. Mit Montesquieu und neuerdings Volney betont sie die zentrale Bedeutung der Beziehung zwischen der geographisch-klimatischen Situation und den Bedingungen des Lebens und der Kultur eines Volkes für die Wissenschaft vom Menschen und von der Gesellschaft. Im ganzen ersten Teil des Werks befaßt sie sich dann mit einer spezifischen Analyse der »Sitten« des deutschen Volkes, wobei sie oft den Rahmen des sozusagen »offiziellen« Deutschland verläßt, zu dessen Besichtigung sie eingeladen worden war. Sie untersucht sehr scharfsinnig bestimmte Verhaltensweisen verschiedener Gesellschaftsklassen, beschreibt mit feinem und »objektivem« Einfühlungsvermögen Wesenszüge und »Sitten« der Bewohner verschiedener deutscher Gegenden, verweilt bei einigen Episoden der deutschen Folklore und untersucht gewisse Aspekte der Religiosität in Deutschland. Dabei zeigt sie ein lebhaftes Interesse für Forschungen über die Mentalität, den Glauben und die Bräuche des geselligen Menschen. Der Ursprung dieses Interesses muß zum großen Teil in jener spätaufklärerischen Kultur gesehen werden, zu welcher die Verfasserin oft in einen zu schroffen Gegensatz gebracht wurde.[10]

Ganz ähnlich ließe sich auch im Zusammenhang mit Benjamin Constant argumentieren. Daß sein Werk über die Religion zugunsten seiner literarischen Texte – ganz abgesehen von den politischen Werken, die natürlich nicht übersehen werden konnten – der Vergessenheit überantwortet wurde, hängt direkt mit einem Interpretationsschema zusammen, das in Madame de Staëls Freund mehr den Schriftsteller als den Gelehrten, mehr den »Romantiker« als den Aufklärer in den Vordergrund rücken will. Erst unlängst wurde die von Constant selbst oft wiederholte Äußerung ernstgenommen, daß gerade die Studie über die Religion als das Hauptwerk seines Lebens betrachtet werden müsse.[11]

Die Untersuchungen, die nun über Constants umfassende Forschung in die Wege geleitet wurden, messen vorläufig – wohl aufgrund des nachhaltigen Einflusses durch die traditionelle »Lektüre« Constants – dem Bedeutung bei, was dieses Werk über das menschliche und psychologische Drama des Verfassers aussagt.[12] Doch weder das »subjektive« und sogar autobiographische Moment von *De la Religion* noch die starke ethisch-politische Tendenz, die im ganzen Werk unleugbar gegenwärtig ist, sollten dazu verleiten, eine Analyse seiner »objektiven« Aspekte und Gehalte zu vernachlässigen: angefangen vom Typus dieses Unternehmens bis zu den darin enthaltenen Thesen, vor allem seiner besonderen Methode, den benutzten Quellen und den im Lauf der langen Studie durchgeführten Einzelforschungen. Wenn wir *De la Religion* in dieser Weise untersuchen, entdecken wir, wie sehr auch dieses Werk in der Aufklärung verwurzelt ist [13], und wie viele ethnologische und religionssoziologische Analysen, Hinweise und Aussagen es enthält.

Im Grunde verrät Constant bereits in den programmatisch-theoretischen Kapiteln von *De la Religion* Interessen und entwickelt Themen und Forschungsprogramme, die zu einem großen Teil einem unverwechselbaren kulturellen Zusammenhang angehören. Constants Erforschung der Religion beabsichtigt keineswegs nach Art vieler Romantiker, ein mysteriöses und unfaßbares Gefühl zu erläutern, geschweige denn zu verherrlichen, vielmehr geht es ihm in erster Linie darum, wie er selbst sagt, eine unumstößliche »Tatsache« zu erforschen, die den »moralischen Menschen« überhaupt kennzeichnet, das heißt, eine geistige Dimension, die die konkrete historisch-soziale Analyse als über die ganze Welt verbreitet erweist.[14] Wenn Madame de Staëls Freund gelegentlich auf das »innere Gefühl« anspielt, so bedeutet das, daß sein wissenschaftliches Interesse vor allem dem Verhältnis zwischen diesem Gefühl und seiner sozialen Entäußerung, sowie den rationalen Gesetzen dieses Prozesses gilt.[15]

Wenn Constant eine »emotional«-gefühlsbetonte Behandlung der Religion ablehnt – denken wir an seine Zeitgenossen wie Chateaubriand oder Schleiermacher –, so bedeutet das übrigens nicht, daß er das Thema theoretisch-spekulativ – oder gar theologisch – und historisch behandeln will. In den ersten Kapiteln äußerte er sich deutlich zu dieser Frage. Er beabsichtigt an erster Stelle, die Religion als konstante und universelle psychologische Struktur zu untersuchen.[16] Eine solche Struktur scheint ihm dialektisch zwei Aspekte zu verbinden: einerseits hängt sie mit der Natur, den Gefühlen und Bedürfnissen des Menschen zusammen; andererseits ist sie in den »Dogmen, Anschauungen, Handlungen, Zeremonien« der Gesellschaft verkörpert.[17] Die Erforschung der Religion bedeutet für Constant, die »Natur des Menschen« zu untersuchen.[18] Nicht anders als viele Spätaufklärer kritisiert er die Mangelhaftigkeit der Kenntnisse, die die zeitgenössische Kultur vom Menschen und seinem geistigen und intellektuellen Leben besaß: »Nie hat man erkennen wollen, was der Mensch ist. Man hat die äußeren Objekte über die inneren Anlagen seines Wesens befragt. Kein Wunder, daß sie nicht antworten konnten«.[19]

Constant interessiert sich nicht nur für ethisch-politische Fragen, sondern teilt auch das leidenschaftliche Erkenntnisstreben der Aufklärer. Mit der Erforschung der Religion will er – unter anderem – einen der typischsten und unbekanntesten Aspekte des einzelnen und des geselligen Menschen erforschen. Ein trauriges Los sei der Religion beschieden, diesem »weiten, ebenso hartnäckig und heftig angegriffenen und verteidigten Gebiet«, das aber »kein unparteiischer Reisender – betont Constant in einer charakteristischen »positiven« Einstellung – besichtigt hat, um es uns getreu zu beschreiben«.[20] Seine Kritik an einem Teil der Kultur des 18. Jahrhunderts ist nicht so sehr oder nicht nur eine Reaktion gegen den Atheismus, sondern dagegen, daß es diese Kultur, die die Religion systematisch auf etwas anderes reduzierte, versäumt hatte, die spezifischen Züge des religiösen Phänomens zu erfassen.[21] Das bedeutet nicht, daß Constant dieses Phänomen an und für sich, ohne Beziehungen zu anderen Aspekten der menschlichen und natürlichen Wirklichkeit untersuchen will: »Um den Weg einer Religion zu erklären – schreibt er, auch hier eindeutig dem 18. Jahrhundert verpflichtet –, muß man das Klima, die Regierung, die gegenwärtigen und vergangenen Gewohnheiten des Volks untersuchen, das sich zu ihr bekennt«.[22] Man dürfe nur nicht glauben, eine ernsthafte Abhandlung über die Religion sei vollständig, wenn sie ihren Zusammenhang mit den »Bedürfnissen« oder der »Angst« des einzelnen Menschen oder auch ihre Beziehungen zu bestimmten gesellschaftlichen und politischen Systemen zeige.[23] Unter Berufung nicht auf einen Romantiker, sondern auf den Aufklärer Montesquieu schließt Constant damit, daß die Religion ein »Grundgesetz« der menschlichen Natur sei, ein Merkmal, welches den Menschen von den übrigen Lebewesen unterscheidet.[24]

Constants umfassende Studie geht von der wissenschaftlich-anthropologischen Forderung einer besseren Kenntnis des »moralischen Menschen« aus und entwickelt sich dann in einer interessanten ethnosoziologischen Struktur. Da Constant die Universalität des religiösen Phänomens beweisen und seine innere »Logik« erforschen wollte, sah er, daß er ausgehend von den Zeugnissen der Missionare und Reiseschriftsteller die konkrete religiöse Erfahrung – zumindest tendenziell – aller Völker der Erde untersuchen mußte. Diesem ethnologischen Moment seiner Untersuchung wollte Constant sich wahrhaftig nicht entziehen. Seine Kenntnisse, seine Lektüren, seine bibliographischen Hinweise sind unerschöpflich. Seine »Analyse« umfaßt Europa und Amerika, Asien und Afrika. Er zitiert und benutzt enzyklopädisch – und auch damit ist sein Werk dem 18. Jahrhundert verpflichtet – griechische und lateinische Autoren ebenso wie Gelehrte und Forscher des 17. und des 18. Jahrhunderts, wie Charlevois und Lafitau, Montesquieu und Voltaire, Hume und Boulanger, Dupuis und Heeren, außerdem wissenschaftliche Abhandlungen wie die *Asiatic Researches*. Wenn er auch keine »im Gelände« gesammelten Erfahrungen besaß, beschränkten sich seine Ausführungen doch nicht auf bloße theoretische Verallgemeinerungen und Näherungswerte. Er unternahm stattdessen konkrete ins einzelne gehende Analysen der Sitten und Bräuche, Mythen und Riten antiker und moderner, entwickelter und auch primitiver Völker. Dieser zutiefst in die Probleme seiner Zeit und seiner »zivilisierten« Gesellschaft verwickelte, so sehr mit neuen Formen des zivilen und des politischen Zusammenlebens beschäftigte Mann dachte nicht entfernt daran, das Vergangene, das Primitive oder »Wilde« zu verachten. Im Gegenteil, er näherte sich den Barbaren und Wilden mit sichtlicher Anteilnahme und zuweilen mit großer Zuneigung. Doch diese Zuneigung hatte wohlgemerkt weder mit der aufklärerischen noch mit der romantischen Version des Mythos vom »Guten Wilden« etwas zu tun. Constant erforscht die Primitiven und bestimmte Formen ihres Glaubens und ihrer religiösen Bräuche ausschließlich in rationaler und erkenntnistheoretischer Absicht. Die Primitiven verdienen es, systematisch analysiert zu werden, nicht weil sie »frei« oder »glücklich« sind, sondern weil sie Formen einer religiösen Erfahrung zeigen, die anderswo oder in fortgeschritteneren Epochen nicht angetroffen werden kann.[25] Ihr Zustand einer »stationären« Gesellschaft, wie Constant sie nennt[26] – was an den Lévi-Strauss'schen Begriff der »kalten Gesellschaften« denken läßt – erlaubt eine in anderen Situationen undenkbare Analyse. Außerdem enthalten die religiösen Formen der Primitiven die Keime komplexerer Religionen.[27] Deshalb also mußten die »Wilden« und ihr religiöser Glaube systematisch erforscht werden. Man mußte sich sogar möglichst beeilen, eine solche umfassende »Enquête« in die Wege zu leiten, denn Constant erkannte mit einem sehr modernen ethnologischen Gespür, daß *»jeden Tag wilde Stämme von der Erdoberfläche verschwinden«*.[28]

Aufgrund dieser Voraussetzungen analysiert Constant verschiedene psychologische und ethnologisch-religiöse Fragen. Auch wenn wir nur den Teil von *De la Religion* berücksichtigen, der die Wilden direkt betrifft, so umfassen die behandelten Themen und Probleme einen sehr weitgespannten Bereich. Besonders sorgfältig untersucht Constant hier die Entstehung und die verschiedenen Formen des primitiven Animismus. Ein derartiger

Glaube scheint ihm, wie übrigens auch einigen früheren Gelehrten der Aufklärung, weder barbarisch noch abwegig. »Wie der zivile Mensch richtet der Wilde sein religiöses Streben auf die Idee des Unendlichen, der Unermeßlichkeit«.[29] Es sei überhaupt nicht merkwürdig, wenn der in das Leben der Natur eingetauchte Primitive dieses Streben im Glauben an göttliche Mächte verwirkliche, die mit der Natur, seinem ganzen Lebenshorizont, in vielfacher Weise verknüpft sind. Deshalb analysiert Constant ausführlich die verschiedenen Formen des »Fetischismus« – ein, wie wir wissen, von De Brosses geprägter Begriff, der auch von Voltaire und Raynal verwendet und in *De la Religion* häufig aufgegriffen wird.[30]

In diesem Teil seines Werks versucht Constant, exakt – wenn auch nicht immer aufgrund streng geprüfter Zeugnisse – einen weiten Umkreis fetischistischer Anschauungen und Riten zu beschreiben, wobei er die Existenz und die Legitimität der Verehrung der Tiere, Pflanzen und sogar der unbelebten Wesen hervorhebt.[31] Er betont, zweifellos scharfsinnig, den *arbiträren* – »kulturellen« – Charakter der fetischistischen Riten – ein Vorzug vor allem im Vergleich zu den »objektivistisch-natürlichen« Phantastereien einer Reihe von Erforschern des Animismus im 19. und 20. Jahrhundert, darunter auch Jung und Mircea Eliade: »Die Tungusen schlagen einen Pfahl ein, wo es ihnen am geeignetsten scheint, hängen einen Fuchs- oder Zobelpelz daran auf und sagen: da ist unser Gott.«[32] Constant war zwar natürlich nicht imstande, den arbiträr-»kulturellen« Charakter des Fetischismus zu ergründen, doch ging er weit über die ironische und kritische Haltung vieler seiner Vorgänger hinaus. Mit lebhafter Anteilnahme erläutert er die verschiedenen Aspekte und Momente des fetischistischen Kults: die erste anfängliche Identifikation oder konventionelle Wahl der »verborgenen Macht«, ihre Anerkennung, die einzelnen mit ihr angeknüpften Beziehungen. Um einige dieser Gesichtspunkte adäquat zu erklären, zitiert und kommentiert er einige an den Fetisch und den »Großen Geist« gerichteten Gebete.[33] Diesen Texten und Riten gegenüber sind seines Erachtens sarkastische Bemerkungen über die Fetische und die ihnen gezollte Verehrung nicht am Platz, vielmehr geht es darum, Bedeutungen und Funktionen eines bestimmten Glaubens und Rituals genau zu verstehen: »Diesem Objekt zu gefallen, seine Gunst zu erlangen, es für die eigenen Unternehmen zu interessieren, ist das Ziel des Wilden. Wenn er es verehrt, stillt er nicht mehr ein Bedürfnis der Seele: er erhofft stattdessen einen positiven Gewinn. Er gehorcht nicht mehr einem Gefühl: er macht eine Rechnung auf«.[34] Gerade weil er rechne, überwinde der Wilde die Phase der emotionalen Verehrung, suche in den ihm verborgenen Mächten, die ihn führen, ein Verständnis für die Wirklichkeit, die ihn umgebe, und versuche gleichzeitig, über ein unmittelbar-naives Verhältnis zu dieser Wirklichkeit hinauszugelangen, indem er in sich selbst zusehends abstraktere und allgemeinere Prinzipien ausfindig mache. Im fetischistischen Kult nämlich, betont Constant, »gibt es ganz anderes ... als die Verehrung der Objekte, auf die wir hinzeigen können«.[35] In diesem Kult zeige sich »offensichtlich ein Versuch des Wilden, seine Vorstellungen zu verallgemeinern«.[36]

Wie wir sehen, haben wir es keineswegs mit romantischen Analysen und Deutungen zu tun. Bei Constant herrscht eindeutig der Anspruch vor, die »positiven« Strukturen und Bedeutungen der Religion, in engem Zusammenhang mit einer ständigen Analyse des einzelnen und des geselligen Menschen, rational zu verstehen. Er hat, wie gesagt, weder spekulative noch historische Ambitionen, vielmehr will er auf anthropologischer und ethnosoziologischer Ebene – wenn auch in einer letzten Endes ethisch-politischen Perspektive – jene verborgene Logik entdecken, die jenseits der Tatsachen und der Anschauungen die objektive Entwicklung des religiösen Phänomens als psychisch-soziales Phänomen beherrscht. Warum reagiert der Mensch auf bestimmte Situationen in ähnlicher und konstanter Weise? »Warum zeigt sich beispielsweise der Unglaube unweigerlich immer verwegener, sobald eine religiöse Form gefestigt ist und die Kultur eine gewisse Entwicklungsstufe erreicht hat?« Warum »gibt es Epochen, in denen sich Zweifel unmöglich ausbreiten können, und andere, in denen es unmöglich ist, die Überzeugungen zu festigen?« »Wie kommt es, daß der Mensch jedes Mal, wenn die positiven Religionen vollkommen ihr Ansehen verlieren, in den schrecklichsten Aberglauben stürzt?«[37]

Fast zur gleichen Zeit hat Hegel ebenfalls das Phänomen der Beziehung zwischen Mensch und Religion und die Krise der »positiven« Religion in ihrem Verhältnis zum Menschen untersucht. Constants Studie gehört zweifellos einer Epoche an, in der auch andere Philosophen und Gelehrte in ganz Europa diese Problematik aufgreifen, sie setzt aber inhaltlich und methodologisch eine weitgehend dem 18. Jahrhundert entstammende Richtung fort. Die erstrebte »Enthüllung« der »verborgenen« Logik des religiösen Phänomens ist für Constant, vor allem wenn man es in seinem »dynamischen« und antidoktrinären Moment betrachtet, in erster Linie von einer systematischen Erforschung der volkstümlichen Legenden und Traditionen, Mythen und Fabeln zu erwarten. »Die vom Volk verehrten Fabeln nahmen die Stelle der Religionen ein. Sie haben die Moral der Völker bestimmt. Sie haben alle religiösen Kämpfe, Kriege, Revolutionen vorbereitet und gelenkt«.[38]

Es ist hier natürlich unmöglich, Constants zahlreiche Analysen der Mythen und Fabeln zu untersuchen. Wichtiger ist es, die – übrigens für Constant selbst sehr klare – Bedeutung einer Untersuchung der Religion hervorzuheben, die den volkstümlichen Mythen und Fabeln besondere Aufmerksamkeit schenkt. Gerade hier nämlich zeigt Constant das Wesentliche zumindest einer seiner Forschungsrichtungen. Nehmen wir z. B. seine Studie über die antike Religion. Daraus geht hervor, wie genau er erkannte, daß es in der hellenischen Welt ein wichtiges spekulatives und theologisches, esoterisches und symbolisches Moment gab.[39] Seine Aufmerksamkeit galt im weiteren jedoch vor allem den moralisch-rituell-sozialen Implikationen der griechischen Religion, und dies nicht nur, weil er, wie man zu sagen pflegt, vorwiegend von der ethisch-politischen Problematik bestimmt war. Das Interesse an diesen konkreten Implikationen des religiösen Phänomens zielte vor allem auf das geistige Universum des Volkes und berührte die theoretisch-allegorischen Systeme der Religion nicht, ja wollte sie gar nicht berühren:

Jene Systeme haben nie irgendeine direkte Beziehung zu den moralischen Wirkungen des Glaubens gehabt, sie waren sozusagen nie im Umlauf. Den allegorischsten Teil der griechischen Religion, der von der Entstehung der Welt, den Titanen, von Prometheus handelte, beachtete das Volk am wenigsten. Die allegorischen Gottheiten haben in der Volksreligion nahezu keine Funktion... Ihre Feste sind ganz anders als die Feste der herrschenden Götter. Es sind Zeremonien, die einzig eine Gedächtnisfeier ohne weitere Folgen sein wollen, und sie schließen keinen wechselseitigen Einfluß der Götter auf die Menschen oder der Menschen auf die Götter ein.[40]

An solchen Stellen, von denen es sehr viele gibt, wird ein grundlegender Aspekt des Denkens von Benjamin Constant deutlich. Er vernachlässigt die »spekulative« Seite der Religion nicht nur, weil sie für das Verständnis des innersten, zugleich geistigen und pragmatischen Moments des religiösen Phänomens nicht entscheidend ist, sondern auch, weil sich in ihr der *lebendige,* volkstümlich-traditionelle Geist der Gesellschaft nicht direkt äußert. »Der Irrtum der Gelehrten liegt nicht darin, daß sie der Religion eine wissenschaftliche Bedeutung beigemessen haben, sondern darin, daß sie es für möglich hielten, diese über die volkstümliche oder literarische Bedeutung zu stellen«.[41] In diesem Punkt nimmt Constant eine diametral entgegengesetzte Position ein. Bei der Erforschung der Religionen müsse man vor allem die volkstümlichen Traditionen und Fabeln befragen:

Die Fortschritte der Moral und die Veränderungen, denen die Religionen der Reihe nach unterworfen waren, können fast nur in der mythologischen Literatur beobachtet werden. Die Allegorien und Symbole können in allen Zeiten gleich bleiben, weil sie unveränderliche Ideen ausdrücken, die Fabeln des Volks dagegen ändern sich, weil sie Ideen ausdrücken, die sich verändern.[42]

Leider hätten die Gelehrten »immer eine mir unverständliche Verachtung dafür gehabt, sich mit diesem Teil der Mythologie zu befassen«.[43] Er dagegen denke »genau das Gegenteil«, das heißt, er betrachte jene besondere Religion, die sich in den volkstümlichen Fabeln und Traditionen kundtue, gerade als das Wesen des religiösen Phänomens.[44]

Dieser theoretische Ansatz bestimmt einen wichtigen Teil von *De la Religion*. Gerade die polemische Stellungnahme gegen eine spekulative und exoterische »elitäre« Religion und zugleich gegen die Bevorzugung dieses Aspekts der Religion begünstigt die Aufgeschlossenheit Constants für spezifisch ethnosoziologische Studien über die Volksreligion. Es genügt in diesem Zusammenhang die beiden Kapitel zu lesen, die zum einen dem Jenseitsglauben der Wilden, zum anderen der Existenz und den Funktionen der Zauberer bei den primitiven Völkern gewidmet sind.[45] Weitere Beispiele finden sich auch in den folgenden Teilen des Werks. Eine seiner zentralen theoretischen Linien, vielleicht sogar die wichtigste, besteht in der Aufdeckung zweier antagonistischer Formen der religiösen Erfahrung: die eine hänge mit den innersten Bedürfnissen des einzelnen und des geselligen Menschen zusammen, die andere dagegen sei »Priestern« und »Gauklern«, Normen und Regeln anvertraut, die den echten religiösen Geist verhärteten und vernichteten. »Weil man diese beiden Glaubensarten nicht zu unterscheiden wußte, wurden in der Geschichte der Religionen so viele Irrtümer begangen«.[46]

An diesem Punkt verbindet sich das als ethnosoziologisch definierte Moment von *De la Religion* mit dem ausdrücklich ethisch-politischen Aspekt. Die ausführliche Analyse des volkstümlichen und primitiven Glaubens – die dann auch im Zusammenhang mit entwickelteren Gesellschaften fortgesetzt wird – dient nämlich dazu, einerseits den Reichtum dieser Glaubensformen und andererseits den strukturellen Mechanismus hervorzuheben, der verursachte, daß der religiöse Geist mit der doktrinären »Berechnung« *(combinaison)* und das echte Gefühl mit dem Aberglauben verquickt wurden, und der auch eine Spaltung der Gläubigen zur Folge hatte: einer Mehrheit von Menschen, denen eine echte und unmittelbare Beteiligung am religiösen Leben verweigert wurde, stehe eine Minderheit von Priestern gegenüber, die in exoterischer und reaktionär-freiheitsfeindlicher Weise eine auf ein Ritual reduzierte Religion lenken.[47] Wenn Constant die Entstehung der historisch verschiedenen, strukturell aber ähnlichen Priesterkasten und den Zusammenstoß verschiedener religiöser Auffassungen und Momente innerhalb verschiedener Gesellschaften erforscht, folgt er in mehrfacher Hinsicht dem Weg, den spätaufklärerische Gelehrte wie Jauffret und Volney erschlossen hatten. Auch sie beschäftigten sich mit der Analyse aufgrund eingehender psycho-anthropologischer und ethnologischer Forschungen, wobei sie sich aber genauso der sozialen und politischen Implikationen dieses Phänomens bewußt waren.

Unsere Ausführungen über Constant und die auf die »Wissenschaft vom Menschen« bezogenen Motive von *De la Religion* dürfen die früheren Hinweise auf in gleicher Richtung orientierte Untersuchungen und Interessen bei Madame de Staël und ihren Freunden nicht vergessen lassen. Von diesen Freunden muß zumindest Claude Fauriel kurz erwähnt werden, auch deshalb, weil wir nochmals auf die ethnologische Bedeutung zurückkommen wollen, die einige literarische Studien zu Beginn des 19. Jahrhunderts ihrer Tendenz nach besaßen. Claude Fauriel war ein hervorragendes Mitglied der Gruppe der »idéologues« und Redakteur der »Décade Philosophique«; das heißt, er war mit den Kreisen verbunden, aus denen auch die »Société des Observateurs de l'homme« hervorgegangen war. Bekannt wurde er als Initiator grundlegender Untersuchungen der Volksliteraturen, die nicht viel später einen beträchtlichen Teil der wissenschaftlichen Aktivität des 19. Jahrhunderts ausmachen sollten.[48] Bereits in den ersten Jahren des 19. Jahrhunderts untersuchte dieser Freund von Cabanis die Volksdichtung systematisch, und zwar wohlgemerkt stets in großen räumlichen und zeitlichen Dimensionen. Er berührte das Problem der homerischen Epen, übersetzte moderne nordische Gedichte und erforschte später die alte provenzalische Literatur zusammen mit den Volksliedern Serbiens und des modernen Griechenland.[49] Seine Studien – das ist der springende Punkt – waren nicht ausschließlich literarisch orientiert und beschränkten sich im Grunde nicht auf die Philologie, die er innerhalb der französischen Kultur mitbegründet hatte. Seine wahren Interessen, deren er sich theoretisch kaum bewußt war, waren sehr vielfältig. Gemeinsam war ihnen jene Leidenschaft für das »Volkstümliche« überhaupt, die ihn, trotz aller Unterschiede, in die Nähe von Männern wie Schlegel, Grimm und Bopp rückten; mit dem einen oder anderen dieser Gelehrten stand er tatsächlich in persönlichem oder schriftlichem Kontakt.[50]

Dieses Interesse und diese Kontakte sind voreilig als Zeichen dafür gedeutet worden, daß eine neue Ära der europäischen Kultur angebrochen war, als Ankündigung des neuen romantischen Zeitalters. In Wirklichkeit war Fauriel, wie Madame de Staël, wie Constant, wie auch Manzoni nicht »durch und durch« Romantiker; gemessen an streng romantischen Maßstäben wird er kaum zu verstehen sein. Aufgewachsen in der spätaufklärerischen Kultur – dieser Umstand darf auf keinen Fall vernachlässigt werden –, betrachtete er die Volksdichtungen nicht nach Art der »Romantiker« als Ausdruck des »Genies«, des »Geistes«, der sich in der »lauteren« und »einfachen« Seele des Volkes verkörpere. In den provenzalischen, nordischen und griechischen Dokumenten und Zeugnissen, die er jahrelang eifrig sammelte, suchte er etwas vergleichsweise »Positives« – in der spätaufklärerischen Bedeutung dieses Begriffs. Er suchte nach den Spuren der Anfänge einer Kultur und einer Zivilisation nach der ersten Erzeugung geistiger Formen des geselligen Lebens.[51] Dieser Sinn und diese Vorliebe für Entstehung und Anfänge, für Urformen und elementare Strukturen war, wie inzwischen bekannt sein sollte, kein ausschließlicher oder spezifischer Zug der Romantik, denn für einen großen Teil der Aufklärung bestand eine der Hauptaufgaben der Wissenschaft vom Menschen und von der Gesellschaft gerade darin, unermüdlich auf Ursprünge und Entstehungsprozesse zurückzugehen. Während die Erforschung des Ursprünglichen und Volkstümlichen im 18. Jahrhundert von anderen Formen und anderen »Intentionen« als im 19. Jahrhundert geprägt war und keineswegs in homogenen Kulturgebieten zu Hause war – wie z. B. in Deutschland der Aufklärung und der Zeit zwischen Herder und Schlegel –, bezeugt Fauriel, daß unter einigen Aspekten und für einige Bereiche der intellektuellen Tätigkeit durchaus ein Zusammenhang zwischen der Spätaufklärung und der Frühromantik besteht. Die Texte der Volksliteratur »sprachen« zu Fauriel *auch* als unersetzliche Dokumente einer bestimmten historischen Problematik und waren Material für die Wissenschaft vom geselligen Menschen.

Im übrigen ging es nicht darum, in jenen Dokumenten nur nach den verschiedenen historisch-kulturellen »Anfängen« zu forschen. In den Volksdichtungen und Volksliedern, Sagen und Epen, Legenden und Überlieferungen wollte Fauriel nun vor allem das lebendige Zeugnis der Ideen, der religiösen Vorstellungen und der »Sitten« der Völker aufspüren.[52] Zu Recht läßt sich sagen, daß seine Forschungen – oder zumindest die eine oder andere von ihnen – in dieser Perspektive auch ethnographisch wertvoll sind. Seine Studien fanden deshalb auch die Bewunderung derer, die wie Schlegel und Grimm die Erforschung der Volksliteratur zu einer eigenständigen Wissenschaft erhoben oder, wie der Historiker Auguste Thierry, auch an der ethnosoziologischen Dimension der Erforschung der Völker interessiert waren. Indem Madame Condorcets Gefährte die »ursprüngliche, spontane, volkstümliche Dichtung aller Länder« erforschte, – worüber dann, ausgehend übrigens von Fauriel, Victor Cousin zu Sainte-Beuve sprach[53] –, erschloß er ein Forschungsgebiet, das weder literarisch noch lediglich historisch war, sondern, mehr als es den Anschein hat, an die »Enquêten« anknüpfte, die im 18. Jahrhundert über den »Geist« der Völker und die Eigenschaften bestimmter und, was nicht vergessen werden darf, im wesentlichen tiefer stehender »Zivilisationen« durchgeführt wurden. Indem Fauriel den Spuren der provenzalischen, nordischen und griechischen Lieder nachging, trug er, wenngleich ohne ein theoretisches Bewußtsein, dazu bei, jenes ethnographische Gebiet zu erschließen, welches später als Folklore bezeichnet wurde.[54]

Fauriel, ein bedächtiger und zurückhaltender Gelehrter, veröffentlichte die Ergebnisse seiner Hauptstudien erst in den dreißiger Jahren des 19. Jahrhunderts. In Wirklichkeit hatte er mit seinen Untersuchungen bereits viele Jahre früher begonnen, als er noch mit dem Kreis der »idéologues« und den »Observateurs de l'homme« eng verbunden war. Wie tief die von dort ausgehenden Orientierungen und Interessen der französischen Kultur jener Zeit waren, geht daraus hervor, daß damals – 1805 – eine neue wissenschaftliche Gesellschaft, die sich »Académie Celtique« nannte, gegründet wurde, mit dem Ziel, die Volksliteraturen und Volksüberlieferungen systematisch zu erforschen. Nicht zufällig gehörten zu ihr einige »idéologues« und einige Mitglieder der kurz vorher aufgelösten »Société des Observateurs de l'homme«: Lacépède, Fourcroy, Volney, Mentelle, Millin, Pastoret ...[55] Als erstes wollte die »Académie« systematisch die alte keltische Kultur erforschen. Wie aus den Erklärungen und den »discours préliminaires« ihrer Gründer (Lavallée, Johanneau, Mangourit, etc.) hervorgeht, war dieses Vorhaben von einem starken Nationalgefühl bestimmt. Die mit Napoleons Herrschaft unterschiedlich verbundenen Gelehrten wollten zeigen, daß die Wurzeln der französischen »grandeur« bis tief in die Vorzeit reichten; daß Frankreich bereits vor langer Zeit eine eigene und große Kultur, nämlich die der Kelten, besessen hatte und daß die Franzosen die legitimen Nachfahren dieses alten und ruhmreichen Geschlechts waren.[56]

Neben dieser Studie, die an ähnliche zeitgenössische Episoden, Texte und Schriftsteller – von Cuoco bis Fichte – erinnert, plante die Akademie eine weitere Untersuchung, deren Wichtigkeit nicht unterschätzt werden darf. Sie wollten nämlich die alte keltische Kultur systematisch, auf mehreren Ebenen, auch ethno-folkloristisch, analysieren. Man schloß sich in der Programmatik der Akademie an eine bemerkenswerte Anzahl von Forschungen der verschiedensten wissenschaftlichen Gesellschaften der ganzen Erde an: angefangen bei den von den Engländern begründeten Clubs zur ethnographischen und geographischen Erforschung Asiens und Afrikas, den »Sociétés antiquaires« von Edinburgh, Cortona (für etruskische Studien), Kopenhagen, Stockholm, Moskau, bis zu den österreichischen Zentren, in denen die Volksdichtungen und Volksüberlieferungen untersucht wurden.[57] Die »Celtiques« wollten ihre Untersuchungen nämlich nicht auf einen Teilbereich spezialisieren. Auch wenn sie sich programmatisch mit den Kelten befaßten, so wollten sie ihre Forschungen auf alle Aspekte der alten französischen Kultur ausdehnen. Wie einer der Gründer der »Académie« schreibt, müsse man »alle alten Denkmäler, *alle Bräuche, alle Überlieferungen* sammeln, aufschreiben, vergleichen und erklären; mit einem Wort, ein Inventar des alten Gallien anlegen ...«.[58] Ein solches Unternehmen war nicht nur sehr groß, sondern auch dringlich, die »Celtiques« waren sich mit bemerkenswerter ethnologischer Reife darüber im klaren, daß gewisse Forschungen nicht endlos hinausgezögert werden konnten: man müsse, schreibt Johanneau, gewisse Dialekte, »Sitten« und Bräuche »vor ihrer völligen Zerstörung« aufzeichnen.[59] Nicht weniger modern waren die Mittel und Methoden, deren sie sich für diese Forschungen bedienen wollten. Ein am Schreibtisch erworbenes Bücherwissen genüge nicht; man müsse »die Lebenden und die Toten, die Dinge und die Wörter, die Orte und die Menschen über den früheren Zustand Galliens befragen, durch Korrespondenten alle Auskünfte über die einzelnen Ortschaften sammeln lassen und jedes Jahr einige Mitglieder im französischen Kaiserreich reisen lassen...«[60]

An die Stelle des ursprünglich in seiner Tendenz nationalistischen Plans, die Autochthonie der französischen Kultur, die Überlegenheit ihrer Ursprünge, ihren fortbestehenden Primat zu verherrlichen, trat offenbar allmählich eine andere Absicht. In diesem Zusammenhang darf die Bedeutung der Bemerkungen nicht übersehen werden, daß man »ganz Frankreich befragen« und die »die früheren mit Hilfe der modernen Zeiten erklären« müsse.[61] Die Altertumsforschung tendierte damit dazu, sich in eine umfassende ethnisch-kulturelle und historisch-soziale »Enquête« zu verwandeln und zu erweitern. Die Analyse der fünf Bände der von den »Celtiques« zwischen 1807 und 1810 veröffentlichten »Mémoires« bestätigt, wie weitreichende Interessen und Methoden die Akademie verfolgte. Man erforschte nicht nur die keltischen, sondern auch die nordischen Mythen und sogar die Sprache und die »Sitten« der Slawen. Man untersuchte »Überlieferungen und Bräuche« mehrerer französischer Städte, Departements, Gegenden, von Metz bis zu den Landes Bordelaises, von der Sologne bis nach Lothringen. Man analysierte einzelne, aber repräsentative Sitten und Riten, wie z. B. die Hochzeitszeremonien in der Bretagne oder in Remiremont oder den Kult des Heiligen Paulus nach seinen weit zurückliegenden Ursprüngen und in seinen zeitgenössischen Erscheinungen im Departement Hautes Pyrénées.[62]

Dieses Bedürfnis, die Untersuchungen zugleich auf kultureller wie auf nationaler Ebene zu erweitern, bestand übrigens in der »Académie Celtique« von Anfang an. Gerade im ersten Band der »Mémoires« finden wir eines der außergewöhnlichsten Dokumente der ethnographisch-folkloristischen Kultur des frühen 19. Jahrhunderts. Es handelt sich um einen in mehrerer Hinsicht den »Instructions de voyage« des 18. Jahrhunderts verpflichteten Fragebogen, den die »Celtiques« allen französischen Präfekturen mit der Bitte zuschickten, die »aufgeklärtesten« Gelehrten der verschiedenen Gegenden möchten anhand seiner eine große Untersuchung *im Gelände* über Sprache, Sitten und Bräuche ganz Frankreichs durchführen. Die Fragen, schreibt einer der Mitarbeiter dieses Projekts, sollten »durch Vermittlung der Präfekten und der Gelehrten ihrer Departements *dem Urteil jedes einzelnen Einwohners* unterbreitet« werden.[63]

Ganz unabhängig von ihren Ergebnissen zeichnet sich diese Initiative durch bedeutende intellektuelle Kühnheit aus. Der Plan, die Kelten zu erforschen, war nun in die Ferne gerückt, man ging nun an eine große, die ganze Nation umfassende Studie. Die Franzosen aller Provinzen und aller Departements waren – als Fragende und Befragte – aufgerufen zu zeigen, wie sie sprachen, dachten, sich vergnügten, welches ihre Bräuche, ihre öffentlichen und privaten Traditionen, ihre Lieder, ihre Feste, ihre Prozessionen, ihre Masken, ihr Aberglaube, ihre Heilverfahren, ihre mehr oder weniger magischen Vorstellungen, ihre ländlichen Feste, ihre Duelle, ihre besonderen Nahrungsmittel und sogar ihre üblichsten Schimpfworte waren. Nur die direkte Lektüre dieses außergewöhnlichen Dokuments kann zeigen, daß die französische Kultur nun die Bedeutung der Folklore und der Volkstraditionen erkannt und, allgemeiner, verstanden hatte, welche Möglichkeiten und welcher Wert in den Sitten und Bräuchen, Glaubensformen und Gesellschaftsstrukturen für eine wirkliche Wissenschaft vom gesellschaftlichen Menschen lagen.

Natürlich bestand die Gefahr, daß das Spezifische der Ethnologie in diesem so vielfältigen Zusammenwirken verschiedenster Studien und Forschungen verloren ging. Für die Entwicklung der Untersuchung, die direkter mit der ethnoanthropologisch orientierten Analyse der antiken oder primitiven Gesellschaften und Kulturen zusammenhingen, waren wohl die Forschungen von Gelehrten wie Christoph Meiners vielleicht nützlicher. Dieser entwickelte 1785 in einer wichtigen Schrift ausführlich die Hauptthemen derartiger Untersuchungen, wobei er die einheitliche Auffassung des physischen und des moralischen, des einzelnen und des geselligen Menschen weiter vertiefte.[64] Nicht so gründlich, doch nicht weniger interessant, war der Versuch des bereits erwähnten Schweizers Alexandre C. Chavannes, die Ethnologie streng wissenschaftlich zu definieren. Ihm gebührt sogar das Verdienst, als erster – soweit solche Prioritäten überhaupt verläßlich sein können – den Neologismus »Ethnologie« verwendet zu haben:

> Die Ethnologie – heißt es in dem an anderer Stelle genannten Werk – ist die Wissenschaft vom Menschen, insofern sie diesen als Teil einer Spezies betrachtet, die über die ganze Erde verbreitet und in verschiedene gesellschaftliche Körper oder Nationen gegliedert ist, die für ihre Bedürfnisse und Neigungen zu sorgen haben und die mehr oder weniger zivilisiert sind.[65]

Diese Definition ist ziemlich genau und modern und äußerst interessant. In einem Werk, das nur wenig früher ist als die *Anthropologie*, erläutert Chavannes die Themen und Probleme dieser »neuen Wissenschaft« eingehend.[66] Sehr bezeichnend ist bereits die erste Beobachtung, die dieser Text enthält: Die »Wissenschaft vom Menschen« könne sich nicht damit begnügen, den Menschen überhaupt zu erforschen, denn das sei Aufgabe der »Anthropologie«. Dieser ersten allgemeinen Untersuchung müsse die des auf verschiedene »Gemeinschaften« verteilten und in ihnen tätigen Menschen folgen. Die neue Wissenschaft der Ethnologie solle den Menschen als gemeinschaftliches oder gesellschaftliches Wesen untersuchen, wobei sie zuerst zu prüfen habe, »wie diese ›Gesellschaften‹ gebildet, gefestigt, geregelt worden sind und wie sie sich in verschiedenen Situationen, allmählich mit Notwendigkeit zu verschiedenen Kulturstufen erhoben haben«.[67]

Nach Auffassung Chavannes sollte die Ethnologie dann die verschiedenartigen Arten sozialer Gruppen untersuchen, die er morphologisch in »Gemeinschaften«, »Völkerschaften« und – auch durch »Nationalcharaktere« unterschiedene – »gesonderte Nationen« einteilte. Dann müsse man auf die historisch-geographischen Ursprünge der verschiedenen Gruppen der Menschheit zurückgehen, die seines Erachtens im Orient entstanden war. Darauf sollten die Prozesse der bürgerlichen Dekadenz und Wiedergeburt, bis zu den höchsten Stufen der »Zivilisation«, erklärt werden. Zu diesem Zweck sei es nützlich, zuerst den »Urzustand« der Menschheit und ihre Lebensbedingungen zu beschreiben und die bemerkenswertesten Ursachen der ersten und grundlegenden Entwicklungsstufe zu erklären, die mit der Institution der Familie und den ersten, von Gesetzen geregelten Zusammenschlüssen gegeben sei. Dann müsse man die Spuren der historischen Entwicklung weiterverfolgen, indem man die entscheidende Funktion des Akkerbaus, die sukzessive Einführung der »nötigsten Künste« sowie die Entstehung der mit dem Vergnügen und dem Luxus verbundenen Künste und gleichzeitig die Bevölkerungszunahme und die Entstehung der Städte aufzeige. An diesem Punkt sei es nützlich, einerseits so entscheidende Strukturen wie den Handel, die Schiffahrt, den Krieg, und andererseits die Entstehung der verschiedenen gesellschaftlichen und rechtlichen Institutionen zu analysieren. Damit war man bei der Erforschung der reiferen Kulturformen, mit denen sich auch die Künste und Wissenschaften zu entwickeln beginnen.

»Wenn man die verschiedenen aufeinanderfolgenden Fortschritte des Menschengeschlechts betrachtete, würde man ohne weiteres feststellen können, daß die Menschheit hierbei den gleichen Weg gegangen ist, den jeder Mensch in der Entfaltung seiner Fähigkeiten und seiner Tätigkeiten nimmt, um auf natürliche Weise seine Intelligenz zu erweitern und zu vervollkommnen. Dies ist eine wesentliche und grundlegende Beobachtung der Anthropologie, die durch den Vergleich dieses zweiten Teils [der Ethnologie] mit dem dritten, der die ausführliche Analyse der Fähigkeiten und Operationen der menschlichen Intelligenz enthalten würde, leicht überprüft werden könnte.« [68]

Dieser Schluß ist bemerkenswert, weil er klar hervorhebt, daß die Entwicklung des Menschen und der Gesellschaft einheitlich und übereinstimmend verlaufe. Das war natürlich keine neue These, und auch die Beschreibung des Inhalts, den die neue Wissenschaft haben sollte, war gewiß nicht originell. Tatsache bleibt jedoch, daß Chavannes den neuen Begriff der »Ethnologie« geprägt hat. Wenn er auch nicht in der Lage war, diese

Disziplin theoretisch von den sozialen und historischen Wissenschaften abzugrenzen, bezeugt die neue Bezeichnung, daß nunmehr das Bedürfnis nach einer neuen Wissenschaft vom geselligen Menschen bestand, die eng mit der Anthropologie verbunden und – innerhalb gewisser Grenzen – von der Geschichte unabhängig sein sollte.[69]

6. Die Expedition Baudin und das Werk von François Péron

Eines der bedeutendsten Zeugnisse der neuen Bewußtheit, mit der die Kultur der Jahrhundertwende den geographischen Expeditionen vielfältige wissenschaftliche, darunter auch anthropologische und ethnologische Aufgaben stellte, war die Expedition Baudin.

Am Ende des Jahrhunderts war Nicolas-Thomas Baudin nicht mehr unbekannt.[1] Nachdem er in Frankreich zuerst in der Handelsmarine und dann im Dienste der Regierung gearbeitet hatte, trat er in österreichischen Dienst. So fuhr er zu Schiff unter anderem nach Indien und China. Nach Frankreich zurückgekehrt, befaßte er sich in der Zeit des Direktoriums mit naturgeschichtlichen Studien. Dann leitete er eine neue Expedition, die ihn diesmal nach den Antillen und nach Jamaika führte. Ausgerüstet mit von Jussieu eigens zu diesem Zweck verfaßten »Instructions« gelang es ihm, eine Fülle von Material für die botanischen und zoologischen Kabinette des »Muséum« zu sammeln.[2] Sein dadurch begründeter Ruhm erlaubte es ihm 1799, der Regierung eine große Weltreise zu ausschließlich wissenschaftlichen Zwecken vorzuschlagen.

Die Vorbereitung dieses anspruchsvollen Projekts in allen ihren Phasen soll uns hier nicht interessieren, es mag genügen auf die wohlwollende offizielle Resonanz hinzuweisen. Die Regierung, die eine fachlich-wissenschaftliche Beratung und Unterstützung wünschte, wandte sich an die angesehenste wissenschaftliche Einrichtung der Hauptstadt, das »Institut«. Nachdem die Abteilung der moralischen und politischen Wissenschaften in einem offiziellen Brief des Marineministeriums um Rat gefragt worden war, ernannte sie unverzüglich eine Kommission, der Gelehrte und Experten wie Bougainville, Camus, Cuvier, Duteil, Fleurieu, Jussieu, Lacépède, Langlès, Laplace und Lelièvre angehörten. Im ersten »Bericht«, den die Kommission im April 1800 vorlegte, beurteilte sie das Vorhaben einer groß angelegten wissenschaftlichen Expedition positiv.[3] Sie riet jedoch, das Projekt einer Erdumseglung fallenzulassen und der Expedition die Erforschung Australiens und vor allem seiner immer noch nahezu unbekannten Südküste zur Aufgabe zu stellen.

Aufgrund dieser Stellungnahme, die Beifall fand, begann man mit den Vorbereitungen der Expedition. In dem bereits erwähnten Brief des Marineministeriums wurde das »Institut« unter anderem gebeten, »für den Kapitän Baudin Instruktionen für die Ernährung zu geben und ihn im einzelnen auf die Gegenstände hinzuweisen, auf die er und seine wissenschaftlichen Reisegefährten besonders achten sollten«.[4] Die zuständige Abteilung antwortete auch auf diese Anfragen mit einer Reihe von »Mémoires«. Bernardin de Saint-Pierre, dessen Mitarbeit an einem ernsthaften wissenschaftlichen Unternehmen vielleicht überraschen mag, verfaßte eine als sehr nützlich beurteilte Arbeit mit dem Titel *Expériences nautiques et observations diététiques et morales, proposées pour l'utilité de la navigation et la santé des marins*. Der Geograph Buache fügte einige *Observations astronomiques et géographiques* hinzu, während der Arzt Kéraudry ein Memorandum über die sanitären Vorkehrungen verfaßte und Fleurieu navigatorische Instruktionen sowie Hinweise zu den Orten gab, die erforscht werden sollten. Fleurieu beschäftigte sich auch mit den wissenschaftlichen Mitarbeitern, die Baudin begleiten sollten. Er warb eine beachtliche Zahl von Botanikern, Zoologen, Mineralogen und Geographen an.

Und die »Wissenschaft vom Menschen«? Konnte sie im Jahre 1800 überhaupt unberücksichtigt bleiben? Fast wäre das geschehen, wenn sich nicht der Wissenschaftler und »Philosoph« François Péron eingeschaltet hätte.

Der 1775 geborene Péron hatte trotz seiner Jugend als Freiwilliger die militärischen Feldzüge der Revolution mitgemacht. Nach kurzer Gefangenschaft kehrte er nach Paris zurück und erhielt 1797 eine Stelle an der »École de Médicine«. Dort kam er mit zahlreichen Wissenschaftlern und »médicins-philosophes« in Berührung und befaßte sich begeistert mit wissenschaftlichen Studien, und zwar besonders mit denen, die mit der »Naturgeschichte des Menschen« zusammenhingen.[5] Als Freund einflußreicher Männer wie Cabanis und Cuvier hoffte er im Jahre 1800, in die Gruppe der Gelehrten aufgenommen zu werden, die an der Expedition Baudin teilnehmen sollten. Anfangs schienen die Chancen gering, denn als er seinen Wunsch äußerte, waren die der Expedition zugewiesenen Wissenschaftler bereits vollzählig. Péron wandte sich an die Gelehrten, die ihm am meisten helfen konnten. Wissenschaftliche Gründe gesellten sich zu seinen persönlichen Neigungen: Blumenbachs und Campers Werke, der Besuch der Vorlesungen und Vorträge von Cabanis und Lacépède hatten ihn von der Bedeutung der »Wissenschaft vom Menschen« und von ihrer großen Zukunft überzeugt. Deshalb wollte er die günstige Gelegenheit der Expedition Baudin nutzen, um die noch kargen Archive der neuen Disziplin mit wertvollem Material zu bereichern.

> Könntet Ihr, Bürger Professoren – heißt es in einer Art offenem Brief Pérons an die Wissenschaftler, mit denen er in Verbindung stand – nicht bei der Regierung oder dem nationalen Institut beantragen, daß ein oder mehrere junge Mediziner an Bord der Flotte aufgenommen und unter dem Namen Anthropologen (Anthropologistes) nach Instruktionen, die Ihr skizzieren würdet, alle Beobachtungen sammeln, durch welche die Vervollkommnung der verschiedenen Zweige der Medizin beschleunigt werden könnten? [6]

Wie in vielen anderen Texten der gleichen Jahre zeigt sich auch in diesem Brief der Versuch, die offizielle Kultur und Wissenschaft von dem Wert der neuen Disziplin zu überzeugen. Péron ging jedoch noch weiter. Als sich der Verwirklichung seines Wunsches konkrete Schwierigkeiten entgegenstellten, versuchte er in einer kurzen Abhandlung, die er dem »Institut« überreichte, die wissenschaftliche Seite seines Vorhabens klarer zu umreißen. Der Titel der Abhandlung umschreibt die Zielsetzung seines Vorhabens: »Beobachtungen über die Anthropologie oder Naturgeschichte des Menschen, über die Notwendigkeit, den Fortschritt dieser Wissenschaft zu fördern, und die Wichtigkeit, in die Flotte des Kapitän Baudin einen oder mehrere Naturforscher aufzunehmen, die speziell mit Forschungen über diesen Gegenstand betraut sind«.[7]

Diese kleine Schrift, die einem bestimmten praktischen Zweck dienen sollte, beanspruchte nicht, ein erschöpfender Beitrag zur anthropologischen Theorie zu sein, doch betont sie eindringlich die Notwendigkeit einer ethnoanthropologischen Erforschung der wilden Völker. Die Liste von Themen und Problemen, die Péron als mögliche Studienobjekte der »Anthropologen« nannte, ist weitläufig. Obgleich er persönlich vor allem an der Erforschung des »physischen« Menschen interessiert war, vernachlässigte er die des »moralischen« Menschen keineswegs; er verstand sie auch als ethnographische »Moralwissenschaft«, die natürlich in die Einheit der anthropologischen Perspektive einbezogen sein sollte:

> Der erste Teil dieser interessanten Arbeit würde sein, die natürliche Beschaffenheit des Klimas und seinen Einfluß auf die organische Konstitution der dort wohnenden Völker und auf die Entwicklung ihrer moralischen und intellektuellen Fähigkeiten zu bestimmen, ihre hauptsächlichen Leidenschaften zu erforschen, nach deren Ursache zu suchen, ihre Beschäftigungen, ihre Arbeiten, ihre Übungen zu beschreiben und schließlich all das genau aufzuzeichnen, was zu ihrer Hygiene in Beziehung stehen kann.[8]

Nicht nur um das »Physische« besser kennen zu lernen, sondern auch um sich der Lebensbedingungen der wilden Bevölkerung bewußt zu werden, sei es besonders wichtig, eine »Enquête« über die typischen und häufigsten Krankheiten durchzuführen.[9] Nützlich könne es ferner sein, »mit Hilfe der Erkenntnisse der Physik, der Chemie, der Geographie und der

Naturgeschichte« auf die Ursachen dieser endemischen Krankheiten zurückzugehen und sogar die von den Wilden angewandten Heilmittel zu untersuchen.[10] Wie viele andere zeitgenössische Schriftsteller betrachtete auch Péron alle zusammenhängend angewandten Erfahrungswissenschaften als die Voraussetzung, nun endlich zu einer »positiven« Erkenntnis des Menschen zu gelangen.

Pérons Argumentation knüpft im übrigen bewußt an einige »philosophische« Voraussetzungen an. Den Mediziner und »Anthropologen« betraut er nämlich mit einer Aufgabe, die über die bloße Erforschung der Krankheiten der Wilden weit hinausgeht. Eine gewisse Tradition bezeichnete die primitiven Völker als »Barbaren«. Warum sollte dieser »oft genug ungerechte« Name, »den ihnen räuberische Abenteurer oder habsüchtige Händler gegeben haben – bis jetzt fast die einzigen, durch die wir sie kennengelernt haben« [11], beibehalten werden? In einer humanitären, von Rousseau beeinflußten »Stimmung« setzt Péron ganz bewußt die alten Privilegien und verbrauchten Hierarchien außer Kraft, um die für die Anthropologie und Ethnologie unumgängliche Offenheit zu schaffen. Die »Zivilisation« behielt natürlich auch für Péron ihren Wert, an dem Tugend oder Schicksal einige Völker teilhaben ließen, während sie ihn anderen – zumindest vorläufig – verweigerten. Übernahm man nicht die Perspektive und das Bezugssystem vieler Europäer, die aus verständlichen Gründen daran interessiert waren, die Menschlichkeit der primitiven Gesellschaft zu schmälern, so fand man in diesen Gesellschaften viele Eigenschaften und Werte, die in Europa nunmehr unauffindbar waren. Nur bei den noch unverdorbenen Völkern und nur in einer Zusammenarbeit der »Medizin, auch der praktischen Medizin, mit der Moralphilosophie« konnte die von so vielen Gelehrten erstrebte »Wissenschaft vom Menschen« in die Wege geleitet und betrieben werden. Péron betont energisch, daß es unmöglich sei,

jemals die Naturgeschichte des Menschen zu umreißen, solange man sich darauf beschränkt, den entarteten und erniedrigten Menschen der Gesellschaft zu erforschen. Müssen wir nicht bei den Menschen, die am meisten von unserer Kultur abweichen und demzufolge der Natur noch näherstehen, die Elemente dieser Geschichte aufsuchen? Sind nicht nur noch beim Wilden die Spuren der robusten Größe des Naturmenschen zu finden? [12]

Allein bei diesen Völkern also konnten Forschungen durchgeführt werden, Erforschungen des »Physischen«, die für Péron eine präzise, ganz bestimmte Bedeutung für das »Moralische« besaßen. Systematische Untersuchungen über das Epfindungsvermögen und die Unempfindlichkeit der wilden Völker beispielsweise seien nicht nur für die »Naturforscher«, sondern auch für die »Philosophen« interessant. »Zweifellos – fährt Péron fort – können diese Forschungen auch eine Fülle höchst interessanter Resultate für die physische und moralische Geschichte des Menschen bringen«.[13] Auch dies ist ein weiterer Beweis dafür, daß jetzt die wesentliche Einheitlichkeit der Perspektive der verschiedenen, an der »Wissenschaft vom Menschen« interessierten Disziplinen allmählich verwirklicht wurde.

Zufällig – weil ein anderer Wissenschaftler ausschied – erhielt Péron den ersehnten Platz in der Expedition und wurde aus mehreren Gründen einer der bedeutendsten Gelehrten der »équipe«, die zu Kapitän Baudins Gefolge gehörte. Nachdem einige Gelehrte vorzeitig aufgegeben und andere gestorben waren, führte der »Anthropologe« einen großen Teil der vorgesehenen wissenschaftlichen Forschungen im wesentlichen allein durch. Er war es auch, der nach der Rückkehr nach Paris einen Bericht über das Unternehmen und das Schicksal der vom Pech verfolgten Expedition vorlegte.[14] Die Arbeit, die der junge Naturforscher praktisch nur mit Hilfe des Zeichners Lesueur verwirklicht hatte, wurde von Georges Cuvier in einem für den Wissenschaftler und Reisenden sehr schmeichelhaften, dem »Institut« am 9. Juni 1806 unterbreiteten »Rapport« beurteilt: Péron sei weit über seine speziellen Aufgaben hinausgegangen und habe eine alle physikalischen und naturwissenschaftlichen Disziplinen umfassende Arbeit geleistet. Er habe die Temperatur und die Phosphoreszenz des Meeres, die Versteinerung in den australischen Ländern, das Leben der Seehunde, die Dysenterie, den Gebrauch von Betel bei den primitiven Völkern, die verschiedenen Probleme der Schiffshygiene und anderes mehr beobachtet.[15] Besonders wichtig seien seine Studien zur Zoologie; Péron und Lesueur hätten eine Fülle von Material gesammelt und allein hätten sie »eine größere Zahl neuer Tiere bekannt gemacht als alle reisenden Naturforscher der letzten Jahre zusammengenommen«.[16] Mit besonderer Genugtuung hebt Cuvier hervor, wie modern und exakt die Methode der beiden Gelehrten gewesen sei. Viele Reisende hätten sich bisher damit begnügt, unsystematisch »diese oder jene Tierart« zu beobachten, ohne die Arten zu berücksichtigen, die ihrem Geschmack nicht entsprachen, oder mit ihren Forschungen nichts zu tun hatten.[17] Das Niveau dieser Untersuchungen sei durch eine falsche Beschreibungsmethode noch weiter beeinträchtigt worden. Viele Naturforscher, »und vor allem einige Anhänger Linnés« hätten unvollständige Beschreibungen gegeben, die sich nur auf »einen mehr oder weniger kurzen, die Art bezeichnenden Satz« beschränkt hätten, ohne eine Reihe wesentlicher Daten zu berücksichtigen, die unerläßlich seien, »um die neue Art von den schon bekannten zu unterscheiden«.[18] Demgegenüber gehe Pérons Methodologie von sorgfältigen, systematischen, auf einer präzisen theoretischen Orientierung fußenden Beschreibungen aus. Außerdem habe er, wie Volney auf anderem Gebiet, versucht, seine Forschungen über die verschiedenen Tierarten »durch zahlreiche topographische Beobachtungen« zu ergänzen und habe auf die Nahrung und das Wasser hingewiesen, mit denen sie sich ernährten; ferner habe er »die Namen, die die Eingeborenen den Tieren geben, die verschiedenen Arten der Nutzung der Tiere, die Methoden der Jagd und des Fischfangs« aufgezeichnet.[19] An diesen Bemerkungen ist die Aufmerksamkeit auf ethnographische Sachverhalte besonders interessant.

In Pérons Werk nahmen die anthropologischen Untersuchungen natürlich einen breiten Raum ein, da er die Reise ja als Erforscher des »physischen Menschen« unternahm. Die von Degérando im Auftrag der »Société des Observateurs de l'homme« umrissene Fragestellung – wir werden unten darauf eingehen – und mehr noch das Beispiel der Forschungen Volneys veranlaßten ihn, sein Werk in einen umfassenderen Rahmen zu stellen. Die primitiven Völker, denen er im Laufe seiner langen Reise begegnete, weckten in ihm neue Interessen und eine spezifisch ethnographische Berufung. So erforschte er diese Völker und verwirklichte damit ein Werk, das Cuvier in einer für Péron sehr schmeichelhaften und für den Historiker der »Wissenschaft vom Menschen« aufschlußreichen Weise würdigt:

> Ihre physische Konstitution, ihre Sitten, ihre Bräuche, ihre wilden und kriegerischen Übungen, ihre Waffen, ihre Jagd, ihr Fischfang, ihre Krankheiten, ihre Wohnstätten, ihre Schiffahrt waren in allen Phasen der Reise Gegenstand seiner Untersuchungen; er hat interessante Aufzeichnungen des Vokabulars ihrer Sprachen gesammelt...[20]

In der Zwischenzeit habe der Maler Lesueur, der Gefährte des zu einem tüchtigen Ethnographen gewordenen »Anthropologen«, zahllose Zeichnungen der Werkzeuge, Ornamente, Kleider, Wohnstätten, Gräber, usw. angefertigt.[21] Wie wir sehen, schwebte Péron das Ideal einer umfassenden »Wissenschaft vom Menschen« vor, die von der »Beobachtung« des »physischen Menschen« ausgeht, um zum »moralischen Menschen« und zu seinen Sitten und Bräuchen zu gelangen. Zweifellos führte er viele der in Cuviers und Degérandos Instruktionen vorgesehenen Forschungen nicht durch, nicht nur wegen des großen Chaos, in dem die Expedition von einem bestimmten Zeitpunkt an fortgesetzt wurde, sondern auch wegen objektiver Mängel seiner Arbeitsweise[22], die freilich den Wert des wissenschaftlichen Werkes und anthropologischen Dokuments nicht auslöschen können. Wer den ausführlichen Expeditionsbericht liest, den Péron einige Jahre später verfaßte, wird darin zahlreiche, wenn auch verstreute Beobachtungen zu verschiedenen anthropologischen Themen finden, die vielleicht nicht die Gründlichkeit, bestimmt aber die lebhaften Interessen des jungen Forschers bezeugen.[23]

7. Georges Cuviers »Instructions«

Daß die Organisatoren der Expedition Baudin auch – mit oder ohne Péron – ethnoanthropologische Forschungen unternehmen wollten, geht daraus hervor, daß während der Vorbereitungszeit auch die »Société des Observateurs de l'homme« um Rat gefragt wurde. Einige Mitglieder des »Institut« hatten angeregt, den Gelehrten, die Baudin begleiten sollten, methodologische und thematische Instruktionen über die verschiedenen im Rahmen der »Wissenschaft vom Menschen« denkbaren Untersuchungen zu geben. In einer Sitzung der »Société« unterrichtete Jauffret seine Kollegen – die sich keine Gelegenheit entgehen lassen sollten, »um die *Anthropologie* zu vervollkommnen« –, daß er »von einem außerordentlich verdienstvollen Mann« (Jussieu) beauftragt worden sei, die Gesellschaft um »spezielle Instruktionen für die Forschungen« zu bitten, »die über den physischen, intellektuellen und moralischen Menschen in den von Kapitän Baudin besuchten Gegenden« durchzuführen seien.[1] Abgesehen von der Genugtuung über diesen Auftrag zeigten Jauffrets Worte, daß er die anthropologische Bedeutung der wissenschaftlichen Reisen genau erkannte.

> Wie ruhmvoll wird es für die Gesellschaft sein, die Reisenden daran zu gewöhnen, den Menschen zu beobachten, der bisher so wenig beobachtet wurde. Welch großer Gewinn für sie, in regelmäßiger Korrespondenz mit diesen mutigen Männern stehen zu können, die so viele Gefahren auf sich nehmen werden, um unsere Kenntnisse zu vermehren![2]

Nachdem die »Société« den Vorschlag des Instituts begeistert angenommen hatte, ernannte sie eine Kommission, die aus zwei Naturwissenschaftlern, Hallé und Cuvier, und aus zwei Ideologen, Sicard und Degérando, bestand. Es wurden zwei Berichte vorgelegt; der eine stammte von Cuvier und betraf die Untersuchungen zur physischen Anthropologie, die Baudins wissenschaftliche Begleiter im Laufe der Reise durchführen sollten; der andere, den Degérando verfaßt hatte, gab systematische Instruktionen zu den verschiedenen Methoden, die bei der Beobachtung der wilden Völker befolgt werden sollten; da sein Wert sofort erkannt wurde, publizierte man ihn, wenn auch in einer sehr kleinen Auflage, als Sonderdruck.

Tenor und Bedeutung beider Berichte sind sehr unterschiedlich; Degérando sprach zahlreiche philosophische Probleme an, während Cuvier kurz sein wollte und sich auf das Wesentliche beschränkte. Von seinem Temperament her lagen diesem jungen, doch bereits berühmten Gelehrten Verallgemeinerungen fern und in seiner Schrift vermied er deshalb bewußt alle »philosophischen« Abschweifungen und bemühte sich um einen kurzen, präzisen, unmittelbar verwendbaren Text. Das heißt jedoch nicht, daß seine *Instructions* kulturgeschichtlich nicht aufschlußreich sind. Der Verfasser beschränkte sich nämlich nicht – wie hätte er es auch in Anbetracht der damaligen Situation der physischen Anthropologie tun können? – ausschließlich auf praktische Vorschriften und Hinweise, vielmehr stellt er zu Beginn seines Textes einige interessante allgemeine Überlegungen an. In der Wissenschaft vom »physischen Menschen«, einer noch sehr jungen Wissenschaft, sah Cuvier viele störende Vorurteile, die zuerst einmal beseitigt werden mußten. Es handelte sich nicht nur darum, die Naturwissenschaftler, die diese Expedition unternehmen wollten, davon zu überzeugen, daß zahlreiche damals verbreitete Ansichten nur oberflächliche Verallgemeinerungen, Folgen unbedachter und überstürzter Untersuchungen waren. In erster Linie ging es darum, die wirklichen Unterscheidungsmerkmale des Menschen und der physischen Rassen wissenschaftlich exakt zu bestimmen. Allzu oft, betont Cuvier, begnügte man sich mit Beobachtungen, die nur »die Hautfarbe, die Dichte und Länge des Haares« betrafen; allzu oft berücksichtigten oder bemerkten die Forscher, darunter auch Daubenton, die Unterschiede nicht, die zwischen dem Schädel der Neger, der Chinesen, der Kalmücken und der Europäer bestehen.[3]

Für Cuvier dagegen war es unumgänglich, daß die anthropologische »Beobachtung so tief ging, daß sie die eigentlichen anatomischen Strukturen des Menschen erfassen konnte«. Mit der strengen Analyse eben dieser Strukturen sollten sich die Naturwissenschaftler und Reisenden im Gefolge Baudins befassen. In seinem Text rühmt Cuvier Camper als denjenigen, der es endlich verstanden hatte, »eine geometrische Methode« zur Erforschung der anatomischen und somatischen Elemente und vor allem des Schädels zu entwickeln.[4] Die moderne physische Anthropologie sollte nach Cuviers Ansicht gerade von dieser »Analyse« der menschlichen Physis und ihrer primären Eigenschaften ausgehen, die exakt beobachtet und gemessen werden konnten. Doch nicht nur die physische Anthropologie sollte davon ausgehen. Cuvier, der wenig später gegenüber der materialistischen Wissenschaft vom Ende des 18. Jahrhunderts eine ziemlich kritische Haltung einnahm, lebte in einem kulturellen Milieu, das einem bestimmten Menschenbild verpflichtet war. Die Erforschung der Körperstrukturen sprengte für ihn den engen Rahmen physisch-anatomischer Untersuchung und bildete stattdessen die Basis einer organischen »Wissenschaft vom Menschen«.

> Der Einfluß, den diese verschiedenen Strukturen auf die moralischen und intellektuellen Fähigkeiten dieser verschiedenen Rassen haben können, wurde bisher nur bis zu einem gewissen Punkt bestimmt, und die Erfahrung scheint mit der Theorie darin übereinzustimmen, daß zwischen der Vollkommenheit des Geistes und der Schönheit der Gestalt ein Zusammenhang besteht.[5]

Auf diesen Voraussetzungen beruhte Cuviers dringende Forderung, die Naturwissenschaftler der Expedition sollten möglichst viel geeignetes Material sammeln, damit nach einer sorgfältigen »Beobachtung« und einem nicht weniger sorgfältigen »Vergleich« die Grundlage zu einer strengen physischen Anthropologie gelegt werden konnte. Die Beschreibungen und Zeichnungen, die man bis jetzt besitze, klagt der junge »Observateur«, seien zu ungenau oder würden durch den Einfluß verzerrt, den vielleicht die Erinnerung an die in Europa bereits bekannten und verbreiteten Modelle auf ihre – in der Regel für eine derartige Arbeit kaum vorbereiteten – Urheber unbewußt ausübte. Es sei deshalb nötig, neue Beschreibungen und Zeichnungen anzufertigen und dabei eine exakte Technik zu befolgen, die er im einzelnen darlegte.[6] Andererseits seien weder Beschreibungen noch Zeichnungen völlig befriedigend. »Deshalb müssen die anatomischen Stükke unbedingt zusammengetragen werden«.[7] Man müsse sie in den verschiedensten Gebieten der Erde sammeln und dann, wie Volney und Jauffret es angeregt hatten, »am gleichen Ort« vereinen, so daß man sie dort »in allen ihren Beziehungen« vergleichen könne: »Dies ist eine erste Grundlage, auf die man die Beobachtungen des Physischen und des Moralischen jeder Rasse beziehen kann«.[8]

In seinem Eifer, dieses Material eines Tages zu erhalten, macht der Verfasser der *Instructions* auch die eine oder andere eher merkwürdige Äußerung. Zwar erkennt er, wenn auch widerwillig, die Unmöglichkeit an, lebende Menschen zu sammeln, zu verschiffen oder mitzubringen, auch deshalb, wie er unwillig zugibt, weil es uns nicht erlaubt ist, »auch wenn wir es vermöchten, das Glück unserer Ebenbilder zu opfern oder ihren Willen zu vergewaltigen, nur um eine philosophische Neugierde zu befriedigen«.[9] Doch zögert er nicht, die Wissenschaftler dazu aufzufordern, wo immer möglich, die Schlachtfelder aufzusuchen, um die Leichen aus der Nähe zu studieren, sie »mit geometrischer Genauigkeit« abzuzeichnen und vielleicht auch einige Glieder, vor allem Köpfe, zu sammeln, wenn auch natürlich ganze Skelette »unendlich viel wertvoller« seien.[10] Für die Technik der zeichnerischen Darstellung gab Cuvier genaue und ausführliche Anweisungen. Noch minuziöser waren schließlich die Ratschläge und Anweisungen, wie die gesammelten Knochen, Köpfe und die anderen anatomischen Teile am besten aufbewahrt werden könnten.[11]

8. Joseph-Marie Degérando und die Erforschung der wilden Völker

In ihren Dimensionen, ihrem Engagement und ihrer Bedeutung unterscheiden sich Degérandos *Considérations sur les diverses méthodes à suivre dans l'observation des peuples sauvages* von den Instruktionen Cuviers.[1] Die Präzision und der organische Zusammenhang der Anleitungen macht Degérandos »Erwägungen« zu einem der bedeutendsten Texte unter den »Instructions de voyage«. Die Qualitäten dieser kurzen Abhandlung beschränken sich jedoch nicht darauf. Sie ist nicht bloß ein, im Vergleich zu anderen vielleicht ausführlicherer oder intelligenterer, Wegweiser, sondern eine theoretische Schrift, die unabhängig von ihrer unmittelbaren Bestimmung bahnbrechend für die moderne ethnologische Methodologie gewesen ist. Bisher hatte man nur selten über den Gegenstandsbereich der Ethnologie nachgedacht, und zweifellos war er noch nie so klar und deutlich umrissen worden.

Auffällig an Degérandos Text ist zunächst, daß er den spezifischen und eigenständigen Charakter dieser »neuen Wissenschaft« bewußt erfaßt und ihre Wichtigkeit dadurch überzeugend betont, daß seine theoretische Argumentation sich in den Zusammenhang der wissenschaftlichen und kulturellen Problematik der Zeit genau einfügt. »Es ist erstaunlich – heißt es an einer bereits zitierten Stelle – daß es in einem Zeitalter des Egoismus so viel Mühe kostet, den Menschen zu überzeugen, daß es am allerwichtigsten ist, sich selbst zu erforschen«.[2] Die ethnoanthropologische Forschung sollte für Degérando wie für Demeunier, Volney und Jauffret eine Lücke schließen, die letztlich die »Wissenschaft vom Menschen« insgesamt beeinträchtigte. Die kurzsichtigen egoistischen Interessen der Privatleute und der Öffentlichkeit hatten zur Folge, daß die Erforschung der menschlichen Natur vernachlässigt wurde. Wurde der Egoist vielleicht von der dunklen Furcht zurückgehalten, daß diese Analyse des Menschen und die rationale Erforschung seiner »physischen« und »moralischen« Strukturen, die im Grunde eine mehr oder weniger direkte Erforschung seines eigenen Wesens war, ihn auf den Grund seines eigenen Gewissens und an die Wurzeln seiner »Verworfenheit« führen würde? Die Philosophie, die »wahre Philosophie«, deren höchste Funktion im 18. Jahrhundert definiert worden war, konnte und wollte stattdessen, wie Degérando glaubte, auf jedem Gebiet und in jeder Hinsicht, ohne irgendwelche Hindernisse oder Vorurteile, die Erkenntnis des Menschen erweitern: »Man vervollkommnet sich, indem man sich selbst zu erkennen sucht; weise ist der, der sich wirklich kennt ...«[3]

Es war aber nicht damit getan, lediglich auf den Nutzen und die Notwendigkeit der Erforschung des Menschen hinzuweisen. Degérando hatte die Absicht und den Ehrgeiz, nicht etwa eine Moralphilosophie zu entwerfen, sondern eine »Wissenschaft« zu begründen. Deshalb mußte er präzise Forschungsrichtungen bezeichnen und vor allem methodologische Regeln formulieren. Der Philosoph, der wenig später die spiritualistischen Tendenzen seines Denkens stärker akzentuieren sollte, behandelt in diesem Text den gleichen Themenbereich wie vor ihm Volney und Cabanis. Entschieden verwirft er deshalb die Analyse des »inneren« Menschen, und fordert stattdessen, den *ganzen* Menschen zu erforschen, den Menschen, »wie er sich uns in den uns umgebenden Individuen« zeige, der »gleichzeitig von tausend verschiedenen Umständen, von der Erziehung, dem Klima, den politischen Einrichtungen, den Sitten, den eingebürgerten Meinungen, den Auswirkungen der Nachahmung, dem Einfluß der künstlichen Bedürfnisse, die er sich geschaffen hat, verändert« werde.[4] Er betrachtet den Menschen demnach als eine objektive und konkrete, sichtbare und meßbare Wirklichkeit, die mit der von der sensualistischen Tradition theoretisch begründeten und von den »idéologues« weiterentwickelten empirisch-experimentellen Methode erforscht werden mußte. Degérando stellt ganz bestimmte methodologische Thesen auf: »Die Zeit der Systeme ist vorbei«; die Humanwissenschaft sei erschöpft von der jahrhundertelangen vergeblichen Diskussion über »hinfällige Theorien« und habe endlich »den Weg der Beobachtung« eingeschlagen; auch die »Wissenschaft vom Menschen«, betont er, »ist eine Naturwissenschaft, eine Wissenschaft der Beobachtung«.

Der Geist der Beobachtung nimmt einen sicheren Gang; er sammelt die Tatsachen, um sie zu vergleichen und vergleicht sie, um sie besser zu kennen. Die Naturwissenschaften sind gewissermaßen nichts anderes als eine Reihe von Vergleichen. Da jede einzelne Erscheinung gewöhnlich das Ergebnis mehrerer zusammenwirkender Ursachen ist, wäre sie für uns ein tiefes Geheimnis, falls wir sie gesondert betrachteten; wenn wir sie aber mit ähnlichen Erscheinungen vergleichen, erhellen diese sich gegenseitig. Die besondere Wirkung jeder Ursache zeigt sich einzeln und unabhängig von den anderen, und daraus ergeben sich die allgemeinen Gesetze. Nur wenn man analysiert, beobachtet man wirklich; in der Philosophie analysiert man aufgrund von Vergleichen, wie man es in der Chemie aufgrund des Spiels der Affinitäten tut.[5]

Diese Stelle ist alles andere als eine überflüssige Abschweifung. Las man sie im Hinblick auf die anthropologischen Forschungen, die bald unternommen werden sollten, so konnte man daraus eine bestimmte Methode ableiten, die auf der auch von Volney vertretenen Auffassung der natürlichen und menschlichen Wirklichkeit beruhte und die vor allem auf eine sorgfältige »Analyse« und einen sorgfältigen »Vergleich« der gesammelten Befunde zielte. Die Abfolge der Untersuchungsschritte, die Degérando empfiehlt, entspricht Punkt für Punkt diesen methodologischen Hinweisen.

Auf allen Ebenen sollten Daten gesammelt werden, die sich, richtig beobachtet, analysiert und verglichen, gegenseitig erhellen und auf diese Weise ihre Bedeutung zu erkennen geben. Für Degérando umfaßt die wissenschaftliche Untersuchung die drei Momente der »Beobachtung«, der »Analyse« und des »Vergleichs«. Daß er die Notwendigkeit so sehr betont, über die bloße Beschreibung hinauszugehen und die vermittelt-reflexive Ebene des Sinnverstehens[6] zu erreichen, rückt ihn in die Nähe verwandter Motive bei Jauffret und entspricht epistemologisch dem für die moderne Ethnoanthropologie so wichtigen Begriff der vergleichenden Forschung.

Wichtiger noch als diese methodologischen Anstöße sind in gewisser Hinsicht einige allgemeine Bemerkungen zum Problem der Erforschung der wilden Völker. Warum sollen die Primitiven überhaupt erforscht werden? Die Forschungsreisenden waren oft nur einer okkasionellen, manchmal einzig durch bestimmte Umstände geweckten Neugierde gefolgt. Für viele Gelehrte hatte sich dagegen die ethnologische Frage in ein philosophisch-politisches Problem verwandelt. Die Wilden wurden zu »Naturmenschen«, die sich nach Ansicht der einen in einer besonders glücklichen, nach Ansicht der anderen in einer drückenden Lage befanden. In beiden Fällen war man überzeugt, daß sie den der zivilisierten Gesellschaft bekannten und erfahrbaren Verhältnissen so fernstanden, daß eine streng wissenschaftliche Analyse nicht möglich war. Nicht anders, aber klarer als Volney, faßt Degérando das Problem von einer neuen Seite an. Alles andere als bloß Gegenstand der Neugierde oder Anlaß für ideologische Auseinandersetzungen, konnte die Erforschung der wilden Völker wesentlich dazu beitragen, einen entscheidenden Teil jener »Wissenschaft vom Menschen« zu begründen, an welcher der Kultur der Jahrhundertwende so viel lag. Für Degérando sind die Wilden nämlich keine ontologische Realität *an sich*. Ihr Leben und Handeln, Fühlen und Denken dokumentieren vielmehr eine der zahllosen Lebensweisen der Menschheit, durch deren »vergleichende Analyse« die »Observateurs« wie Demeunier und Jauffret die neue ethnoanthropologische Wissenschaft und, wie gelegentlich explizit gesagt wird, ein neues Modell einer rationalen Gesellschaft begründen wollten. Unter diesen zahllosen Möglichkeiten erschien Degérando die Lebensform der wilden Völker am aufschlußreichsten zu sein. Stehen die Primitiven nicht der »Natur« am nächsten und sind sie nicht der am wenigsten von der Künstlichkeit der »Zivilisation« entstellte Teil der Menschheit? Können wir nicht das Wesen und die Gesetze des geselligen Lebens des Menschen besser verstehen, wenn wir die Formen des Zusammenlebens untersuchen, die den weisen Geboten der Natur am nächsten stehen? Deshalb meint Degérando, daß es »von allen Vergleichspunkten, die wir wählen können«, keinen gibt, »der so faszinierend und so fruchtbar für nützliche Meditationen ist, wie der, den uns die wilden Völker vor Augen führen«.[7]

Diese vergleichende Analyse, die unzählige Anhaltspunkte für die Rassenvarietäten und die Beziehung zwischen ihnen und dem Klima und dem physischen Leben gab, war nicht nur für die physische Anthropologie nützlich. Auch der Erforscher des »moralischen« Menschen konnte von einem besonders interessanten Standpunkt aus die Entwicklung der Leidenschaften und der geistigen Fähigkeiten untersuchen, ihre Natur ergründen und ihre Gesetze bestimmen.[8] Außerdem ermöglichten diese Völker Forschungen über das Wesen und die Geschichte der zwischen den beiden idealen Polen der Natur und der Zivilisation stehenden Menschheit. In dieser Perspektive war die »Beobachtung« der Welt der Wilden nicht mehr unmotiviert und unbegründet. Der moderne Mensch geht damit vielmehr auf seine eigene Kindheit zurück, die nicht für immer entschwunden ist, sondern nur vorübergehend von der Zeit verschüttet war:

> Der philosophische Reisende, der ans äußerste Ende der Erde fährt, durchläuft nämlich die Folge der Menschenalter; er reist in die Vergangenheit; mit jedem Schritt läßt er ein Jahrhundert hinter sich. Die unbekannten Inseln, zu denen er gelangt, sind für ihn die Wiege der menschlichen Gesellschaft.[9]

Die ethnographische Forschung wird damit zu einer philosophischen Reflexion über den langen Weg des Menschengeschlechts. Sie wirft nicht nur ein Licht auf eine noch unbekannte menschliche Wirklichkeit, sondern erschließt der »positiven« Wissenschaft den fernen Ursprung der Gesellschaft, die ersten und dunkelsten Phasen der menschlichen Zivilisation. Zum Teil war dies bereits ein Vorhaben von der Art des Evolutionismus, doch im Unterschied zur Kultur des 19. Jahrhunderts war sich Degérando als Erbe der Kultur der Aufklärung bei der Betrachtung der elementarsten Stufen dieses Weges noch bewußt, daß seine eigene »Zivilisation« nicht die beste war und daß die anderen primitiveren Kulturformen etwas besaßen, das einen Vergleich lohnend machte und (ganz unabhängig von dem inzwischen untergegangenen Mythos des Guten Wilden) höchste Achtung verdiente.

Aus dieser verständnisvollen und wohlwollenden Einstellung zu den »Wilden« ergeben sich einige bezeichnende Anweisungen Degérandos, wie man den primitiven Völkern gegenübertreten solle. Es gelte nicht so sehr, über sie zu *urteilen* oder abstrakte philosophische Erörterungen über sie zu führen, sondern man müsse sie gerade in ihrem besonderen Dasein, ihrem besonderen Glauben und ihren besonderen Sitten und Bräuchen *verstehen*. Mit außergewöhnlich modernem methodologischem Bewußtsein hebt Degérando hervor, daß man sich nicht nur der eigenen Vorurteile, sondern auch der eigenen Denkkategorien entledigen müsse: »Will man die Wilden wirklich kennenlernen, muß man zunächst gewissermaßen einer von ihnen werden«.[10] An anderer Stelle führt Degérando diesen Gedanken weiter aus und empfiehlt den Forschungsreisenden, sich bei der Analyse der Kultur und Gesellschaft der Primitiven nicht von bequemen, aber oberflächlichen Übereinstimmungen mit ihrer eigenen Kultur beeinflussen zu lassen. Viele Reisende hätten diesen Grundfehler begangen: »Sie lassen den Wilden auf unsere Weise denken, wenn er ihnen seine Gedankengänge nicht erklärt«.[11] Unfähig, bei ihren Untersuchungen und in ihren Urteilen radikal neue Maßstäbe anzulegen, hätten sie oft allzu harte Urteile über diese Völker gefällt und sie aufgrund gewisser Tatsachen und Sitten »der Grausamkeit, des Diebstahls, der Ausschweifung und des Atheismus« beschuldigt. Es wäre jedoch sehr viel weiser gewesen, fügt Degérando hinzu, »eine große Zahl von Tatsachen« zu sammeln, sie womöglich zu erklären und »erst dann Hypothesen Raum zu geben, wenn alle Erkenntnisse der Erfahrung ausgeschöpft sind«.[12] Die von Degérando umrissene anthropologische Forschung erhebt den doppelten Anspruch, die Wilden und die Kulturmenschen gleichzeitig als identische und verschiedene Wesen zu sehen. Damit war die anekdotische oder moralistische, auf aprioristische Vorurteile und Schemate gegründete Einstellung überwunden und eine organisch zusammenhängende rationale »Wissenschaft vom Menschen« begründet, die sich ihrer eigentlichen Ziele und der dazu notwendigen methodologischen und heuristischen Verfahrensweisen sehr viel bewußter war als jemals zuvor.

Die nun folgende ausführliche und systematische Aufzählung der Tatsachen und der Irrtümer, denen frühere Forschungsreisende verfallen waren, belegt einige vorher aufgestellte allgemeine Thesen mit Beispielen und erläutert sie im einzelnen. Viele Reisende hatten sich der menschlichen Wirklichkeit der primitiven Völker dilettantisch, impressionistisch und oberflächlich genähert. Aus einer Tatsache hatten sie bedenkenlos ein Prinzip, aus einem Satz eine Theorie abgeleitet. Doch jene Tatsachen und jene Sätze bedeuteten nichts, wenn man sie nur für sich betrachtete. Wurde die Wirklichkeit in Teile und elementare Bereiche »zerlegt«, so zeigte eine zweite systematische Analyse – auch aus Degérandos sensualistischer Sicht –, daß sie nach fortschreitend komplexeren Verknüpfungen strukturiert war. Die Beobachtungen der Anthropologen müßten sich deshalb in eine Ordnung, in eine »natürliche Verkettung«, einfügen lassen, denn nur diese könnte ihnen ihre wirkliche Bedeutung zuweisen:

> Man muß zuerst die Wirkungen untersuchen, bevor man auf die Ursachen zurückgeht; man muß zuerst die einzelnen Menschen beobachten, bevor man die Nation beurteilen kann; man muß zuerst die häuslichen Verhältnisse der Familien kennen, bevor man die politischen Verhältnisse der Gesellschaft untersucht.[13]

Wenn Degérando vom Einfacheren zum Komplexeren fortschreitet, so ist das zweifellos ein recht elementares Schema. Doch hatte er im Rahmen einer bestimmten philosophischen Tradition eine wichtige Wahrheit erkannt: die ethnographische »Beobachtung« und »Analyse« durften in ihrem Fortgang nicht arbiträr sein. Die »Ordnung« und die »Methode«, die er von den ethnographischen Forschungsreisenden verlangte, gaben der Forderung Ausdruck, daß die Wissenschaft die komplexen Formen der Wirklichkeit genau beobachten und reflektieren sollte. In dem Maße als diese Wirklichkeit nicht zufällig war, mußte man einer ebensowenig willkürlichen Forschungsweise und Methodologie folgen. Oft, fügt Degérando hinzu, sei das Urteil über ein Volk mit nebensächlichen Einzelheiten begründet worden, die die wirklichen Wesenszüge jenes Volkes nicht zu enthüllen vermochten. Die Reisenden, die »fast ganz und gar vom äußeren und sichtbarsten Charakter eines Volkes, von seinen Zeremonien und von seinen Sitten geblendet« gewesen seien, hätten sich »allzu wenig darum bemüht, mit den sehr viel wichtigeren Verhältnissen seines philosophischen Daseins, seiner Bedürfnisse, seiner Vorstellungen, seiner Leidenschaften, seiner Kenntnisse und seiner Gesetze vertraut zu werden. Sie haben eher Formen beschrieben als lehrreiche Berichte gegeben«.[14] Der schlimmste Fehler zahlreicher, selbst sehr erfahrener Gelehrter sei es schließlich gewesen, betont er genau wie Volney, daß sie die Sprache des Volkes, das sie erforschen wollten, nicht untersucht haben. Wie konnte man unter diesen Umständen sich der Genauigkeit der Angaben versichern und die zahllosen Erscheinungen des alltäglichen Lebens verstehen? Sie haben uns »jene so sicheren wie ergiebigen Aussagen nicht übermitteln können, die die Sprache einer Nation über ihre Ansichten, die Art ihrer Gefühle und über die geheimsten und eigentlichsten Züge ihres Charakters macht«.[15]

Der umfangsreichte Teil dieser »Instructions« befaßt sich schließlich mit einem mit Beispielen erläuterten Verzeichnis der psychologischen, moralischen, linguistischen, sozialen, politischen, religiösen Daten, die die an der Expedition teilnehmenden Gelehrten sammeln sollten. Degérando gibt hier wirklich außergewöhnlich viele, vom Standpunkt der praktischen Arbeiten der Mitarbeiter gesehen, sogar zu viele Anweisungen – »eine riesige Arbeit«, wie er im übrigen selbst erkennt.[16] Doch gerade durch die Fülle der organisch zusammenhängenden Anweisungen sind Degérandos *Considérations* nicht nur in methodologischer Hinsicht beispielhaft, sondern auch deshalb, weil sie die Bedeutung und die spezifischen Gegenstände einer soziokulturellen Anthropologie ausführlich entwickeln. In einer Zeit, in der zahlreiche Gelehrte die Menschengattung in sehr anregender Weise, als eine Tierspezies behandelten und besonders ihre physischen Eigenschaften oder ihre Wechselbeziehungen mit dem natürlichen Milieu untersuchten, war eine Klärung der spezifisch menschlichen Aspekte des Menschen besonders dringlich. Das tat Degérando mit größter Klarheit. Ohne die deutlichen Zusammenhänge zwischen dem moralischen und dem physischen Menschen zu vernachlässigen, wies er auf den Reichtum der spezifisch menschlichen Welt hin – angefangen von der Sprache bis zur intellektuellen und moralischen Sphäre, von der strukturell geselligen Natur des Menschen bis zu seinem ökonomischen, politischen, kulturellen und religiösen Handeln.

Wollten wir alle Forschungsthemen analysieren, die in diesem Teil der *Considérations* behandelt werden, müßten wir uns mit praktisch allen philosophisch-anthropologischen Interessen der französischen Kultur am Ende des 18. Jahrhunderts befassen. Daher ist es wohl nützlicher, die wichtigsten Etappen des von Degérando empfohlenen methodologischen und gleichzeitig thematischen Wegs zu zeigen. Als erstes muß man die Sprache der Wilden verstehen, und zwar nicht nur, damit man die unentbehrliche Verständigung herstellen kann, sondern auch, weil die dazu nötigen Untersuchungen an sich schon »höchst wichtig« seien.[17] Degérando fordert, daß man die Sprache als ersten und unmittelbarsten Ausdruck der menschlichen Persönlichkeit in ihren verschiedenen Äußerungen mit der größten Genauigkeit erforscht und die *Sprache als eine Vielfalt von Sprachen* in allen ihren Aspekten, Strukturen und Spezifizierungen erfaßt.[18] Dahinter steht nicht nur die umfangreiche Studie über die Zeichen *(Des Signes)*, die Degérando gerade beendet hatte, sondern auch das Beispiel der Untersuchungen der Gestensprache, die der Bürger Sicard im Umgang mit den Taubstummen mit großem Erfolg anwandte.[19]

Bereits diese und die anderen ersten Etappen der von Degérando theoretisch entworfenen anthropologischen Forschung zeigen deutlich, daß die Kultur der »idéologues« die »Wissenschaft vom Menschen« mit dem nötigen Instrumentarium ausrüstete. Auch im Zusammenhang mit den Analysen, die der »Observateur« über den Wilden »als moralisches und intellektuelles Wesen« empfiehlt, wirkt sich der begriffliche und methodologische Ansatz der »idéologie« aus. Konnte man im übrigen den Wilden, der von den Anthropologen der Expedition Baudin analysiert werden sollte, nicht in mehrfacher Hinsicht mit Condillacs Statue vergleichen? In beiden Fällen war es möglich, die gleiche heuristische und hermeneutische Methode anzuwenden. »Der erste Gegenstand – erklärt Degérando den künftigen ›Analytikern‹ –, bei dem ihre Blicke verweilen werden, werden die Sinne des wilden Menschen sein. Sie werden bis ins einzelne auf die verschiedenen Empfindungen eingehen«, um zahlreiche Fragen beantworten zu können, die Degérando sorgfältig begründet.[20] Die spezifische Themenstellung entspricht der der »idéologues«. Die Fragen, die die Sinne und die von irgendwelchen organischen Mängeln oder Schwächen verursachten »moralischen Wirkungen« betreffen, entsprechen in mehrfacher Hinsicht gewissen Teilen der *Rapports du physique et du moral de l'homme.* Wenn Degérando nahelegt, zuerst die einfacheren, dann die komplexeren Ideen parallel zu den psychologischen Fähigkeiten zu untersuchen, greift er auf Locke, Condillac, Destutt de Tracy und auch eigene Texte zurück. Da die Ideen nur »bearbeitete Empfindungen« seien, werde der Beobachter zu erkennen versuchen, in welcher Weise der Wilde seine Empfindungen umformt. Man müsse ferner bedenken, daß diese Umformungen strukturell nur »durch Kombination und Abstraktionen« geschehen könne und deshalb, »indem man diese beiden Wege verfolgt«, herausfinden,

> wie groß der Umfang der Ideen des einzelnen Wilden ist, und wo ihre Grenzen liegen; wir werden erfahren, wie weit Kunst des Verallgemeinerns entwickelt ist, welche Vorstöße sie in das Gebiet der moralischen Ideen gemacht haben ...[21]

Die *Considérations* fordern, das psychologische und intellektuelle Bild des Wilden möglichst umfassend nach einer streng beschreibenden und vergleichenden Methode zu zeichnen. Wesentlich sei, führt Degérando weiter aus, zu untersuchen, wie der »Wilde« denkt, überlegt, urteilt; ob und wie er das Verhältnis zwischen Ursache und Wirkung erkenne; wie er die Naturerscheinungen deute, ob er an einen geistigen Grund aller Dinge glaube, ob er sich als frei betrachte oder vielmehr die Existenz eines Schicksals anerkenne ...[22] Doch damit gibt Degérando sich noch nicht zufrieden. Die theoretische Analyse des Menschen hatte zahlreiche komplexe Ideen und gleichzeitig psychologische Triebkräfte und »reflektierte Bedürfnisse« entdeckt, wie die Neugierde, die Überraschung, die Furcht, die Unsicherheit und ähnliche mehr. Da sich nun die Gelegenheit bot, diese Thesen experimentell zu überprüfen, oder genauer, jene spekulativen Schemata mit »positiven« Tatsachen zu füllen, mußte man sie ergreifen: »Der Beobachter wird die Natur und den Umfang dieser Bedürfnisse beim Wilden genau zu bestimmen versuchen«; er werde den Grad der Neugierde beurteilen, für den der Wilde empfänglich zu sein scheint; er werde uns mitteilen, wie sehr er sich vom Vergnügen angezogen fühlt und wie sehr er den Schmerz verabscheue; »wir werden etwas über seine Selbstkontrolle erfahren, über seine Furchtlosigkeit oder Schwäche angesichts der Gefahr, über sein durch Erfolge gewecktes Selbstvertrauen oder den dadurch hervorgerufenen Übermut, über den Stolz oder die Scham, womit er sich selbst betrachtet, seinen Kummer über mißlungene Handlungen«[23], und so weiter. Die psychologische Dimension des Wilden sollte, wie wir sehen, in jeder Hinsicht und mit aufmerksamem und zu »Beobachtung« und »Messung« bereitem Blick erforscht werden. Eine bestimmte Philosophie verkörperte sich somit in einer konkreten und klar definierten »Wissenschaft vom Menschen«.

Degérando bemühte sich, das Spezifische des affektiven und intellektuellen Bereichs des Menschen zu wahren, doch schenkte er auch den Berührungspunkten zwischen dem »moralischen« und dem »physischen« Menschen Beachtung. Unter diesem Aspekt sind die Fragen sehr charakteristisch, die er zum Thema der physischen Erscheinung des Wilden und zum Problem der Krankheiten, vor allem derjenigen, die das »Moralische« direkter affizieren konnten, aufwirft. Hier spüren wir nicht nur Cabanis', sondern in gewisser Weise auch Pinels Einfluß. Nicht zufällig empfiehlt Degérando in diesem Zusammenhang, Erscheinungen von Schwachsinn und Wahnsinn zu erforschen.[24] Degérando weist auch auf das Verhältnis zwischen Individuum und natürlicher Umwelt hin. Seine Bemerkungen müssen im Zusammenhang mit der großen Tradition von Montesquieu bis zu Volney und den Studien der am Ende des Jahrhunderts wirkenden »médecins-philosophes« gesehen werden. Am sorgfältigsten sollte seines Erachtens das Klima analysiert werden. »Man wird nicht nur beobachten, wie kalt oder warm es ist, sondern auch versuchen, die Eigenschaften der Atmosphäre, die er atmet, festzustellen und ihre Weichheit, Reinheit, Dichte, Feuchtigkeit, etc. bestimmen«.[25] Wie konnten die Speisen und Getränke des »Wilden« vernachlässigt werden? »Es wäre angebracht, das Wasser, das er trinkt sorgfältig zu analysieren, und zu erfahren, wie sehr ihm unsere Speisen widerstreben.«[26]

Die Physiognomie des »Menschen«, die die Gelehrten der Expedition Baudin anhand des »Wilden« analysieren sollten, nahm auf diese Weise allmählich die Gestalt jenes einheitlichen Bildes an, das die Anthropologie am Ende des Jahrhunderts gezeichnet hatte. Gerade das Mißtrauen gegenüber Verallgemeinerungen und die Aufmerksamkeit aufs Konkrete führten zu Degérandos Forderung, die neuen Forschungsreisenden sollten eine große Zahl von Individuen untersuchen und diese nicht auf den »einfachen und allgemeinen Typus« zurückführen, von dem frühere Reisenden angenommen hätten, »daß ein ganzes Volk ihm angehört«:

Gibt es also keine Verschiedenheit zwischen den einzelnen Mitgliedern einer wilden Gesellschaft? Ist diese Verschiedenheit, obgleich ohne Zweifel viel weniger sichtbar als die in zivilisierten Gesellschaften, nicht dennoch wirklich und interessant? Wird eine sorgfältige Untersuchung dieser von uns so entfernten Wesen nicht auf Unterschiede in ihren Fähigkeiten, Gewohnheiten, Ideen, Ansichten und Neigungen führen, die durch Alter, Geschlecht, vom Organismus und durch äußere Lebensumstände verursacht sind?[27]

Im zweiten Teil der *Considérations* folgen auf die Anweisungen für die Untersuchung des physisch-moralischen Menschen Ratschläge und Hinweise für die im engeren Sinne ethnographische Erforschung des geselligen Menschen. Hier sind die »philosophischen« Anklänge und Überlegungen weniger direkt. Degérando geht hier technischer vor und stellt vor allem lange Listen von Fragen auf, die die Forscher ihren Untersuchungen zugrundelegen sollen. Trotz der Langatmigkeit dieser Abschnitte spürt man Degérandos große ethnologische Aufgeschlossenheit. Hinter der endlosen Liste von Fragen, die die verschiedensten Themen berühren, steht deutlich ein ganz bestimmtes Schema, eine bewußte, rationale »Ordnung«, die die »Ordnung« der analysierten menschlichen Wirklichkeit systematisch auf die intellektuelle Ebene zu transponieren versucht. Die ethnographische »Beobachtung« und »Analyse« der primitiven Völker geht im übrigen ebenfalls von einer »philosophischen« Voraussetzung aus. Man solle nicht glauben, betont Degérando, daß diese Völker aus einsamen, asozialen Menschen bestünden; sie glichen nämlich keineswegs den Menschen, »die in den Wäldern aufgefunden wurden und offenbar fast keine Kommunikation mit anderen Menschen gehabt hatten«[28] – Degérandos Anspielung war damals, im Jahre 1800, unmittelbar verständlich. Wenn auch die Primitiven keine »Zivilisation« besaßen, so lebten sie deshalb nicht wie die Tiere oder wie der »Wilde von Aveyron«. Waren sie auch »Wilde«, so hatten sie sich doch von der Naturordnung gelöst und eine gesellschaftliche Ordnung gegründet: »Wahrscheinlich gibt es keine Wilden, bei denen man nicht zumindest irgendwelche Anfänge von Gesellschaft findet«.[29] Diese Behauptung ist wichtig. Sie erinnert an entsprechende Thesen von Lévi-Strauss: auf jeder Stufe hat sich die Menschheit bereits von der Natur losgelöst. Der Wilde und der zivilisierte Mensch unterscheiden sich demzufolge durch verschiedene Grade der Entwicklung, nicht aber durch ihre Zugehörigkeit zu verschiedenen Ordnungen der Wirklichkeit.

Da man andererseits in der Sozialität ein universales Merkmal der Menschheit entdeckt hatte, mußte die Analyse dieser Sozialität zu einem Schwerpunkt der ethnoanthropologischen »Enquête« werden. Aus diesem Grund behandelt Degérando diesen Teil seiner *Considérations* so systematisch und ausführlich. Er hält sich auch hier an seine gewohnte methodologische Ordnung, das heißt, er geht vom Einfacheren zum Komplizierteren über. So empfiehlt er, zuerst die Familie zu »beobachten«. Dabei müsse die Stellung des Mannes, der Frau, die Funktion und das Ansehen der verschiedenen Verwandtschaftsgrade, die väterliche Autorität, die soziale Rolle der verschiedenen Altersgruppen, die Bedeutung und der Zwang der Familienbeziehungen untersucht werden. Man dürfe ferner das Verhältnis zwischen Eltern und Kindern und die gebräuchliche moralische und physische Erziehung nicht vernachlässigen.[30] Erst dann könne der Ethnograph zur Analyse der Gesellschaft übergehen, wobei er diese, wie Degérando hervorhebt, unter politischem, zivilem, religiösem und ökonomischem Aspekt betrachten müsse. Besondere Aufmerksamkeit müsse der politischen Struktur des betreffenden primitiven Volkes geschenkt werden, wie

z. B. den Kasten, Gruppen und Hierarchien, den verschiedenartigen öffentlichen Ämtern und Amtseinsetzungen, der Natur und den Grenzen der obersten Gewalt.[31] Man müsse auch die Beziehungen zwischen den verschiedenen Völkern untersuchen: der »Philosoph«, der mit dem Werk von Hobbes und Rousseau vertraut ist, will wissen, ob sie »von Natur im Kriegszustand« oder »gewöhnlich in Frieden« leben, wie sie ihre Kriege führen, zu welchen taktischen Methoden und zu welchen Waffen sie greifen, wie sie sich psychologisch vor und nach dem Konflikt verhalten, wie sie Friedensverträge und Bündnisse schließen und wie sie die Fremden behandeln.[32] Aus der Perspektive des Anthropologen und des Kultur- und Geschichtsphilosophen kommt der sozio-ökonomischen Analyse der »wilden« Stämme noch größere Bedeutung zu. Wenn man die Fruchtbarkeit und den Reichtum des Bodens festgestellt habe, der das Territorium eines Volkes ausmacht, so müsse man die verschiedenen Tätigkeiten dieses Volkes untersuchen. Degérando kannte den Unterschied zwischen Jagd, Viehzucht und Landwirtschaft ganz genau und hoffte, wie Montesquieu, die ethnographische Forschung könne die Gründe erhellen, »warum eine so scharfe und dauerhafte Grenze das jagende vom ackerbauenden Volk trennt«.[33] Diese Forschung erlaube nicht nur wertvolle Aufschlüsse über den Fortschritt der Menschheit: »Wir betonen diese Überlegungen, denn wenn man Mittel fände, um wilde Völker in den Zustand von *Hirten* oder *Bauern* zu überführen, so würde man ihnen zweifellos den sichersten Weg zu den Vorzügen der Zivilisation öffnen«.[34]

Für die Wissenschaft und die »Philosophie« sei es nicht weniger nützlich, wenn man den Begriff des Eigentums bei den Primitiven erforsche.[35] Dieser Studie müsse eine genaue Analyse aller anderen Tätigkeiten der Primitiven folgen, vom Handwerk und Handel bis zu ihren Vergnügungen.[36] Das Thema der Feste bringt Degérando schließlich zu zahlreichen Fragen über Mythen und Riten, den Jenseitsglauben, die Funktion der Medizinmänner und der »Priester«.[37] Auch die als Verständigungsmittel verwandten Trophäen und Feuersignale, »die zivilen oder religiösen Zeremonien und Bräuche« und sogar die Tänze, »diese für die Fremden manchmal so geheimnisvollen Tänze, die uns vielleicht über die Geschichte der Völker oder über ihre Wesenszüge unterrichten können« – das alles betrachtet er ebenfalls als Gegenstand der neuen ethnologischen Wissenschaft.[38] Das Verlangen, dieses »civilisé«, die primitive Menschheit näher, oder besser gesagt, von innen kennenzulernen, war unstillbar. Sein Traum war, daß einige lebende Wilde nach Europa gebracht werden könnten. Nach einiger Überlegung bemerkt er, daß man eine ganze Familie mitbringen müsse, weil man nur so die Gefahr vermeiden könne, abstrakte und beschränkte Kenntnisse zu erwerben, denn nur im Innern des konkreten Organismus einer Familie könnten die »in ihren Gewohnheiten weniger gestörten, durch ihren Verlust weniger betrübten« Wilden ihr natürliches Wesen bewahren; und »wir würden in Miniatur das Modell jener Gesellschaft besitzen, in welcher sie aufgewachsen sind«.[39]

Degérandos ethnoanthropologische Interessen umfaßten einen wirklich außergewöhnlich großen Bereich. In seinen *Considérations* werden fast alle Themen und Probleme der modernen Ethnologie des 19. und 20. Jahrhunderts gedrängt, aber systematisch dargelegt. Hinter diesen »Anweisungen« stand nicht bloß ein großer Wissensdrang, sondern auch die Haltung eines »Zivilisierten«, der es verstand, den »Wilden« nicht abgöttische Bewunderung, aber ein vielfältiges und verständnisvolles Interesse entgegenzubringen, und der sich ihnen im Bewußtsein näherte, daß nunmehr eine neue Wissenschaft entstanden war. Zu den Themen dieser Wissenschaft, die erforscht und »analysiert« werden konnten, zählt Degérando ausdrücklich auch jene magischen und religiösen Überzeugungen, jene Sitten und Bräuche, die ein großer Teil der aufklärerischen Kultur kritisch und sarkastisch betrachtet hatte. Auch diese Überzeugungen und »Sitten« erschloß er der wissenschaftlichen Beobachtung. Die »voyageurs philosophes« sollten sogar die Erscheinung der Anthropophagie unvoreingenommen untersuchen und alle Merkmale dieses Brauchs feststellen, so »abscheulich« er auch sei.[40] Auch im Zusammenhang mit der Religion der Primitiven war es Degérando weniger wichtig, von außen her ein Urteil zu fällen als *im Gelände* eine möglichst umfassende und exakte Dokumentation zu sammeln oder sammeln zu lassen. Viele Forschungsreisenden und selbst »aufgeklärte« Philosophen« hatten den primitiven Glauben schnell und eigenmächtig mit mehr oder weniger oberflächlichen und ironischen Beschreibungen abgetan. Nach Degérandos Ansicht mußte man dagegen die bloß *von außen* gefällten Urteile hinter sich lassen und versuchen, die Gesamtheit der Bedeutungen und Funktionen zu ergründen, die eine bestimmte Gesellschaft den sakralen Gegenständen und Riten zuwies:

> Es wird nicht genügen, wie man es gewöhnlich tut, die Form der Tempel und die Gestalt der Idole zu beschreiben, die von einem Volk verehrt werden; wir müssen auch etwas über die Vorstellungen erfahren, die ein Volk mit diesen Idolen und Tempeln verbindet, vorausgesetzt, daß dies überhaupt der Fall ist.[41]

9. *Der Untergang des »Guten Wilden«*

In diesem theoretischen und kulturellen Rahmen konnte Degérando anhand seiner Sammlung von Material über sexuelle Beziehungen mit großer Plausibilität die Frage stellen, ob der Vergleich zwischen den Sitten der »Wilden«

und denen der »Zivilisierten« zu »ihrem oder zu unserem Vorteil« ausfalle.[1] Einige Jahre zuvor stellte der bereits genannte J. M. Plane entschlossen die Hypothese auf, daß die »Wilden« nach wie vor *glücklicher* als die »Zivilisierten« wären, »wenn das allzu oft ungerechte Los der Waffen sie nicht Menschen unterworfen hätte, die hundertmal barbarischer waren«.[2] Jenseits solcher Wertungen, die gewiß angefochten werden können, doch eine ganz bestimmte Stimmung ausdrücken, gab es um die Jahrhundertwende einige andere »Anthropologen«, die sehr viel verbindlichere Thesen äußerten und sich zueigen machten, beispielsweise jener Vertreter der »Wissenschaft vom Menschen«, der im Jahre 1801 den Begriff der »Wildheit« prinzipiell in Frage stellte und heftig gegen Gelehrte polemisierte, die gewisse Völker allein deswegen als »wild« bezeichneten, »weil sie bei ihnen keines jener Gesetze gefunden haben, unter deren Herrschaft sie zur Welt gekommen sind«.[3] In dieser Richtung hatten sich bekanntlich auch einige »Philosophen« der vorangegangenen Generation nicht weniger radikal geäußert – denken wir nur an Voltaire oder Diderot. In der »Société des Observateurs de l'homme« dagegen gab es trotz einiger wichtiger Ausnahmen unleugbar so etwas wie einen ideologischen Rückzug. Die Primitiven wurden nicht mehr verherrlicht und die Zivilisierten weniger kritisiert. Virey, ein der »Société« nahestehender Anthropologe, lehnt 1801 den Mythos des »Guten Wilden« scharf ab und stimmt ein eigenartiges Lob der europäischen Rasse und Kultur an.[4]

Wir müssen uns jedoch hüten, diese Veränderungen vorschnell zu interpretieren. Zweifellos kam es zu der neuen Einstellung der Kultur der Jahrhundertwende gegenüber den »Zivilisierten« und den »Wilden« auch deshalb, weil die kritische Unvoreingenommenheit und die ideologisch-politische Fortschrittlichkeit, die die Interpretationen und Urteile der Aufklärung zwischen 1750 und 1770 gekennzeichnet hatten, nachließen. Doch dürfen wir den wissenschaftlichen und kulturellen Aspekt des Problems nicht ganz übersehen. Wenn die »Observateurs« das traditionelle Urteil berichtigten, das die Aufklärung – oder genauer, ein Teil ihrer – über das Verhältnis zwischen »Zivilisation« und »Wildheit« gefällt hatte, beugten sie sich damit *auch* einer kritischen und »positiven« Forderung. Es galt, Urteile richtigzustellen, die offensichtlich zu sehr von außerwissenschaftlichen Erwägungen abhängig waren. Man nahm sich vor, eine oft allzu »romanhafte« Methode durch realistischere, auf »Beobachtung« und »Analyse« fundierte Untersuchungen zu ersetzen.

Die Geschichte des Naturmenschen – lesen wir in einem Text von 1801 – darf kein Roman sein; man hätte den Wilden so darstellen sollen, wie er wirklich ist; das Bild, das ihn uns zeigen sollte, hätte weder schmeichlerisch noch geschmeichelt sein dürfen; man hätte jene phantasievollen Historiker widerlegen müssen, die der unwissenden, vom Merkwürdigen stets faszinierten Menge zuliebe jene Menschen ihren Vorstellungen gemäß schildern und das Glück und glückliche Menschen bei Geschöpfen finden wollen, welche die Natur wie durch Zufall in dürre oder fruchtbare, öde oder bevölkerte Gegenden verschlagen hat; zudem hat die Natur die Mühsal des Lebens, die Notwendigkeit der Arbeit, die Unwissenheit und die Leidenschaften überall angesiedelt.[5]

Derartige Texte, an denen es während des ganzen 18. Jahrhunderts gewiß nicht fehlte, vermehren sich gerade im letzten Drittel des Jahrhunderts und dann um die Jahrhundertwende außerordentlich. Sie spiegeln auch eine epistemologische oder zumindest eine allgemeine kulturelle Veränderung wider, die bislang noch nicht genügend oder richtig dargestellt worden ist. Natürlich wurde – notwendigerweise – auch die »Wissenschaft«, die den Platz der früheren »Philosophie« eingenommen hatte, anfangs nicht von einem neutralen wissenschaftlichen Interesse gelenkt. Da Voltaire und Diderot sich des ideologisch-polemischen Inhalts ihres Ansatzes bewußt waren, gingen sie wohl sogar »freier« und »offener« vor als einige »Gelehrte« des ausgehenden Jahrhunderts, die fest davon überzeugt waren, daß die Beschreibungen und Urteile ihrer »Wissenschaft« auf einer unparteiischen und objektiven »Gewißheit« gründeten. Der Abbé und »Philosoph« Raynal, der an einer berühmten Stelle die Wilden den Zivilisierten gegenüberstellt, war sich offensichtlich vollkommen im klaren, daß es nicht so sehr darum ging, die Wilden an sich zu verherrlichen, als vielmehr darum, gewisse – nicht negative oder vom Fortschritt noch nicht überholte – Aspekte des »wilden« Lebens unvoreingenommen zu analysieren und damit den Zivilisierten zur Einsicht zu verhelfen, wie ausschweifend und lasterhaft die gepriesene europäische »Zivilisation« war.[6]

Im Bereich der ethnologischen Reflexion und vor allem der ethnographischen Forschung wies jedoch die Entwicklung, die sich in der »Société des Observateurs de l'homme« anbahnte, eine Reihe positiver Aspekte auf. Was einige Jahrzehnte zuvor auch in wissenschaftlicher Hinsicht gültig gewesen war, galt nun nicht mehr. Gegenüber einer »Philosophie«, deren Hauptrichtung beharrlich die Gemeinplätze über den »guten Wilden« wiederholte, war die Wissenschaft des ausgehenden Jahrhunderts mit guten Gründen sehr unduldsam. »Meine Meinung über die unzivilisierten Völker – schreibt La Pérouse an Fleurieu – stand seit langem fest; meine Reise hat sie nur noch bekräftigt«. Seine Polemik richtete sich jedoch bezeichnenderweise nicht so sehr gegen die barbarischen, aber unschuldigen Primitiven, als gegen den von der »Philosophie« am Schreibtisch ausgetüftelten Mythos: »Ich bin tausendmal zorniger über die Philosophen, die die Wilden so sehr verherrlichen, als über die Wilden selbst«.[7] »Ich bin ein Reisender und Seefahrer – schreibt der spätere Observateur Bougainville –, das heißt ein Lügner und Dummkopf in den Augen jener trägen und hochmütigen

Schriftsteller, die, im Dämmerlicht ihrer Studierzimmer, über die Welt und ihre Gewohnheiten drauflos philosophieren und die Natur ihren Phantasiegebilden unterwerfen«.[8] Nicht weniger energisch und entschieden polemisierte François Péron in seinem Bericht über seine Südseereise gegen den Mythos vom Guten Wilden. Viel hatte sich seit der noch nicht lange zurückliegenden Zeit verändert, als er in den *Observations sur l'Anthropologie* Kritik an der Zivilisation übte und dabei kein Hehl aus seiner Sympathie für den »Guten Wilden« machte. Seine direkten, in den australischen Ländern gesammelten Erfahrungen hatten ihn eines anderen belehrt:

Jene außergewöhnliche Zeit liegt nicht weit zurück, als berühmte, von einer glühenden Vorstellungskraft besessene und über das von unserem gesellschaftlichen Zustand untrennbare Unglück erbitterte Männer sich gegen diesen auflehnten, da sie seine Wohltaten verkannten, und alle Quellen des Glücks, alle Prinzipien der Tugend dem wilden Menschen vorbehielten. Ihre verhängnisvolle Beredsamkeit führte die Öffentlichkeit in die Irre; zum ersten Mal gab es vernünftige Männer, die über die Fortschritte der Zivilisation seufzten und jenen elenden Zustand herbeisehnten, der heutzutage mit dem verführerischen Namen des Naturzustandes ausgezeichnet wird... Zum Glück haben uns die modernen Reisenden nach und nach mit sehr vielen wilden Völkern bekannt gemacht und uns damit erlaubt, jene hinfälligen Sophismen richtig zu beurteilen...[9]

Diesem »Guten Wilden«, diesem Naturmenschen, war Péron auf seiner Reise oft begegnet. Er begegnete ihm z. B. in der »Terre de Diémen« und erforschte ihn dort eingehend. Die Erfahrung, die er dabei machte, war schmerzlich: »Ohne richtige Häuptlinge, ohne Gesetze, ohne jede Vorstellung von der Landwirtschaft, der Verwendung der Metalle, der Zähmung der Tiere, ohne eine andere Zuflucht als ein elendes kleines Dach aus Rinde, das vor der Kälte der Südwinde schützen soll« [10], sei dieser Naturmensch so schwach, so verroht, so sehr auf eine subhumane Dimension beschränkt, so daß sein Leben immerwährend hart und unsicher sei. Viele andere Forschungsreisenden kamen im übrigen mit der gleichen Erfahrung zurück. Ihre Aussagen widerlegten systematisch die »hinfälligen Sophismen« der Philosophen. Darin zeigte sich für Péron klar und deutlich der Kontrast zweier verschiedener Methoden: die eine ging das Wirkliche durch »Beobachtung« und »Erfahrung« an, die andere mit der »glühenden Vorstellungskraft« und der »verhängnisvollen Beredsamkeit« des Denkers. Zweifellos sollte man nicht dem »Roman« der letzteren, sondern dem »Blick« der ersteren vertrauen, wenn man den Naturmenschen wirklich kennenlernen wollte, der »im Moralischen wie im Physischen so anders« sei als die »verführerischen Bilder«, die das »Systemdenken« unserem gesellschaftlichen Zustand allzu voreilig entgegensetzen wollte.[11] In dieser energischen Gegenüberstellung der Forschungsreisenden und der abstrakten Denker, der direkten und imaginären Erfahrung lebte die Lektion Volneys wieder auf, den Péron übrigens auf diesen Seiten ausdrücklich mit einem genauen Hinweis auf die *Voyage en Égypte et en Syrie* erwähnt. Volneys Einfluß zeigt sich ferner in der hier geäußerten Überzeugung, den Reisen käme eine entlarvende und deshalb, vom Standpunkt des wissenschaftlichen Fortschritts gesehen, positive Funktion zu. Indem diese Forschungen falsche Vorstellungen und hinfällige Sophismen zu entkräften halfen, schreibt Péron, habe die von Kapitän Baudin geleitete Expedition »der wahren Philosophie« nützen können.[12]

In diesem Zusammenhang gewinnt Pérons Studie über die physische Kraft einiger primitiver Völker, die auch Degérando fordert[13], eine ganz bestimmte Bedeutung. Weder ersetzt Péron die früheren Hypothesen durch neue, noch stellte er einer Ideologie eine andere, gegensätzliche, aber gleichwertige gegenüber. Er ging vielmehr von den Studien eines Physikers vom Range Coulombs aus und hatte ein von Régnier erfundenes und konstruiertes Instrument bei sich, das Dynamometer hieß. Den Hypothesen setzte er Messungen und den »Romanen« exakt vergleichende Tabellen der empirisch erzielten Ergebnisse entgegen.[14] Aus seinen Forschungen ergab sich, daß die primitiven Völker im allgemeinen körperlich sehr viel schwächer waren als bisher vielfach angenommen worden war.

Dieses spezifische Ergebnis ist für uns in diesem Zusammenhang jedoch nur bis zu einem gewissen Grade interessant; wichtiger war Pérons Methode und vor allem die große Bewußtheit, mit welcher er seine »positive« Forschung in einen ganz bestimmten historisch-kulturellen Zusammenhang einfügen wollte. Im Laufe des 18. Jahrhunderts, als die antinomischen Themen der »Wildheit« und der »Kultur« und die physiologischen Studien, die, wie an anderer Stelle bereits erwähnt, vor allem das Empfindungsvermögen betrafen, vertieft und damit gewisse Probleme höchst aktuell wurden, entwickelte sich nämlich – aufgrund der im 17. Jahrhundert und in früheren Epochen geschaffenen Voraussetzungen – eine sehr heftige Debatte darüber, wie groß die Körperkraft und das Empfindungsvermögen der Primitiven seien. Der »Gute Wilde« wurde in der Aufklärung nicht nur verherrlicht, es gab auch eine andere Richtung, da man aus den Reiseberichten oder aus eigenen Überlegungen vielfach ein sehr viel pessimistischeres und sogar apokalyptisches Bild der Wilden und ihrer psycho-physischen Eigenschaften gewonnen hatte. Die These der besonderen körperlichen Schwäche des »Wilden« wurde im 18. Jahrhundert, wie wir noch sehen werden, vor allem im Zusammenhang mit den amerikanischen Eingeborenen aufgestellt, doch wurde diese These in verschiedenen Versionen verbreitet, die keineswegs immer und ausschließlich in den traditionellsten oder sogar reaktionärsten Kreisen des 18. Jahrhunderts entstanden. Erst im 19. Jahrhundert entwickelte sich die rassistisch-ideologische These von der Unterlegenheit der primitiven Bewohner der »anderen« Erdteile zugleich mit der Privilegierung des europäischen Kontinents und der europäischen Völker. Zweifellos gab es auch im 18. Jahrhundert Schriftsteller, die zu rassischen »Vergleichen« und Hierarchien neigten, doch überwog in diesen Forschungen und Diskussionen die Argumentation mit dem Dualismus von »Wildheit« und »Zivilisation«: es handelte sich, zumindest in allgemeiner und theoretischer Hinsicht, um eine eher historisch-menschliche, wenn auch oft durch andere Begriffe und Emotionen verhärtete Dialektik als um einen durch die absolute *natürliche* Wesensverschiedenheit der beiden Vergleichspunkte auf die Spitze getriebenen Gegensatz. Sei es, daß der Vergleich zwischen dem »Physischen« des Zivilisierten und des Wilden mit einem natürlich-rassischen Ansatz, wie z. B. bei Cornelius De Pauw – worauf wir noch eingehen werden –, sei es, daß er mit einem historischen Ereignis oder Verhängnis in Zusammenhang gebracht wurde – jedenfalls fiel er, öfter als gewöhnlich angenommen wird, eindeutig und radikal zu Ungunsten des Wilden aus. Es wäre sehr interessant, dieser so vielseitigen, in ihren Erklärungen, Implikationen, Beispielen sich stets wandelnden Geschichte der Figur nachzugehen, die einmal sehr treffend als die des »Unedlen Wilden« definiert wurde.[15]

Hier allerdings können wir eine solche Untersuchung umso weniger in die Wege leiten, als Péron sich gerade dadurch auszeichnet, daß er es ablehnt, das Problem der Stärke oder Schwäche des »Wilden« mit einer global-verallgemeinernden Methode anzugehen, die ihm in negativer Weise »philosophisch« zu sein schien. Eine so wichtige Untersuchung mußte vielmehr nicht einmal unbedingt *im Gelände,* aber wenigstens wissenschaftlich-»positiv« durchgeführt werden – was bei De Pauw und vielen seiner Nachfolger kaum oder gar nicht der Fall war. Es war kein Zufall, daß Péron sich nicht darauf beschränkte, in diese Debatte mit einem Instrumentarium einzugreifen, das bisher nur subjektiv-impressionistisch festgestellte Daten nun auch *quantitativ zu messen* erlaubte. Wie Volney in den gleichen Jahren im Zusammenhang mit den amerikanischen Eingeborenen neigte er dazu, über die Wilden nicht *im allgemeinen* zu sprechen, sondern auf *bestimmte* Wilde einzugehen, die er konkret vor sich gehabt hatte und mit seinem Dynamometer untersuchen konnte.

Nicht weniger interessant ist Pérons Einstellung zu dem ätiologisch-hermeneutischen Problem, das durch die statistischen Angaben über die körperliche Schwäche der Wilden gestellt wurde. Wir haben bereits darauf hingewiesen, daß die Kultur des 18. Jahrhunderts zu diesem Fragenkomplex zwei Theorien aufgestellt hatte: Einerseits wurde behauptet, die physische Schwäche der Wilden könne nur physische Ursachen haben, andererseits glaubte man, diese Ursachen seien rein gesellschaftlicher Natur. Hier handelte es sich, wie übrigens auch früher, nicht einfach um einen doktrinären Gegensatz zwischen Wissenschaft und Philosophie. Der Gegensatz bestand eher zwischen zwei verschiedenen philosophischen Wissenschaften – oder wissenschaftlichen Philosophien – und, wenn wir den Sachverhalt von einer für Péron und die »Observateurs de l'homme« relevanten Seite betrachten, zwischen zwei verschiedenen Auffassungen der menschlichen Natur, das heißt, um es im Rahmen der kulturellen Tradition zu formulieren, zwischen Helvétius und Diderot, Condillac und den »médecins-philosophes«. Péron schnitt das Problem nicht direkt und mit allen seinen Implikationen an, doch berücksichtigte er die verschiedenen auf dem Spiele stehenden Thesen. Er vergegenwärtigte sich die Position der »Physiologen«, die nur feststellten, daß »eine reichliche Ernährung, eine gewohnheitsmäßige, stetige und vor allem maßvolle Übung die günstigsten Bedingungen sind, um die Körperkraft zu entwickeln und zu bewahren«; er vergegenwärtigte sich auch die Position einer Gruppe berühmter »Philosophen«, die dazu tendierte, auch die physische Schwächung eines Volks mit politischen und sozialen Ursachen zu erklären. Péron versuchte, diese beiden gegensätzlichen Thesen in einer Synthese aufzuheben. Die Ursache der physischen Schwäche der wilden Völker liege seiner Meinung nach gewiß in der natürlichen Verfassung ihres Lebens, doch handele es sich dabei weder um eine aprioristisch gegebene Beziehung zur Umwelt noch um eine unabänderliche Situation. Die Natur sei keine Haupt-, sondern nur eine Nebenursache. Betrachtet man die vergangene und gegenwärtige Geschichte vieler Völker, »wird man wohl bald einsehen, daß die Verbildungen der fraglichen Völker weitgehend vom Zustand des Elends und des Hungers abhängen, in welchem sie zu leben gewohnt sind«.[16]

Im Gegensatz zu einer These, die lange Zeit zumindest von einer Richtung des modernen Denkens gefördert wurde, waren nach Pérons Ansicht die Wilden eindeutig viel schwächer als die Kulturmenschen. Doch handelte es sich für ihn weder um ein ontologisch gegebenes Schicksal noch um eine unabwendbare Natur, die diesen Teil der Menschheit prägte und verurteilte. Der eigentliche Grund dafür wurzelte tief in bestimmten historisch-geographischen Wechselfällen, die zumindest potentiell von den Menschen verändert werden konnten. Daß Péron, ein »Anthropologe« aus der Schule der »médecins-philosophes«, in den Belegen für seine These der physischen Schwäche der »Wilden« eine radikal und deterministisch-physizistische Position zu vermeiden wußte, ist sehr bemerkenswert. Die Lektion von Degérando und Volney, der den historisch-sozialen, bei der Entwicklung und beim Untergang der menschlichen Gesellschaft wirksamen Faktoren stets große Beachtung schenkte, war nicht wirkungslos geblieben.

Mit Degérando, Volney und Péron fand der Mythos vom Guten Wilden für die aufgeschlossenste und fortgeschrittenste Kultur nun definitiv sein Ende.[17] Seit der Zeit, als er von Diderot, Rousseau und Raynal dazu benutzt wurde, um die europäische Kultur radikal in Frage zu stellen, hatte er sich ohnehin schon sehr entwickelt und verändert, was allzu oft unterschätzt wird. Um die Wende vom 18. zum 19. Jahrhundert wird dieser Mythos dann in der Regel nicht mehr von avantgardistischen »Philosophen«, sondern von Autoren wie Bernardin de Saint-Pierre und Chateaubriand verwendet und entartet deutlich zu einem Fluchtmythos und sogar zu einer Waffe fortschrittsfeindlicher Polemik gegen die Welt der Geschichte und der Vernunft. Wenn es auch zutrifft, daß Volney und seine Freunde in ihrer Polemik nicht immer die beiden verschiedenen Bedeutungen und Interpretationen des »Guten Wilden« auseinanderzuhalten wußten, so stimmt auch, daß ein Teil der Kultur des beginnenden 19. Jahrhunderts vor allem die kritische Funktion der Position der »Observateurs« als eine Alternative zu den reaktionären Wunschträumen der eben genannten Schriftsteller bot. In der Spätaufklärung wurde nicht so sehr die Welt der Primitiven als vielmehr ihr nicht mehr glaubwürdiger, verbrauchter Mythos auf das richtige Maß zurückgeführt, wenn nicht gar gänzlich zum Verschwinden gebracht.[18]

10. Volney und die amerikanischen Wilden

Eines der bedeutendsten Dokumente dieser »Entmythologisierung« sind zweifellos Volneys *Observations sur les Indiens ou Sauvages de l'Amérique-Nord*. Diese kurze Schrift erschien als Anhang zu einer Studie über die Vereinigten Staaten, die Volney nach einem dreijährigen Amerikaaufenthalt verfaßte. Er war 1795 nach Philadelphia gereist, da er Frankreichs nachrevolutionärer Zukunft nicht sehr optimistisch entgegensah und stattdessen hoffte, bei einem »freien Volk« besser leben zu können.[1] Wie schon bei seiner Forschungsreise im Mittleren Orient setzte er sich auch jetzt vor allem wissenschaftliche Ziele. Nach seiner Ankunft in Philadelphia begann er, seine englischen Sprachkenntnisse zu vervollkommnen; dann setzte er sich mit den führenden Persönlichkeiten des Landes, angefangen bei Jefferson, in Verbindung[2] und unternahm schließlich eine Reise, auf der er die ganze Ostküste der Vereinigten Staaten, bis zum Ohio und zum Mississippi systematisch durchstreifte und in gewohnter Weise mit scharfem und nüchternem Blick untersuchte.[3] Den Personen, die ihn über die verschiedensten Aspekte des amerikanischen Lebens unterrichten konnten, legte er umfangreiche Fragebögen vor, zeichnete genaue Landkarten, beobachtete die Windverhältnisse und sammelte geologische Proben, die er dann La Métherie und Lamarck überließ.[4] Leider enthält das Werk, an dem er nach seiner Rückkehr nach Frankreich im Jahre 1798 langsam zu schreiben begann, nur seine Untersuchungen über die geographischen und klimatischen Verhältnisse Amerikas. Daß er sich über die amerikanische Gesellschaft ausschwieg, hatte wahrscheinlich auch psychologische und politische Gründe. Einerseits muß man berücksichtigen, daß Volney einige Aspekte der amerikanischen Gesellschaft sehr streng beurteilte. Zweifellos hätte die Veröffentlichung einer kritischen Schrift über die Vereinigten Staaten die zwischen Volney und gewissen amerikanischen Kreisen herrschende Spannung verschärft und vielleicht auch das zwischen Frankreich und den Vereinigten Staaten damals wechselhafte Verhältnis belastet, andererseits konnte in jenen Jahren auch das Lob einiger in der amerikanischen Nation mehr oder weniger potentiell vorhandener liberaler und demokratischer Tendenzen gefährlich werden, da Napoleons autoritäre Herrschaft sich zusehends festigte.[5]

Wenn auch Volneys *Tableau du sol et du climat des États-Unis* nicht so vollständig und so bedeutend ist wie sein *Voyage en Égypte et en Syrie*, handelt es sich doch um ein äußerst interessantes Werk. Das Schema, dem das ganze Werk hätte folgen sollen, spiegelt noch einmal ein bestimmtes geosoziologisches Konzept wider und umreißt indirekt ein auch ethnographisch relevantes Verfahren. Um eine Gesamtuntersuchung einer bestimmten Gegend durchzuführen, schreibt Volney, müsse man zuerst einmal den Boden und das Klima, dann, »der Reihe nach«, die Zahl der Bevölkerung, ihre räumliche Verteilung, ihre »Verteilung nach Arbeits- und Beschäftigungsarten« erforschen; dann folge vernünftigerweise die Untersuchung »der Gewohnheiten, das heißt der Sitten, die von diesen Beschäftigungen herrühren« und der »Verbindung dieser Gewohnheiten mit den angeborenen Ideen und Vorurteilen«. Wenn man dann »aufgrund der Geschichte, der Sprache, der Gesetze, der Bräuche« die Entstehung und die anfängliche Struktur der betreffenden Gegend, in diesem Fall der amerikanischen Kolonien, untersucht habe, könne man schließlich ihren Geist und ihre wichtigsten Eigenschaften mit der bekannten These der Sensualisten und der »idéologues« erklären, »daß in Gemeinschaften wie bei Individuen die ersten Gewohnheiten einen das übrige Leben beherrschenden Einfluß ausüben«.[6] In dieser Perspektive gewann die ausführliche Analyse des natürlichen Territoriums, der Gebirgs- und Flußstrukturen, des Klimas und der Windverhältnisse auch eine anthropologische und soziologische Bedeutung. Die amerikanische Erfahrung weckte in Volney wiederum das Bedürfnis, auf experimenteller Grundlage zu untersuchen,

welche Übereinstimmung zwischen einem gewöhnlich nebligen, trüben Himmel und einem melancholischen und ernsten Temperament besteht; ob ein kaltes und feuchtes Wetter aufgrund irgendeiner physischen Wirkung auf Nerven und Eingeweide den *spleen* hervorruft und ob, umgekehrt, ein klarer Himmel, eine strahlende Sonne, durch eine stimulierende Wirkung der Nervenflüssigkeit, die ebenfalls elektrisch ist, Fröhlichkeit erzeugen.[7]

Das Thema war wiederum nicht neu, wohl aber, wie scharfsinnig und energisch Volney dazu auffordert, das Problem ausschließlich experimentell anzugehen. Er war sich nämlich bewußt, daß mehrere auf diesem Gebiet »von einigen politischen Schriftstellern übereilt aufgestellte« unumstößliche Prinzipien von einer genauen Analyse der Tatsachen weitgehend widerlegt« würden.[8] Neben den allgemeinen theoretischen Fragen erörtert Volney auf diesen Seiten ein konkreteres und spezifischeres, in den vorausgegangenen Jahren leidenschaftlich umstrittenes Problem, nämlich die »Bewohnbarkeit« des amerikanischen Kontinents.[9] Volney beurteilte die physisch-klimatische Wirklichkeit der Vereinigten Staaten freilich nicht sehr positiv. Vom Standpunkt des menschlichen »Glücks« gesehen, betont er, wie rauh die Atmosphäre und die Winde, wie ungünstig vor allem die großen Distanzen seien.[10] In ungefähr den gleichen Jahren bereiste ein anderer französischer Reisender, der später berühmt werden sollte, nämlich Chateaubriand, begeistert die majestätische amerikanische Landschaft – die er übrigens, wie kürzlich nachgewiesen wurde, nicht allzu wahrheitsgetreu darstellte.[11] Im *Tableau* und vorher in seinen Reisenotizen verfiel Volney nicht in den Fehler seines Landsmannes. Seine »Beobachtungen« stimmen meistens und seine »Analysen« sind ziemlich unvoreingenommen.[12] Wichtiger noch ist der gedrängte und fragmentarische Teil, der die amerikanische »Zivilisation« behandelt. Am Ende des Jahrhunderts übte diese Zivilisation noch immer eine große Faszination auf die Franzosen aus und einige Jahre früher hatte Paris eine Reihe berühmter Amerikaner, unter ihnen Franklin und Jefferson, wohlwollend und sogar begeistert empfangen.[13] Entschieden hatten die Kolonien der Revolution ihre Unterstützung gegen England angeboten. So sehr Volney gerade mit den Kreisen verbunden war, in denen der amerikanische Mythos am intensivsten wirkte, dachte er doch keineswegs daran, ihn noch weiter zu fördern. Er erkannte zweifellos die außergewöhnlichen wirtschaftlichen und menschlichen Möglichkeiten der neuen Nation, doch sein ethnosoziologischer »Blick« verschloß sich nicht den zahlreichen Beispielen dafür, daß es ihr an Gleichgewicht fehlte; so beschreibt er z. B. das unharmonische Zusammenleben verschiedenartiger Völker und Rassen, die ungestüme und wirre ökonomisch-soziale Entwicklung, die zusehends konservativeren Tendenzen der herrschenden Klasse, die von den anfänglichen politischen Idealen weit abgerückt war und der noch jungen revolutionären Tradition Amerikas und Frankreichs immer feindlicher gegenübertrat.[14]

Die französische Kultur betrachtete die amerikanische Gesellschaft als

Vorbild bürgerlicher Einfachheit und Reinheit, das der Korruption der europäischen »Kultur« entgegengestellt werden mußte – gewiß ein progressiver Mythos, aber eben ein Mythos.[15] Die Wirklichkeit, die Volney mit ethnosoziologischem Scharfblick durchleuchtete, sah sehr viel anders aus. Trotz allen Anscheins sei die neue amerikanische Nation »weder sparsamer mit ihren Finanzen noch zuverlässiger in ihren Verträgen, weder sei die öffentliche Moral besser noch der Parteigeist gemäßigter und das Interesse an Erziehung und Bildung« sei nicht größer als in den »meisten Staaten des *alten* Europas«.[16] Er, der geglaubt hatte, die Menschheit habe sich jenseits des Ozeans völlig »regeneriert«, konnte dies nicht aus Parteilichkeit, sondern im Gegenteil nur aus Wahrheitsliebe bemerken. Es sei wahrhaftig ein »romanhafter Irrtum« – wir kennen die abschätzige Bedeutung dieses Adjektivs in der Kultur der Jahrhundertwende –, daß die Schriftsteller »eine Ansammlung von Bewohnern des alten Europa, Deutsche, Holländer und vor allem Engländer« als »neues und ursprüngliches Volk« bezeichneten.[17] Für Volney handelte es sich also nicht um eine wunderbarerweise neue Menschheit, sondern um eine alte Menschheit mit neuen Möglichkeiten. Deshalb mußte sie unabhängig von allen Mythen in einer menschlichen, von einer bestimmten Natur und historischen Überlieferung geprägten Dimension verankert werden.

Eine entsprechende oder ethnographisch sogar noch relevantere »Entmythologisierung« gelingt Volney in den *Observations sur les Indiens* im Zusammenhang mit den Indianern. Es gebe zwei verschiedene, ebenso falsche Methoden, die »nordamerikanischen Wilden« zu beschreiben, bemerkt Chateaubriand ungefähr gleichzeitig: die eine spreche »nur von ihren Gesetzen und ihren Sitten«, ohne stattdessen ihre »den zivilisierten Menschen oft abstoßenden Bräuche und Gewohnheiten eingehend zu untersuchen; in diesem Falle werde man wohl in den Indianern »nichts als Griechen und Römer sehen, denn die Indianer haben bedeutende Gesetze und oft bezaubernde Sitten«. Die zweite Methode sei, nur ihre Gewohnheiten und Bräuche *(coutumes)* zu betrachten, ohne ihre Gesetze und Sitten *(mœurs)* zu berücksichtigen; in diesem Fall sehe man nur noch »verrauchte und schmutzige Hütten, in denen Spezies von mit menschlicher Sprache begabten Affen hausen«.[18]

Trotz des uneingeschränkten Lobs der »bedeutenden Gesetze« und der »bezaubernden Sitten« der Wilden verrät diese Stelle aus Chateaubriands *Voyage en Amérique* eine neue, kritisch-reflexive Einstellung der neuen Generation zu einem der komplexesten und tiefsten Mythen der europäischen Kultur. Doch gerade aus den Seiten, die Chateaubriand der ethnographischen Beobachtung der amerikanischen Eingeborenen widmet, geht hervor, daß »andere« menschliche Wirklichkeiten weiterhin vor allem ein literarisches Interesse finden. Dieser Eindruck wird nicht schon dadurch geändert, daß der Verfasser von *Atala* zweifellos ein Gespür für Bedeutung und Funktion bestimmter Sitten oder Riten hat und gelegentlich Primärquellen heranzieht.[19]

Volney folgte methodologischen Regeln, die den von Chateaubriand erwähnten nicht unähnlich waren, und befaßte sich in einer freilich kurzen und an mehreren Stellen tendenziösen Abhandlung wissenschaftlich genau mit der Welt der Indianer.[20] Natürlich konnte er Chateaubriands Text nicht zitieren, weil dieser erst 1827 veröffentlicht wurde. Doch lagen auf seinem Arbeitstisch, neben seinen zahlreichen *im Gelände* selber gesammelten Angaben, mehrere Schriften und Reiseberichte über den amerikanischen Kontinent und seine Bewohner, beispielsweise der »alte« Lahontan, Carver oder der unbedeutendere, doch nicht weniger interessante John Long.[21] Es überrascht höchstens, daß er William Robertson nicht ausdrücklich nannte, noch verwunderlicher ist, wenn Jean Gaulmier, Volneys wichtigster Biograph, nicht nur die *Observations sur les Indiens* ganz entschieden zu wenig beachtet (er befaßt sich mit ihnen auf drei Seiten seines über 600 Seiten starken Buchs), sondern überhaupt keinen Vergleich zwischen Volneys Schrift und Buch IV der *History of America* zieht oder Robertson auch nur erwähnt. Immerhin hatte der schottische Historiker 1777 mit diesem neuen umfangreichen Werk – nach seiner berühmten *History of the Reign of the Emperor Charles V* – nicht nur in Großbritannien, sondern auch in Frankreich großen Erfolg gehabt, wie sich daran zeigt, daß es sofort von Suard und Jansen und etwas später von Eidous übersetzt wurde.[22] Es ist deshalb mehr als wahrscheinlich, daß Volney, ein erstrangiger Leser und Gelehrter, Robertsons Werk kannte. Sicher ist jedenfalls, daß es interessante methodologische und inhaltliche Berührungspunkte zwischen den Stellen der *History of America*, an denen die Einwohner des neuen Kontinents analysiert werden, und Volneys *Observations* gibt. Beiden gemeinsam ist z. B. das Mißtrauen gegenüber den Reisenden, die theoretische Beschäftigung mit den bei der Erforschung der »Wilden« anzuwendenden Methoden, die Vorsicht gegenüber den Hypothesen über die Ursprünge der amerikanischen Eingeborenen, das Interesse an den Beschreibungen der Mentalität und der »Sitten« der Indianer, die sehr harte Verurteilung der Psychologie des Wilden und seiner asozialen Tendenzen und schließlich die Analysen des Jenseitsglaubens und der religiösen Zeremonien.

Über Amerika, seinen natürlichen Ursprung, seine geologische Struktur, sein Klima, seine Flora und seine Fauna und vor allem über seine Ureinwohner waren im Laufe des 18. Jahrhunderts von einigen Aufklärern die verwegensten und merkwürdigsten Hypothesen vorgebracht worden.[23] Um 1760 vertrat ein Gelehrter vom Range Buffons einige Thesen, an denen sich eine rege Debatte entzündete: Für Buffon war Amerika ein junger, in mehrfacher Hinsicht unwirtlicher Kontinent mit einem feuchten und ungesunden Klima; Beweis und Konsequenz sei die Lage der Lebewesen, vor allem der Tiere: es gebe wenige oder überhaupt keine der »höheren«, auf dem alten Kontinent verbreiteten Tiere wie z. B. die großen Säugetiere, stattdessen gebe es zahlreiche Arten von »großen Reptilien« und »Riesen-insekten«, die in diesem natürlichen, wenn auch so ungünstigen »Milieu« gut gediehen.[24] Vom amerikanischen Eingeborenen entwarf Buffon, der die menschliche Vollkommenheit immer betonte und der in anderen Fällen – auch im Zusammenhang mit anderen »Wilden« – eine sehr aufgeschlossene und »optimistische« anthropologische Haltung bezeugte, ein – ohne Übertreibung gesagt – dramatisches Bild des armen Indianers; dieser nämlich lebe in einer Gegend, in welcher

...der Mensch, in kleinen, verstreuten Scharen herumirrte; in der er, statt dieses zweifache Territorium als sein eigenes Gut zu beherrschen, überhaupt keine Macht besaß; da er sich die Tiere oder die Elemente nicht unterworfen, die Meere nicht bezwungen, die Flüsse nicht begradigt oder das Land bestellt hatte, war er hier nur ein Tier ersten Ranges und existierte für die Natur bloß als ein unbedeutendes Wesen, als eine Art machtloser Maschine, und konnte sie weder verbessern noch unterstützen; die Natur hatte ihn nicht so sehr als Mutter wie als Stiefmutter behandelt, da sie ihm das Gefühl der Liebe und das brennende Verlangen nach Vermehrung versagt hatte. Denn obwohl der Wilde der neuen Welt ungefähr die gleiche Statur wie der Mensch unserer Welt hat, macht er von der allgemeinen Tatsache keine Ausnahme, daß die lebende Natur jenes Kontinents viel kleiner ist. Der Wilde besitzt schwache und kleine Fortpflanzungsorgane, er ist weder behaart noch bärtig und er begehrt seine eigene Frau nicht; obwohl, da ans Laufen gewöhnt, viel flinker als der Europäer, hat er einen viel weniger kräftigen Körperbau; er ist auch viel unempfindlicher und gleichwohl viel ängstlicher und feiger; sein Geist ist weder lebhaft noch aktiv; sein Körper übt und bewegt sich nicht so sehr willentlich, als daß er durch ein Bedürfnis zum Handeln veranlaßt wird. Befreit ihn von Hunger und Durst und Ihr werdet zugleich das wirksame Prinzip aller seiner Bewegungen zerstören, er wird tagelang, mit stumpfsinniger Miene, unbeweglich stehenbleiben oder hingekauert verharren.[25]

Es handelt sich deutlich um ein völlig aus der Luft gegriffenes Bild, eines jener »Gemälde«, die aufgrund weniger oder gar nicht gesichteter Angaben zweiter oder dritter Hand gemalt wurden und die die Gelehrten vom Ende des Jahrhunderts so sehr irritieren sollten. Zu diesen Gelehrten gehörte wohlgemerkt auch Volney. Er zitiert Buffon zwar nicht ausdrücklich, indem er jedoch bald die These angreift, daß der Kontinent oder zumindest seine Bewohner »jung« seien und daß die Männer einen unbehaarten Körper haben, bald die bizarre Theorie der sexuellen Schwäche der amerikanischen Eingeborenen absichtlich übergeht und der Schilderung der angeblich unkriegerischen Eingeborenen ein ganz anderes psycho-physisches Bild entgegenstellt, beweist er, daß er sich nicht zufällig, sondern bewußt und kritisch von Buffon distanziert.[26] Wenn er den Verfasser der *Histoire naturelle* und seine – zumindest in diesem Falle – hinfällige anthropologische »Philosophie« nicht ausdrücklich verurteilt, so nimmt er im übrigen gegenüber dem anderen führenden Vertreter der These von der »Unreife« und »Entartung« der amerikanischen Rasse, dem berühmten Cornelius de Pauw, eine ganz andere Haltung ein.

In seinen wenigen Jahren nach Buffons »amerikanischen« Texten erschienenen und noch am Ende des Jahrhunderts neu aufgelegten *Recherches philosophiques sur les Américains* griff De Pauw Buffons Thesen in gewisser Weise wieder auf und trieb sie auf die Spitze.[27] Er beschränkte sich also nicht nur darauf, die typische Theorie der Aufklärung – oder zumindest einer ihrer Strömungen – zu entwickeln, daß der Mensch außerhalb der Gesellschaft ein Tier bleibe und der Weg zur »Zivilisation« über den Zusammenschluß einzelner Menschen, die gemeinschaftliche Ausübung der Landwirtschaft und die Institution des Eigentums führe.[28] Er behauptete, die Eingeborenen des neuen Kontinents seien qualitativ niedrigere, oft von den schrecklichsten Mißbildungen gezeichnete Lebewesen, so daß sie während langer Zeit »nicht für Menschen, sondern für Orang-Utane, für große Affen« gehalten worden seien, »die man ohne Gewissensbisse und ohne Tadel vernichten durfte«.[29] Wie könne man außerdem, allgemeiner gesehen, leugnen, daß »der wilde Mensch, in dem jede Menschlichkeit erloschen und jedes Gefühl vergessen ist, sich von den ihrem Trieb unterworfenen Vierfüßlern und Tieren überhaupt nicht unterscheidet«?[30] De Pauw zeichnete ein wahrhaft apokalyptisches Bild der amerikanischen »Wilden«; sie lebten, in kleiner Zahl, auf einem »stinkenden und sumpfigen«, von »giftigen Bäumen« und »Rieseninsekten« bedeckten Boden, hatten einen völlig »verrohten, geschwächten und kranken Organismus«[31] und seien kaum entwickelt und unbehaart.[32] Auf intellektueller und moralischer Ebene unterschieden sie sich von den übrigen Tieren nur deshalb, weil sie Hände besäßen und der Sprache mächtig seien, doch wüßten sie davon keinen praktischen Gebrauch zu machen:

> Eine stumpfe Unempfindlichkeit liegt dem Charakter aller Amerikaner zugrunde: ihre Trägheit hindert sie daran, irgendeiner Unterweisung Aufmerksamkeit zu schenken; keine Leidenschaft vermag ihre Seele zu erschüttern und über sich selbst zu erheben... Sie sind wirklich niedriger als der niedrigste Europäer; da sie sowohl der Intelligenz als der Vervollkommnungsfähigkeit ermangeln, gehorchen sie einzig den Anstößen ihres Triebs.[33]

Diese Wilden seien sogar unfähig, die elementarsten Ideen miteinander zu verbinden, zu denken und sich an das zu erinnern, was sie tagszuvor getan hätten.[34] Und all das – ein wichtiger Punkt – erfolge nicht aus zufälligen oder veränderbaren Umständen, sondern habe unveränderliche organische Ursachen: es handle sich um »wirkliche Gebrechen«, um »physische Mißbildungen«[35], wir hätten es also mit unerziehbaren, strukturell niedrigeren Wesen zu tun.[36] Besonders schwerwiegend und auffällig sei dies im moralischen Bereich. De Pauw zeichnete den amerikanischen Eingeborenen als ein unvorstellbar grausames, gegen das Leben gleichgültiges Wesen, das mit seinem Nächsten stets Krieg führe und doch alles andere als mutig sei; schließlich auch unfähig, irgendein gutes Gefühl, selbst seinen eigenen Kindern gegenüber, zu bekunden.[37] All dem lägen wiederum bestimmte physische Ursachen zugrunde: »Es muß im Organismus der Amerikaner etwas geben, das ihr Empfindungsvermögen und ihren Geist abstumpft«, so daß sie überhaupt keine Empfindung besäßen. Die Abrundung dieses Bildes vom amerikanischen Wilden verdient es, wenigstens teilweise wiedergegeben zu werden:

> Er ist eigentlich weder tugendhaft noch schlecht: welchen Grund hätte er, es zu sein? Die Dumpfheit seiner Seele, die Schwäche seines Geistes, die Notwendigkeit, sich Mittel zu verschaffen, um inmitten des Elends leben zu können, die Macht des Aberglaubens und die Einflüsse des Klimas bringen ihn weit vom Wege ab; aber er wird dessen nicht gewahr. Sein Glück besteht darin, nicht zu denken, in völliger Untätigkeit zu verharren, zu schlafen und sich um nichts zu kümmern, wenn er die Qualen des Hungers gelindert hat... Bis zu seinem Tod bleibt er ein Kind, trifft keine Vorsorge, vervollkommnet sich nicht, läßt unter seinen Augen und unter seinen Händen selbst seine eigene Natur verkommen, ohne sie jemals anzuspornen und ihrer Stumpfheit zu entreißen. Von Natur aus ist er äußerst träge, aus Schwäche rachsüchtig, in seiner Rache grausam, denn er selbst empfindet ja nichts; da er nichts anderes als sein Leben zu verlieren hat, betrachtet er alle Feinde als Mörder, die es auf ihn abgesehen haben.[38]

Wir sind kurz auf De Pauws *Recherches* eingegangen, weil dieses Werk während des ganzen letzten Drittels des Jahrhunderts und auch später noch einen großen Erfolg gehabt hat, einen Erfolg, zu dem natürlich sowohl Zustimmungen als mehr oder weniger ausdrückliche und systematische Kritiken beitrugen, von denen wir zumindest die von Pernety, Jefferson und den Italienern Galiani, Paolo Frisi, Gian Rinaldo Carli erwähnen müssen.[39] Trotz aller Vorbehalte und Kritiken wurde De Pauws Werk auch noch um die Jahrhundertwende aufmerksam gelesen, besonders Volney schenkte ihm große Beachtung (eine Tatsache, die Gaulmier erstaunlicherweise wiederum nicht bemerkt, und De Pauw ebenso wenig wie Robertson erwähnt). Volneys *Observations* können außerhalb der Debatte des 18. Jahrhunderts über den neuen Kontinent und seine geographische, natürliche und ethnoanthropologische »Degeneration« nicht verstanden werden. Volney, der sich hauptsächlich für eine – freilich von neuen Vorurteilen nicht ganz freie – Polemik gegen den Mythos vom Guten Wilden engagierte, fand bei De Pauw und Robertson reiches dokumentarisches Material, das sich zumindest gegen den amerikanischen »Wilden« kritisch verwenden ließ. Eine analytisch-vergleichende Lektüre der drei Texte würde Volneys Übernahmen hervortreten lassen. Die Ungeselligkeit, die Neigung zur Faulheit, die den Indianern eigentümliche Gleichgültigkeit gegen das Leben, das heißt Themen, die Volney in seinen *Observations* entwickelte, stimmen in vielem mit dem überein, was, mit anderen Akzenten, De Pauw und Robertson geschrieben hatten. Im übrigen erwähnt Volney selber mehrfach das Werk des holländischen Gelehrten.

Nicht weniger deutlich als einige unleugbare Übereinstimmungen zeigt sich der kritische Abstand zu De Pauw. Volney merkte bald, daß die *Recherches philosophiques sur les Américains* selbst den elementarsten wissenschaftlichen Kriterien nicht gerecht wurden. Obwohl auch er von der *sozialen* Unterlegenheit der amerikanischen Eingeborenen mit all ihren moralischen und politischen Implikationen überzeugt war, glaubte er ebensowenig wie Robertson [40], daß es sich um eine *anthropologische*, das heißt physisch-organische und unwiderrufliche Unterlegenheit handelte. Zwar betont auch er, wie wir noch sehen werden, gewisse sehr negative Eigenschaften der Mentalität und der Gewohnheiten der Amerikaner, wobei er zum Teil stark übertreibt, doch spricht er nie von einer ursprünglich und von Beginn an entarteten psychisch-physiologischen Struktur. Die Rückständigkeit dieser »Wilden« hing seines Erachtens mit einer geophysischen Unterlegenheit des Kontinents zusammen, den er ebenfalls, nicht anders als Robertson, als sehr unwirtlich schilderte. Zudem behauptete Volney trotz einiger strenger Urteile nie, die Indianer hätten eine »tierische Natur« und ihr Verstand, ihr Gedächtnis, ihr Wahrnehmungsvermögen und ähnliche Vermögen seien nur beschränkt oder überhaupt nicht vorhanden. Volneys Anthropologie und die der anderen »Observateurs« – darauf legt er besonderen Wert – läßt keine von einem transzendenten Geschick festgelegte unveränderliche Rangabstufung der verschiedenen Rassen zu, während Buffon und De Pauw glaubten, der amerikanische Kontinent sei durch den Willen dieses Schicksals qualitativ niedriger und »unreifer« als die übrige Welt. Deshalb betont Volney bereits am Anfang seiner Abhandlung ganz energisch seine kritische Distanz zu den *Recherches*. Nur dem Anschein nach sei De Pauw im Vergleich zu den optimistischen Mythologien der »Philosophen« vorurteilsfrei und antikonformistisch, in Wirklichkeit sei er wie sie voller Widersprüche und Übertreibungen, nehme ebensowenig wie sie von wirklichen und beglaubigten Tatsachen Notiz und neige ebenfalls dazu, von Dingen zu sprechen, die er weder persönlich kennengelernt noch nachgeprüft habe. Volney war darüber so entrüstet, daß er die Gelegenheit dieser Polemik ergriff, um seine »experimentelle« und kritische Konzeption der Wissenschaft zur Sprache zu bringen:

Paws [sic] Buch über die Amerikaner ist sehr befremdend. Nach meiner Rückkehr aus Amerika wollte ich es lesen, um von den vielen Einsichten, die ihm nachgerühmt werden, zu profitieren. Doch als ich merkte, wie bedenkenlos er falschen Tatsachen beipflichtet, wie verwegen er daraus unbegründete Schlüsse zieht, voneinander abweichende Paradoxe aufstellt und verteidigt und wie scharf er andere Schriftsteller angreift, da fiel mir, ich gestehe es, das Buch aus den Händen. Ich kann einfach nicht verstehen, wie man von einem Studierzimmer aus sich anmaßt, über Sachen, die man nicht einmal selbst gesehen hat, allein aufgrund unzulänglicher und widersprüchlicher Zeugnisse endgültig zu entscheiden. Was mich betrifft, so bin ich, je mehr ich die Welt gesehen und meine Beobachtungen erweitert habe, immer mehr zu der Überzeugung gekommen, daß nichts heikler und seltener ist, als die Objekte, vor allem die komplexen Objekte, in ihren wirklichen Aspekten und Beziehungen zu begreifen; daß es nahezu unmöglich ist, angemessen über die allgemeine Lage eines Landes oder einer Nation zu sprechen, ohne dort gelebt zu haben; daß das Gleiche noch entschieden mehr für die Vergangenheit gilt und daß das größte Hindernis für die Fortschritte der Erkenntnis jene Gewißheit *(esprit de certitude)* ist, die bis heute bei allen Völkern in der Erziehung geherrscht hat.[41]

Es ist für Volney besonders charakteristisch, daß er die oberflächliche »Unbefangenheit«, die »Verwegenheit« und Bedenkenlosigkeit, mit der »falsche Tatsachen« bekräftigt, »unbegründete Schlüsse« gezogen und »voneinander abweichende Paradoxe« aufgestellt wurden, tadelt und noch zorniger darüber ist, daß Gelehrte sich anmaßen, von ihrem Studierzimmer aus über Sachen »endgültig« zu urteilen, die sie selber nie gesehen haben. Nicht zufällig kritisiert der Verfasser der *Observations* einzelne Thesen De Pauws in erster Linie mit dem Argument, daß dieser seine so sicher vorgebrachten Behauptungen nicht adäquat durch Tatsachen belegte.

Es ist bedauerlich, daß sich Volney nicht auch über William Robertsons *History of America,* vor allem über den umfangreichen Teil über die amerikanischen Eingeborenen, geäußert hat. Um die Wende vom 18. zum 19. Jahrhundert war dieses Werk – oder genauer gesagt, das vierte Buch – eine der bemerkenswertesten ethnologischen Abhandlungen über die Völker des neuen Kontinents. Auch Volney hatte es offenbar, wie bereits erwähnt und nachgewiesen, herangezogen. Robertson, der viel besonnener war als De Pauw, nahm gewöhnlich nicht polemisch für oder gegen die neue Welt und ihre Bewohner direkt Stellung. Er zog es vor, eine umfassende, systematische Untersuchung anzustellen, die auf einer reichhaltigen, meist sorgfältig gesichteten Dokumentation fußte. Es handelt sich dabei jedoch weniger um ein gelehrtes als historisch-kritisches und vor allem nicht um ein völlig ausgewogenes, in jeder Hinsicht annehmbares Werk, wir haben es vielmehr mit einer sehr originellen Studie zu tun, die viele persönliche Urteile und wohl auch persönliche Vorurteile enthält.[42] Wer mit Texten des 18. Jahrhunderts ein wenig vertraut ist, wird sofort merken, daß Buch IV eine der beachtlichsten ethnologischen Schriften jenes Jahrhunderts ist. Robertson stützt sich nicht nur auf außergewöhnlich vielfältige Belege, er überlegt auch sehr sorgfältig, welche Themen in die möglichst vollständige Analyse eines bestimmten ethnisch-kulturellen Milieus aufzunehmen und in welcher Reihenfolge sie am ehesten zu behandeln sind. Immer wieder fragt er nach den theoretischen Problemen, die mit einer derartigen Untersuchung verknüpft sind. Allgemein methodologisch begreift er die ethnographische Tätigkeit fast genau so, wie Volney bald darauf seine Studien über den Mittleren Orient und später über Amerika konzipieren sollte:

Ich trachte nicht danach – schreibt Robertson –, mit den großen Meistern zu wetteifern, die das wilde Leben bald mit kühnen Zeichnungen, bald mit leuchtenden und prächtigen Farben gemalt und verschönert haben. Ich habe mich mit dem sehr viel anspruchsloseren Verdienst begnügt, mein Thema beharrlich unter mehreren verschiedenen Beleuchtungen mit geduldigem Fleiß geprüft und bei den sorgfältigsten Beobachtern *(observers!)* die einzelnen und oft auch bis ins kleinste gehenden Merkmale gesammelt zu haben, die es mir erlaubten, ein dem Original ähnliches Bild zu schaffen.[43]

Mit der Polemik gegen die »Maler«, die die objektive ethnologische Wirklichkeit zu Unrecht »verschönerten«, und mit dem Vorhaben, selbst »bis ins kleinste gehende Merkmale« zusammenzutragen, um dann nach und nach eine Art Mosaik zu bilden, das die erforschte Wirklichkeit abbildete, nahm Robertson ähnliche methodologische Ansichten vorweg, wie sie dann von Degérando und Volney so präzise theoretisch formuliert wurden. Nicht weniger interessant ist die Sorgfalt, mit welcher er die mit der Ethnographie zusammenhängenden Fragen angeht. Auch weist er, wie später Degérando, auf die Probleme der menschlichen Beziehung zu den Wilden und auf die Schwierigkeiten hin, denen die »Beobachter« begegnen, wenn sie zuverlässige Auskünfte erhalten wollen und sich von ihren »kulturellen« Vorurteilen zu befreien versuchen.[44]

Uns aber interessieren – auch unabhängig von möglichen direkten »Anleihen« – vor allem gewisse Übereinstimmungen zwischen Robertson und Volney. Der Teil der *History of America,* den wir hier betrachten, geht nicht anders als Volneys *Observations sur les Indiens* von einer geophysischen und klimatischen Untersuchung des »Milieus« aus, in welchem die amerikanischen Eingeborenen lebten, denn Robertson war überzeugt, daß die natürliche Umwelt und das menschliche Leben eng miteinander zusammenhängen.[45] Dann analysiert Robertson die Bevölkerung des neuen Kontinents und auch hier zeichnet sich die Analyse, wie später bei Volney, hauptsächlich durch ihre äußerste Umsicht und ihr ausdrückliches Mißtrauen gegenüber Gelehrten aus, die, wenn sie mehr oder weniger zu Recht bestimmte Entsprechungen zwischen den Bräuchen oder den religiösen

Überzeugungen der amerikanischen Wilden und der Völker des alten Kontinents entdeckten, in »leichtfertiger und zweifelhafter« Weise verwegene Hypothesen über die Herkunft und das »ursprüngliche Leben der ersteren« aufstellten.[46] Für Robertson war es wichtiger, anhand positiver Dokumente das wirkliche und gegenwärtige Leben der amerikanischen Einwohner zu untersuchen. In diesem Punkt nahm der schottische Gelehrte das Schema vorweg, das Degérando und Volney etwas später, vielleicht mit größerem theoretischem Bewußtsein, entwarfen. Robertson nämlich analysierte der Reihe nach die physischen Merkmale der Wilden, ihre moralischen Eigenschaften, die Familienstrukturen, die sozio-politischen Verhältnisse, ihr Kriegssystem, ihre Künste, ihre religiösen Vorstellungen und Riten.[47]

Das Bild des amerikanischen Wilden, das sich dabei ergab, war freilich nicht sehr schmeichelhaft, doch glich es keineswegs jenem Bild, das der junge Buffon und De Pauw gezeichnet hatten. Robertson erwähnte und benutzte Buffon zwar, jedoch nur für einige nicht sehr wichtige Hinweise auf die Tiere des neuen Kontinents.[48] Im übrigen dachte er nicht im entferntesten daran, der These von der Trägheit, »Entartung« und Schwäche des gesamten psychisch-physischen Lebens der amerikanischen Eingeborenen beizupflichten.[49] Für ihn, wie auch für Volney, besaß der Indianer stattdessen »beschränkte« intellektuelle Fähigkeiten und war zweifellos recht unempfindlich, doch war er energisch, aktiv, bei politischen Verhandlungen geschickt und verhielt sich zudem – eine Bemerkung, die Volney aufgreift – angesichts der Torturen und seines häufig unglückseligen Schicksals tapfer, geduldig und stoisch.[50] Er liebe die Unabhängigkeit, könne aber durchaus, wenn auch unregelmäßig und ungeregelt, in kleinen Gemeinschaften leben, denen er oft sehr zugetan sei[51]; zudem liebe er, allerdings oft maßlos und übertrieben, das Spiel, den Tanz und andere Formen des geselligen Lebens[52]; gebe es auch einige atheistische Stämme, so habe er doch meist einen Glauben und unterschiedlich formulierte Vorstellungen über die Unsterblichkeit der Seele und andere metaphysische Probleme.[53] In der Darstellung der Fehler und Laster des amerikanischen Wilden stimmen die beiden Texte dann völlig überein: Robertson betont besonders nachdrücklich, daß der Wilde sehr unempfindlich, unbeständig und launisch sei und seinen Kindern und Verwandten wenig Zärtlichkeit erweise; zudem sei er zu individualistisch, ungeduldig, reizbar und rachsüchtig; er kenne weder das Privateigentum noch die Strafgerichtsbarkeit[54] – zwei Thesen, die wir bei Volney ganz genauso wiederfinden; schließlich – und vor allem – behandle er seine Gefangenen hart, mitleidlos und unerhört grausam, so daß er sie manchmal sogar foltere und verzehre.[55]

All dies beweist nicht nur hinlänglich, wie umfassend Robertsons ethnoanthropologische Forschung war, sondern auch die sehr weitgehende Übereinstimmung der Themen und Urteile des schottischen Gelehrten und des

Verfassers der *Observations,* der an den entscheidenden Stellen ganz ähnliche Thesen und Meinungen vertritt.[56] Das bedeutet keineswegs, daß wir die Originalität der *Observations* anzweifeln. So wahrscheinlich es ist, daß Volney Robertsons Werk kannte, so sicher ist es, daß es zwischen den beiden Gelehrten erhebliche Unterschiede gibt, die wohlgemerkt nicht nur spezifische Themen betreffen, wobei unseres Erachtens Robertson im großen und ganzen die amerikanischen Eingeborenen strenger als Volney beurteilt. Der Hauptunterschied beruht nämlich vor allem auf der unterschiedlichen Absicht der beiden Autoren. Robertson verfaßte eine breit angelegte, möglichst erschöpfende und systematische *History of America,* in welcher die Seiten über die Eingeborenen einen organischen Teil innerhalb eines größeren Zusammenhangs bilden. Volney dagegen trennte die *Observations sur les Indiens* von seinen übrigen Ausführungen über den Boden und das Klima Amerikas, um sich eine größere thematische und kritische Freiheit zu sichern. Seine Schrift zielt mehr darauf ab, einige manchmal aufreizende und herausfordernde Fragen zu stellen, als systematisch und »ausgewogen« die *gesamte* ethnographische Wirklichkeit Nordamerikas zu behandeln. Die *Observations* sind eher ein »militanter« Beitrag zu der ideologischen und kulturellen Debatte, als eine »neutrale«, distanzierte Studie. Deshalb gestattet sich der Verfasser trotz der Kürze des Textes einige Abschweifungen vom Leitgedanken der Untersuchung über die Indianer: bald polemisiert er gegen De Pauw oder gegen die Theoretiker des Naturzustandes, bald erörtert er die Funktion des Privateigentums, bald prüft er die theoretische und faktische Problematik ethnologischer »Vergleiche«.

Durch den glücklichen Einfall, seinem Werk die Form eines Interviews mit dem indianischen Sachem Kleine Schildkröte zu geben, gelingt es Volney, die Probleme zwar nicht erschöpfend, im Gegenteil eher fragmentarisch, doch zweifellos sehr frei und lebendig darzulegen. Trotz der Fülle des Materials, das es einem Gelehrten seines Rangs erlaubt hätte, die ethnoanthropologische Welt der Indianer detailliert und in aller Deutlichkeit zu rekonstruieren, zog er es vor, Themen und Probleme größerer Reichweite zu behandeln. Wenn er auch ausdrücklich jede unberechtigte Verallgemeinerung ablehnte, sah er bei den Indianern doch vor allem eine Form des individuellen und des geselligen Lebens, die anders war als die der zivilisierten Völker. Auch hier also untersucht er diese *andere* Wirklichkeit, um eine Problematik zu ergründen, die, jenseits der nicht immer überzeugenden Schemata und Antworten Volneys, auch noch die moderne Kulturanthropologie kennzeichnen sollte. Die philosophische Bedeutung und Relevanz der Forschung Volneys beruht darauf, daß er diese Probleme ganz bewußt unabhängig von gängigen Meinungen erörtert und diese Meinungen bekämpft.

Philosophisch ist diese Untersuchung auch gerade in ihrer Kritik der anscheinend »philosophischen« Betrachtungsweise des Problems der Primitiven. Für die Schriftsteller, die diese Frage nur theoretisch-abstrakt behandelt hatten, zeigt Volney keinerlei Sympathie. Besonders gegen einen der berühmtesten Theoretiker des Primitivismus äußert er sich ungewöhnlich heftig. Tatsächlich könnten wir uns schwerlich einen größeren Gegensatz zu Volney als den phantasievollen Jean-Jacques vorstellen. Die Freundschaft, die den späteren »Observateur« mit dem Helvétius-Kreis und der »coterie holbachique« verband, trug zweifellos zu Volneys großer menschlicher intellektueller Abneigung gegen Rousseau bei. Das äußerst harte Urteil über den Verfasser des *Contrat Social* enthält einige der charakteristischsten polemischen Themen, die die »Philosophen« gegen Rousseau aufboten. Rousseaus Verherrlichung der Freiheit und des Zustands der »Wilden« setzt Volney, zum Teil auf Voltaires und D'Holbachs Spuren, die Verteidigung der bürgerlichen und gesellschaftlichen Einrichtungen entgegen, die seines Erachtens allein die menschliche »Zivilisation« bildeten und förderten.[57] Nach Ansicht des Ideologen hatte Rousseau vor allem in seiner Theorie und Beschreibung des Naturmenschen nur eine imaginäre Wirklichkeit geschildert, »eine Welt von Abstraktionen« geschaffen und dabei stets »fast ebensowenig von der Gesellschaft verstanden, in der er zur Welt kam, wie von der der Wilden, die er einzig aufgrund einiger im Wald von Montmorency angestellter Vergleiche kannte«. So habe er schließlich alle mit der Welt der Primitiven verknüpften Probleme ohne jede Vorbereitung »von seinem eigenen paradoxen Standpunkt« aus und nur »um eines Wortspiels und einer rhetorischen Übung willen« behandelt und die Richtigkeit seiner These bloß »aus Ärger über eine Mißstimmung und aus verletzter Eigenliebe« verteidigt.[58]

In wenigen Texten zeigt sich das Ende einer Epoche und eines kulturellen Klimas so deutlich wie in Volneys Schrift, und zwar gerade auch deshalb, weil sie so ungestüm und offensichtlich einseitig ist. Volney bekämpfte Rousseau nicht wie die Feinde der »Philosophie«. Wahrscheinlich erkannte der Ideologe, der mit Mitgliedern der »Société d'Auteuil« in Kontakt stand, durchaus die Größe des *Emile,* wenn nicht sogar des *Contrat Social.*[59] Er bekämpfte Jean-Jacques, weil sich dieser seines Erachtens in irreführender Weise rein hypothetischer Thesen und Schemata statt der umsichtigen Methodologie einer positiven und »experimentellen« Forschung bediente. Volneys Polemik richtete sich gewiß nicht gegen die progressive Bedeutung, die die Kultur der Aufklärung dem Mythos vom Guten Wilden zu geben wußte oder gegen den positiven Sinn, den Rousseau mit der »Regeneration« der Gesellschaft verband. Einige der radikalen und eschatologischen Aspekte der Rousseauschen Lehre finden sich auch in der Gesellschafts- und Geschichtsphilosophie, die Volney in *Voyage en Égypte et en Syrie* und vor allem in *Ruines* entwirft. Seine Polemik zielte ausschließlich gegen eine bestimmte Einstellung zur Wirklichkeit. Anders als früher waren die zeitgenössischen Verfahren der »Philosophie«, zumindest im Bereich gewisser soziologischer und ethnologischer Forschungen, intellektuell dürftiger und rückständiger als die konkreten Untersuchungen der »Wissenschaften«. Für Volney und seine Generation hatte die Wirklichkeit die Einheit verloren, auf welche die totalisierenden Methoden der Philosophie jahrhundertelang Bezug genommen hatten. Der Synthese der »Philosophie« zog man nun die »Analyse« der Wissenschaften vor. Warum sollte die gegebene Vielfalt der Wirklichkeit ausschließlich theoretisch und nicht aufgrund experimenteller »Beobachtung« erforscht werden? Warum sollte man, wie es Rousseau nach Volneys Meinung getan hatte, mit bloßen Abstraktionen und metaphysischer Kritik argumentieren? Warum, vor allem, sollte der Wilde als Personifizierung einer homogenen und undifferenzierten Totalität betrachtet werden, die eine genaue Überprüfung der Wirklichkeit nicht nachzuweisen vermochte?

Es ist nicht meine Absicht – schreibt Volney in diesem Zusammenhang gegen die hinfälligen Verallgemeinerungen der »Philosophie« – und konnte es auch gar nicht sein, die Wilden im allgemeinen zu behandeln; ein solches Vorhaben wäre zu umfassend gewesen, da ja zwischen den Wilden der verschiedenen Gegenden große Unterschiede der Lebensweise, der Gewohnheiten und Sitten bestehen. Ich beschränke mich hier einzig darauf, von den Wilden Nordamerikas zu sprechen, um zu dieser durch viele Widersprüche unverständlich gewordenen Frage beizutragen, indem ich von den sichersten und durch die Tatsachen belegbaren Dinge, die ich gesehen und kennengelernt habe, Zeugnis gebe.[60]

»Beobachtung« statt »Intuition« oder »Phantasie«, »Wissenschaft« statt »Philosophie« oder zumindest statt einer bestimmten »Philosophie« – das war der neue methodologische Ansatz, den der Autor der *Voyage* in seiner Studie über die amerikanischen Wilden anwendete.

Diese Bemerkungen Volneys gingen von einer genauen Analyse des »Physischen« des Indianers aus. Er verwarf das rhetorische und manierierte Bild der Schönheit und der Körperkraft der »Wilden« ebenso wie die gegenteiligen Übertreibungen De Pauws. Er selbst versuchte, die Indianer in umfassenden, genauen und »analytischen« Beschreibungen ganz realistisch zu zeichnen, wobei er die negativen ebenso wie die positiven Aspekte erwähnte. Der Indianer sei im allgemeinen recht groß und sehe bemerkenswerterweise oft gesund aus. »Doch wenn bei ihnen keine Lahmen, Krüppel, Verstümmelte, Blinde zu sehen sind, so sollte man, ehe allzu günstige Schlüsse auf ihre Lebensweise gezogen werden, bedenken, daß jeder schwach geborene Mensch infolge der Strapazen notwendigerweise früh stirbt«.[61] Man müsse sich auch hier vor den auch wohlwollenden, aber naiven und unvorbereiteten Gelehrten möglichen Irrtümern und Täuschungen hüten. So ging Volney sein sehr heikles Thema sehr vorsichtig an, das heißt, er untersuchte zunächst das physische Empfindungsvermögen der »Wilden«. Nicht anders als es wenig später François Péron tun sollte, bemühte auch er sich um genaue und konkrete Angaben. Dabei wies er auf den außergewöhnlichen moralischen Stoizismus hin, den die Indianer bei der Folter zeigen – ein Hinweis, der an ähnliche Bemerkungen Robertsons erinnert.[62] Nicht weniger genau verfuhr er bei der Analyse der Krankheiten, die er ganz bewußt nicht so sehr auf medizinischer wie auf ethnographischer Ebene vornahm, indem er nämlich die milieubedingten und sozialen Ursachen der einer bestimmten Lebensweise eigentümlichen Krankheiten nachzuweisen versuchte.

Volneys Folgerungen hinsichtlich des »Physischen« der amerikanischen Wilden konnten natürlich mit denen vieler früherer Forschungsreisenden nicht übereinstimmen.[63] Sie führten das ausschließlich positive Bild der amerikanischen und der anderen Wilden, das zumindest von einer Richtung der aufklärerischen Kultur gezeichnet worden war, weitgehend auf die richtigen Dimensionen zurück. Diese neuen Folgerungen ergaben sich nicht aus der größeren Genauigkeit der Beschreibungen und Deutungen Volneys, sondern aus seinem neuen Ansatz. Es genügte ihm nicht, den Körperbau eines »Wilden« an und für sich zu betrachten, sondern er mußte ihn in Raum und Zeit eines wirklichen geselligen Lebenszusammenhanges lokalisieren, in einem Leben, das schwierig, ungeordnet und ohne Schutz der physischen Gesundheit war, einem Leben, in dem die anfangs kräftige psychisch-physische Konstitution sehr oft durch ungesunde und gefährliche Umstände geschädigt und zugrunde gerichtet wurde. Viele Reisende hatten dies nicht wahrzunehmen gewußt. Doch wieviel anderes hatten sie ebenfalls nicht bemerkt! Eine der Gefahren, auf die Volney, wie auch Robertson, unermüdlich hinwiesen, war gerade das impressionistische und überstürzte Vorgehen der ethnographischen »Enquête«. Lag es nicht vielleicht an einer allzu summarischen ethnoanthropologischen »Beobachtung«, wenn mehrere Schriftsteller, die »exotische« Themen behandelten, schreiben konnten, alle Wilden glichen sich »so sehr, daß man sie nur mit Mühe auseinanderhalten kann«? Gewiß würden diese Schriftsteller auch ohne weiteres behaupten, »daß auch alle Neger und alle Schafe einander gleichen, doch beweist das nur, daß sie nicht so genau hingesehen haben wie der Hirte und der Sklavenhändler«.[64] Zu solchem Sarkasmus war Volney berechtigt, weil er selber ja stets versuchte, die anthropologischen und ethnographischen Erscheinungen aus der Nähe, einzeln und konkret zu »beobachten«.

In der Beschreibung des »Moralischen« bei den Indianern urteilt Volney noch strenger. Wenn seine Demystifizierung hier in ein zuweilen übertrieben negatives Bild der nordamerikanischen Eingeborenen umschlägt, so müssen wir berücksichtigen, daß die abstrakte »Literatur« zahlreicher Reisender und Schriftsteller eben gerade die Veranlagung und die »Sitten« der Wilden zum Gegenstand hatte. In diesem polemischen Zusammenhang hatten Volneys Äußerungen ihren bestimmten Sinn. In seiner Schilderung der indianischen Mentalität zeichnete sich ein Mensch ab, der durch ein in jeder Hinsicht hartes und brutales Leben zutiefst geprägt war. Da der Wilde sich nur auf seine eigenen Kräfte stützen konnte,

war er gezwungen, sie ununterbrochen bis zum Maximum seiner Leistung anzuspannen; daher stammt sein unabhängiges, unruhiges, ungeselliges Gemüt, sein hochmütiger, unbezähmbarer, gegen alle feindseliger Geist, eine durch die ständige Gefahr hervorgerufene Angespanntheit, eine verzweifelte Entschlossenheit, jeden Augenblick ein stets bedrohtes Leben aufs Spiel zu setzen und die absolute Gleichgültigkeit gegen eine mühevolle Vergangenheit und gegen eine unsichere Zukunft...[65]

Dieses Bild hat starke Ähnlichkeit mit Robertsons Schilderung.[66] Robertson und Volney wollten keine oberflächlichen Trugbilder schaffen: ihrer Meinung nach lebte der amerikanische Wilde völlig anders als der ernste und nachdenkliche Weise, den eine ganze kulturelle Tradition beschrieben hatte. Sein Leben war äußerst beschränkt und unfrei, denn es hing völlig von einem Gesundheitszustand und von Möglichkeiten der Erhaltung ab, die von einem Moment zum anderen schwinden konnten. Über die tiefe Tragik dieses Lebens, über den dem Primitiven stets gegenwärtigen Gedanken an den Tod, über seine irrtümlicherweise als ein Zeichen seines »Glücks« aufgefaßte »Sorglosigkeit« *(insouciance)* sagt Volney an einer der charakteristischsten Stellen seines Werks:

Die Möglichkeit, jeden Augenblick zu sterben, ist der beharrlichste, der tiefste Gedanke des Wilden; er benutzt sein Leben wie ein Werkzeug, das jederzeit von den ihn umgebenden Gefahren zerstört werden kann. Da er sich von seiner Kindheit an mit diesem Gedanken vertraut gemacht hat, ist er darüber keineswegs bestürzt; es handelt sich um eine Notwendigkeit, der er sich fügt oder der er trotzt.

Eine natürliche Folge dessen ist jedoch, daß er an nichts anderem als an seinen Waffen und vielleicht an einem Gefährten oder Freund hängt, der ihm bei seiner Verteidigung und Erhaltung Hilfe leistet ... So ist der Selbstmord bei ihnen keineswegs selten, sie töten sich aus Lebensüberdruß, manchmal aus enttäuschter Liebe oder aus Zorn, sich für eine grobe Verletzung ihrer Ehre nicht rächen zu können. Sie leben nur in ihren Empfindungen, kaum in Erinnerungen und ohne alle Hoffnungen. Wenn es ihnen gut geht, scherzen, singen und tanzen sie, wenn sie krank oder müde sind, legen sie sich auf die Erde, rauchen und schlafen. Doch da sie oft weder Ruhe finden noch Nahrungsmittel zur Verfügung haben, fällt es schwer, bei ihnen einen Zustand von Freiheit oder Glück zu sehen.[67]

Über das gesellige Leben der Indianer urteilt Volney oft einseitig. Da er sich, wie gesagt, in bestimmter Weise polemisch engagiert, neigt er, oft in übertriebener Weise, dazu, die negativen Aspekte dieses Lebens zu betonen. Hier wird am ehesten spürbar, daß sein Werk zwar nicht mit der doktrinären antiamerikanischen Haltung De Pauws und seiner Anhänger, doch mit Texten in Zusammenhang steht, die den amerikanischen Eingeborenen alles andere als wohlwollend beurteilten und den neuen Kontinent ähnlich analysierten wie vorher William Robertson.[68] Wenn Volney behauptet, bei vielen Indianerstämmen gebe es keine sozio-politischen Strukturen, so ist das zweifellos falsch. Auch dort, wo er bemerkt, daß die Indianer zur Härte und Grausamkeit erzogen würden, übertreibt er sicherlich stark.[69] Zahlreiche andere »Beobachtungen« und »Analysen« dagegen sind in mehrfacher Hinsicht triftig und scharfsinnig: so z. B. die traurige Beschreibung der weiblichen Minderwertigkeit[70]; die Ausführungen über die religiösen Ansichten und den Jenseitsglauben, die in vielen Punkten mit Robertsons Feststellungen übereinstimmen[71]; die Untersuchung der rechtlichen Vorstellungen von Privateigentum und Erbschaft[72]; die geistreichen Bemerkungen über die Grausamkeit und die Kriegsarten der primitiven Stämme.[73] Daß Volney das gesellige Leben und das Wesen der Indianer untersuchte, indem er von ihrem Lebensunterhalt ausging, und die Folgen des Fehlens von Landwirtschaft und vor allem von Grundbesitz hervorhob, war ein methodologisch interessanter und legitimer Versuch; daß es sich dabei nicht um einen zufälligen Ansatz handelte, beweist die Beharrlichkeit, mit der Volney bei diesem Teil seiner Untersuchung verweilte, wobei er auch interessante Vergleiche mit den Korsen und den Beduinen anstellte.

Dann wandte er sich wiederum der Dramatik des wilden Lebens zu. Einer kaum oder gar nicht behüteten Kindheit, einer am Beispiel und Ideal der Täuschung und Grausamkeit geschulten Jugend folge eine Reife, die nicht nur im Umgang mit einer rauhen Natur, sondern auch mit einer ungestümen und grausamen Menschheit der Gefahr und dem Tod ausgesetzt sei. Das Alter schließlich sei die schrecklichste Zeit: seiner Kräfte beraubt und von den Gefährten wie ein unnützes Werkzeug fallengelassen, bleibe dem Indianer nichts anderes, als den Tod zu erwarten oder manchmal absichtlich in den Tod geschickt zu werden.[74] Daß Volney die zentrale Bedeutung des Todes für die Primitiven so sehr betont, ist, wie gesagt, einer der bemerkenswertesten Aspekte seines Werks. Gegen diesen Tod, der Kinder und Greise so sehr bedrohte, war im übrigen auch der Erwachsene kaum mehr geschützt. Natürliche Gefahren, sagten wir, aber auch und vor allem menschliche Gefahren: wie war es also möglich, in der primitiven Gesellschaft die Toleranz und die Heiterkeit, den Frieden und die Weisheit zu sehen, von denen gelegentlich phantasiert wurde? Das Naturleben, bemerkte Volney, hob die Laster keineswegs auf, sondern vergrößerte sie über alle Maßen. Die größere oder geringere Geschicklichkeit im Umgang mit den Waffen, der Besitz der schönsten Frauen, alle anderen Unterscheidungsmerkmale erzeugten jederzeit Spannungen und Rivalitäten: auch die »Naturmenschen«, betont Volney nachdrücklich, »kennen den Neid, den Haß, die niedrige Rache«.[75] Doch das sei nichts im Vergleich zu der bei zahlreichen Gelegenheiten offenbarten Grausamkeit, zur Mitleidlosigkeit im Krieg, zum barbarischen Brauch des Skalpierens, zu den bei mehreren Stämmen üblichen anthropophagischen Riten, an denen Frauen und Kinder teilnahmen... »Sollen nach all dem unsere sentimentalen Träumer kommen und uns die Güte des Naturmenschen preisen!«[76]

Volney war den Indianern gegenüber freilich keineswegs ausschließlich und einseitig negativ eingestellt. So wie er die physische Stattlichkeit vieler Eingeborener hervorhob, denen er im Laufe seiner Forschungsreisen begegnet war, zögerte er nicht, die moralischen Gaben dieser »Wilden« zu betonen: den »unerschütterlichen Mut« in der Gefahr, eine »feste Standhaftigkeit« gegenüber Martern, die »Verachtung« des Schmerzes, die Gleichgültigkeit gegen illusorische Güter; die »Geduld« angesichts der Lebensängste, die Todesvorstellung.[77] Nur ihr großes menschliches und wissenschaftliches Interesse befähigten Volney und Robertson zu der ethnograpischen »Enquête« über die Indianer; ein Zivilisierter, der die »Wilden« nur verachtete und verabscheute, wäre nicht so sorgfältig auf die Analyse der Sitten und Bräuche, auf die vergleichende Erforschung der Mythen und der religiösen Anschauungen, auf die Aufnahme und Analyse der indianischen Idiome eingegangen.

Doch dieses ethnographische Interesse bedeutet nicht, daß Volney sich eines präzisen Urteils enthielt. Die zeitgenössische Ideologie und Kultur verlangten eine »Analyse«, die in gewisser Weise auch »militant« war und ein entschiedenes und fundiertes Wort in die Debatte warf. Ein Urteil war um so notwendiger, als die Untersuchung der Indianer nicht als abgeschlossene Einzelstudie betrachtet werden durfte, die ausschließlich gelehrte Interessen berührte. Die Analyse dieser »wilden« Wirklichkeit nahm keineswegs auf eine ferne und fremde Welt Bezug, sondern betraf direkt die europäische Kultur – und Volney bewies, daß er sich darüber völlig im klaren war. Der Ideologe, der, wie wir wissen, allen willkürlichen Verallgemeinerungen mißtraute, wußte ganz genau, daß seine Abhandlung Implikationen haben konnte und mußte, die die spezifische Problematik der amerikanischen Indianer sprengten. Das Menschenbild, das hinter einigen bereits besprochenen Überlegungen stand, schloß diese Möglichkeit aus. In dem Maße, als die menschliche Natur über die zeitlichen und räumlichen Grenzen übergriff und doch für die wissenschaftliche »Beobachtung« immer dieselbe blieb, betraf die Untersuchung, die Volney anregte und in die

Wege leitete, eine bestimmte Phase der Entwicklung der ganzen Menschheit. Der »wilde Zustand«, schreibt Volney, kennzeichne keineswegs ausschließlich gewisse ferne Gegenden und gewisse exotische Völker, sondern sei der »Stamm jedes nationalen Körpers und jeder Staatsbildung«. Es handle sich um eine Form, deren Einfluß nicht nur auf den Anfang der Menschheit beschränkt sei, sondern in gewissen Fällen auch in der Zeit, von einer Generation zur anderen, übermittelt werden könne: »und das – erläutert der »Observateur« – durch einen Mechanismus, der ähnlich funktioniert wie der, welcher bewirkt, daß ein inmitten schlechter Gewohnheiten aufgewachsener Mensch sein Leben lang unter ihrem Einfluß bleibt«.[78] Die »wilde« Dimension gehörte also unmittelbar zu dem vergangenen und gegenwärtigen Bewußtsein der zivilisierten Welt. Deshalb war es nötig, ihre Beschaffenheit und ihre Merkmale systematisch und unvoreingenommen zu untersuchen. Im Rahmen der von Volney aufgeworfenen Problematik handelte es sich um eine Untersuchung, die zur tieferen Kenntnis des individuellen und des geselligen Menschen führen und daher auch der Kenntnis der gegenwärtigen Kultur dienen konnte. Davon hatten Volney und alle »Observateurs de l'homme« ein erstaunlich klares Bewußtsein:

Je gründlicher man die Lebensweise und die Geschichte der Wilden untersucht, desto mehr gewinnt man daraus Ideen, die die Natur des Menschen im allgemeinen, die schrittweise Bildung der Gesellschaften, den Charakter und die Sitten der Völker des Altertums erhellen können.[79]

Anhang

1. Louis-François Jauffret

Einführung in die »Mémoires« der »Société des Observateurs de l'homme«

Die erste Aufgabe der »Société des Observateurs de l'homme« war es, die Bahn zu vermessen, der sie folgen mußte, und genau zu beschreiben, mit welchen Arbeiten sie sich befassen wollte. Nur so konnte sie ihren Namen in den Augen der Öffentlichkeit rechtfertigen und sichtbar beweisen, wie sehr sie dem Fortschritt einer Wissenschaft zu nützen vermochte, die man stets als die vornehmste von allen ansah, obwohl sie stets am wenigsten gepflegt wurde.

Schon allein durch ihren Namen zeigt die Gesellschaft an, auf welche Weise sie eine gründlichere Kenntnis des Menschen erlangen zu können glaubt. Ihr Plan ist es vor allem, viele Tatsachen zu sammeln, die Beobachtungen zu erweitern und zu vermehren und dabei alle leeren Theorien, alle verwegenen Spekulationen beiseite zu lassen, die zu nichts anderem führen würden, als ein ohnehin schon so dunkles Forschungsgebiet noch mehr in Finsternis zu hüllen.

Sie beabsichtigt, den Menschen nach seinen verschiedenen physischen, intellektuellen und moralischen Seiten zu beobachten, bemüht sich jedoch, dabei bestimmte Grenzen einzuhalten.

Die Beobachtung des physischen Menschen zum Beispiel umfaßt die Anatomie und die Physiologie, die Medizin und die Hygiene: doch dabei wird die Gesellschaft nie aus dem Blick verlieren, daß sie in diesen verschiedenen Wissenschaften nur das untersuchen will, was zur eigentlichen Naturgeschichte des Menschen gehört. Diese besondere Perspektive wird ihr die neuesten, die wichtigsten Forschungen erschließen und wird auch den Vorzug haben, daß diese Arbeiten nicht mit denen der Fachgesellschaften für Medizin und Chirurgie verwechselt werden.

Während diese letzteren Gesellschaften ihren gewöhnlichen Forschungen nachgehen und sich um die Vervollkommnung der Heilkunst bemühen werden, wird die »Société des Observateurs de l'homme« aufmerksam auf die Physiognomie der verschiedenen Erdbewohner blicken; sie wird die Gründe dafür untersuchen, warum ein Volk sich von einem anderen unterscheidet, und warum sich die ursprüngliche Gestalt und Farbe der menschlichen Spezies in verschiedenen Ländern verändert. Es ist, wie Camper bemerkt, eine Tatsache, daß sich schon auf den ersten Blick nicht nur der Schwarze vom Weißen, sondern auch der Jude vom Christen, der Spanier vom Franzosen, der Franzose vom Deutschen, der Deutsche vom Engländer unterscheidet; und wenn man sich auf eine einzelne Nation beschränkt und sie in verschiedene Gebiete teilt, wird man auch bei den Bewohnern dieser Gebiete ausgeprägte Unterschiede erkennen. Oft haben die

Einwohner einer Stadt oder sogar eines Dorfes eine Kopfform, eine erbliche Physiognomie, die sie von allen ihren Nachbarn unterscheidet. Diese Unterschiede sind noch nicht genügend beobachtet worden: es ist Sache der Gesellschaft, sie festzustellen und mit Hilfe ihrer Korrespondenten so viele Vergleichsobjekte zu sammeln, daß die Daten, die sie darüber veröffentlichen wird, nichts Ungenaues und Unsicheres enthalten.

Nur nach einer schrittweisen Sammlung dieser zahlreichen Vergleichsobjekte und aufgrund einer vollständigen Bearbeitung der vergleichenden Anatomie der Völker wird man eines Tages die Varietäten des Menschengeschlechts genau charakterisieren können. Blumenbach hat zur Rechtfertigung seiner Einteilung der Menschengattung in fünf Hauptrassen die Beschreibung und die Abbildung mehrerer zu seiner reichen anatomischen Sammlung gehörender Schädel verschiedener Völker veröffentlicht. Zweifellos müssen wir ihm für seine Mühe dankbar sein, diese ersten Materialien einer auf der Beobachtung gegründeten Geschichte der natürlichen Varietäten der Menschen zusammengestellt zu haben, doch muß man wohl erst noch abwarten, bis die Zeit und der Eifer der Reisenden eine noch reichere Sammlung an Vergleichsobjekten bringen, ehe eine methodische Klassifizierung der verschiedenen Rassen gewagt werden kann. Die gründliche Untersuchung der menschlichen Schädelknochen ist zweifellos geeignet, Anlaß zu interessanten Vergleichen zu geben, doch werden diese Vergleiche so lange zweideutig bleiben, als nicht der Schädel eines einzelnen, zufällig aus einem ganzen Volk ausgewählten Menschen untersucht wird und die Beobachtungen sich nicht über alle Gebiete der Erde erstrecken.

Es ist Sache der »Société des Observateurs de l'homme«, die hervorstechenden Merkmale zu beobachten, die dieses Wesen von den Tieren unterscheiden und es deutlich an die Spitze des ganzen organischen Reichs stellen. Seine aufrechte Haltung auf zwei Füßen zum Beispiel, die ihm Rousseau absprechen wollte, wird von der anatomischen Beschreibung der Teile, die sie begünstigen und bestimmen, sehr gut bewiesen; deshalb zählt diese Beschreibung zu den Arbeiten einer Vereinigung, die darauf hinzielt, dem Menschen die ganze ihm mögliche moralische Entwicklung zu geben, indem sie seine physische Würde wiederherstellt.

Es ist unmöglich, den menschlichen Körper zu erforschen, ohne über seine außerordentliche Flexibilität zu staunen, die ihn befähigt, die größten klimatischen Gegensätze zu ertragen, während selbst die durch ihre Größe und ungewöhnliche Stärke herausragenden Tiere die engen Grenzen des ihnen von der Natur zugewiesenen Lebensbereichs nicht überschreiten können.

Die Zuträglichkeit des Klimas und die Qualität der Nahrung binden jedes Tier an seinen ursprünglichen Wohnort. Wessen Magen eine größere Mannigfaltigkeit verträgt oder wer sich mit einer einfachen und groben Nahrung begnügt, der verträgt auch größere Unterschiede des Klimas. Welch ein Glück für den Menschen, daß gerade die nützlichsten Tiere von der Natur mit solchen Organen ausgestattet wurden, daß sie auf mehreren Breitengraden leben können! Das schwache Schaf kann sowohl jenseits des Polarkreises wie jenseits des Äquators leben, während das Nashorn und der Tiger nur auf wenigen Breitengraden zu finden sind, die sie nie zu überschreiten vermochten; der Hase und das Kaninchen trotzen dem eisigen Klima des Nordens, während das unförmige Nilpferd sterben würde, wenn es das Innere Afrikas verlassen müßte; der Hund schließlich, der gute und treue Gefährte des Menschen, lebt mit ihm in allen Zonen der Welt, und der Patagonier wie der Europäer lassen ihn ihre Herden bewachen, während jenes andere Tier, welches einige Naturforscher aufgrund einer unvollkommenen äußeren Ähnlichkeit bedenkenlos mit uns auf eine Ebene gestellt haben, auf einige Gegenden beschränkt ist und in einem nicht einmal so großen Gebiet lebt wie selbst der Zobel.

Die Naturgeschichte des Menschen und der Tiere wird, aus diesem geographischen Blickwinkel gesehen, die aufmerksame Beobachtung der Gesellschaft finden. Man kann sie nicht untersuchen, ohne dem Menschen eine große Überlegenheit seiner Organisation und eine Art Dominanz zuzugestehen und ohne von seiner Fähigkeit beeindruckt zu sein, die Natur manchmal zu bezwingen, indem er in seinem Gefolge die parasitären Spezies mit sich führt und einige unabhängige Spezies in großer Entfernung von ihren Ursprungsregionen ansässig macht.

Wenn es zwischen Völkern und sogar Familien beachtliche Unterschiede gibt, so gibt es zwischen den einzelnen Menschen zweifellos weniger deutliche, doch ebenso reale Unterschiede, mit deren gründlicher Erforschung sich die *Physiognomik* befaßt.

Hier muß die Gesellschaft zwei Klippen meiden: zum einen den absoluten Pyrrhonismus, der in den verschiedenen Physiognomien nichts als unbedeutende Merkmale sieht, zum anderen die übertriebene Zuversichtlichkeit, die sich anmaßt, ihren Sinn erklären und sogleich das ganze Schicksal eines Menschen daraus ablesen zu können. Es ist für die öffentliche Ruhe und das private Glück sicher vorteilhaft, daß die Physiognomik immer noch eine nur auf Vermutungen beruhende Wissenschaft und daß das menschliche Gesicht für den Betrachter eine Maske ist, denn vielleicht gehört es zu den weisen Absichten der Natur, uns das Alphabet der geheimnisvollen Zeichen, die sie der Stirn eines jeden von uns einprägte, niemals völlig zu offenbaren; aber auch wenn die Gesellschaft die Torheit, jeden dieser Züge entziffern zu wollen, und die Verwegenheit, bloße Vermutungen zu verallgemeinern, tadelt, wird sie auf die Beobachtungen über einen so neuen und so interessanten Gegenstand nicht verzichten, sondern es sogar für ihre Pflicht halten, diese zu veröffentlichen, wenn sie umsichtig und mit aufgeklärtem Verstande vorgenommen wurden.

Man sieht bereits, daß die Beobachtungen des physischen Menschen mit denen des moralischen eng zusammenhängen und daß es nahezu unmöglich ist, Körper oder Geist gesondert zu untersuchen. Daher werden die Mediziner, die die Gesellschaft zu ihren Mitgliedern zählt, ihr eine Quelle interessanter Forschungen erschließen, wenn sie unaufhörlich ihr beobachtendes Auge auf den Einfluß der Affekte des Menschen auf das Spiel seiner Organe und des Spiels seiner Organe auf seine Affekte richten; wenn sie die beständige Wirkung des Geistes auf den Körper und des Körpers auf den Geist darstellen und wenn sie schließlich bemerken, daß die Leidenschaften die grausamsten Feinde des Menschen sind, weil sie allein den Keim fast aller seiner Krankheiten befruchten.

Man denke nun nicht, daß allein die Moral von Erwägungen dieser Art profitieren könne! Die Hygiene und die Heilkunst werden daraus nicht weniger große Vorteile ziehen. Die Hygiene, die im Grunde nichts anderes als die angewandte Moral ist, wird nahezu alle den Menschen bedrohenden Übel beseitigen, indem sie zeigt, daß jede Krankheit fast immer das Erzeugnis eines Lasters ist; die Heilkunst wird die meisten dieser Übel ausrotten oder zumindest unschädlich machen, indem sie im Menschen das moralische mehr als das physische Übel bekämpft.

Nachdem wir in recht unvollkommener Weise die Arbeiten umrissen haben, auf welche die Gesellschaft jene Mitglieder hinweisen wollte, die sich besonders mit der Anatomie und der Physiologie, der Medizin und der Hygiene befassen, wollen wir eine ebenso schwache Vorstellung von den Aufgaben vermitteln, die zwei Gruppen ihrer Mitglieder anzugehen beabsichtigen, diejenigen Mitglieder nämlich, die insbesondere die Geschichte und das Altertum erforschen und die, die auf langen Reisen umfassende Kenntnisse über die Sitten und Bräuche der verschiedenen Völker erworben haben oder eines Tages erwerben werden.

Wenn es ein Schauspiel gibt, das die Blicke der Menschen zu fesseln verdient, die Neugierde der einen zu erregen, die Aufmerksamkeit der anderen zu wecken und die Bewunderung aller zu finden, so ist es zweifellos dies, die Menschengattung sich aus den fernsten Jahrhunderten zu einer Wirksamkeit erheben zu sehen, die sie deutlich über alle anderen Arten stellt oder, besser, aus ihr eine abgesonderte Art macht, welche die ganze Erde beherrscht und der alle anderen Arten unterworfen sind. Wenn die Gesellschaft ihren Blick auf die verschiedenen Teile der alten Welt richtet, wird sie bemerken, wie schnell und regelmäßig die Generationen der jeweiligen Bewohner einander folgen und mit welcher Kühnheit die Menschen Monumente errichten, die teilweise noch heute, nach so vielen Jahrhunderten, erhalten sind. Sie wird bis in jene Epochen zurückgehen, in welchen die Tradition die Wiege der Künste, der Gesetze und der Wissenschaften lokalisiert hat; sie wird nach den Spuren der menschlichen Größe suchen und die Ruinen betrachten, die von seiner Nichtigkeit zeugen; sie wird sich bemühen, die Herkunft und die verschiedenen Wanderungen der Völker auszumachen, und während sie durch ihre reisenden Mitglieder die heute die Erdoberfläche bewohnenden Nationen kennenlernen wird, werden ihre Historiker von dem vergangenen Ruhm der Nationen berichten.

Systematische Untersuchungen und zahlreiche Einzelforschungen über die antiken Völker und vor allem über diejenigen, die in der Geschichte keine führende Rolle spielten und deshalb heute fast völlig unbekannt sind, werden ein klares Licht auf die *vergleichende Anthropologie* werfen: in dieser Perspektive hat die Gesellschaft sie ihren Mitgliedern empfohlen, die sich mit der Altertumswissenschaft befassen.

Während die Erforschung der Sitten und Bräuche der antiken Völker die Untersuchungen über die Sitten und Bräuche der modernen Völker fördern werden, werden gleichzeitig die Beobachtungen der Seefahrer bei den heutigen Bewohnern der verschiedenen Gegenden wertvolle Erkenntnisse über die ersten Epochen der Geschichte des Menschengeschlechts vermitteln. Was nämlich könnte die dunkelsten Punkte unserer Urgeschichte besser erhellen als ein Vergleich der Sitten, der Gewohnheiten, der Sprache und der Tätigkeiten der verschiedenen Völker, vor allem der noch nicht zivilisierten? Was ist befriedigender, können wir hinzufügen, als sich einer solchen Beschäftigung zu widmen, um mit einer unbegrenzten Zahl von Völkern bekannt zu werden, die unsere ungerechtfertigte Geringschätzung so wenig verdienen!

Es gab eine Zeit, in welcher der Wunsch, den Menschen zu beobachten, keinerlei Einfluß auf die Durchführung der von den Regierungen veranstalteten Reisen hatte. Tiere, Pflanzen, Mineralien aus den fernen Ländern mitzubringen, war der einzige Beweggrund aller wissenschaftlichen Reisen. Die Handelsreisen hingegen hatten kein anderes Ziel, als sich weit von uns zu entfernen, um unsere Laster zu verbreiten und die Menschheit zu entwürdigen. Das Ende des 18. Jahrhunderts hat einen neuen Weg eröffnet, und der Beginn eines neuen Jahrhunderts hat diesen Impuls verstärkt. Nach dem Beispiel Cooks und jenes nicht weniger berühmten Reisenden, den die Gesellschaft zu ihren Mitgliedern zählt [Bougainville], haben sich eifrige Beobachter, Korrespondenten der Gesellschaft, auf den Weg gemacht, den Menschen im großen Theater der Welt zu erforschen. Da sie über die hauptsächlichen Fehler der Reisenden und über die Lücken ihrer Reiseberichte aufgeklärt sind, werden sie sich bemühen, all das zu tun, was ihre Vorgänger unterlassen haben.

Die von der Gesellschaft an den Kapitän Baudin gerichteten *Considérations sur les diverses méthodes à suivre dans l'observation des peuples sauvages* geben einen Bezugsrahmen für alle ihre Beobachtungen. Diese Erwägungen werden ihnen die hauptsächlichsten Gegenstände in Erinnerung bringen, auf die sie ihre Aufmerksamkeit und ihren Eifer lenken müssen, vor allem die Beobachtungen über die Zeichen der Wilden, und zwar sowohl über ihre Gebärden (die zu denen der Taubstummen Beziehung haben) als über ihre artikulierte Sprache, deren Erforschung von den früheren Reisenden zu sehr vernachlässigt wurde und die man nur erlernen kann, wenn man einer Ordnung folgt, die der Entstehung der Ideen möglichst nahekommt.

Es war Aufgabe der Gesellschaft, die ersten Grundlagen zu einem Werk zu legen, dessen Wichtigkeit nicht unterschätzt werden kann und dessen Erfolg immer nur wachsen wird, zu einem Werk, das sowohl die Vereinigung, die es unternimmt, als die Regierung, die es unterstützt, ehren wird. Es ist bekannt, welchen Ruhm die »Société Royale de Médecine« mit ihrem Plan einer medizinischen Topographie Frankreichs erwarb, den sie zu verwirklichen begonnen hatte. Die »Société des Observateurs de l'homme« hat den Plan zu einer ähnlichen und nicht weniger nützlichen Arbeit gefaßt, nämlich einer *anthropologischen Topographie Frankreichs,* und in der Folge, mit Hilfe ihrer reisenden Korrespondenten, zu einer *Anthropologie der verschiedenen Regionen.*

Die topographischen Beobachtungen sind unerläßlich, um den Einfluß des Klimas auf den Menschen genau zu bestimmen. Niemand verkennt, daß die physische und moralische Verschiedenheit des Menschen sehr häufig von diesem Einfluß herrührt, daß die körperliche Verfassung je nach den verschiedenen Jahreszeiten sehr großen Veränderungen unterliegt; daß diese jahreszeitlich bedingten Unterschiede größtenteils von den Verschiedenheiten der Winde zu den verschiedenen Zeiten bedingt sind, weshalb die Winde die menschliche Körperverfassung entscheidend beeinflussen; daß die Bewohner einer in einer Ebene oder in einem Tal gelegenen Stadt anderen Krankheiten ausgesetzt sind als die Bewohner einer auf einem Hügel oder einem Berg gelegenen Stadt; daß die verschiedenen Speisen unterschiedlich auf die leibliche Ökonomie wirken und daß daher die fischenden Völker Eigenheiten aufweisen müssen, die sie von den nur von der Jagd lebenden Völkern unterscheiden.

Abgesehen von den verschiedenen Beobachtungen, die die Gesellschaft von den jetzt schon und in Zukunft mit ihr korrespondierenden Reisenden erwartet, bittet sie diese außerdem um die Unterstützung des Plans, mit der Zeit in einem Spezialmuseum verschiedene Gegenstände zu vereinen, die mit den Arbeiten zu tun haben, welchen die Gesellschaft sich widmet, und zwar besonders alle Erzeugnisse der Tätigkeit der Wilden, alle Vergleichsobjekte, die die Varietäten des Menschengeschlechts sowie die Sitten und Bräuche der alten und der modernen Völker erhellen können. Man kann nicht übersehen, daß eine derartige Einrichtung, falls die Regierung ihre Gründung zu unterstützen geruht, eines Tages für die Wissenschaft ebenso wertvoll sein wird wie für die einfache Neugierde erregend. Warum sollte sie nicht den ihr gebührenden Beifall finden? Kaum hat die Gesellschaft sie in die Wege geleitet, haben großzügige Privatleute durch Stiftungen schon dazu beigetragen. Für den Fortschritt der Wissenschaft vom Menschen begeisterte Reisende, hervorragende und wohlwollende Seefahrer haben ihr einen reichen Beitrag an interessanten und neuen Gegenständen zugesagt. Um diese würdigen Korrespondenten bei der Wahl dieser Gegenstände zu leiten, sind ihnen besondere Instruktionen gegeben worden. Die Gesellschaft benötigte also nur noch die eine oder andere Unterstützung der Regierung, um die Gewißheit zu haben, daß sich ihr Museum nach und nach durch diese Beiträge aufrichtiger Begeisterung und wirksamen Wohlwollens bereichern und bald einen ehrenvollen Platz unter den Institutionen der öffentlichen Bildung einnehmen wird.

Aus all dem geht hervor, daß die Gesellschaft den Menschen dadurch kennenlernen will, daß sie eine große Menge von Tatsachen sammelt und zahlreiche Vergleichsobjekte zusammenträgt. Sie wird den so sicheren Weg der Beobachtung auch dann nicht verlassen, wenn sie die psychischen Vermögen untersucht, deren Erforschung jahrhundertelang so unfruchtbar und so aussichtslos war, weil man es bis heute versäumte, sie auf die Grundlage der anderen Naturwissenschaften, das heißt auf die Beobachtung und die Erfahrung, zu stellen.

Bereits das Thema, welches die Gesellschaft im Jahre XI als Preisaufgabe stellte, hat bewiesen, wie wichtig es ihr ist, eine Reihe guter Beobachtungen über die ersten Entwicklungen der Fähigkeiten des Menschen zu erhalten. Diese so neue wie interessante Aufgabe, auf welche die Gesellschaft die wahren Freunde der Philosophie hingewiesen hat, ist zweifellos mit zahlreichen Schwierigkeiten verbunden. Doch diese Schwierigkeiten sind nicht unüberwindbar: warum sollte man zudem nicht einen gewissen Reiz an dem Vergnügen und an der Ehre finden, sie zu besiegen? Warum sollte man nicht ebenso gefesselt sein, wenn man aufmerksamen Auges erste Schimmer des sich entwickelnden Geistes betrachtet oder ein Tagebuch über die Fortschritte der kindlichen Intelligenz führt oder wenn man sieht, wie eine Fähigkeit aus der anderen hervorgeht, wie von der Erforschung der Lebensweise und Tätigkeit eines Insekts oder der Beobachtung der Blüte einer fremden Pflanze? Ist es wirklich so, daß der Mensch, wenn er sich selbst erforschen und kennenlernen soll, plötzlich die brennende Neugierde nicht mehr verspürt, die ihn vom ersten Augenblick seines Lebens an anspornt?

Die Gesellschaft hat in ihrem Kreise Männer versammelt, die die »Ideologie« erfolgreich erforscht haben und deshalb alle Arbeiten, die sie für nötig erachtet, um Klarheit in diese so edle und zugleich so verachtete Wissenschaft zu bringen, mit Erfolg leiten können.

Große Hilfe wird die Gesellschaft von ihrem Mitglied erhalten, dem die Kunst der Taubstummenunterweisung so viel verdankt! Beobachtet man diese von der Natur so stiefmütterlich behandelten Wesen regelmäßig, befolgt man die zur Erkenntnis ihrer Intelligenz erfundenen Methoden, untersucht man, durch welche Zeichen sie die Rede ersetzen und mit welchem Scharfsinn sie die ihnen erläuterten Ideen begreifen, untersucht man philosophisch, was in ihnen vor ihrer Unterweisung vorging, und vergleicht man die Entwicklung der Fähigkeiten mehrerer Taubstummer, so wird die Gesellschaft eine reiche Ernte an interessanten Tatsachen einbringen, die uns über den Ursprung unserer Ideen und über deren wirkliche Verzweigung unterrichten können.

Wenn die »Société des Observateurs de l'homme« mit dem Lehrer der Taubstummen übereinkommen und einigen seiner Schüler eine Reihe ihnen verständlicher Fragen über die Zeit vor ihrer Unterweisung stellen könnte, so würden ihre sorgfältig und unverfälscht aufgezeichneten Antworten wertvolle Materialien für eine philosophische Geschichte des menschlichen Geistes darstellen.

Eine wichtige Arbeit, auf deren Notwendigkeit der Taubstummenlehrer aufmerksam gemacht hat und deren Ausführung die Gesellschaft möglichst beschleunigen wird, ist ein *Handbuch der Zeichen.* Dieses Werk wäre ein nationales Monument. Da es die getreue Übersetzung der Verständigungsmittel der noch nicht unterwiesenen Taubstummen enthalten würde, wäre die Lektüre nicht nur nützlich, um mit diesen Unglücklichen und mit den wilden Völkern zu verkehren, sondern der Philosoph könnte darin auch erstaunlich leicht die ganze Geschichte der Entstehung unserer Ideen verfolgen.

Eines Tages muß die Gesellschaft wohl prüfen, ob es, um die fortschreitende Entwicklung der physischen, intellektuellen und moralischen Fähigkeiten des Menschen auf eine so neue wie umfassende Weise zu verfolgen, nicht günstig wäre, mit Genehmigung der Regierung ein *Experiment über den Naturmenschen* zu unternehmen, das darin bestünde, *während zwölf oder fünfzehn Jahren vier oder sechs Kinder, zur Hälfte männlichen, zur Hälfte weiblichen Geschlechts, sorgfältig zu beobachten, nachdem man sie von Geburt an am selben umfriedeten Platz, fern jeder gesellschaftlichen Einrichtung ausgesetzt und die Entwicklung ihrer Ideen und ihrer Sprache dem natürlichen Instinkt überlassen hätte.*

Zweifellos erhielte man zahlreiche außerordentlich nützliche Beobachtungen, um uns mit Sicherheit über die Entwicklung unserer Fähigkeiten aufzuklären, indem die Philosophie einige von Geburt an von unseren Sitten, unseren Einrichtungen, unseren Vorurteilen und sogar von unserer Sprache getrennte Kinder beobachtete, die nicht anders als auf Grund des allen Menschen gemeinsamen natürlichen Instinkts und Naturzustandes handeln und sich ausdrücken würden.

Psammetich, der König von Ägypten, wollte einst, wie Herodot berichtet, einen derartigen Erziehungsversuch durchführen. Akbar, der Mongolenherrscher, versuchte vor einigen Jahrhunderten ebenfalls, ein paar Kinder fern jeder Gesellschaft aufwachsen zu lassen. Seit diesen formlosen Versuchen, deren Echtheit historisch nicht einmal gesichert ist, unternahm keine weitere Regierung einen entsprechenden Versuch. Ein in einem so aufgeklärten Jahrhundert wie dem unseren durchgeführtes *Experiment über den Naturmenschen* hätte daher in jeder Hinsicht das Verdienst der Neuheit.

Einzig die zahlreichen mit seiner Ausführung verbundenen Schwierigkeiten dieses Projekts konnten bisher selbst die Männer abschrecken, die seinen Nutzen am ehesten zu würdigen wußten. Ein derartiges Unternehmen würde nämlich das Opfer eines ganzen Lebens erfordern. Um sich diesem Unternehmen zu widmen, müßte man jung genug sein, um es aller Voraussicht nach beenden zu können; man müßte Philosoph genug sein, um während seiner ganzen Dauer auf die sogenannten Annehmlichkeiten der Gesellschaft zu verzichten; man müßte uneigennützig genug sein, um auf das eigene Glück und den eigenen Ruhm zu verzichten; man müßte wohlhabend genug sein, um niemandem zur Last zu fallen; man müßte den Systemen so weit mißtrauen, daß man ohne Voreingenommenheit zu beobachten vermag, und schließlich müßte man die Wahrheit genügend lieben, um alles zu sagen und nichts auszulassen.

Doch zu welchem Mut wäre der nicht fähig, der sein Herz dem edlen Wunsch öffnet, diesen großen Versuch zum ersten Mal zu wagen, um einen Zipfel jenes Schleiers zu lüften, der uns die Geheimnisse der Natur verbirgt! Die Beobachtung des Menschen ist, wie gesagt, mindestens ebenso interessant wie die der Pflanzen oder Insekten. Warum also sollte man nicht den Mut eines Commerson oder die Geduld eines Réaumur haben, wenn man sich einer so neuen und so interessanten Untersuchung widmet wie der des Menschen selbst?

Da ein *Experiment über den Naturmenschen* von konkretem Nutzen ist, da es dazu beitragen kann, die schwierigen Probleme der Entstehung der Sprachen und der Ideen überhaupt sowie der Grundbegriffe des menschlichen Geistes zu lösen, wäre es zweifellos der Förderung durch eine aufgeklärte Regierung würdig. Schon viele Philosophen haben seinen Nutzen geahnt und gewünscht, daß ein mutiger Beobachter bevollmächtigt würde, dieses Experiment durchzuführen. »Nachdem so viele Jahrhunderte verstrichen sind – schrieb Maupertuis im *Lettre sur le progrès des sciences* –, ohne daß unsere metaphysischen Erkenntnisse trotz der Bemühungen der größten Männer den geringsten Fortschritt gemacht hätten, muß man annehmen, daß sie, falls es die Natur überhaupt zuläßt, sich nur entwickeln können, wenn so neue und so außergewöhnliche Mittel angewandt werden wie dieses.«

Wie auch immer ein *Experiment über den Naturmenschen* ausfallen würde, sein Ergebnis kann nicht uninteressant sein. Selbst überhaupt keine Ergebnisse zu erzielen, wäre nützlich, weil es uns über die Fruchtlosigkeit einer ausschließlich natürlichen Erziehung Aufschluß geben und uns lehren würde, die Wohltat der gesellschaftlichen Einrichtungen, denen der Mensch demnach seinen heutigen Zustand ausschließlich verdankte, noch höher zu schätzen.

Dieses Versuchsprojekt führt uns ganz natürlich auf die verschiedenen Beobachtungen über die Sprachen, die erforderlich sind, weil dieses wichtige, von der Gesellschaft intensiv untersuchte Thema ihr zu den wertvollsten Ergebnissen verhelfen kann. Nächst der Vernunft ist die Rede das schönste Vorrecht des Menschen. Hätte die Natur ihm dieses große Verständigungsmittel versagt, hätte er trotzdem seine Vorstellungen darzustellen vermocht. Die bis zu ihrer höchsten Vollkommenheit gebrachte Gebärdensprache hätte, wenigstens zum Teil, die gesprochene Sprache ersetzt. Doch wieviel vorteilhafter ist die Rede und wieviel schneller sind ihre Wirkungen! Vor allem die Rede unterscheidet den Menschen von den vielen Tieren um ihn herum. Unglaublich schnell teilt er mit ihrer Hilfe seine Bedürfnisse, seine Befürchtungen, seine Wünsche und seine Erkenntnisse mit; mit ihrer Hilfe verläßt er den begrenzten Bereich, den ihm die Natur zugewiesen hat, tritt in Beziehung zu seinesgleichen, löst sich gemeinsam mit ihnen aus dem Zustand der Barbarei und gelangt nach und nach auf die höchste Stufe der Zivilisation.

Die Gesellschaft muß sich auch die Frage stellen, wie die Sprachen entstehen konnten, sie muß gewissermaßen den Weg wiederfinden, dem einst die ersten Menschen folgten, um die Elemente des Wortes zu verbinden und festen Regeln zu unterwerfen. Es wäre ein Irrtum zu glauben, die Worte seien zufällig gebildet worden. Eine Sprache, deren Prinzipien nur der Zufall verbunden hätte, wäre nichts als ein großes Chaos.

Um den von den ersten Erfindern der Sprache durchlaufenen Weg wiederzuentdecken, werden genaue und vielfältige Beobachtungen über die ersten Lautbildungen der Kinder sehr nützlich sein. Die Natur veranlaßt uns von Kindheit an, die uns beeindruckenden Geräusche und die Schreie der uns umgebenden Tiere mit nachahmenden Lauten auszudrücken. Krächzen, miauen, piepen, gurren, jaulen, klingeln, pfeifen sind Wörter, die nicht aus Zufall gebildet wurden. Man kann deshalb annehmen, daß alle anderen Wörter ursprünglich ebenfalls ihren Grund gehabt haben und daß dieser deutlich genug wäre, wenn wir auf ihren Ursprung zurückgehen könnten.

Der Gesellschaft und vor allem den Mitgliedern, die die alten und modernen Sprachen gründlich erforschen, stellt sich die Aufgabe, die großen Erkenntnisse der berühmten Abhandlung des Präsidenten De Brosses *Sur la Formation mécanique des Langues* weiterzuentwickeln. Bei der Lektüre dieses glänzenden Werks glaubt man in die Zeit zurückversetzt zu werden, als die Sprachen entstanden. Man sieht, wie die Sprechwerkzeuge nachahmende Laute hervorbringen und wie dann die Wurzelelemente eine unbegrenzte Zahl von Wörtern erzeugen, die je nach dem Charakter der Völker mehr oder weniger stark, mehr oder weniger rauh, mehr oder weniger guttural, mehr oder weniger weich ausgesprochen werden.

Zur Zeit der Veröffentlichung dieses Buchs stand jedoch die Kunst der Etymologie noch in einem so schlechten Ruf, daß De Brosses zeit seines Lebens nicht der ganze Ruhm zuteil wurde, den er zu Recht erwarten durfte. Sein Ansehen nimmt vor allem in den letzten Jahren zu, weil die Gebildeten heute offenbar ihre Bemühungen auf die Sprachforschung richten und man allmählich merkt, daß die Kenntnis der Wörter gleichsam ein Schlüssel zur Kenntnis der Dinge ist.

Indem die Gesellschaft die Untersuchungen dieses Gelehrten über den Mechanismus der Sprachen weiterführt, seine Beobachtungen manchmal berichtigt, seine Grundsätze auf neue und umfassendere Befunde stützt und durch eine reiche Korrespondenz richtig geordnete Kenntnisse über die verschiedenen Sprachen der wilden Völker erhält, hofft sie, den Grund für ein *Vergleichendes Wörterbuch aller bekannten Sprachen* legen zu können, zu einem Werk also, welches De Brosses, Court de Gébelin und nach ihnen der berühmte Pallas im Sinne hatten und das, falls es jemals dazu kommt, nur durch die ständige Bemühung der höchst aktiven und produktiven Gesellschaft verwirklicht werden kann.

Zuletzt müssen wir nur noch mit wenigen Worten auf das Thema eingehen, das die Gesellschaft den Mitgliedern empfohlen hat, die insbesondere die Moral und die Gesetzgebung untersuchen.

Diese beiden Gebiete sind gleichermaßen umfangreich und verdienen zugleich alle Aufmerksamkeit und alles Interesse der »Observateurs de l'homme«. Es hat sogar den Anschein, als könnten die Forschungen, die die Gesellschaft in diesem Zusammenhang unternimmt, einen allgemeineren, näher liegenden Nutzen haben und es deshalb verdienen, daß man sich ganz besonders mit ihnen befaßt.

Wenn man den Menschen auf die berühmte Inschrift *Erkenne dich selbst* hinweist, sagt Cicero, so will man ihm damit nicht nur die Augen dafür öffnen, wie gering er ist, sondern man will auch, daß er seine Größe wahrnimmt. Die Gesellschaft, die die schöne Inschrift *Erkenne dich selbst* als Wahlspruch gewählt hat, könnte zugleich damit auch diese Auslegung des römischen Philosophen übernehmen. Allein durch die Tatsache ihrer Gründung hat diese Gesellschaft sehr deutlich bewiesen, daß sie die Größe des Menschen zu würdigen weiß; sie wird dies noch deutlicher zeigen, wenn sie das Zeugnis aller Jahrhunderte und aller Länder den Prinzipien entgegensetzt, die jegliche Moral und Gesetzgebung zerstören, den Menschen auf die Ebene des vernunftlosen Tiers erniedrigen und ihm das Nichts als letzten Zufluchtsort lassen.

Der Mensch ist umso fähiger zu großen Erkenntnissen, er ist umso bereiter, große Taten zu vollbringen, je mehr er sich selbst achtet. Denn wenn ich nicht mehr bin als ein vernunftloses Tier, warum sollte ich dann mein Leben an mühselige Forschungen verschwenden? Warum sollte ich so viele Untersuchungen anstellen, die nur darauf hinauslaufen, mich von der Niedrigkeit meiner Natur zu überzeugen? Wenn ich die Vorrechte meines Geistes und seine himmlische Herkunft verleugne, warum sollte ich mich bemühen, ihn zu bilden? Sobald die Vernunft nur noch ein Erzeugnis der Materie ist und künftig keine Rechte mehr hat, ist die Tugend nichts anderes als ein leeres Wort: die Sinne sind es, die den Menschen lenken.

Untersuchungen über die verschiedenen Systeme der antiken und der modernen Philosophen würden schlüssig beweisen, daß die Lehren derer, die die Größe unserer Natur verleugnen, für die öffentliche und private Moral die verhängnisvollsten Folgen gehabt haben ...

Es wäre leicht, diese Untersuchungen zu erweitern und den Prinzipien dieser Verächter unserer Natur die völlig anderen Prinzipien jener Philosophen und Gesetzgeber entgegenzustellen, die, um die Menschen an ihre Pflichten zu mahnen, sie vor allem an die Achtung ihrer selbst erinnert haben.

Wenn die Gesellschaft versucht, die menschliche Würde zu ehren, dieses schöne Vorrecht, das während der schrecklichen, eine Zeit auf Frankreich lastenden Herrschaft so grausam verleugnet, so frech beleidigt wurde, wird sie nur durch den Einfluß ihrer Beobachtungen dazu beizutragen versuchen, zahllose Mißbräuche zu beseitigen, die während jener verhaßten Herrschaft aufgebrochen sind und die die jetzige Regierung noch nicht völlig zu zerstören vermochte.

Möge dieser Gesellschaft, an deren Erfolgen, wie man sagen kann, heute ganz Europa interessiert ist, später jener Ruhm beschieden sein, welchen sie offenbar erwarten darf, und möge man eines Tages von ihr sagen können, ihre Gründung habe zugleich dem Fortschritt der Wissenschaft und dem Glück der Menschen gedient!

2. Joseph-Marie Degérando

Erwägungen über die verschiedenen Methoden der Beobachtung der wilden Völker

Vorbemerkung

Diese Erwägungen wenden sich an den Kapitän *Baudin,* Korrespondent der Gesellschaft, der im Begriff ist, zu seiner Entdeckungsreise aufzubrechen, und an die verschiedenen ihn begleitenden Observateurs; sie wenden sich auch an den Bürger *Levaillant,* der zum dritten Mal ins Innere Afrikas reisen will. Da beide möglicherweise Völkern begegnen werden, die auf sehr unterschiedlichen Stufen von Zivilisation oder Barbarei stehen, hielten wir es für richtig, allen Hypothesen Rechnung zu tragen und diese Erwägungen so zu verallgemeinern, daß sie auf alle Nationen anwendbar sind, die in ihren moralischen und politischen Formen von den europäischen Nationen abweichen. Wir haben uns vor allem bemüht, ein vollständiges Bild zu geben, das alle Gesichtspunkte umfaßt, unter denen der Philosoph diese Nationen betrachten kann. Wir haben es nicht für nötig gehalten, einige Fragen wegzulassen, die zwar einfach und leicht vorauszusehen, für die Vollständigkeit des Ganzen aber notwendig sind.

[Wichtigkeit der Erforschung des Menschen im allgemeinen]
Es ist erstaunlich, daß es in einem Zeitalter des Egoismus so viel Mühe kostet, den Menschen zu überzeugen, daß es am allerwichtigsten ist, sich selbst zu erforschen. Der Egoismus ist nämlich, wie alle Leidenschaften, blind. Die Aufmerksamkeit des Egoisten richtet sich auf die unmittelbaren, durch seine Sinne angezeigten Bedürfnisse und kann sich nicht bis zu jenen reflektierten Bedürfnissen emporschwingen, die uns die Vernunft offenbart; er trachtet nach seiner Befriedigung, nicht nach seiner Vervollkommnung. Er achtet nur seine eigne Individualität, die Gattung bedeutet ihm nichts. Vielleicht fürchtet er, wenn

er die Geheimnisse seines Wesens ergründet, seine eigene Verworfenheit zu entdecken, über seine Entdeckungen zu erröten und auf sein Gewissen zu stoßen.

Die wahre Philosophie, die immer mit der Moral übereinstimmt, spricht eine andere Sprache. Die Quelle der nützlichen Erkenntnisse, sagt sie, liegt wie die des wahren Glücks in uns selbst. Unsere Erkenntnisse hängen vor allem vom Zustand unserer Fähigkeiten ab; doch wie können wir unsere Fähigkeiten vervollkommnen, wenn wir ihre Natur und ihre Gesetze nicht kennen? Die Elemente des Glücks sind die moralischen Gefühle, doch wie können wir diese Gefühle entwickeln, wenn wir nicht das Prinzip unserer Affekte und die Mittel untersuchen, sie zu lenken? Man vervollkommnet sich, indem man sich selbst zu erkennen sucht; weise ist der, der sich wirklich kennt. Wenn wir so über die Natur unseres Wesens reflektieren, nehmen wir alle Beziehungen deutlicher wahr, die uns mit unseren Artgenossen verbinden, finden im tiefsten Innern unseres Daseins die Identität des gemeinsamen Lebens, das uns alle durchdringt, und verstehen die ganze Kraft dieser schönen Maxime der Alten: »Ich bin ein Mensch, und nichts Menschliches ist mir fremd«.

Doch welches sind die geeigneten Mittel, um den Menschen wirklich zu erforschen? Hier antworten uns die Geschichte der Philosophie und die Stimme der wissenschaftlichen Welt. Die Zeit der Systeme ist vorbei. Erschöpft von jahrhundertelanger vergeblicher Beschäftigung mit hinfälligen Theorien hat der Genius des Wissens endlich den Weg der Beobachtung eingeschlagen. Er hat erkannt, daß die Natur der wahre Meister ist; er hat seine ganze Kunst darauf verwandt, genau auf sie zu hören und sie manchmal zu befragen. Auch die Wissenschaft vom Menschen ist eine Naturwissenschaft, eine Wissenschaft der Beobachtung, und zwar die edelste von allen. Nun, welche Wissenschaft will keine Naturwissenschaft sein? Selbst die Kunst, die man manchmal der Natur entgegensetzen will, hat kein anderes Ziel, als diese nachzuahmen. Der Geist der Beobachtung nimmt einen sicheren Gang; er sammelt die Tatsachen, um sie zu vergleichen und vergleicht sie, um sie besser zu kennen. Die Naturwissenschaften sind gewissermaßen nichts anderes als eine Reihe von Vergleichen. Da jede einzelne Erscheinung gewöhnlich das Ergebnis mehrerer zusammenwirkender Ursachen ist, wäre sie für uns ein tiefes Geheimnis, falls wir sie gesondert betrachteten; wenn wir sie aber mit ähnlichen Erscheinungen vergleichen, erhellen diese sich gegenseitig. Die besondere Wirkung jeder Ursache zeigt sich einzeln und unabhängig von den anderen, und daraus ergeben sich die allgemeinen Gesetze. Nur wenn man analysiert, beobachtet man wirklich; in der Philosophie analysiert man aufgrund von Vergleichen, wie man es in der Chemie aufgrund des Spiels der Affinitäten tut.

Der Mensch, wie er sich in den uns umgebenden Individuen zeigt, wird gleichzeitig von tausend verschiedenen Umständen, von der Erziehung, dem Klima, den politischen Einrichtungen, den Sitten, den eingebürgerten Meinungen, den Auswirkungen der Nachahmung, dem Einfluß der künstlichen Bedürfnisse, die er sich geschaffen hat, verändert. Inmitten so vieler verschiedener Ursachen, die gemeinsam diese große und interessante Wirkung erzeugen, können wir niemals die genaue Wirkungsweise erkennen, die jeder dieser Ursachen zugehört, wenn wir nicht Vergleichspunkte finden, die den Menschen aus den besonderen Umständen herauslösen, in denen er sich uns zeigt, und die jene akzidentellen Formen entfernen, unter denen die Kunst das Werk der Natur unseren Augen verborgen hat.

[Über die Beobachtung der Wilden im besonderen]
Nun, von allen Vergleichspunkten, die wir wählen können, gibt es keinen, der so faszinierend und so fruchtbar für nützliche Meditationen ist, wie der, den uns die wilden Völker vor Augen führen. Bei ihnen können wir zunächst die Varietäten feststellen, die mit dem Klima, der Organisation, den Gewohnheiten des physischen Lebens verbunden sind, und wir werden bemerken, daß diese natürlichen Varietäten bei Nationen, deren moralische Einrichtungen viel weniger entwickelt sind, sehr viel deutlicher hervorstechen; da sie weniger durch die sekundären Umstände voneinander unterschieden sind, müssen sie dies vor allem auf Grund der primären und fundamentalen Umstände sein, die dem Lebensprinzip an sich eigen sind. Hier werden wir die nötigen Materialien finden, um eine exakte Skala der verschiedenen Grade der Zivilisation aufzustellen und jeweils die charakteristischen Merkmale anzugeben; wir werden erkennen können, welche Bedürfnisse, Vorstellungen, Gewohnheiten in jedem Zeitalter der menschlichen Gesellschaft entstehen. Da die Leidenschaften und geistigen Fähigkeiten hier sehr viel weniger entwickelt sind, werden wir ihre Natur leichter ergründen und ihre Gesetze bestimmen können. Da sich hier die Generationen nur sehr wenig beeinflußt haben, werden wir uns sozusagen auf die ersten Epochen unserer eigenen Geschichte zurückgeführt sehen; wir werden sichere Versuche über den Ursprung und die Entstehung der Ideen, über die Bildung und die Entwicklungen der Sprachen und über die Verkettung dieser beiden Ordnungen von Wirkungen anstellen können. Der philosophische Reisende, der ans äußerste Ende der Erde fährt, durchläuft nämlich die Folge der Menschenalter; er reist in die Vergangenheit; mit jedem Schritt läßt er ein Jahrhundert hinter sich. Die unbekannten Inseln, zu denen er gelangt, sind für ihn die Wiege der menschlichen Gesellschaft. Die von unserer unwissenden Selbstgefälligkeit verachteten Völker offenbaren sich ihm wie antike und majestätische Monumente des Ursprungs aller Zeiten: Denkmäler, die unsere Bewunderung und unsere Achtung tausendmal mehr verdienen als jene berühmten Pyramiden an den Ufern des Nils. Diese bezeugen nur die vermessene Ruhmsucht und die vergängliche Macht einiger Individuen, deren Namen wir kaum noch kennen; jene rufen uns den Zustand unserer eigenen Vorfahren und die früheste Geschichte der Welt ins Gedächtnis.

Und selbst wenn wir in den wilden Völkern keinen nützlichen Gegenstand, uns selbst zu belehren, sähen, genügten dann nicht die edlen Gefühle der Menschenliebe, um den Verbindungen, die wir zu ihnen knüpfen, eine hohe Bedeutung beizumessen? Gibt es ein ergreifenderes Vorhaben, als auf diese Weise die erhabenen Bande der Weltgesellschaft zu erneuern, jene alten, vom Rest der gemeinsamen Familie durch ein langes Exil getrennten Verwandten wiederzufinden und ihnen die Hand zu reichen, um sie in eine glücklichere Lage zu versetzen? Ihr, die Ihr von einer edlen Hingabe zu jenen fernen Ufern getrieben werdet und Euch bald ihren einsamen Hütten nähert, geht als Abgesandte der ganzen

Menschheit zu ihnen! Unterbreitet ihnen im Namen der Menschheit den Vertrag eines brüderlichen Bundes! Laßt sie die grausamen Abenteurer vergessen, die ihre Wohnstätten nur aufsuchten, um sie zu berauben oder zu unterwerfen; geht zu ihnen, allein um ihnen Wohltaten zu erweisen. Bringt ihnen unsere Künste, nicht unsere Verderbtheit, unsere Moralität, nicht das Beispiel unserer Laster, unsere Wissenschaften, nicht unseren Skeptizismus, die Vorzüge der Zivilisation und nicht ihre Mißbräuche; verbergt ihnen, daß in diesen zwar aufgeklärteren Gegenden die Menschen einander in Kämpfen zerfleischen und einander durch ihre Leidenschaften entwürdigen. Wenn Ihr bei ihnen, in ihren einsamen Wäldern und auf ihren unbekannten Stränden sitzt, so erzählt ihnen nur von Frieden, Einigkeit, nützlichen Arbeiten; sagt ihnen, daß es in den ihnen unbekannten Reichen, die Ihr verlassen habt, um sie zu besuchen, Menschen gibt, die ihr Glück herbeisehnen, die sie wie Brüder grüßen und die mit ganzen Herzen die edlen Absichten teilen, die Euch zu ihnen führen.

[Mängel bisheriger Beobachtung]
Wenn wir hier all das darlegen, was wir von Euren Mühen und Anstrengungen erwarten, wollen wir keineswegs die zahlreichen Dienste schmälern, die die Euch vorausgegangenen Reisenden der Gesellschaft geleistet haben. Auch wenn sie mit ihren kühnen Versuchen nur ihren Nachfolgern den Weg bereitet und ihnen nur wertvolle Hinweise gegeben hätten, so dürften sie allein dafür unsere Dankbarkeit erwarten. Sie haben aber bereits begonnen, einige Beziehungen zu den wilden Nationen zu knüpfen; sie haben uns verschiedene Auskünfte über ihre Sitten und ihre Sprache zurückgebracht. Doch da sie von anderen Sorgen beansprucht waren und größeres Interesse an der Entdeckung neuer Länder als an ihrer Erforschung hatten, da sie immer in Bewegung waren, statt ruhig an einem Ort zu bleiben, da sie vielleicht auch unter dem Einfluß der ungerechten Vorurteile standen, die die wilden Nationen in unseren Augen entehren, oder da sie zumindest die Gleichgültigkeit an den Tag legten, die unser Europa ihnen entgegenbringt, haben sie sich nicht genügend bemüht, uns exakte und vollständige Beobachtungen mitzuteilen; so kam es, wie es immer geschieht, wenn man allzu voreilig und leichtfertig vorgeht, daß sie sehr ungenau beobachtet und durch die Unvollkommenheit ihrer Berichte unsere Gleichgültigkeit bestraft haben.* Da der Mensch stets begieriger auf Neuigkeiten ist, die seine Sinne in Erstaunen versetzen, als auf Kenntnisse, die sich an seine Vernunft wenden, hat man viel mehr Wert darauf gelegt, Pflanzen, Tiere und Mineralien aus jenen unbekannten Ländern zurückzubringen als Beobachtungen über die Erscheinungen des Denkens. So bereicherten die Naturforscher täglich ihre Kabinette mit zahlreichen Klassen, während die Philosophen die Zeit damit verbrachten, in ihren Schulen

* Es ist unnötig darauf hinzuweisen, daß unsere kritischen Reflexionen über die Berichte der Forschungsreisenden sich auf den gewöhnlichen Zustand dieser Berichte beziehen und infolgedessen berühmte Ausnahmen anerkennen. Es liegt uns völlig fern, das Ansehen so verdienter Männer wie Cook, Bougainville und anderer zu schmälern. In dieser Hinsicht haben unsere Überlegungen Vorgänger: es ist unsere erste Sorge gewesen, ihre Schriften genauer zu studieren.

vergeblich über die Natur des Menschen zu streiten, anstatt sie vereint auf dem Schauplatz der Welt zu erforschen.

Betrachten wir die hauptsächlichen Fehler, die jene Reisenden bei ihren Beobachtungen an den wilden Menschen gemacht, und die Lücken, die sie in ihren Berichten gelassen haben. Wenn wir feststellen, was sie unterlassen haben, werden wir besser sehen, was zu tun bleibt.

[Erster Fehler]

Der erste Fehler, den wir bei den Beobachtungen der Reisenden über die Wilden bemerken, besteht in deren Unvollständigkeit; damit mußte man rechnen, da sie sich ja nur kurz bei den Gegenständen ihrer Aufmerksamkeit aufhielten und da ihnen genaue Tabellen fehlten, auf die sie ihre Beobachtungen beziehen konnten. Bald haben sie, da sie nur einige vereinzelte Individuen untersuchten, keine Auskunft über ihren gesellschaftlichen Zustand gegeben und uns dadurch die Möglichkeit genommen, den Einfluß dieser Verhältnisse auf ihre individuellen Fähigkeiten zu beurteilen. Bald haben sie uns nur sehr wenige Einzelheiten über ihre moralischen Gewohnheiten mitgeteilt, weil sie sich bei den unbedeutendsten ihres physischen Lebens aufgehalten haben. Bald haben sie es bei der Beschreibung der Gebräuche der Erwachsenen versäumt, sich über die Erziehung der Kinder und Jugendlichen zu unterrichten; und vor allem haben sie, fast ganz und gar vom äußeren und sichtbarsten Charakter eines Volkes, von seinen Zeremonien und von seinen Sitten geblendet, sich allzuwenig darum bemüht, mit den sehr viel wichtigeren Verhältnissen seines philosophischen Daseins, seiner Bedürfnisse, seiner Vorstellungen, seiner Leidenschaften, seiner Kenntnisse und seiner Gesetze vertraut zu werden. Sie haben eher Formen beschrieben als lehrreiche Berichte gegeben; sie haben einige Wirkungen festgehalten und kaum eine Ursache angegeben.

[Zweiter Fehler]

Außerdem haben sich diese so ungenügenden Beobachtungen nicht immer als sehr sicher und sehr glaubwürdig erwiesen, sei es, weil sie manchmal allzu eng gefaßt waren und die Reisenden eine Nation nach einigen Menschen oder einen Charakter nach einigen Handlungen beurteilen wollten, sei es, weil sie manchmal den Erzählungen und Zeugnissen von Wilden geglaubt haben, die vielleicht nicht richtig verstanden wurden, vielleicht über das, was man sie fragte, nicht sehr gut Bescheid wußten oder vielleicht kein Interesse hatten, die Wahrheit oder die ganze Wahrheit zu verraten.

[Dritter Fehler]

Fügen wir hinzu, daß diese Beobachtungen unzulänglich oder in vielen Fällen überhaupt nicht geordnet wurden. Jene Reisenden haben nicht hinreichend begriffen, daß es zwischen den Kenntnissen, die man über den Zustand und den Charakter der Nationen sammelt, eine natürliche Verkettung gibt, die für die Richtigkeit der einzelnen Tatsachen notwendig ist, und daß dabei eins oft zur Vorbereitung des anderen dient. Man muß zuerst die Wirkungen untersuchen, bevor man auf die Ursachen zurückgeht; man muß zuerst die einzelnen Menschen beobachten, bevor man die Nation beurteilen kann; man muß zuerst die häuslichen Verhältnisse der Familien kennen, bevor man die politischen Verhältnisse der Gesellschaft untersucht; man muß vor allem versuchen, mit den Menschen, an die man sich wendet, sich gut zu verstehen, bevor man den Darstellungen, auf die man sich stützt, gewisse Ergebnisse entnimmt.

[Vierter Fehler]
Oft haben die Reisenden ihre Berichte auf falsche oder zumindest zweifelhafte Hypothesen gegründet. Beispielsweise ist nichts verbreiteter, als die Sitten der Wilden nach ihrer Übereinstimmung mit unseren eigenen Sitten zu beurteilen, die jedoch sehr wenig mit ihnen gemeinsam haben. So schreiben sie ihnen auf Grund ihrer Handlungen nur deshalb gewisse Ansichten und gewisse Bedürfnisse zu, weil sie bei uns gewöhnlich von diesen Bedürfnissen und diesen Ansichten hervorgerufen werden. Sie lassen den Wilden auf unsere Weise denken, wenn er ihnen seine Gedankengänge nicht erklärt. Deshalb fällen sie oft ein allzu hartes Urteil über eine Nation und bezichtigen sie der Grausamkeit, des Diebstahls, der Ausschweifung und des Atheismus. Es wäre weiser gewesen, eine große Zahl von Tatsachen zusammenzutragen, bevor man versuchte, sie zu erklären, und erst dann Hypothesen Raum zu geben, wenn alle Erkenntnisse der Erfahrung ausgeschöpft sind.

[Fünfter Fehler]
Bei den Berichten der Reisenden gibt es einen weiteren Grund zur Unsicherheit, der eher ein Mangel der Sprache ist, als daß er mit den unvollkommenen Beobachtungen zusammenhängt; die Begriffe nämlich, die sie verwenden, um uns die Ergebnisse mitzuteilen, haben bei uns oft nur verschwommene und ungenügend bestimmte Bedeutungen. Deshalb laufen wir Gefahr, in ihren Berichten etwas ganz anderes zu verstehen als sie uns sagen wollten. Das geschieht vor allem, wenn sie uns über die religiösen, moralischen und politischen Ansichten eines Volkes unterrichten wollen, und wenn sie, statt uns die Tatsachen einzeln, mit allen näheren Umständen darzulegen, nur in großen Zügen ihren Eindruck schildern und uns die allgemeinen Urteile mitteilen, die sie daraus über den Charakter der Nationen gewonnen haben. Diesen Nachteil hätte man vermeiden können, wenn man sich bemüht hätte, die Dinge zu beschreiben, ohne sie zu beurteilen, oder wenn man Ausdrücke gewählt hätte, deren Bedeutung unumstritten ist, oder wenn man genau angegeben hätte, in welchem Sinne man sie verwendet.

[Sechster Fehler]
Es erübrigt sich, hier die Ungenauigkeiten der Reisenden aufzuzählen, zu denen sie durch ihren Mangel an Unparteilichkeit, die durch ihre eigenen Ansichten bedingten Vorurteile, die Interessen ihrer Eigenliebe und schließlich durch ihre gefühlsmäßige Abwehr verleitet worden sind. Der Charakter der Männer, die sich heute diesem edlen Unternehmen widmen, verbürgt hinlänglich, daß ihre Berichte von derartigen Empfindungen nicht beeinflußt werden. Doch trotz der redlichsten und lautersten Absichten zogen die Reisenden oft falsche Schlußfolgerungen über den Charakter der Völker, weil sie falsche Methoden anwandten. Aus

der Art, wie sie empfangen wurden, haben sie leichtfertig auf den absoluten und gewöhnlichen Charakter dieser Menschen geschlossen. Sie haben nicht genügend bedacht, daß ihre Anwesenheit ein natürlicher Grund zu Angst, Mißtrauen und Zurückhaltung sein mußte; daß Politik diese außergewöhnliche Vorsicht noch verstärken konnte; daß möglicherweise die Erinnerung an frühere Einfälle im Geist dieser Völker unheilvolle Vorurteile hinterlassen hatte; daß auch eine friedliche und umgängliche Nation sich in einem natürlichen Kriegszustand mit Fremden fühlen kann, deren Absichten ihr unbekannt sind, und daß man schließlich, um den Charakter eines Volks angemessen zu beurteilen, ihm zunächst einmal Zeit lassen muß, damit seine anfänglichen Gefühle der Verwunderung, der Furcht und der Unruhe verblassen können, ehe man sich dann mit den gewöhnlichen Beziehungen zwischen den Mitgliedern der Gemeinschaft vertraut macht.

[Siebter Fehler]
Von allen Mängeln der Berichte der Reisenden, die Euch vorausgegangen sind, ist der bedauerlichste, wie nachlässig sie uns über die Sprache der besuchten Völker unterrichtet haben. Ihre spärlichen Auskünfte sind in erster Linie weder genau noch richtig, sei es, weil sie uns nicht über die Methode unterrichten, nach welcher sie die Wilden befragt haben, sei es, weil sie sich oft kaum bemühen, die Fragen sinnvoll zu stellen. Die demonstrativen und die natürlichen Zeichen, die sie benutzt haben, um die Wilden nach den Namen der Gegenstände zu fragen, ließen oft selber verschiedene Deutungen zu; wir können nicht wissen, ob diese Zeichen für die Menschen, an die sie gerichtet waren, das Gleiche bedeuteten, und ob sie folglich ihre Fragen richtig beantworteten. Um uns einige nützliche und positive Kenntnisse über die Idiome der wilden Völker zu verschaffen, hätten sie sich außerdem nicht darauf beschränken dürfen, aufs Geratewohl die Bezeichnungen verschiedener, nicht miteinander zusammenhängender Dinge auszuwählen. Da sie nicht die gesamte Sprache aufzeichnen konnten, hätten sie zumindest eine Gruppe ähnlicher Ideen im Auge behalten müssen, um wenigstens in einigen Fällen die Bildung der Begriffe und ihre Beziehungen zueinander beurteilen zu können; sie hätten sich nicht mit ein paar einzelnen Wörtern begnügen dürfen; es wäre vielmehr angemessener gewesen, ganze Sätze festzuhalten, um eine Vorstellung über den Bau der Rede zu erhalten. Sie hätten außerdem herausfinden müssen, ob es sich um einfache oder, wie uns ihre Länge oft vermuten läßt, um zusammengesetzte Wörter handelt; ob sie von einem Artikel oder Partikeln bestimmt und, schließlich, ob sie gebeugt werden oder ob sie unverändert bleiben und ob sie irgendwelchen grammatikalischen Regeln unterworfen sind.

[Achter Fehler]
Da es die Reisenden versäumten, die Sprache der wilden Völker vollständig kennenzulernen, war es ihnen unmöglich, die wohl wissenswertesten Kenntnisse zu gewinnen, die sie hätten erwerben müssen. Sie haben uns nichts über die Traditionen mitgeteilt, die diese Völker über ihre Herkunft, die geschehenen Umwälzungen und die verschiedenen Einzelheiten ihrer Geschichte besitzen mögen, Traditionen, die vielleicht das wichtige Problem erhellt hätten, wie die Erde

bevölkert wurde und wie es zum gegenwärtigen Zustand dieser Nationen gekommen ist. Es war ihnen nicht möglich, den Sinn zahlreicher Zeremonien und Bräuche zu erfahren, die wahrscheinlich nur Allegorien sind; sie haben uns seltsame Beschreibungen hinterlassen, die die müßige Neugierde der Menge reizen, dem Geist des Philosophen jedoch keinerlei nützliche Belehrung verschaffen. Unfähig, zusammenhängende Gespräche mit diesen Völkern anzuknüpfen, haben sie sich nur sehr gewagte und sehr verschwommene Ideen über ihre Ansichten und Vorstellungen bilden können; schließlich haben sie uns jene so sicheren wie ergiebigen Aussagen nicht übermitteln können, die die Sprache einer Nation über ihre Ansichten, die Art ihrer Gefühle und über die geheimsten und eigentümlichsten Züge ihres Charakters macht.

[Notwendige Beobachtungen.
1. Die Zeichen der Wilden]

Deshalb wäre es heute am wichtigsten, daß ein wirklich philosophischer Reisender seine Aufmerksamkeit ganz darauf richtete, sorgfältig alles zu sammeln, wodurch die Gedanken der Völker, bei denen er sich aufhält, ergründet und der Zusammenhang ihrer Handlungen und ihrer Verhältnisse verstanden werden können. Diese Studien wären an sich schon höchst wichtig, sind es vor allem aber deshalb, weil sie auch als Vorarbeit und Einleitung zu allen weiteren Forschungen dienen. Wie dürften wir uns einbilden, ein Volk wirklich zu beobachten, das wir nicht verstehen und mit dem wir uns nicht unterhalten können? Will man die Wilden wirklich kennenlernen, muß man zunächst gewissermaßen einer von ihnen werden; lernt man ihre Sprache, so wird man ihr Mitbürger.

Doch wenn es schon so wenige gute Methoden gibt, um die Sprachen der uns am nächsten stehenden zivilisierten Nationen richtig zu erlernen, wenn dieses Studium oft viel Zeit und Anstrengungen kostet, wie schwierig wird es dann erst sein, die Sprachen der wilden Völker zu erlernen, von denen es kein Wörterbuch gibt, die uns von keinem Dolmetscher übersetzt und die uns nicht, wie die ersteren, dank gemeinsamer Gewohnheiten und ähnlicher Ideenverbindungen erklärt werden können? Scheuen wir uns nicht, es zu sagen, daß es ein Meisterstück der Philosophie wäre, wenn die Kunst, diese Sprachen richtig zu erforschen, auf Regeln zurückgeführt werden könnte; dieses Werk kann nur das Ergebnis langer Betrachtungen über den Ursprung der Ideen sein. Wir werden uns hier auf einige allgemeine Bemerkungen beschränken; die Überlegungen der aufgeklärten Männer, an die wir uns wenden, und die Lehren der Erfahrung werden sie vervollständigen und ihre Anwendung regeln.

Am wichtigsten bei der Erforschung der Zeichen der Wilden ist die Reihenfolge der Untersuchungsschritte.

[Gebärdensprache. Verschiedenartige Gebärden]

Wie aus den uns bereits bekannten Informationen hervorgeht, besteht die artikulierte Sprache der wilden Völker aus fast ebenso willkürlichen und ebenso konventionellen Zeichen wie die unsere; so liegt es auf der Hand, daß man für eine erste Verständigung auf die der Natur näher stehenden Zeichen zurückgreifen muß; man muß bei ihnen, wie bei den Kindern, mit der Aktionssprache beginnen.

In der Aktions- oder Gebärdensprache müssen drei Arten von Zeichen unterschieden werden: die demonstrativen Zeichen, die die Aufmerksamkeit nur auf einen anwesenden Gegenstand fixieren; die deskriptiven Zeichen, mit denen man die Formen, den Umfang und die Bewegung eines abwesenden Gegenstandes nachahmt; schließlich die metaphorischen Zeichen, mit deren Hilfe man, wenn ein Gegenstand nicht nachgeahmt oder gemalt werden kann, zumindest die Begleiterscheinungen wieder erzeugt, die in unserer Erinnerung mit ihm zusammenhängen, indem man z. B. an die Wirkung durch ihre Ursache oder an das Ganze durch eines seiner Teile erinnert.

Von diesen drei Arten von Zeichen wirken die *demonstrativen* Zeichen am zuverlässigsten und sind, wo sie benutzt werden können, am wenigsten vieldeutig. Mit ihnen also sollte man beginnen; auf sie sollte man in allen Zweifelsfällen zurückgreifen. Man soll nur dann *beschreiben,* wenn man nicht *zeigen* kann.

Die *deskriptiven* Zeichen werden umso nützlicher sein, je wirkungsvoller die Beschreibung ist. Die Tauglichkeit der Beschreibungen hängt ihrerseits von der Kunst ab, mit der man die folgenden drei Bedingungen einhält: man muß zuerst die auffälligsten und wahrnehmbarsten Eigenschaften der Gegenstände nachahmen; diejenigen, die für sie besonders kennzeichnend und deshalb am geeignetsten sind, sie von den Gegenständen abzuheben, mit denen sie verwechselt werden könnten, und schließlich diejenigen, die den Menschen, an die man sich wendet, aufgrund ihrer Veranlagungen oder der Verhältnisse ihrer Umgebung besonders auffallen müssen.

Die *metaphorischen* Zeichen sind am stärksten der Unsicherheit unterworfen, und es ist am schwierigsten, sie richtig zu deuten. Trotzdem ist man oft gezwungen, auf sie zurückzugreifen. In diesem Fall wird der Reisende, wenn er selbst sie benutzt, nichts übersehen, was sie ausdrucksvoller machen könnte; er wird sich hüten, dem Wilden leichtfertig Ideenverbindungen zu unterstellen, die den seinen entsprechen. Wenn der Wilde metaphorische Zeichen verwendet, wird sich der Reisende bemühen, alle Begleiterscheinungen genau aufzuzeichnen und sie mit den bereits bekannten Gewohnheiten dieses Volks vergleichen, die ihre Erklärung erleichtern können.

[Über die Gebärden der Taubstummen]

Man kann den Reisenden, für die diese Betrachtungen verfaßt sind, nicht genug empfehlen, methodisch die Zeichen im einzelnen kennenzulernen, die der Bürger Sicard so erfolgreich anwendet, um seine ersten Beziehungen zu den Taubstummen zu knüpfen. Denn der Taubstumme ist ebenfalls ein Wilder, und allein die Natur kann ihm die ersten Unterweisungen seiner Lehrer übersetzen. Man darf aber wohlgemerkt nicht erwarten, daß die im Umgang mit den Taubstummen verwendeten Gebärden sich bei den wilden Völkern stets genauso auswirken; die Bedeutung dieser Zeichen nämlich hängt vor allem von den Gewohnheiten der Menschen ab, an die man sich wendet; diese Gewohnheiten aber ergeben sich zum großen Teil aus ihren Lebensbedingungen. Die Lebensumstände der bei uns aufgewachsenen Taubstummen haben mit denen des Wilden, der seine Wälder nie verlassen hat, nichts gemein. Die Reisenden werden sich deshalb bemühen, jene Gebärden zu wählen, deren Ausdruck am wenigsten mit zufälligen Umständen zusammenhängt; sie werden sie je nach den Gewohnheiten zu verändern wissen, die sie den wilden Völkern unterstellen, und sie werden sich bemühen, eher die allgemeine Methode der Zeichen des Taubstummenlehrers anzuwenden, als alle seine Gebärden ganz genau zu wiederholen.

Es wäre wünschenswert, alle bei den Wilden angetroffenen natürlichen und nachahmenden Zeichen zu sammeln und Zeichnungen von ihnen vorzulegen, mit genauen Erklärungen ihrer eigenen Interpretation.

[Artikulierte Sprache. Reihenfolge ihrer Erforschung]
Wenn die Reisenden mit der Gebärdensprache ein erstes Mittel erworben haben, um sich mit den Wilden zu verständigen, werden sie zur Erforschung ihrer artikulierten Sprache übergehen.

[Elemente der Sprache.
Erste Vorstellungen]
Hier müssen sie so vorgehen, wie es der Entstehung der Vorstellungen am meisten entspricht. Zuerst werden sie die Wörter kennenzulernen versuchen, die sich auf die zugleich einfachsten und wahrnehmbarsten Gegenstände beziehen, wie die verschiedenen Körperteile und die materiellen Substanzen, die der Wilde sehen kann.

[Substantive]
Sie werden sich bemühen müssen, zuerst nur nach den Namen von *Dingen* oder Substanzen zu fragen und nicht nach denen von Eigenschaften, Tätigkeiten oder Beziehungen, denn die ersteren geben weniger Anlaß zu Mißverständnissen und werden in der Rede weniger verändert.

[Adjektive]
Dann werden sie zu den Bezeichnungen der wahrnehmbaren Eigenschaften übergehen, wie Farben, Gerüche, Geschmack, Härte, Weichheit.

[Verben]
Dann werden sie sich mit den Bezeichnungen der wahrnehmbaren Tätigkeiten befassen, wie *gehen, trinken, essen, fischen,* etc., deren Vorstellungen zusehends komplexer werden, wobei jede Verbindung mit irgendeinem Umstand der Zeit, des Raums zu vermeiden ist, um den absoluten Zustand der Verben bestimmen zu können.

[Präpositionen]
Zuletzt werden sie die Begriffe untersuchen, die Relationen ausdrücken und die in unseren Sprachen die Präpositionen und die Adverbien hervorgebracht haben. Da der Begriff einer Relation stets aus dem Vergleich zweier oder mehrerer Gegenstände gebildet wird, werden sie den Wilden diese Gegenstände zeigen und sie so anordnen, daß die Relation, nach deren Benennung sie fragen, ganz natürlich die Aufmerksamkeit der Wilden findet.

[Komplexe Vorstellungen]
Sobald einmal diese ersten Elemente festgestellt sind, können sie nach den Bezeichnungen für komplexere Vorstellungen fragen, wie der eines Dorfes, eines Waldes, eines Heers, des Krieges, etc., wobei sie sich bemühen, die wesentlichen Umstände genau anzugeben, die diesen komplexen Vorstellungen zugrunde liegen.

[Abstrakte Vorstellungen]
Zweifellos können die Wilden nur wenige abstrakte Vorstellungen besitzen, da sie keine Gelegenheit hatten, systematisch Vergleiche anzustellen. Doch das Bedürfnis nach Vereinfachungen bringt den Menschen, sogar ohne sein Wissen, so natürlich dazu, Abstraktionen und Vorstellungen von Gattungen und Arten zu bilden, daß diese auch bei den Wilden nicht völlig fehlen können. Um sie darüber zu befragen, muß man bei den einfachsten Abstraktionen beginnen, das heißt, bei denen, für die es nicht so oft wiederholter Vergleiche bedarf. Wenn man ihnen zwei verschiedene Baumarten zeigt, wird man bald merken, ob sie einen gesonderten Namen für jede Art und für den Baum im allgemeinen haben; das gleiche gilt für die Tiere. Wenn man sie gleichzeitig auf die Bewegung eines Lebewesens und eines Steines aufmerksam macht, wird man erfahren, ob sie einen Namen für den abstrakten Begriff der Bewegung kennen. In dem Maße, wie sie auf diese Fragen antworten, kann man allmählich zu ferner liegenden Abstraktionen übergehen, wobei man sie umfangreichere Vergleiche anstellen läßt.

[Reflexive Vorstellungen]
Am wenigsten beschäftigen den Wilden die mit der Reflexion zusammenhängenden und in den Bereich der Moral und der Logik gehörenden Vorstellungen, wie der *Gedanke,* das *Urteil,* der *Wille,* der *Schmerz,* etc. Sie wird man zuletzt untersuchen; bei ihnen muß man am sorgfältigsten und genauesten vorgehen; gerade wenn man nach diesen Vorstellungen fragt, muß man sich vor allem vor den von unserer eigenen Erziehung abhängenden Gewohnheiten hüten und es vermeiden, den Wilden die Überlegungen unserer Philosophen zu unterstellen. Man muß in ihre Gedanken einzudringen versuchen und darf nicht davon ausgehen, daß sie ebenso denken wie wir. Zuerst wird man sie über die moralischen Vorstellungen befragen, die der Wahrnehmung am nächsten stehen, wie das *Verlangen,* die *Hoffnung,* die *Furcht,* die *Freude,* der *Tod,* etc. Bei diesen Fragen wird man die äußeren Wirkungen beschreiben, die diese Seinsweisen begleiten, wobei man allerdings vermeiden muß, daß sie den Namen der *Handlung* statt des Namens der sie bestimmenden verborgenen *Empfindung* angeben.

[Zusammenhang der Reden]
Wenn man auf diese Weise die Nomenklatur der elementaren Begriffe bestimmt hat, sollte man sich ganze Reden vortragen lassen und folgendes sehr sorgfältig notieren: 1. die Anordnung der Wörter; 2. die Veränderungen, die diese Wörter durch ihre gegenseitige Verbindung möglicherweise erfahren haben; 3. die zur Verkettung der Rede benutzten Hilfswörter und deren präzise Funktion.

[Fragen, die zu beantworten sind]

Dann wird man die folgenden Fragen beantworten können: Kennt die Sprache dieses wilden Volks zusammengesetzte Wörter oder besteht sie nur aus Wurzelwörtern? Folgt die Bildung dieser zusammengesetzten Wörter dem Gesetz der Analogie? Sind die Wurzelwörter einfach und einsilbig? Sind sie streng onomatopoetisch? Werden die Nomina regelmäßig nach *Geschlecht, Zahl* und *Fall* dekliniert? Variieren die Bezeichnungen der Eigenschaften oder *Adjektive* je nach den Substantiven, auf die sie sich beziehen? Gibt es *Komparative, Intensive, Diminutive*? Werden die Bezeichnungen der Handlungen oder *Verben* nach *Personen, Zeiten* und *Modi* konjugiert oder behalten sie ihre absolute Form? Gibt es *Artikel* und *Konjunktionen,* und welche Arten? Besitzt dieses Volk eine Vorstellung von syntaktischen Regeln? Hat es ein Gefühl für Harmonie und rhetorische Schönheiten?

[Vorsichtsmaßnahmen]

Es wäre nutzlos, die skizzierte Reihenfolge einzuhalten, wenn man keine praktischen Vorkehrungen gegen Ambiguität treffen würde. Große Sorgfalt muß vor allem auf die Art und Weise verwendet werden, wie man die Wilden befragt, denn diese Fragen sind gewöhnlich etwas verschwommen, so daß sie verschiedene Deutungen zulassen.

Wenn man z. B. dem Wilden einen Gegenstand zeigt, kann er glauben, man frage ihn nach dem Namen dieses Gegenstandes oder lediglich nach dem einer seiner Eigenschaften oder nach dem Gebrauch, zu dem er bestimmt ist, oder nach seiner Position oder bloß nach dem Namen seiner Art.

Wenn man diese Fragen in verschiedener Weise, bei verschiedenen Gelegenheiten und verschiedenen Menschen gegenüber wiederholt, wird man schließlich die Ungewißheit der Antworten beheben.

Wenn die Wilden mit so langen Wörtern, wie sie uns von Cook berichtet werden, oder sogar mit mehrsilbigen Wörtern antworten, so ist jede Silbe einzeln auszusprechen, um herauszufinden, ob die Wilden ihr nicht einen besonderen Sinn beimessen und ob der Begriff, den man für ein einziges Wort gehalten hat, nicht zusammengesetzt ist.

Wenn man ganze Reden aufgezeichnet hat, wird man gut daran tun, ihre Anordnung gelegentlich zu verändern, umzustellen und sie verschiedentlich, indem man einen Begriff hinzufügt oder wegläßt, abzuwandeln, damit man beobachten kann, ob ihre Wirkungen gleich bleiben oder wie sie sich verändern.

Da die Sprachen der Wilden wahrscheinlich sehr arm an Worten sind, hat jeder Begriff unvermeidlich mehr als eine Bedeutung. Man wird sich deshalb bemühen, diese verschiedenen Bedeutungen festzustellen, um aufgrund des Umfangs der Wortbedeutungen die Assoziation von Vorstellungen und die Verwendung von Analogien beurteilen zu können.

[Zahlensystem]

Der Teil der Sprache der Wilden, den man so weit wie möglich zu vervollständigen hätte, ist das Zahlensystem. Man wird nicht nur herausfinden müssen, welches die größten Mengen sind, denen sie einen Namen geben; es ist auch nötig, die ganze Folge der Worte zu sammeln, mit denen sie die natürliche Zahlenreihe bezeichnen, und die Methode festzustellen, wie sie größere Mengen ausdrücken, die keinen eigenen Namen haben, vorausgesetzt, daß sie eine solche Methode überhaupt kennen.

Es wird ratsam sein, zu beobachten, ob sie die mit den Begriffen der Menge verknüpften Wörter verändern, um die Ordinalzahlen zu bezeichnen, wie der *erste, zweite, zehnte, hundertste,* und um konkrete Begriffe, wie ein Dutzend, zu bilden.

[Malerei und Schrift]
Es gibt wenige wilde Nationen, die nicht versuchten, in mehr oder weniger unbeholfenen Bildern die Gegenstände dazustellen, die sie im Gedächtnis behalten wollen. Es wäre interessant, das Hauptmerkmal dieser Bilder ausfindig zu machen und dadurch zu erfahren, welche Eigenschaften dieser Gegenstände ihnen am meisten aufgefallen sind. Bei Völkern, die bereits die ersten Stufen der Zivilisation erreicht haben, wird man für diese Forschungen reicheres Material finden. Man wird sorgfältig beobachten müssen, ob sie diese Bilder bereits als Verständigungsmittel benutzen; ob sie sich daraus irgendein hieroglyphisches System gebildet haben; was diese Hieroglyphen bedeuten, welches ihre wichtigsten Gesetze sind und als letztes, ob sie irgendeine Vorstellung von einer Schrift, das heißt von gewissen konventionellen Bildern, haben, um die Ideen oder die Sprache zu repräsentieren, oder ob sie zumindest ahnen, welchen Nutzen wir daraus ziehen.

[Embleme, Allegorien und Signale]
Es hat zumindest den Anschein, daß alle Nationen anstatt langer Reden gewisse Embleme verwandten, die manchmal auf ausdrücklichen Konventionen und manchmal auf mehr oder weniger naheliegenden Ähnlichkeiten fußten. Solcherart sind die Zeichen für Feuer oder Krieg, für Streit oder Bündnis; damit werden sie Allegorien verbinden, wie verschiedenartige Trophäen, zivile und religiöse Feiern und Bräuche und vor allem die Tänze, diese für die Fremden manchmal so geheimnisvollen Tänze, die uns vielleicht über die Geschichte der Völker oder über ihre Wesenszüge unterrichten können; schließlich müssen diese Völker bestimmte Signale haben, um sich über große Distanzen hinweg auf ihren Jagden, ihren Wanderungen oder in ihren Gefechten miteinander zu verständigen. Die Forschungsreisenden werden es nicht mehr bei der einfachen Beschreibung dieser Konventionen bewenden lassen; sie werden soweit als möglich versuchen, ein Verständnis des ihnen zugeschriebenen Sinns, der von ihnen erzeugten Wirkungen und für ihren Ursprung zu erlangen.

[2. Zustand der Wilden, zunächst des Individuums. Sein physisches Dasein]
Obwohl zweifellos nicht die ganze lange und schwierige Untersuchung der von den Wilden benutzten Zeichen zur Beobachtung ihres politischen und moralischen Zustands notwendig ist, und obwohl man sie nicht abgeschlossen haben muß, bevor man sich mit anderen Themen befassen kann, werden die von den Reisenden in dieser ersten Hinsicht gemachten Fortschritte ihnen das schnellste

und sicherste Mittel an die Hand geben, um sich über das zweite Thema unterrichten zu können.

Man erwarte hier nicht von uns, daß wir auf die Verfahren näher und im einzelnen eingehen, die man anwenden muß, um alles über den Zustand der wilden Völker zu erfahren. Die Tüchtigkeit der Reisenden und ihre Erfahrungen werden ihnen darüber mehr sagen als unsere vagen Bemerkungen. Wir wollen ihnen deshalb nur ein kurzes Verzeichnis der wichtigsten Punkte vorlegen, die sie beobachten sollen, ihnen die unseres Erachtens angemessenste Reihenfolge vorschlagen und sie daran erinnern, daß Wert und Nutzen ihrer Ergebnisse von deren Vollständigkeit abhängen werden.

Alle diese Beobachtungen können nach zwei Hauptkategorien gegliedert werden: Zustand des Individuums und der Gesellschaft.

Im Zusammenhang mit dem Individuum müssen zunächst die Verhältnisse seines physischen Daseins festgestellt werden.

Dazu gehört zuerst die Art des Klimas, in dem es lebt. Man wird nicht nur beobachten, wie kalt oder warm es ist, sondern auch versuchen, die Eigenschaften der Atmosphäre, die es atmet, festzustellen, und ihre Weichheit, Reinheit, Dichte, Feuchtigkeit, etc. bestimmen.

[Nahrung]

Dazu gehören ferner Qualität und Quantität seiner gewöhnlichen Speisen und seiner Getränke. Es wäre angebracht, das Wasser, das der Wilde trinkt, sorgfältig zu analysieren, und zu erfahren, wie sehr ihm unsere Speisen widerstreben.

[Körperliche Kräfte und Tätigkeiten]

Man wird uns positivere Informationen über die Körperkräfte des wilden Individuums verschaffen.* Man wird feststellen, welche Lasten der Wilde zu heben, tragen oder schleppen vermag; welche Muskeln er am erfolgreichsten bewegt; wie schnell er rennt, welche Strecke er ohne auszuruhen zurücklegen kann; wie gut er schwimmt; welche körperlichen Übungen er gewöhnlich macht; man wird beobachten, wie er auf Bäume klettert, über Gräben springt, Felsen erklimmt.

[Schlaf]

Man wird uns sagen, wieviele Stunden er schläft; ob sein Schlaf tief ist; ob er dabei ruhig ist oder von seinen Träumen beunruhigt zu sein scheint; was für Träume er haben mag; ob er zu einer bestimmten Stunde schläfrig wird; ob er die Schlaflosigkeit ohne Verdruß und Unbehagen erträgt; welche Stellung er einnimmt, wenn er schläft oder ruht.

[Bedürfnisse]

Wie stark verspürt der Wilde den Hunger, den Durst und die Müdigkeit, welche Wirkungen haben diese Bedürfnisse, neigt er zur Trägheit oder bewegt er sich gern?

* Wenn wir sagen das *wilde Individuum,* der *Wilde,* das *wilde Volk,* meinen wir wohlgemerkt nicht den Wilden im *allgemeinen* und wollen damit auch nicht sagen, daß die wilden Völker einem einzigen gemeinsamen Typus angehören – das wäre absurd. Es handelt sich einfach um eine Abkürzung, um das *wilde Individuum* oder das *wilde Volk* zu bezeichnen, das von den Forschern zu jenem Zeitpunkt gerade beobachtet wird.

[Anthropophagie]
Einige philosophische Reisende werden sorgfältig die abscheuliche Erscheinung der Anthropophagie untersuchen und uns vielleicht dazu verhelfen, daß wir die Verirrungen der Menschheit wenn nicht rechtfertigen, so doch wenigstens entschuldigen können. Sie werden feststellen, ob die anthropophagischen Völker nur ihre im Krieg besiegten Feinde verzehren; ob sie mit dieser Handlung andere Grausamkeiten verbinden und ob sie damit irgendwelche Gedanken an Rache verknüpfen; ob sie ein gleiches Los sehr zu fürchten scheinen; ob sie dabei bestimmte geregelte Zeremonien veranstalten; ob sie sich sträuben, das Fleisch ihrer Freunde oder von Fremden zu verzehren; ob sie glauben, der Seele des Ermordeten damit ein Leid oder einen Schimpf angetan zu haben.

[Kleider]
Die Kleider der Wilden werden von den Reisenden gewöhnlich sehr gut beschrieben; fast immer ist dies der hauptsächliche, oft der einzige Gegenstand ihrer Beobachtungen. Man dürfte aber nicht nur ihre Kleidung beachten; man müßte auch herausfinden, wie sehr sie sich sträuben, andere oder unsere Kleider zu tragen; ob sie aus bestimmten Gründen an den ihren hängen; ob irgendein besonderer Umstand sie veranlaßt hat, gerade diese zu wählen; denn da die Gewohnheit und die Nachahmung nur das bestätigen, was bereits besteht, muß es einen Ursprung dieser Bräuche geben. So kann das Bedürfnis, sich vor Insekten oder den Folgen der Kälte und der Hitze zu schützen, wesentlich zu dem Brauch beitragen, daß gewisse wilde Völker ihren Körper mit Fett einreiben. Man müßte schließlich beobachten, ob es nach Alter oder Rang verschiedene Kleidungen gibt und ob sie darin ein Zeichen von Autorität oder Reichtum sehen; was sie über den Schmuck denken, wie wichtig er ihnen ist.

[Moralische Wirkungen der Krankheiten]
Wir werden die Reisenden bitten, uns über die moralischen Wirkungen zu unterrichten, die die Krankheiten der Wilden begleiten können, und uns zu sagen, ob sie denen gleichen, die bei uns vorkommen; wodurch sie von diesen abweichen; ob die Wilden den Schmerz ruhig, mutig und geduldig ertragen, wo sie die Kräfte hernehmen, um ihn zu ertragen, ob dies mit ihrer Unempfindlichkeit oder damit zusammenhängt, daß sie dank der Unkenntnis der Zukunft die Dauer des Schmerzes nicht befürchten oder ob sie schließlich auf Grund eines reflektierten Begriffs, wie z. B. einer Art von Stolz oder Eitelkeit ihre Schmerzen heiter ertragen, wie wir es von den amerikanischen Wilden kennen. Wir werden die Reisenden fragen, inwieweit ihre moralischen Fähigkeiten von diesen physischen Störungen beeinträchtigt werden; ob sie dann für Furcht und Aberglauben zugänglicher sind, ob sie den Tod fürchten und was der Grund ihrer Furcht oder ihrer Sorglosigkeit sein mag.

[Schwachsinn und Wahnsinn]
Ist es wirklich wahr, daß bei den Wilden Erscheinungen von Wahnsinn nicht anzutreffen sind oder sind die Beispiele dafür nur sehr selten? Falls es derartige Beispiele gibt, so müssen unbedingt alle Umstände von Ursache und Wirkung

festgestellt werden, um sie mit den Beobachtungen zu vergleichen, die wir am zivilisierten Menschen machen. Man wird wohl zumindest Beispielen von Schwachsinn begegnen, einem Zustand, der viel weniger als der Wahnsinn von seelischen Leidenschaften und moralischen Empfindungen abhängt und fast immer auf natürliche organische Störungen zurückzuführen ist. Man wird sich dabei bemühen, den Grad dieses Schwachsinns und seine äußeren Begleiterscheinungen festzustellen. Man wird nach seinem ersten Anlaß suchen, der ihn hervorgerufen hat; man wird seine verschiedenen Formen unterscheiden, falls es mehrere davon geben sollte. Man wird insbesondere beobachten, ob er eine Form der Altersschwäche ist, in welchem Alter er auftritt, wie verbreitet er ist, an welchem Punkt er sich bemerkbar macht, etc.

[Physische Erziehung]

Die physische Erziehung, die die Wilden ihren Kindern erteilen, ist einer der Punkte, über welche uns die Reisenden in tiefer Unkenntnis gelassen haben. Vielleicht liegt das tatsächlich daran, daß diese Völker sich nicht um die Entwicklung ihrer Kinder kümmern und sie ganz der Natur überlassen. In diesem Falle aber hätte man uns zumindest berichten müssen, welche Folgen sich daraus ergeben, ob die Kinder mehr oder weniger für Krankheiten anfällig sind, ob sie schneller in den Besitz ihrer Kräfte gelangen, ob die Sterblichkeit bei ihnen größer oder geringer ist, welche dominierenden Instinkte sich bei diesen kleinen Wesen bemerkbar machen, etc. Wenn dagegen ihre Eltern, wie es wahrscheinlicher ist, sich dennoch in den ersten Jahren ihres Lebens um sie kümmern, wird man uns hoffentlich einige Einzelheiten darüber berichten; welche Vorsichtsmaßnahmen die Mutter für das Neugeborene trifft; wann sie aufhört, es zu stillen; was sie ihm als erstes zu essen gibt; wie sie es schlafen legt; wann sie beginnt, es sich selbst zu überlassen; wie sie es wäscht; ob sie es vor Kälte und Hitze zu schützen versucht; ob sie ihm während seiner Krankheiten hilft und schließlich, mit welchen Arbeiten die Kinder zuerst beschäftigt werden; womit sie sich im häuslichen Leben befassen; welche Arbeiten ihnen auferlegt werden, welchen Eifer sie darauf verwenden und wie erfolgreich sie dabei sind.

[Lebensdauer]

Der Lebensdauer der Wilden werden mehrere Fragen gelten. Leben sie alle ungefähr gleich lange oder besteht ein deutlicher Unterschied zwischen der Lebensdauer verschiedener Menschen? Wie groß ist dieser Unterschied? Wie lange ungefähr dauert ihr Leben durchschnittlich? Wie hoch reichen die Beispiele der größten Lebensdauer? Welches sind die häufigsten Todesursachen?

[Das Individuum als moralisches und intellektuelles Wesen]

All diese Beobachtungen über die äußeren Lebensumstände können sehr leicht durchgeführt werden, wenn die Reisenden die Muße haben, einige Zeit bei den Wilden zu verbringen und mit ihnen vertraut zu werden. Doch wenn sie nach der Erforschung des physischen Menschen den intellektuellen und moralischen Menschen beobachten wollen, so werden sie auf zahlreiche Schwierigkeiten stoßen und sich vor allzu überstürzten Folgerungen, oberflächlichen Beobachtungen und durch unsere Gewohnheiten verursachten Vorurteilen hüten müssen; vor allem werden sie ihren Urteilen mißtrauen und ihre Berichte mit der größten Klarheit und der höchsten Genauigkeit verfassen müssen.

[Empfindungen]

Der erste Gegenstand, bei dem ihre Blicke verweilen werden, werden die Sinne des wilden Menschen sein. Sie werden bis ins einzelne auf die verschiedenen Empfindungen eingehen und vor allem die folgenden vier Fragen zu beantworten versuchen: 1. Welche ihrer Sinne sind am ausgebildetsten, aktivsten und schärfsten? 2. Welche Umstände haben möglicherweise einen bestimmten Sinn am ausgeprägtesten entwickelt? 3. Wie weit ist jeder ihrer Sinne entwickelt, verglichen mit dem bei uns gewöhnlichen Grad der Entwicklung? 4. Mit welcher Art oder Spezies von Empfindungen verbinden sie das größte Vergnügen?

Die Entwicklung eines einzelnen Sinns muß nach mehreren Kriterien beurteilt werden: 1. nach der Kunst, zwei oder mehr Empfindungen voneinander zu unterscheiden; 2. der Zartheit der Empfindungen, die man wahrzunehmen vermag; 3. der Zahl der Empfindungen, die man gleichzeitig erfassen kann; 4. der Schnelligkeit, mit der diese Operationen ausgeführt werden; 5. der Fähigkeit, sie mehr oder weniger lange hinzuziehen, ohne dabei zu ermüden; 6. schließlich der Richtigkeit der damit gelegentlich verbundenen Urteile. Das betrifft z. B. das sogenannte gute Augenmaß und die Kunst, Distanzen zu schätzen.

Am sorgfältigsten werden die Reisenden den Zustand der beiden wichtigsten Sinne, des Tast- und des Gesichtssinns beobachten. Sie werden festzustellen versuchen, ob nicht zugleich mit der Übung der natürliche Zustand der Organe zur Vollkommenheit der Sinne beiträgt, die man oft beim Wilden feststellt. Sie werden sich erkundigen, ob Blindheit und Taubheit häufiger oder seltener sind als bei uns, und sie werden es nicht unterlassen, nach den mit diesen beiden Zuständen verbundenen moralischen Wirkungen, das heißt nach dem Grad der Traurigkeit, der Hilflosigkeit und der Trägheit zu forschen, die sie möglicherweise begleiten, und die Mittel festzustellen, mit denen man sich behilft, wenn eines dieser Organe fehlt.

[Ideen. Ihre Natur]

Unsere Ideen sind nichts anderes als bearbeitete Empfindungen. Nachdem der Beobachter die Materialien irgendwie aufgezeichnet hat, die der Wilde bearbeitet, wird er zu erkennen versuchen, in welcher Weise sie umgeformt werden. Die Empfindungen werden auf zwei Arten umgeformt, durch Kombination und durch Abstraktion. Indem man diese beiden Wege verfolgt, wird man entdecken, wie groß der Umfang der Ideen des einzelnen Wilden ist, und wo ihre Grenzen liegen; wir werden erfahren, wie weit die Kunst des Verallgemeinerns entwickelt ist, welche Vorstöße sie in das Gebiet der moralischen Ideen gemacht haben; man wird folgende wichtige Fragen beantworten können: Hat der Wilde die Idee von einem Prinzip des Gefühls und der Bewegung? Wie faßt er dieses auf? Hat er die Idee von etwas Einfachem und Unteilbarem und infolgedessen Immateriellen? Kennt er die abstrakten Begriffe von Sein und Nichtsein, endlich und unendlich, Dauer und Ewigkeit, Möglichkeit und Notwendigkeit? Kennt er den Begriff des *Schönen* und faßt er ihn anders als das, was ihm *angenehm* ist? Kennt er den Begriff des *Guten* und faßt er ihn anders als das, was ihm *nützlich* ist? Stellt er sich etwas vor, was er nie gesehen hat? Denkt er sich, daß es andere Länder als das seine gibt, und eine andere Welt, als die, in der er lebt? etc., etc.

[Ihre Erzeugung]
Zweifellos werden die Beobachter nicht glauben, sie hätten diese großen Probleme gelöst, wenn sie den Wilden nur befragt und als Antwort ein unklares Zeichen oder einen vagen Begriff erhalten haben. Sie werden vielmehr das Bedürfnis verspüren, seinen Verstand einer strengeren Prüfung zu unterziehen. Sie werden erst dann vermuten, daß er ein gewisses Abstraktionsvermögen erreicht hat, wenn sie sehen, daß er die erforderlichen Vergleiche anstellt; sie werden erst dann vermuten, daß er über eine gewisse Kombinationsgabe verfügt, wenn er darüber Rechenschaft abzulegen vermag. Wenn der Beobachter am Wilden eine allgemeine oder reflexive Idee entdeckt, wird er verstehen wollen, unter welchen Umständen sie gebildet wurde; er wird versuchen, dem Wilden irgendwie das Geheimnis seiner intellektuellen Geschichte zu entreißen, und uns einen Bericht über die Erzeugung seiner Ideen geben wollen.

[Ihre Assoziation]
Das große Gesetz der Ideenassoziation ist eine der wesentlichen Grundlagen des intellektuellen Systems des Menschen. Daher wird der Beobachter, wenn er die Natur der Ideen erkannt hat, mit denen der Wilde ausgerüstet ist, untersuchen, wie sie assoziiert werden. Dabei wird er drei Punkte beachten müssen: 1. wie leicht solche Assoziationen gebildet werden; 2. wie dauerhaft sie sind und wie schnell sie hervorgerufen werden können; 3. wie weit sie reichen. Da die Bedürfnisse jeweils Zentren sind, auf die sich die Ideenassoziationen beziehen, wird der Beobachter ihre Reichweite vor allem dann herausfinden, wenn er auf die Bedürfnisse achtet.

[Meinungen und Urteile]
Wie urteilt der Wilde über Gegenstände, die im Augenblick seines Urteils nicht im Bereich seiner Sinne liegen? Urteilt er allein auf Grund der Gewohnheit, das heißt der Neigung zu glauben, die Dinge müßten sich immer in derselben Weise wiederholen wie bisher? Bemerkt er Analogieschlüsse, und in welchem Maße? Bemerkt man bei ihm einen Instinkt, der dem der Tiere gleicht, das heißt, neigt er dazu, das zu tun, was ihm nützlich ist, und zu meiden, was ihm schadet, und zwar selbst dann, wenn keine Erfahrung ihn bisher über die Wirkungen belehren konnte, die sich daraus ergeben müssen? Welchen Einfluß hat die Nachahmung auf seine Urteile und Handlungen?

[Gott]
Welchen Eindruck macht das Schauspiel der gewöhnlichen Naturerscheinungen auf den Wilden? Schließt er von der Kenntnis der Wirkungen auf gewisse Ursachen und wie stellt er sich diese Ursachen vor? Nimmt er eine erste Ursache an? Schreibt er ihr Intelligenz, Macht, Weisheit und Güte zu? Betrachtet er sie als im-

materiell? Nimmt er an, sie habe einen festen Aufenthaltsort? Verleiht er ihr physische Kräfte? Hält er sie für eine Vorsehung, das heißt für ein Wesen, das über ihn und über die Natur wacht? Hält er sie für ewig? Gesteht er ihr eine grenzenlose Macht zu oder welche Grenzen setzt er ihr? Nimmt er an, sie sei fähig, ihn zu verstehen, seine Gedanken zu durchdringen und sich von seinen Gebeten erweichen zu lassen? Nimmt er mehrere solcher Ursachen an? Spricht er ihnen allen die gleiche Macht zu? Vermutet er, sie seien sich untereinander einig? Durch welche Eigenschaften unterscheidet er sie? Setzt er zwischen sich und die erste Ursache unsichtbare und untergeordnete Kräfte? Was denkt er über sie? Schreibt er den Gestirnen, den Pflanzen, den Elementen, etc. ein Prinzip des Handelns und des Fühlens zu? Was denkt er über die Tiere?

[Ideen über sein Dasein. Unsterblichkeit]
Welchen Eindruck macht das Schauspiel der außergewöhnlichen Naturerscheinungen auf den Wilden? Wie erklärt er sie sich? Glaubt er an irgendeine Art von Dasein vor dem irdischen? Hat er die Idee eines Zweckes seines Daseins in der Welt? Wie begreift er den Tod? Was vermutet er jenseits des Todes? Glaubt er an ein immaterielles Dasein? Setzt er diesem irgendeine Grenze, und denkt er, daß er einmal ins Nichts zurückfallen wird? Flößt ihm diese Idee Widerwillen ein? Verbindet er mit dem zukünftigen Leben eine Idee von Strafe oder Lohn? Worauf gründet er diese Ideen? Betrachtet er sich als frei, das heißt als fähig, zwischen verschiedenen Handlungsmöglichkeiten nach seinem Willen zu wählen? Oder hat er eine Idee des Schicksals?

[Vermögen. Einbildungskraft]
Die Vermögen sind für den Verstand, was die Kräfte für den Körper sind. Die einen wie die anderen entwickeln sich durch Übung und werden nach ihren Wirkungen beurteilt. Daher beurteilt man die Lebhaftigkeit und Stärke der *Einbildungskraft* eines Menschen nach seiner Entscheidungsbereitschaft, seiner Zugänglichkeit für Furcht oder Hoffnung, seiner Geschicklichkeit, neue Mittel zu finden, um seine Ziele zu erreichen, und schließlich nach seiner Neigung, zu beschreiben oder darzustellen, was er denkt oder erfährt. Die Einbildungskraft ist das erste Vermögen, das beim Wilden untersucht werden muß, denn sie gibt allen anderen Vermögen Nahrung. Sie ist immer das erste Vermögen, das sich im Individuum entwickelt; daher läßt sich an ihrer Entwicklung am leichtesten die Stufe der intellektuellen Vervollkommnung eines Individuums erkennen.

[Aufmerksamkeit]
Dann folgt die *Aufmerksamkeit*. Wir werden erfahren, wie gut sich der Wilde konzentrieren kann; welche Motive diese Fähigkeit bei ihm bestimmen; auf welche Gegenstände seine Aufmerksamkeit ihn lenkt; läßt man sich durch seine Bedürfnisse leiten, so kann man diesen Beobachtungen einige Präzision geben.

[Gedächtnis]
Das *Gedächtnis* beruht auf der Aufmerksamkeit, denn man erinnert sich nur an Dinge, denen man genügend Aufmerksamkeit geschenkt hat. Die Untersuchun-

gen dieser beiden Vermögen beim Wilden werden also eng miteinander zusammenhängen: ob er leicht behält, was er gesehen, gehört oder gefühlt hat; ob er sich lange daran erinnert; wie weit seine Erinnerungen zurückreichen; in welcher Reihenfolge er sie behält; welche Lücken zwischen ihnen bestehen; worin die Kette seiner Erinnerungen verankert ist, etc.

[Voraussicht]
Die *Voraussicht* wiederum muß auf dem Gedächtnis fußen, denn sie ist das Vermögen, die Erfahrung der Vergangenheit anzuwenden. Man wird also darauf achten, wie sich der Wilde der Erfahrungen, die er gesammelt hat, bedient, wie weit er in die Zukunft zu blicken vermag, wie er seine gegenwärtige Lage einschätzt, wie er Vorkehrungen gegen bestimmte Ereignisse trifft, wie er lernt, seine Irrtümer zu berichtigen, wenn er in seinem Verhalten auf einen Fehler gestoßen ist.

[Reflexion]
Das Vermögen schließlich, das sich am leichtesten entwickelt und das am meisten dem zivilisierten Menschen eigen scheint, ist die *Reflexion,* das heißt die Fähigkeit, durch welche wir uns auf uns selbst zurückwenden, um uns von unseren Gefühlen und Gedanken Rechenschaft zu geben und in die tiefsten Geheimnisse unserer Seinsweise einzudringen. Es wäre interessant zu erfahren, ob der Wilde nicht wenigstens Ansätze eines so edlen Vermögens besitzt oder ob er sich selbst immer ein Fremder bleibt; man müßte beobachten, ob er, wenn sein Handeln nicht aus den ihn umgebenden Gegenständen abgeleitet und mit seinen Bedürfnissen verknüpft ist, in eine Art vegetativer Trägheit zurückfällt oder ob er dann sein eigenes Dasein genießt. Im übrigen ist der sicherste Anhaltspunkt für die Stufe der Reflexionstätigkeit des Wilden in dem Charakter seiner Sprache gegeben.

[Reflektierte Bedürfnisse]
Mit der Bildung komplexer und abstrakter Ideen und dem Spiel der intellektuellen Vermögen entwickelt sich im Menschen eine zweite Ordnung von Bedürfnissen, die wir *reflektiert* nennen, weil sie nicht unmittelbar mit seinem Dasein verbunden sind. Der Beobachter wird die Natur und den Umfang dieser Bedürfnisse beim Wilden genau zu bestimmen versuchen. Wir werden von dem Grad seiner Neugierde erfahren, von den Wirkungen des Überraschenden und von seinem Hang zur Furcht, und inwieweit er den Qualen der Angst ausgesetzt ist; wir werden erfahren, wie er von Vergnügen oder Lust angezogen wird, und ob er starke Emotionen und abwechslungsreiche Empfindungen sucht; wir werden etwas über seine Selbstkontrolle erfahren, über seine Furchtlosigkeit oder Schwäche angesichts der Gefahr, über sein durch Erfolge gewecktes Selbstvertrauen oder den dadurch hervorgerufenen Übermut, über den Stolz oder die Scham, womit er sich selbst betrachtet, seinen Kummer über mißlungene Handlungen, das Vergnügen an seiner eigenen Kraft, über seine Vorstellungen von Unterlegenheit und von einer glücklicheren Stufe der Entwicklung als die, auf welcher er sich befindet, etc.

[Verschiedenheit]
Zweifellos ist es überflüssig, die Beobachter darauf aufmerksam zu machen, daß sie diese Untersuchungen nicht auf ein einziges Individuum beschränken dürfen, sondern an einer großen Zahl von Fällen wiederholen und die Resultate miteinander vergleichen müssen. Im allgemeinen sprechen die Reisenden nur von einem einfachen und allgemeinen Typus für jedes Land, und sie nehmen an, daß ein ganzes Volk ihm angehört. Gibt es also keine Verschiedenheit zwischen den einzelnen Mitgliedern einer wilden Gesellschaft? Ist diese Verschiedenheit, obgleich ohne Zweifel viel weniger sichtbar als die in den zivilisierten Gesellschaften, nicht dennoch wirklich und interessant? Wird eine sorgfältige Erforschung dieser von uns so entfernten Wesen nicht auf Unterschiede in ihren Fähigkeiten, Gewohnheiten, Ideen, Ansichten und Neigungen führen, die durch Alter, Geschlecht, vom Organismus und durch äußere Lebensumstände verursacht sind? Wird nicht auch dort ein junger Mann stürmischer und aktiver, eine Frau scheuer und zurückhaltender, ein alter Mann besonnener sein? Wird nicht das Temperament auch dort lebhaftere Affekte oder sanftere Dispositionen schaffen? Kann nicht allein der Körperbau einem Menschen eine deutliche Überlegenheit über einen anderen geben? Ist die Lebensweise absolut einheitlich? Muß nicht jeder aus seiner eigenen Erfahrung lernen und in ihr die Quelle für ein ihm eigentümliches Bedürfnis finden?

[Der Wilde in der Gesellschaft]
Nachdem man das Individuum beobachtet hat, wie es für sich ist, wird man ihm in seinen Beziehungen zu seinen Mitmenschen folgen; dies wird eine neue Art von Forschung sein.

In Europa hat es mehrere Beispiele von Individuen gegeben, die in den Wäldern aufgefunden wurden und offenbar fast keine Kommunikation mit anderen Menschen gehabt hatten. Dies sind jedoch keine Beispiele für den wilden Zustand. Dieser ist die letzte Stufe der Menschheit. Wahrscheinlich gibt es keine Wilden, bei denen man nicht zumindest irgendwelche Anfänge von Gesellschaft findet. Doch müssen die Reisenden prüfen, ob es bei ihnen nicht einige Individuen gibt, die der Zufall zu einem gänzlich einsamen Leben verurteilt hat; in diesem Fall werden sie alle besonderen Eigenschaften genau beobachten, die diese Menschen zeigen.

[Häusliche Gesellschaft]
Die erste Gesellschaft, zu der die Stimme der Natur und der Impuls der gegenseitigen Bedürfnisse den Menschen ruft, ist die häusliche Gesellschaft, welche aus der Familie besteht.

[Autorität der Väter]
Die Reisenden werden beobachten, ob diese erste Vereinigung die Kennzeichen einer geregelten Gesellschaft hat und ob irgendeine Abhängigkeit unter ihren Mitgliedern besteht. Hat der Vater eine besondere Autorität? Welches sind die Wirkungen, die Dauer und das Ausmaß dieser Autorität? Auf welchem Prinzip beruht sie und was denkt der von ihr, der sie ausübt, und was die, die ihm ge-

horchen? Welche Achtung haben die Jungen für die Alten und wie zeigen sie diese? Welches Maß an Dankbarkeit bezeigen die Kinder ihren Eltern?

[Verwandte und Geschwister]

Wie beschaffen und wie stark ist das Band, das zwischen Geschwistern besteht? Schafft das Alter einen Vorrang unter ihnen? Wie weit reichen die Verwandtschaftsbeziehungen und wie weit haben sie Einfluß? In welcher Weise nimmt man auf sie Rücksicht? Schließen sich die Mitglieder einer Familie zur Arbeit, zur Jagd, zum Essen zusammen? Welches Gesetz und welche Ordnung herrschen dann unter ihnen? Hat jedes Individuum die Freiheit, sich nach Belieben zurückzuziehen oder welche Bande halten es fest?

[Frauen. Ihr Stand]

Der häusliche Stand der Frauen kann unter verschiedenen Gesichtspunkten betrachtet werden. Zunächst zeigt sich ihre Abhängigkeit oder die Achtung, die ihnen entgegengebracht wird. In dieser Hinsicht haben die Wilden ein ganz unterschiedliches Bild geboten. Im allgemeinen jedoch scheint die Achtung für das weibliche Geschlecht eine Wirkung der Zivilisation zu sein. Die Beobachtungen der Reisenden werden uns darüber belehren, inwieweit diese Vorstellung begründet ist; sie werden zeigen, welches Recht die Frau am gemeinschaftlichen Eigentum hat, welches ihre Arbeiten sind, welcher Schutz ihr geboten wird; schließlich werden sie berichten, ob nicht selbst in den wildesten Ländern das weibliche Geschlecht jene angenehme und unmerkliche Macht ausübt, die zugleich auf seiner Schwäche, seiner Empfindsamkeit und seinen Reizen beruht.

[Schamgefühl]

Der zweite Gesichtspunkt, unter welchem die Frauen zu sehen sind, ist ihr Verhalten zu den Gesetzen der Scham. Hier müssen zwei Dinge beachtet werden: ihre Kenntnis dieser Gesetze und die Sorgfalt, mit der sie sie befolgen. Sind einige wilde Horden tatsächlich derart roh, daß die Frauen überhaupt kein Schamgefühl kennen, sich keinerlei Zurückhaltung auferlegen und ohne zu erröten den Männern entgegenkommen? Oder ist es vielmehr so, daß sie zwar eine Vorstellung von ihren Pflichten haben, sie aber auf Grund ihres Temperaments, der Umstände, Beispiele oder Überredung bereitwillig vernachlässigen?

[Liebe]

Das führt zu einigen Fragen über Liebe und Ehe.

Die Geschichte der Liebe bei den wilden Völkern würde ein ebenso merkwürdiges wie interessantes Bild bieten; Ursprung, Charakter, Zeichen, Wirkungen, Opfer, Vergeltung – wie sehr muß sich all dies von dem bei uns Üblichen unterscheiden? Fällt dieser Vergleich zu ihren oder zu unseren Gunsten aus? Ist die Liebe bei den Wilden ein rein physisches Gefühl? Schließt sie keine Ideen von Vertrauen, Bevorzugung, Verehrung und moralischen Bindungen ein? Hört sie mit dem Genuß auf oder wie lange kann sie dauern? Richtet sie sich auf ein einziges Individuum oder ohne Unterschied auf mehrere und kennt demnach keine Vorstellung von Treue oder Unbeständigkeit? Wird die Gunst der Frauen einzig als Lohn der Liebe betrachtet und welchen Wert messen ihr die Männer bei? Welche gegenseitigen Aufmerksamkeiten sind mit dem Gefühl verbunden? Unternimmt der Mann gewöhnlich die ersten Schritte? Stößt er oft auf Widerstand?

Der Begriff der Ehe, das heißt eines legitimen Bundes zwischen Mann und Frau entsteht erst in einer bereits etwas entwickelten Gesellschaft. Der Punkt, an welchem eine derartige Einrichtung beginnt, muß unbedingt beachtet werden. Nicht weniger wichtig ist es, alle zugehörigen Umstände anzugeben.

[Ehe]
Wird die Ehe nur als Ergebnis der freien Übereinkunft der beiden Ehegatten betrachtet? Genügt der Wille der Eltern, um die Verbindung der Kinder herbeizuführen? Oder ist beides zusammen nötig? Wird die Heirat als eine zivile Handlung betrachtet, an welcher die Gesellschaft interessiert ist, und welche Rolle spielt sie dann dabei? Wird die Heirat als religiöse Handlung betrachtet, und wie wirken sich in diesem Fall die religiösen Vorstellungen aus?

[Ihr Charakter. Ihre Wirkungen]
Welche gegenseitigen Pflichten bestehen zwischen den Ehegatten und welche Sanktionen gibt es? Wird ihre Bindung durch die Vaterschaft sehr verstärkt? Wie verändert sie sich im Alter? Ist es allgemeiner Brauch bei den wilden Völkern, jeden Umgang mit den Frauen während der Zeit ihrer gewöhnlichen Unpäßlichkeit einzustellen?

[Scheidung, Vielweiberei]
Gibt es bei den Wilden Beispiele für die Unauflöslichkeit der Ehe, und auf welches Prinzip scheint diese gegründet? Bei den Völkern, die die Scheidung kennen, müßte man ihre Anzahl und Häufigkeit kennen, die Motive, die sie auslösen, welche Erscheinungen sie begleiten, was sie bewirken. Man wird beobachten, wie stark und von welcher Art die Eifersucht der Männer und der Frauen ist; ob der Ehebruch im einen oder anderen Fall bestraft, und wie er bestraft wird. Wo der Brauch der Vielweiberei besteht, wird man untersuchen, wie weit sie reicht, wie und warum sie entstanden zu sein scheint, welche Wirkungen sie auf die Sitten, die Bevölkerung, die Kindererziehung, den häuslichen Frieden, etc. hat.

[Moralische Erziehung der Kinder]
Gewiß darf man nicht erwarten, bei den Wilden sehr interessante Besonderheiten der moralischen Erziehung der Kinder anzutreffen. Es gibt jedoch einige Tatsachen, die bemerkenswert sind. Wie sehr hängen die Eltern an den Kindern und auf welche Weise nehmen sie an ihnen Anteil? Wie weit und mit welcher Strenge meinen sie, über sie wachen zu müssen? Kümmert sich der Vater oder die Mutter mehr um sie? Bis zu welchem Alter dauert diese Fürsorge? Gilt sie gleichermaßen allen Kindern oder zeigen die Eltern irgendeine Vorliebe? Wie erlernen die Kinder die Sprache? Wie werden sie in die moralischen Vorstellungen eingeweiht, die ihre Eltern möglicherweise haben? Schließlich wie schnell entwickeln sich ihre Leidenschaften und ihre Intelligenz?

[Allgemeine Gesellschaft]
Von der häuslichen gehen wir zur allgemeinen Gesellschaft über, die durch den Zusammenschluß mehrerer Familien gebildet wird; sie stellt sich in vier verschiedenen Arten von Beziehungen dar – politischen, bürgerlichen, religiösen und ökonomischen. Beginnen wir bei den politischen Beziehungen, die allen anderen zugrunde liegen.

[Politische Beziehungen.
1. Innere Verhältnisse]
Welches sind, zunächst, die inneren Bande der Gesellschaft und die Grundlagen, auf welchen die Vereinigung ihrer Mitglieder beruht? Gibt es irgendwelche Stufen bei der Bildung dieser Gesellschaft, das heißt, ist sie wie bei uns in verschiedene Teilgruppen unterteilt, die in sich enger zusammenhängen, wie Clans, Gemeinden oder Kasten, und welches sind die Beziehungen und Grenzen dieser besonderen Vereinigungen? Gibt es Rangunterschiede? Worauf beruhen sie? Hängen sie mit der Geburt zusammen? In welchen Vorrechten äußern sie sich? Wieviele verschiedene Stufen gibt es?

[Amtsträger. Ihre Ernennung. Ihre Befugnisse.]
Wieviele Ämter und Amtsträger gibt es? Werden ihre Ämter vererbt oder durch Wahl übertragen, und wie werden solche Wahlen vollzogen? Welches ist der Charakter und der Umfang ihrer Befugnisse? Welche Hierarchie gibt es bei ihnen? Mit welcher Gesinnung werden sie respektiert? Welche Schranken setzen sie? Üben sie ihre Ämter lebenslänglich oder für einen bestimmten Zeitraum aus? Können sie abgesetzt werden, und wie geschieht das? Liegt die oberste Gewalt in den Händen eines Mannes oder mehrerer? Ist sie im ersten Fall absolut und willkürlich? Welches sind ihre Begleiterscheinungen? Wie wird sie weitergegeben? Worauf erstreckt sie sich? Im zweiten Fall, wie werden die Führer ernannt? Wie einigen sie sich untereinander? Handeln sie gemeinschaftlich oder hat jeder einen eigenen Verwaltungsbereich?

Was denken diese Völker über ihre Rechte? Welche Achtung bringen sie ihren Führern entgegen? Welche Gefühle, Vertrauen oder Unterwürfigkeit, zeigen sie ihnen gegenüber? Welche Ehren erweisen sie ihnen? Mit welcher Pracht umgeben sie sie?

[Ihre Wirkungen]
Was sind die Wirkungen dieser Einrichtungen? Wie weit geht die Eintracht der Mitglieder einer Gesellschaft? Wie beständig ist sie? Wann und wie kommt es zu bürgerlichen Uneinigkeiten und was bewirken sie? Gibt es oft Revolutionen und sind sie blutig? Bedürfen die Gesetze einer allgemeinen Sanktion? Gibt es überhaupt Gesetze oder nimmt der Wille der Regierenden ihre Stelle ein? Wie werden die Gesetze überliefert?

[2. Äußere Beziehungen]
Welche Einstellung hat ein Volk zu seinen Nachbarn, die unter einer anderen Obrigkeit leben? Sind sie von Natur im Kriegszustand oder leben sie gewöhnlich in Frieden?

[Krieg]
Wenn sie sich von Natur im Kriegszustand befinden, woher stammt diese wechselseitige Disposition? Handelt es sich um eine natürliche Abneigung? Ist sie das Resultat von Rache und Erinnerungen? Ist es Rivalität? Ist es der Wunsch nach Eroberungen?

[Ursachen]
Wenn Kriege nicht die Regel sind, welches ist ihr gewöhnlicher Anlaß?

Wer hat das Recht, den Krieg zu erklären? Geht dieser Erklärung irgendeine Verhandlung oder wenigstens eine Formalität voraus? Um was für Formalitäten oder Verhandlungen handelt es sich?

Sind die Kriege allgemein, das heißt, nimmt das ganze Volk daran teil? Sind sie blutig und langwierig? Unterbrechen sie alle anderen Formen des Kontakts zwischen den Völkern und suspendieren sie das Gefühl für die natürlichen Rechte?

[Kriegskunst]
Kennen diese Völker eine Form von Kriegskunst? Wie ist ihre Disziplin im Krieg und in der Schlacht? Marschieren sie in einer einheitlichen Ordnung? Folgen sie während des Gefechts einem verabredeten Plan? Versuchen sie, einander zu überfallen oder greifen sie offen an? Sind die Schlachten lang und ist der Sieg lange umstritten? Welche Vorsichtsmaßnahmen treffen sie? Zu welchen Mitteln greifen sie beim Überfall oder nach der Niederlage?

[Waffen. Mut]
Wir können uns nicht beklagen, daß gewöhnliche Reisende uns über die Art der Waffen der Wilden und ihre Benutzung in Unkenntnis gelassen haben, doch welchen und wie großen Mut zeigen diese Völker? Ist es Verwegenheit oder Standhaftigkeit? Sind sie rasend oder furchtlos? Was denken sie über den Mut selbst? Welches Gefühl haben sie für Ehre, Ruhm und Unabhängigkeit?

[Wirkungen des Kriegs]
Wie weit reichen die Wirkungen des Kriegs? Sind die Frauen, Kinder und Wohnstätten Beute des Siegers, und welches Los erwartet sie? Machen die Sieger Gefangene? Wie behandeln sie diese? In welchem Zustand und in welcher Lage befinden sich die Sklaven? Was fühlen sie? Gibt es Sklaverei nur durch Unterwerfung im Kampf?

[Frieden]
Wie endet der Krieg? Mit der vollständigen Vernichtung oder mit der Vertreibung der Besiegten? Oder mit einer Art Friedensschluß? Wie wird der Frieden beantragt, angenommen und garantiert, und wie sind gewöhnlich die Bedingungen?

[Bündnisse]
Gibt es zwischen benachbarten Völkern Bündnisse? Wodurch entstehen sie und

welche Ziele haben sie? Welche Regelungen werden von ihnen gewöhnlich getroffen? Haben sie eine bestimmte Dauer? Was ist die Grundlage ihrer Festigkeit? Was denken die wilden Völker über die Verbindlichkeit ihrer Verabredungen, und was gilt bei ihnen gegenseitiges Vertrauen? Welche Talente entwickeln sie bei diesen Verhandlungen? Welche Mittel setzen sie für ihren Erfolg ein?

[Fremde. Gastfreundschaft]
Welchen Empfang bereitet ein wildes Volk Fremden, die es überhaupt nicht kennt, wie z. B. den Europäern? Welches sind die Gründe, sie zu empfangen? Hier muß man große Vorsicht walten lassen, ehe man ein Urteil fällt. Man muß zuerst versuchen, sich zu vergewissern, ob dieser Empfang durch ein wildes Volk nicht auf Erinnerungen an andere Fremde zurückgeht; in diesem Fall müßte man erfahren, wie sich diese Fremden wirklich verhalten haben. Doch auch wenn dieser Empfang nicht durch Erinnerungen beeinflußt ist, kann ein und derselbe Empfang nicht auf verschiedene Weise erklärt werden? Furcht und Grausamkeit können gleichermaßen dem betreffenden Volk die Waffen in die Hand geben; Güte, Vertrauen, Schüchternheit oder Hinterlist können es gleichermaßen bewegen, den Fremden freundlich zu empfangen. Grausamkeit, Mißtrauen oder die schöne Tugend der Gastfreundschaft sind ihrerseits moralische Erscheinungen, deren Ursachen wir so gut wie möglich ergründen sollten.

[Zivile Beziehungen]
Die zivilen Institutionen sollen den Mitgliedern der Gesellschaft für ihre Güter und ihr Leben, das kostbarste Gut, bürgen.

[Eigentum]
Kennt ein wildes Volk den Begriff des Eigentums? Wenn es sich um ein Hirten- oder Jägervolk handelt, hat es zweifellos keine Vorstellung vom Grundeigentum; hat es in diesem Fall nicht wenigstens die Vorstellung des Eigentums an seinen Werkzeugen und den Dingen, die es durch eigene Anstrengung erworben hat?

[Verbrechen]
Ist die Bestrafung von Verletzungen bei einem wilden Volk allein der Rache des Betroffenen überlassen? Wenn das so ist, in welchen Fällen besteht er auf dieser Rache? Wie rächt er sich? Erkennt der Schuldige dieses Recht an? Oder erscheint ihr Zwist nur als ein Kampf von Gewalt gegen Gewalt? Wenn die Bestrafung der Untat einer Obrigkeit vorbehalten ist, welches ist diese? Über welche Verbrechen urteilt sie? Wie stellt sie diese fest? Welche Strafen verhängt sie und nach welchem Prinzip fällt sie ihre Urteile?

[Wirtschaftliche Verhältnisse. Territorium]
Wenn man die wirtschaftlichen Verhältnisse der Gesellschaft betrachtet, muß man zunächst die Fruchtbarkeit des von einem Volk bewohnten Territoriums und dessen Reichtum an Bodenschätzen untersuchen.

[Ernte. Industrie]
Darauf muß man beobachten, wie dieses Gebiet genutzt wird, und wie seine Ressourcen ausgebeutet werden, ob Landbau praktiziert wird oder bekannt ist; ob wenigstens die Früchte von den Bäumen gepflückt werden, ob es gezähmte Tiere gibt, ob ihr Fleisch oder ihre Milch als Nahrung dient oder ob sie nur auf der Jagd oder beim Fischfang gesucht wird.

Es ist schwierig zu erklären, warum eine so scharfe und dauerhafte Grenze das jagende vom ackerbauenden Volk trennt. Warum kommt jenem Volk nicht die Idee, die Nahrung der Früchte der Erde zu kosten und dann zu versuchen, sie von neuem zu erzeugen? Welches verborgene Hindernis hält es in einem so mühevollen und so harten Dasein zurück, das die Befriedigung der ersten Bedürfnisse von einem langen und gefährlichen Unternehmen abhängig macht? Dieses Problem unterbreiten wir dem Scharfsinn der Reisenden. Zumindest sollte man versuchen, sie zu einer glücklicheren und bequemeren Lebensweise zu veranlassen, indem man ihnen einige Beispiele vor Augen führt, und, wenn man sie die Kunst des Ackerbaus nicht lehren kann, sie wenigstens mit ihren Wohltaten bekannt machen. Wenn das nicht gelingt, müßte man versuchen, die Ursache einer so eigenartigen Widerspenstigkeit zu ergründen.

[Versuche]
Cook und andere Reisende haben bei mehreren wilden Nationen unsere Haustiere einzuführen versucht. Es wäre wichtig zu erfahren, was sie mit ihnen gemacht haben; und dort, wo diese Zucht vernichtet oder versprengt wurde, müßte man erfahren, warum man sie aufgegeben hat. Wir betonen diese Überlegungen, denn wenn man Mittel fände, um wilde Völker in den Zustand von *Hirten* oder *Bauern* zu überführen, so würde man ihnen zweifellos den sichersten Weg zu den Vorzügen der Zivilisation öffnen.

[Nomadismus. Seßhaftigkeit]
Die Lebensweise eines Volks hängt notwendigerweise mit der Art seiner Behausung zusammen. Wir müssen also erfahren, ob es eine feste oder bewegliche Behausung hat; ob es seinen Wohnort oft wechselt; welche Motive seine Reisen bestimmen.

[Industrie zweiter Stufe]
Die zweite Art von Industrie, deren Entwicklung untersucht werden muß, hängt mit Bedürfnissen zweiter Ordnung, Bedürfnissen der Bequemlichkeit, wie dem Bau von Hütten und Anfertigung von Kleidern, zusammen. Man muß beschreiben, welche Methoden die Wilden anwenden und welcher Verfahren sie sich bedienen; doch wird man auch sehen wollen, ob sie ihre Fertigkeiten zu vervollkommnen versuchen oder warum nicht; man wird versuchen, sie zu veranlassen, sich geschickter dabei anzustellen, und wird sie auf die geeigneten Mittel dazu hinweisen.

[Industrie der Hilfsmittel]
Die dritte Art der Industrie besteht in der Verfertigung von Werkzeugen. Die

beiden wichtigsten Dinge für den Wilden sind hierbei Metall und Feuer. Wenn sie die Metalle kennen, wird man prüfen, wie sie diese für den Gebrauch herrichten. Wenn sie keine Metalle kennen, wird man darauf achten, wodurch sie sie ersetzen; man muß sehen, ob sie nicht lernen wollen, sie zu benutzen. Was das Feuer betrifft, so bezeugt seine Unkenntnis zweifellos eine von der Zivilisation am weitesten entfernte Stufe, und es ist unnötig, den Reisenden eigens zu empfehlen, ihnen diese Wohltat zu verschaffen. Doch selbst die Völker, die das Feuer benutzen, kennen nicht alle seine Wirkungen, und es wäre sehr interessant, dies zu untersuchen.

Die Herstellung der Boote und Pirogen der Wilden, ihrer Jagd- und Fischgeräte, die Beschreibung ihrer Tricks und ihrer Vorgehensweise, ihre Art der Navigation, etc., das alles beschreiben die Reisenden im allgemeinen sehr gut, weil es die gewöhnliche Neugierde stärker reizt. Man sollte jedoch nicht unterlassen, diese Beschreibungen und Skizzen möglichst zu vervollständigen, und sollte vor allem einige Muster der verschiedenen Geräte der Wilden nach Europa mitbringen. Es wäre interessant zu erfahren, ob und wie ein wildes Volk die Jahre, Monate, Tage und Stunden zählt.

[Handel]

Denkt ein wildes Volk bei seinen Beziehungen zu seinen Nachbarn nie an Handel? Wie bereitwillig läßt es sich mit den Fremden, die es aufsucht, auf Tauschhandel ein? Auf welchem Prinzip beruht dieser Tauschhandel? Welchen Preis und Wert besitzen die Gegenstände seines Erachtens? Hängt dies einzig davon ab, was gebraucht wird? Wird überflüssigen Gütern ein Wert zugemessen? Versucht es, irgendwelche Vorteile aus der Nachfrage nach einer Ware zu ziehen? Veräußert der Wilde bereitwillig Güter, die er verwenden kann? Ist er bei diesen Handelsgeschäften ehrlich; oder hat er ein schlechtes Gewissen, wenn er unehrlich ist? Die meisten Reisenden haben den Handel mit den wilden Völkern nur als ein Spiel betrachtet oder bloß als ein Mittel, um sie zu beherrschen. Ein philosophischer Reisender wäre weitsichtiger. Er sähe in diesem Handel ein Mittel, um das Volk zur Zivilisation zu führen. Tatsächlich ist unsere Hilfe dabei unentbehrlich, und nur das Bedürfnis kann sie uns näherbringen. Daher wird ein erster Austausch Anfänge der Kommunikation erleichtern; diese Beziehungen werden in dem Wilden vielleicht neue Wünsche wecken, die ihn uns noch näherbringen. Wenn er immer freundlich empfangen und gut behandelt wird und unser Glück, unseren Reichtum und zugleich unsere Überlegenheit sieht, wird er sich vielleicht aus Dankbarkeit oder aus Interesse entschließen, in eine Art Bündnis mit uns treten und uns zu sich rufen, damit wir seinem Volk den Weg zeigen, der es zu unserem Zustand führen wird. Welche Freude! Welche Errungenschaft, wenn wir hoffen könnten, einen guten und nützlichen Einfluß auf diese sich selbst überlassenen Völker auszuüben und in der Südsee die erstaunliche Revolution, die in Paraguay geschehen ist, zu erneuern!

[Künste der Unterhaltung]

Es ist sehr eigenartig, daß manchmal Völker, die kaum das Nötigste besitzen, sich ihren Vergnügungen hingeben und ihnen eine große Wichtigkeit beimessen.

Diese Art Beobachtungen werden zweifellos die Neugierde der Reisenden erregen. Sie werden auch die Vergnügungen der Wilden untersuchen, weil sie ein Teil ihres Lebens sind. Sie werden ihre Gesänge und ihre Musikinstrumente untersuchen; sie werden herausfinden, ob sie eine Vorstellung von Dichtung haben; sie werden prüfen, ob ihre Ohren eine vollkommene Harmonie wahrnehmen können; sie werden ihren manchmal so außergewöhnlichen Luxus beschreiben und die damit zusammenhängenden Vorstellungen zu ergründen versuchen.

[Bevölkerung]
Der letzte und wohl wichtigste Punkt der mit den wirtschaftlichen Verhältnissen zusammenhängenden Fragen ist die Beobachtung der Bevölkerung. Man wird zunächst das Verhältnis der Zahl der Bewohner zur Fläche des bewohnten Gebietes feststellen, sodann, ob und in ungefähr welchem Verhältnis diese Bevölkerung mit der Zeit zu- oder abnimmt, und wird schließlich herausfinden müssen, welche Ursachen diesem Wachstum oder diesem Bevölkerungsschwund wirklich zugrunde liegen.

[Moralische und religiöse Verhältnisse]
Wir haben bereits über die Begriffe eines Volkes von Religion und Moral gesprochen; hier bleiben noch ihre äußeren Wirkungen auf die Gesellschaft zu erörtern.

[Tugenden der Großzügigkeit]
Man wird beobachten, ob der Wilde für Schwäche und Unglück Mitleid empfindet und ob er Wohltaten vergilt; wie weit bei ihm diese Gefühle reichen; ob er zu jenem Großmut fähig ist, der eine Wohltat unter Opfern vergilt. Beantwortet er eine Wohltat mit Dankbarkeit? Wie lange hält diese Dankbarkeit an und welches sind ihre äußeren Zeichen? Wie weit fühlt er sich einem Wohltäter verpflichtet und wie sehr verabscheut er die Undankbarkeit?

[Tugenden der Stärke]
Man wird beobachten, ob er fähig ist, Kränkungen zu ertragen und wie weit seine Geduld reicht; welchen Charakter seine Rache hat und ob sie das Vergehen selbst übertrifft; ob damit ein Begriff von Gerechtigkeit verbunden ist als eine Art Talionsprinzip; ob er sich manchmal zu einem Gefühl erhebt, das ihn den Wert der Vergebung empfinden läßt und ob er über die Leidenschaften seines Herzens Herr zu werden vermag.

[Zuneigung]
Der Reisende wird darauf achten, wie empfänglich das Herz der Wilden für die Gefühle ist, die die Menschen miteinander verbinden; ob sie sich dem edlen Gefühl der Freundschaft hingeben, von dem uns solche Völker oft ergreifende Beispiele gegeben haben. In diesem Fall wird er den Charakter einer solchen Freundschaft, ihren Ursprung, ihre Wirkungen, ihre Zeichen und ihre Dauer untersuchen. Welch ein Glück, wenn er den Philosophen neue Beweise dafür bringen kann, daß es diesen erhabenen Instinkt, welcher den Menschen die Nähe

des anderen suchen läßt, gibt und daß er mit unserer Natur unzertrennlich verbunden ist!

[Patriotismus]
Das Gefühl der Freundschaft muß vielleicht als der Ursprung aller sozialen Gefühle betrachtet werden, denn das Wohlwollen richtet sich zuerst auf all das, was uns umgibt, bevor es darüber hinausgeht; es richtet sich auf das Individuum, bevor es die ganze Gesellschaft umfaßt. Was ist Patriotismus im Herzen des Wilden? Handelt es sich um eine Zuneigung für alle, die mit ihm gemeinsam in einer Gesellschaft leben? Handelt es sich um die Verbundenheit mit dem Boden, den er bewohnt, mit dem Leben, das er führt, mit den Gewohnheiten, die ihn beherrschen? Handelt es sich um eine Besinnung auf seine eigenen Interessen? Wie stark ist dieser Patriotismus und welches sind seine äußeren Zeichen? Würde er sich für das Wohl seiner Gesellschaft opfern? Welches Bedürfnis nach Freiheit hat er, welche Schmach bedeutet ihm die Sklaverei, wie sehr haßt er willkürliche und despotische Macht? Ist ihm das Machtstreben vertraut, und welche Form nimmt es bei ihm an?

[Religiöse Zeremonien]
Betrachtet der Wilde den äußeren Kult und Zeremonien als notwendig mit seiner Vorstellung von einem höchsten Wesen und seinen Pflichten ihm gegenüber verbunden? Widmet er diesem höchsten Wesen einen Kult, um es zu ehren, um Gnade zu finden, ihm zu danken, oder glaubt er, dadurch zum Wohlbefinden dieses Wesens beizutragen, indem er es in gewisser Weise sich selbst annähert?

[Priester]
Wieviele Priester gibt es? Wie werden sie ausgewählt? Welche Achtung, welche Vorrechte, welche Autorität gesteht man ihnen zu? Glaubt man, sie besäßen Macht über die Natur, die Fähigkeit in die Zukunft zu schauen oder das Unbekannte zu entdecken? Haben diese Priester eine besondere Erziehung? Sind sie ehrlich? Stehen sie im allgemeinen auf einer moralisch höheren Stufe als die übrige Bevölkerung? Wie leben sie in ihrer Mitte? Praktizieren sie die Medizin und nach welchen Vorstellungen? Scheint ihr Einfluß heilsam? Zeigen sie Bereitschaft, irgendwelche Verbesserungen oder Fortschritte zu unterstützen oder sind sie vielmehr daran interessiert, das Volk in Unwissenheit und Barbarei zu halten?

[Tempel. Idole]
Es wird nicht genügen, wie man es gewöhnlich tut, nur die Form der Tempel und die Gestalt der Idole zu beschreiben, die von einem Volk verehrt werden; wir müssen auch etwas über die Vorstellungen erfahren, die ein Volk mit diesen Idolen und Tempeln verbindet, vorausgesetzt, daß dies überhaupt der Fall ist. Man wird sich vergewissern müssen, ob dies die eigentlichen Gegenstände der Verehrung sind oder ob sie nur als Zeichen betrachtet werden.

Das gleiche gilt für die verschiedenen Zeremonien, die, so merkwürdig sie auch zu sein scheinen, oder vielmehr gerade weil sie so merkwürdig sind, einen besonderen Grund haben müssen.

[Religiöses Verhalten]

Hat ein Volk feste Feiertage? Wann und warum finden diese Feste statt? Die Geburt eines Kindes, Hochzeit, Tod, Beerdigung, Wahl der Beamten, Krieg, Frieden, allgemeine Unglücksfälle – sind dies die Anlässe für religiöse Handlungen? Welcher Art sind diese Handlungen? Gibt es einige, die sich täglich wiederholten? Beten sie gemeinsam und was für Gebete kennen sie? Gibt es Verwünschungsformeln gegen ihre Feinde?

[Gräber]

Welche Form der Verehrung der Toten kennt ein Volk, und welche Achtung hat es für ihre Gräber?

[Traditionen]

Der letzte und sicherlich schwierigste Gegenstand der Neugierde des Reisenden werden die Traditionen der wilden Völker sein. Man wird diese Völker nach ihrer Herkunft, ihren Wanderungen fragen, nach den Überfällen, die sie erlitten, und den Besuchen, die sie empfangen haben, nach den wichtigen Ereignissen, die sie erlebt, nach den Fortschritten ihrer Fertigkeiten oder ihrer politischen Stärke, sowie nach der Einrichtung ihrer wichtigsten Bräuche. Vielleicht wird man ihnen nur vage Geschichten entlocken können, doch auch wenige Tatsachen können Licht auf die geheimnisvolle Geschichte dieser Völker werfen.

Wir wollen nicht schließen, ohne den Reisenden zu empfehlen, uns möglichst einige Wilde männlichen und weiblichen Geschlechts, einige Jugendliche, einige Kinder, mitzubringen und sie durch die beste Behandlung auf ihre Mitnahme vorzubereiten.

Besonders wünschenswert wäre es, wenn sie eine ganze Familie veranlassen könnten, ihnen zu folgen. Dann würden die in ihren Gewohnheiten weniger gestörten, durch ihren Verlust weniger betrübten Familienglieder ihren natürlichen Charakter besser bewahren; sie würden sich eher dazu verstehen, sich bei uns niederzulassen; durch ihre Beziehungen zueinander wäre das Schauspiel ihres Lebens für uns zugleich merkwürdiger und nützlicher. Wir würden in Miniatur das Modell jener Gesellschaft besitzen, in welcher sie aufgewachsen sind. Ebenso begnügt sich auch der Naturforscher nicht damit, einen Zweig oder eine Blume mitzubringen, die bald verdorren; er versucht, die ganze Pflanze oder den ganzen Baum zu verpflanzen, um ihm auf unserem Boden ein zweites Leben zu geben.

[Schluß]

Wir wissen, daß die Gesamtheit der Probleme, die wir hier dem Scharfsinn der Reisenden unterbreiten, durch die Zahl und die Wichtigkeit der Fragen und wegen der detaillierten und mühseligen Beobachtungen eine ungeheure Arbeit erfordert. Wir wissen, daß dieses Werk von Schwierigkeiten aller Art umgeben ist und daß man mit großen Widerständen rechnen muß, wenn man die ersten Beziehungen zu den Wilden anknüpfen will. Denn diese Völker können die wahren Absichten ihrer Besucher nicht durchschauen, sie können ihre Freunde nicht ohne weiteres von ihren Feinden, diejenigen, die ihnen helfen wollen, nicht leicht von denen unterscheiden, die ihr Gebiet an sich reißen wollen. Doch gibt es nichts, was wir nicht von der Geduld, der Beharrlichkeit, dem heroischen Mut der Reisenden, von denen wir uns heute verabschieden, erhoffen dürfen; dafür bürgen ihr persönlicher Charakter, ihre Absichten, ihre früheren hervorragenden Leistungen. Wieviel haben sie bereits für die Wissenschaften getan, welch rühmlichen Weg haben sie bereits zurückgelegt! Es war ihrer würdig, das Ende dieses Weges noch hinauszuzögern, um ein so schönes Werk zu vollenden! Ehrenwerte Männer, wenn wir Euch hier, kurz vor Eurer baldigen Abreise, grüßen; wenn wir sehen, wie Ihr Euch von Eurer Heimat, Eurer Familie, Euren Freunden losreißt, um die Grenzen der zivilisierten Welt zu überschreiten; wenn wir an die Mühen, die Entbehrungen, die Gefahren denken, die Euch erwarten, und an das lange Exil, zu welchem Ihr Euch freiwillig verurteilt habt, kann sich unsere Seele einer tiefen Bewegung nicht erwehren, und diese Empfindung verbindet sich in uns mit der Achtung vor einem so edlen Unternehmen. Doch lenken wir unsere Gedanken schon im voraus auf die Ergebnisse, und im Blick darauf mischen sich unsere Gefühle mit Bewunderung und Begeisterung. Erlauchte Boten der Philosophie, friedfertige Helden, die Eroberungen, mit welchen Ihr die Wissenschaften bereichern werdet, haben in unseren Augen mehr Glanz und Wert als die mit dem Blut der Menschen bezahlten Siege! Alle großmütigen Herzen, alle Freunde der Menschheit schließen sich Eurer erhabenen Mission an; es gibt hier mehr als ein Herz, das Euch beneidet, das insgeheim darüber seufzt, daß es von unerbittlichen Pflichten auf diesen Gestaden zurückgehalten wird, und das seinen Ruhm darin suchen würde, Euch und Eurem Beispiel zu folgen. Wenigstens werden Euch unsere Wünsche über den Ozean oder durch die Wüsten begleiten; unsere Gedanken werden oft bei Euch sein, wenn Ihr, am Äquator oder in der Nähe des Pols in der Stille kostbare Schätze für unsere Erkenntnis sammeln werdet. Wir werden uns sagen: »An diesem Tag, zu dieser Stunde landen sie vielleicht in einem unbekannten Land, dringen vielleicht bei einem neuen Volk ein oder erholen sich von ihren langen Leiden im Schatten alter Wälder; vielleicht knüpfen sie bereits Beziehungen zu einer fremden Nation an, löschen ihre wilden Vorurteile aus und wecken in ihr die Neugierde, unsere Sitten kennenzulernen und den Wunsch, sie nachzuahmen, und legen vielleicht den Grundstein zu einem neuen Europa«. Nun, wer kann tatsächlich alle möglichen oder wahrscheinlichen Resultate voraussehen, die dieses schöne Unternehmen eines Tages bringen wird? Ich spreche hier nicht nur von unseren reicheren Sammlungen, unseren berichtigten und erweiterten Karten, unseren vermehrten und genaueren Kenntnissen der physischen und moralischen Geschichte der Welt und davon, daß der Ruhm Frankreichs zu unbekannten Gestaden getragen wird! Wieviele weitere verführerische Aussichten eröffnen sich außerdem der erstaunten Vorstellungskraft! Die neuen Beziehungen werden den Handel erweitern; eine größere Erfahrung kann die Marine verbessern; die Entdeckungen erleichtern die Reisen; neue Kolonien oder neue Bündnisse werden unsere politische Macht vergrößern! Was wissen wir? Vielleicht wird es diesen Völkern durch die Zivilisation möglich werden, sich zu vermehren und sich mit uns zu einer umfassenden Konföderation zusammenzuschließen; vielleicht werden sich dem Ehrgeiz, dem Genie und der menschlichen Industrie größere und nützlichere Wege eröffnen; vielleicht werden die Völker Europas, die auf Kosten ihres Bluts täglich miteinander um ein kleines Gebiet streiten, sich nach Belieben in schöneren Gegenden ausbreiten können; vielleicht entsteht am äußersten Ende der Erde eine neue Welt; vielleicht bedeckt sich der ganze Globus mit glücklicheren und weiseren, gleichmäßiger verteilten, enger miteinander verbundenen Bewohnern, vielleicht schwingt sich die Gesellschaft durch größeren Wettstreit zu schnelleren Fortschritten empor und erreicht vielleicht dank dieser unerwarteten Umwälzung die Vollkommenheit, die wir uns so sehr wünschen, zu der jedoch unsere Erkenntnisse, unsere Methoden und unsere Bücher so wenig beitragen! ... Nichtige Trugbilder, vielleicht; doch Trugbilder, denen unser langwieriges Unglück, unsere betrüblichen Zwiste und das Schauspiel unserer Verderbtheit soviel Zauber verleihen! ... Zumindest steht fest, daß diese kühnen, auf die entlegensten Erdteile gerichteten Unternehmungen der Nachwelt eine neue Zukunft vorbereiten und daß es nur von der Weisheit unserer Nachkommen abhängen wird, auf dem Wege, den Ihr eröffnen werdet, reiche Früchte zu sammeln. Denkt daran, wie Kolumbus' Entdeckungen einst das Antlitz der Gesellschaft veränderten und welch erstaunliche Zukunft das zerbrechliche Schiff barg, dem er sich anvertraute! Diese große Revolution ist zwar nicht völlig zu unserem Vorteil ausgefallen und noch weniger zu dem der Völker, zu welchen uns Kolumbus einen Zugang öffnete, doch Kolumbus brachte nur gierige Eroberer in die Neue Welt, während Ihr als Friedensstifter und Freunde zu den Völkern der Südsee fahrt. Die grausamen spanischen Abenteurer trugen nur Zerstörung vor sich her, während ihr nur Wohltaten austeilen werdet. Sie dienten nur den Leidenschaften einiger Männer, und Ihr begehrt nur das Glück aller Menschen und den Ruhm, nützlich zu sein! Bereits erwartet und umgibt Euch dieser Ruhm, der angenehmste, wahrste oder besser, der einzig wahre Ruhm erwartet und umgibt Euch bereits. Ihr werdet seinen ganzen Glanz an jenem Tag des Triumphs und der Freude kennenlernen, an welchem Ihr, Eurer Heimat wiedergegeben, von unserer Begeisterung empfangen, beladen mit den kostbarsten Beutestücken, in unserer Stadt eintreffen und uns glückliche Nachrichten von unseren ans äußerste Ende der Welt verstreuten Brüdern bringen werdet.

Auszug aus den Protokollen der Sitzungen der »Société des Observateurs de l'homme«. Auf Vorschlag eines Mitglieds beschließt die Gesellschaft, daß das *Mémoire* des Bürgers Degérando unter dem Titel *Considérations sur les méthodes à suivre dans l'observation des peuples sauvages* gedruckt wird.

Beglaubigte Abschrift
Paris, am 28. Fruktidor des Jahres VIII

Gezeichnet
L. F. JAUFFRET
Ständiger Sekretär der Gesellschaft

Anmerkungen

Vorwort

[1] A. Rivaud, *Histoire de la philosophie,* Paris 1967, Bd. IV, S. 48.

[2] S. Moravia, »Gli idéologues e l'età dei Lumi«, in: *Belfagor,* Bd. 28, 1973. Ein Vortrag, der im Februar 1973 auf dem Kongreß über *Utopie, Critique et Lumières* des »Centrum van de Studie de Verlichting« gehalten worden ist.

[3] J. Kitchin, *Un journal philosophique: la ›Décade‹ (1794–1810),* Paris 1965.

[4] S. Moravia, *Il Tramonto dell'Illuminismo. Filosofia e politica nella società francese (1770–1810),* Bari 1968.

[5] Vgl. vorläufig einige unserer Einzelstudien: (»Logica e psicologia nel pensiero di Destutt de Tracy«, in: *Rivista critica di storia della filosofia,* Bd. 19, 1964, S. 169–213; »Aspetti della ›science de l'homme‹ nella filosofia degli Idéologues«, ebd., Bd. 21, 1966, S. 398–425 und Bd. 22, 1967, S. 54–86; und vor allem *La scienza della società in Francia alla fine del secolo XVIII,* Firenze 1967.

[6] Vgl. dazu S. Moravia, *Il ragazzo selvaggio dell'Aveyron. Pedagogia e psichiatria nei testi di J. Itard, P. H. Pinel e dell'anonimo della ›Décade‹,* Bari 1972. Von Itards »Mémoires« gibt es zwei deutsche Übersetzungen: J. Itard, *Victor, das Wildkind vom Aveyron* (Einleitung und Nachwort von J. Lutz), Zürich und Stuttgart 1965; ferner in: L. Malson, *Die wilden Kinder,* Frankfurt am Main 1972, S. 114–220.

[7] S. Moravia, *La ragione nascosta. Filosofia e antropologia nel pensiero di Claude Lévi-Strauss,* Firenze 1969 (1972²).

[8] S. Moravia, »Philosophie et géographie à la fin du XVIIIe siècle«, in: Th. Besterman (Hrsg.), *Studies on Voltaire and the XVIIIth Century,* Bd. LVII, Genève 1967, S. 937–1011.

[9] J. Roger, *Les sciences de la vie dans la pensée française du XVIIIIe siècle,* Paris 1963. Vgl. auch S. Moravia, »Philosophie et médecine à la fin du XVIIIe siècle«, in: Th. Bestermann (Hrsg.), *Studies on Voltaire and the XVIIIth Century,* Banbury 1972, Bd. LXXXIX, S. 1089–1152.

[10] E. Cassirer, *Die Philosophie der Aufklärung,* Tübingen 1932. Ferner: *Das Erkenntnisproblem in der Philosophie und Wissenschaft der neueren Zeit,* Berlin 1906–20, Bd. III.

[11] Vgl. dazu F. Tinland, *L'Homme sauvage. Homo ferus et Homo sylvestris. De l'animal à l'homme,* Paris 1968.

[12] G. Gusdorf, *Les sciences humaines et la pensée occidentale,* Bd. V: *Dieu, la nature et l'homme au siècle des lumières,* Paris 1972.

[13] M. Duchet, *Anthropologie et histoire au siècle des lumières,* Paris 1971. Dieselbe Autorin hat auch eine wichtige Ausgabe von Buffon, *De l'homme,* publiziert (Paris 1971).

[14] M. Foucault, *Naissance de la clinique,* 2. durchges. Aufl. Paris 1972. Dt.: *Die Geburt der Klinik,* München 1973.

Erster Teil: Anthropologie

1. Philosophie und Wissenschaft vom Menschen zu Beginn des 18. Jahrhunderts

[1] Vgl. G. Hervé, »Le premier programme de L'Anthropologie«, *Revue scientifique,* Bd. 12, 1909, S. 520–28. Zu den *sociétés savantes* und zum kulturellen Milieu in Frankreich am Ende des 18. Jahrhunderts im allgemeinen sei folgender Hinweis gestattet: S. Moravia, *Il tramonto dell'illuminismo. Filosofia e politica nella società francese 1770–1810,* Bari 1968.

[2] Vgl. Ch.-L. Dumas, *Principes de Physiologie, ou Introduction à la science expérimentale, philosophique et médicale de l'homme vivant,* Paris Jahr VIII, Bd. 1, S. VIII.

[3] Vgl. *Magasin Encyclopédique,* 1800, Bd. 2, S. 534–535.

[4] Vgl. J. M. Degérando, *Considérations sur les diverses méthodes à suivre dans l'observation des peuples sauvages,* Paris o. J. [1800]. Im Anhang dieses Buches unter dem Titel: *Erwägungen über die verschiedenen Methoden der Beobachtung der wilden Völker,* S. 219 ff. Die sehr seltene Erstausgabe der Schrift befindet sich in der Pariser Nationalbibliothek. Später wurde sie veröffentlicht in *Revue d'Anthropologie,* 2. Folge, Bd. 6, 1883, S. 152–82 und von F. G. T. Moore, *The Observation of Savage Peoples,* with a Preface by E. E. Evans-Pritchard, London 1969. Zu dieser Ausgabe vgl. unsere stark einschränkende Rezension in *Rivista critica di Storia della Filosofia,* Bd. 24, 1969, S. 472–476.

[5] Vgl. G. Gusdorf, *Introduction aux sciences humaines. Essai critique sur leurs origines et leur développement,* Paris 1960, 3. Teil. Vgl. auch A. Vartanian, *Diderot and Descartes,* Princeton 1953. Von großer Bedeutung für unsere Ausführungen ist auch sein Werk *La Mettrie's »L'homme machine«. A Study in the Origins of an Idea. Critical Edition with an Introductory Monograph and Notes,* Princeton 1960. Vgl. ferner R. Mercier, *La réhabilitation de la nature humaine (1700 bis 1750),* Villemomble 1960, und J. Ehrard, *L'idée de nature dans la première moitié du XVIII siècle,* Paris 1963, 2 Bde. In beiden Werken findet sich eine umfangreiche Bibliographie, auf die wir für weitere Angaben verweisen.

[6] Vgl. Voltaire, *Traité de Métaphysique* (1734), Introduction.

[7] Ebd., Kap. 1.

[8] Für eine eingehendere Darstellung dieser hier nur gestreiften Themen müssen vorläufig vor allem Werke zur Geschichte der Medizin oder medizinischen Spezialgebieten herangezogen werden, die allerdings in methodologischer und kulturgeschichtlicher Hinsicht meistens ziemlich unbefriedigend sind. Für eine historische und philosophische sowie bibliographische Übersicht und die betreffenden Literaturangaben vgl. S. Moravia, »Filosofia e sciences de la vie nel secolo XVIII«, in: *Giornale critico della Filosofia italiana,* Bd. 21, 1966, S. 64–109. Hier beschränken wir uns darauf, das äußerst wichtige geistesgeschichtliche Werk von J. Roger zu nennen: *Les sciences de la vie dans la pensée française du XVIIIe siècle. La génération des animaux de Descartes à*

l'Encyclopédie, Paris 1963, dessen Thematik weit über das hinausgeht, was im Untertitel angekündigt wird. Vgl. ferner auch G. Solinas, *Il microscopio e le metafisiche. Epigenesi e preesistenza da Cartesio a Kant,* Milano 1968. Die Krise des Cartesianismus wird, allerdings unter einem rein philosophisch-epistemologischen Gesichtspunkt, von R. A. Watson in *The Downfall of Cartesianism, 1673–1712,* The Hague 1966, behandelt.

[9] Vgl. E. Tyson, *Orang-Outang, sive Homo Sylvestris, or the Anatomy of the Pygmie Compared with that of a Monkey, an Ape, and a Man,* London 1699; V. Rumpf, *Dissertatio critica de hominibus orbis nostri incolis, specie et ortu avito inter se non differentibus ...,* Hamburg 1721.

[10] Zu den Anfängen der Anthropologie vgl. M. T. Hodgen, *Early Anthropology in the XVIth and XVIIth Centuries,* Philadelphia 1964. Zur Anthropologie im 18. Jahrhundert vgl. außer den Angaben der in Anm. 5 angeführten Werke auch den recht bescheidenen Aufsatz von J. Cunningham mit dem Titel »Anthropology in the XVIIIth Century«, in: *Journ. of the Royal Anthropological Institute,* Bd. 38, 1908, S. 10–35. Von den allgemeineren Werken nennen wir hier nur W. E. Mühlmann, *Geschichte der Anthropologie,* Bonn 1948 (^{2}1968); A. C. Haddon, *History of Anthropology,* London 1949; P. Lester, L'Anthropologie, in: M. Daumas (Hrsg.), *Histoire de la Science,* Paris 1963. Es ist uns nicht gelungen, das Buch von F. Günther, *Die Wissenschaft vom Menschen,* Gotha 1907, das bei A. O. Lovejoy, *The Great Chain of Being,* Cambridge 1937, zitiert wird, zu beschaffen.

[11] Gelegentlich zeigt Linné, daß er sich der Bedeutung seines theoretischen Werks vollkommen bewußt war: »Ich habe als erster daran gedacht, die natürlichen Merkmale für die Gattungen zu benutzen... Soviel ich weiß, hat niemand vor mir ähnliches vorgelegt... Ich habe als erster damit begonnen, Gattungen mit einem Namen zu kennzeichnen; vor mir gab es keine Gattung, die diesen Namen verdient hätte.« In Wirklichkeit war er zwar nicht der eigentliche Erfinder der »natürlichen« Systematik und Nomenklatur, aber er arbeitete besonders wirkungsvoll bestimmte Einteilungen und verschiedene wichtige Bezeichnungen aus, wie z. B. Flora, Fauna, Säugetiere, Primaten, etc. Vgl. hierzu Gusdorf, *Introduction,* a. a. O., S. 140.

[12] Vgl. Linné, *Systema Naturae,* ed. XIII aucta et reformata, Leipzig 1788, Bd. I, S. 24–26.

[13] Ebd., S. 17.

[14] Vgl. Linné *Fauna Svecica,* ed. altera auctior, Stockholm 1761 (Erstausgabe 1746), Praefatio, S. 3.

[15] Vgl. Linné, *Systema Naturae,* a. a. O., S. 19. Der Mensch wird hier der Reihe nach unter verschiedenen Aspekten untersucht: *physiologice, diaetetice, pathologice, naturaliter* (die längste und wichtigste Definition), *politice, moraliter, theologice* (ganz traditionell natürlich: »te ultimum finem creationis«). Ebd., S. 21–23 Anm.

[16] Was den *Homo troglodytes* betrifft, scheint Linné nach den Polemiken der vorausgegangenen Jahre unschlüssig gewesen zu sein: handelte es sich dabei um einen wirklichen Menschen oder um einen Affen? Vgl. *Systema Naturae,* a. a. O., S. 26, Anm. Zur Diskussion über diese faszinierende Thematik, die aufgrund der größeren Kenntnisse über die Pygmäen, Affen, Orang-Utane, *homines sylvestres,*

etc. ganz deutlich auch eine Definition des »eigentlichen« Menschen mit einschließt, vgl. F. Tinland, *L'Homme sauvage. Homo ferus et Homo sylvestris. De l'animal à l'homme,* Paris 1968. Über den *Homo sapiens* hegte Linné ebenso große Zweifel. Nach langem Zögern bestimmte er schließlich diese sechs Rassen: *Homo ferus, americanus, europaeus, asiaticus, afer, monstruosus* (ebd., S. 21–24).

[17] Viele Zweifel und Meinungsänderungen Linnés schlugen sich in den immer wieder bearbeiteten Neuauflagen seines großen Werkes nieder. Besonders wichtig ist die zehnte, 1758 in Stockholm erschienene Auflage. Nicht weniger aufschlußreich sind die Unterteilungen der Gattung *Simia* und deren Abwandlungen. Alle Klassifizierungen, in denen so manche merkwürdige Wesen *(Lar, Spectrum, Sphynx, Beelzebul, Aethiops* – eine Abart der *Simia)* neben den »wirklichen« Lebewesen vorkommen, sind, wenn sie unter einem gewissen Aspekt betrachtet werden, alles andere als sinnlos. Linné war der so illustren wie unglaubwürdigen Tradition zwar ziemlich verpflichtet und mußte eine große Anzahl mehr oder weniger systematischer Berichte und Entdeckungen berücksichtigen, deren Zahl in der Blütezeit der Reisen in ferne Länder ständig wuchs, doch versuchte er, so weit es überhaupt in seinen Kräften und Möglichkeiten lag, eine gewisse Ordnung in das Sammelsurium der echten anthropologischen und der phantastisch-imaginären Materialien zu bringen.

[18] Vgl. Linné, *Fauna Svecica,* a. a. O., S. 3–4.

[19] Vgl. dazu Gusdorf, *Introduction,* a. a. O., S. 143.

[20] Auf kulturgeschichtlicher sowie wissenschaftsgeschichtlicher Ebene in engerem Sinne müßte er unseres Erachtens völlig neu untersucht werden. Zu Linné als Anthropologe und Wissenschaftler des 18. Jahrhunderts sei hier außer auf Gusdorfs interessante Bemerkungen und jene ältere, doch recht bemerkenswerte, historisch ausgerichtete Schrift von Paul Topinard *(Eléments d'Anthropologie générale,* Paris 1885. S. 1–147) lediglich verwiesen auf J. M. Hult, *Bibliographia linnaeana,* Uppsala 1907, und auf den jüngst erschienenen Aufsatz von K. R. V. Wickman, »Linnaeus as Anthropologist and Ethnologist«, in: *Arv. Tidskrift för Nordisk folkminnesforskning,* Bd. 14, 1958, S. 102–7. Sehr wichtig, auch wenn es sich nicht um eine Monographie über Linné handelt, ist das Buch von H. Daudin, *De Linné à Lamarck. Méthodes de la classification et idée de série en botanique et en zoologie, 1740–1790,* Paris 1926. Vgl. schließlich E. Callot, *La philosophie de la vie au XVIIIe siècle,* Paris 1965, Kap. VIII (mit einer kurzen Bibliographie).

[21] Vgl, die Polemik gegen die Auffassung, die Fähigkeiten seien verschiedene und selbständige Wesen der Seele in J. Locke, *An Essay Concerning Human Understanding,* Buch II, Kap. 21, § 6 und §§ 20–21. Zu seiner Absicht, empirische Wirkungsweisen die »sowohl im Körper als im Geist vorhanden sind« (ebd., § 20), und nicht Ursachen zu untersuchen, vgl. z. B. ebd., § 73.

[22] Zum einen oder anderen dieser Themen vgl. C. A. Viano, *John Locke. Dal razionalismo all'illuminismo,* Torino 1960. Vgl. ferner E. Tuveson, »Locke and the ›Dissolution of the Ego‹«, in: *Modern Philology,* Bd. 53, 1955–56, S. 159–74.

[23] Vgl. Locke, a. a. O., Buch II, Kap. 21, § 1 ff. An vielen Stellen des *Essay* finden sich Hinweise auf die Beziehungen zwischen den »Operationen« des Verstandes und bestimmten Situationen im physischen Organismus des Menschen.

Der Freund des großen Arztes Sydenham (über diesen vgl. K. Dewhurst, *Dr. Thomas Sydenham (1624–1689). His Life and Original Writings,* Berkeley-Los Angeles 1966) ignorierte keineswegs das Zusammenwirken von Geist und Körper. Vgl. z. B. die Bemerkungen über den körperlichen Schmerz, die »Körperqualen«, die »mit Gewalt auf den Geist wirken« (ebd., § 59).

[24] Auch wenn Locke offensichtlich die Sinne bald als hauptsächlich passive, bald als tendenziell aktive Organe auffaßte, darf seine Analyse der »sensations« keineswegs mit Condillacs logisch-erkenntnistheoretischem, nicht nur »interioristischem« Ansatz verwechselt werden; im Gegenteil, Locke analysiert sie immer aufgrund einer empirisch-organischen Beobachtung und ist sich stets bewußt, die konkreten Nervenbewegungen der sinnlichen Funktionen und die entsprechenden experimentellen Untersuchungen berücksichtigen zu müssen. Vgl. z. B. Buch II, Kap. 8, §§12–13 und überhaupt den ganzen Teil des *Essay,* der von der Tätigkeit der verschiedenen Sinne handelt. Zur zentralen Bedeutung der sinnlichen »Organisation« für den ganzen Menschen vgl. z. B. Buch II, Kap. 2, § 3.

[25] Vgl. D. Hartley, *Observations on Man, his Frame, his Duty, and his Expectations,* London 1749. Wir zitieren die Ausgabe von 1791.

[26] Ebd., S. 1.

[27] Ebd., S. 6.

[28] Ebd., S. IV.

[29] Ebd., S. 7.

[30] Vgl. Locke, *Essay,* vor allem Buch II, Kap. 27, § 19 ff.

[31] Vgl. z. B. ebd., Kap. 1, §§ 6–7 und 21 (das hier bekundete Interesse an der physiologischen und psychologischen Situation – vgl. dazu auch ebd., Kap. 9, §§ 5–6 – des Fötus' im Mutterleib findet sich, in stärkerem Maß, bei Cabanis, einem »Observateur de l'homme«, in seinen *Rapports du physique et du moral de l'homme*), Kap. 11, §§ 12–13.

[32] Ebd., Buch I, Kap. 3, § 8 und § 13, etc.

[33] Ebd., § 8 ff. Lockes Dokumentation beschränkt sich nicht auf die hier genannten Gegenden. Vgl. die drei Kapitel des ersten Buches, passim.

[34] Ebd., Buch I, Kap. 3, § 8.

[35] Ebd., Buch I, Kap. 3, §§ 9–11. Wir können aus Raumgründen hier nicht weiter ausführen, wie Locke dort, wo er beweist, daß es keine universellen moralischen Normen gibt, sich noch einmal, wenn auch nur indirekt, auf ethnographische Belege stützt, und zwar auf die Sitten »ganzer menschlicher Gesellschaften, deren Meinungen und Lebensregeln denjenigen anderer Gesellschaften genau entgegengesetzt sind« (ebd., Buch I, Kap. 2, § 10).

[36] Vgl. vor allem Buch II, Kap. 9, §§ 10–11; Kap. 10, § 10; Kap. 11, §§ 5–7. Vergleiche zwischen den Ähnlichkeiten und den Unterschieden bei Menschen und Tieren finden sich, bezeichnenderweise, sehr oft in Lockes *Essay.*

[37] Vgl. D. Hume, *A Treatise on Human Nature,* ed. Selby-Bigge, Oxford 1951, S. XXI. An dieser Stelle erwähnt Hume voller Hochachtung die Namen von Bacon, Locke, Shaftesbury, Mandeville, Hutcheson und Butler.

[38] Ebd., S. XIX und XX.

[39] Ebd., S. XX.

[40] Ebd., S. XXI.

[41] Der schöne Text findet sich auf S. XXII–XXIII. Mit dem Plan und – in gewisser Hinsicht – dem Mißlingen einer systematischen »science of man« befaßt sich die eindrucksvolle Abhandlung von A. Santucci, *Sistema e ricerca in David Hume,* Bari 1969, auf die wir zur weiteren Orientierung über die Humesche Problematik in diesem Zusammenhang verweisen.

[42] Vgl. Locke, *Essay,* Buch III, Kap. 6, § 27.

2. Die großen Synthesen der fünfziger Jahre: Hoffnungen und Enttäuschungen

[1] Von der theoretischen »Wende« in den 50er Jahren auf dem Gebiet der Wissenschaften gibt Cabanis Zeugnis: »Gegen Mitte des 18. Jahrhunderts entfaltete sich der menschliche Geist plötzlich in einer neuen Richtung. Auf alle unsere Forschungsgegenstände wurden jetzt zuverlässigere Methoden angewandt. In den Beobachtungen und Experimenten begnügte man sich nicht mehr mit unsicheren Näherungswerten. Die Physik war nun eine Wissenschaft, die nicht mehr auf Hypothesen, sondern endlich auf Tatsachen beruhte. Die Chemie, die in einer gewissen Weise von Becker und Staahl *(sic)* geschaffen worden war, ist bei uns nicht mehr bloß eine unförmige Ansammlung von Präparaten und Rezepten. Die Schule von Rouelle, die sich rühmte, Lockes Erbe übernommen zu haben, bereitete die großen Entdeckungen vor, die dann so schnell aufeinanderfolgten. Die Anatomie setzte den Impuls, der von Harvey, Ruisch *(sic)* und einigen anderen Gelehrten ausgegangen war, mit größerer Systematik fort. Es läßt sich bereits absehen, daß schon sehr bald die eigentliche Philosophie mit allen bisherigen falschen Vorstellungen über die vitalen Funktionen und ihre Auswirkungen auf den normalen und den pathologischen Zustand aufräumen und damit die Reform der Medizin vollenden wird, was ohne ihr Zutun selbst von den größten Genies vergeblich versucht würde.« Vgl. Cabanis, *Éloge de Vicq d'Azyr,* in: *Œuvres philosophiques,* hrsg. von Lehec-Cazeneuve, Paris 1956, Bd. II, S. 370–377.

[2] Vgl. dazu die Bemerkungen von J. Piveteau über Buffon als Anthropologen in seiner Ausgabe der *Œuvres philosophiques* Buffons, auf deren außerordentlich reiche Bibliographie wir verweisen. Noch ausführlicher und nützlicher ist der alte, von Piveteau merkwürdigerweise nicht erwähnte Aufsatz von G. Hervé, »Buffon et son œuvre ethnologique«, in: *Revue anthropologique,* Bd. 28, 1918, S. 195–218 und Bd. 20, 1920, S. 1–19.

[3] »Den Organismus der Tiere und die verschiedenen Bewegungen des Körpers ... nur mit den mechanischen Prinzipien erklären zu wollen, worauf die Neueren die Philosophie beschränken möchten, ist das gleiche, wie wenn jemand, um ein Bild zu beschreiben, sich die Augen verbinden ließe und uns erzählte, was er mit seinem Tastsinn auf der Leinwand wahrnehmen kann« (a. a. O., S. 252 b). Und an einer anderen Stelle: »In den organisierten Körper befinden sich innere Kräfte, die keineswegs den Gesetzen der groben Mechanik folgen, die wir ausgedacht haben, und auf die wir alles reduzieren möchten« (*Histoire naturelle, générale et particulière,* Paris 1749 ff., 2. Auflage, Bd. II, S. 486). Buffon bemüht sich, eine mechanisch-kausale Konzeption der natürlichen Beziehungen und Er-

eignisse von der mechanistischen Auffassung zu unterscheiden, die die natürlichen Phänomene *reduziert*. Vgl. z. B. *Œuvres philosophiques*, a. a. O., S. 249–50.

[4] Buffons berühmte Polemik gegen Linné und seine abstrakt-klassifizierende Methode steht am Anfang des ersten Buches der *Histoire naturelle*.

[5] Vgl. Buffon, *Histoire naturelle des animaux*, in: *Œuvres philosophiques*, a. a. O., S. 317 a.

[6] Ebd., Bd. I, S. 12.

[7] Vgl. vor allem den wichtigen in der *Histoire naturelle* gezogenen »Vergleich« (a. a. O., S. 319 ff.).

[8] »Buffon war nicht nur der Begründer der wissenschaftlichen Ethnologie und einer der großen Initiatoren der anthropologischen Studien, sondern auch deren wichtigster Vertreter im 18. Jahrhundert«. Vgl. Hervé, »Buffon...«, a. a. O., S. 18. Vgl. ferner das ähnliche Urteil von P. Topinard, in *Éléments d'anthropologie générale*, (a. a. O., S. 32), das einige bemerkenswerte Seiten über Buffon als Erforscher der »Naturgeschichte des Menschen« enthält.

[9] Von den Gelehrten, die den Anstoß zu dieser »Aufwertung« gegeben haben, müssen zumindest die Mitarbeiter des Sammelbandes *Buffon*, Paris 1952, erwähnt werden (Fr. Bourdier, E. Genet-Varcin, J. Piveteau, etc.); ferner J. Roger, der außer seinem schon zitierten Werk über *Les sciences de la vie dans la pensée française du XVIIIe siècle* einige Texte herausgegeben und verschiedene Aufsätze vorgelegt hat; L. Hanks, *Buffon avant l'»Histoire naturelle«*, Paris 1966; in Italien arbeitet G. Solinas, der einen sehr bemerkenswerten Aufsatz »Illuminismo e storia naturale in Buffon« veröffentlicht hat (in: *Rivista critica di Storia della Filosofia*, 1965, Heft 3, dann in: *Il microscopio e le metafisiche*, a. a. O.), jetzt an einer umfangreichen Gesamtuntersuchung Buffons.

[10] Ein wichtiges Zeugnis der vorsichtigen und konservativen Einstellung Buffons und Condillacs ist unter anderem ihr Verhalten angesichts der schweren Krise, die die »philosophische Partei« erfaßte, als Helvétius' *De l'Esprit* (1758) veröffentlicht und sofort verurteilt wurde. Vgl. dazu A. Keim, *Helvétius. Sa vie et son œuvre d'après ses ouvrages, des écrits divers et des documents inédits*, Paris 1907, Kap. XV–XVI; ferner F. Diaz, *Filosofia e politica nel Settecento francese*, Torino 1962. Über Buffons gemäßigte Haltung vgl. die Bemerkungen von G. Solinas, in seinem bereits erwähnten (Anm. 9) Aufsatz (a. a. O., S. 218, Anm. 43).

[11] Vgl. Buffon, *Œuvres philosophiques*, a. a. O., S. 295 b.

[12] Vgl. vor allem S. 326 b ff.

[13] Vom Tier als »Maschine« spricht Buffon auf S. 317 b, 318 a, 325 a und passim. Zu Condillacs Kritik vgl. *Traité des Animaux*, in: *Œuvres philosophiques*, hrsg. von G. Le Roy, Paris 1947, Bd. I, S. 339 ff.

[14] Buffon, *Œuvres philosophiques*, a. a. O., S. 294 b.

[15] Das Seelisch-Geistige »hat nichts Teilbares, nichts Ausgedehntes, nichts Undurchlässiges, nichts Materielles...: unser Körper und alle anderen Körper dagegen besitzen mehrere Formen, und jede dieser Formen ist zusammengesetzt, teilbar, veränderlich, zerstörbar...« (ebd., S. 294–95. Vgl. auch die noch deutlichere Aussage auf S. 293–94).

[16] Ebd., S. 326 b.

[17] Ebd., S. 294 a.

[18] Vgl. E. Vicq d'Azyr, *Éloge de M. Buffon,* in: *Œuvres,* hrsg. von Moreau de la Sarthe, Paris 1805, Bd. I, S. 20–21. Trotz des Anlasses und des Grundtenors des *Éloge* fehlt es nicht an Vorbehalten und Kritiken angesichts der »brillanten Fiktionen«, der Vermischung von Fabeln und Wahrheit, etc. Der »positive« Vicq d'Azyr sympathisierte mehr mit Linné als mit Buffon, auch wenn sie sich, seiner Meinung nach, gewissermaßen ergänzten (ebd., S. 29–30). Zu seiner *Éloge* auf Linné vgl. ebd., S. 169 ff.

[19] Vgl. Piveteau, »Introduction à l'œuvre philosophique de Buffon«, in: Buffon, *Œuvres philosophiques,* a. a. O., S. XXV.

[20] Vgl. Condorcet, *Éloge de M. le comte de Buffon,* in: *Œuvres,* hrsg. von Arago-O'Connor, Bd. III, S. 331, 341, 342, 345, 348, 349, 355, 362, 370, 371.

[21] Ebd., S. 340.

[22] Vgl. P.-Ch. Levesque, *L'Homme moral, ou l'Homme considéré tant dans l'état de pure nature que dans la société,* Paris 1775, S. XI. Levesque, der ebenfalls der Gruppe der idéologues angehörte und ein Mitglied des Institut war, verfaßte auch eine Schrift über *L'Homme pensant, ou Essai sur l'histoire de l' Esprit humain,* Paris 1779.

[23] Vgl. dazu G. Le Roy, *La psychologie de Condillac,* Paris 1937; ferner auch M. Dalpra, *Condillac,* Milano 1942.

[24] Vgl. Condillac, *Essai sur l'Origine des Connaissances,* in: *Œuvres philosophiques,* a. a. O., Bd. I, S. 4 a.

[25] Ebd., S. 6 a.

[26] Vgl. Condillac, *Extrait du Traité des Sensations,* in: *Œuvres philosophiques,* a. a. O., Bd. I, S. 324 b.

[27] Vgl. Condillac, *Dissertation sur la Liberté,* in: *Œuvres philosophiques,* a. a. O., Bd. I, S. 315 a.

[28] Vgl. Condillac, *Traité des Animaux,* a. a. O., S. 339 ff.

[29] Condillac, *Extrait...,* a. a. O., S. 324 a.

[30] Vgl. A. L. C. Destutt de Tracy, »De la Métaphysique de Kant«, in: *Mémoires de l'Institut National des Sciences et Arts,* Classe des Sciences Morales et Politiques, Paris Jahr XI, S. 601. Für Tracy war die Physiologie sogar die wichtigste aller Wissenschaften und der einzige erfolgreiche Zugang zur Erkenntnis des Menschen. Vgl. *Elémens d'Idéologie,* Bruxelles 1826, Bd. III, S. 251.

[31] Vgl. P. G. Cabanis, *Rapports du physique et du moral de l'homme,* in: *Œuvres philosophiques,* a. a. O., Bd. I, S. 113.

[32] Vgl. Degérando, *Histoire comparée des différens Systèmes de Philosophie relativement aux Principes des connaissances humaines,* Paris 1847, Bd. II, S. 318.

[33] Von den Werken des Genfer Naturforschers und »Philosophen« vgl. vor allem den *Traité analytique des facultés de l'âme,* der unter mehreren Aspekten eine Parallele zum *Traité des Sensations* darstellt. Zu Bonnet, der als Erforscher des Menschen sehr berühmt war, vgl. R. Savioz, *La philosophie de Charles Bonnet de Genève,* Paris 1948. Zu Bonnets Rehabilitation des »Physischen« und den Unterschieden zu Condillacs Anthropologie verweisen wir auf die Bemerkungen von H. Gouhier, *Les conversions de Maine de Biran,* Paris 1947, S. 89 ff.

[34] Vgl. Destutt de Tracy, *Élémens...,* a. a. O., Bd. I, S. 160.

[35] »Man hat Monseigneur de Buffon die allzu große Leichtfertigkeit vorgeworfen – schreibt Grimm 1764 und nimmt damit die späteren Kritiken vorweg –, mit der er Systeme aufstellte und sich in sie vernarrte; man sagt, er habe die Natur nicht so sehr in ihren Operationen als in seinem Kopf gesehen; ausländische Naturwissenschaftler haben eine große Anzahl von Irrtümern gefunden...«. Vgl. F. M. Grimm, *Correspondance littéraire, philosophique et critique,* Juli 1764, Paris 1813, Bd. IV, S. 135. Auf der gleichen Seite findet sich auch eine sehr interessante Gegenüberstellung des »brillanten« Buffon und des »positiveren« Daubenton, die später von Lacépède wieder aufgenommen wurde.

[36] Zu dieser Société und diesem wissenschaftlichen Milieu im allgemeinen vgl. das wichtige Werk von H. Daudin, *Les classes zoologiques et l'idée de série animale en France à l'époque de Lamarck et de Cuvier (1790–1830),* Paris 1926, S. 6ff.

[37] Vgl. *Mémoires de la Société d'Histoire naturelle de Paris,* Paris Jahr VII, S. XIII. Um die wissenschaftliche Tendenz jener Zeit zu verstehen, ist folgendes Urteil über Buffon äußert aufschlußreich: »Linnés zoologische Methoden fanden offensichtlich weniger Beachtung. Diese Gleichgültigkeit kann nur damit erklärt werden, daß Buffons Ruhm sich schnell verbreitete, weil seine Mitbürger und ganz Europa sich von dem stilistischen Zauber seiner Schriften verführen ließen und alle Aufmerksamkeit auf ihn richteten. Wenn man auch dem literarischen Talent dieses großen Mannes gerecht werden muß, so kann man nicht leugnen, daß er die Fortschritte der wirklichen Erkenntnisse im Bereich der Naturgeschichte aufhielt, weil er sich dort geringschätzig zeigte und zu Geringschätzung verleitete, wo es um die Systeme und Methoden ging, ohne die diese Wissenschaft nur Verwirrung stiftet und nur ein unerklärliches Labyrinth ist... Was Buffons kosmogonische Romane betrifft, so sind sie von anderen Romanen zunichte gemacht worden, die bald das gleiche Los ereilen wird« (ebd., S. XII).

[38] Cuviers Text ist umso lehrreicher als er, da er zu einer *Éloge de Lacépède* gehört, tatsächlich zwei verschiedene Wissenschaftler (darunter einen »Observateur de l'homme«) und zwei unterschiedliche Arten der »Naturgeschichte« einander entgegensetzt. Die *Éloge* ist folgender Schrift vorangestellt: B. G. Et. de Lacépède, *Histoire naturelle de l'homme,* Paris 1827, S. XXI–XXIII.

[39] Vgl. Degérando, *Histoire comparée...,* a. a. O., Bd. III, S. 15.

[40] Vgl. G. Cuvier, *Éloge...,* a. a. O., S. XXVIII.

3. *»Wissenschaft vom Menschen« und »philosophische« Medizin des ausgehenden 18. Jahrhunderts*

[1] Vgl. H. Home, *Sketches on the History of Man,* Edinburgh 1774. Das Werk ist auch deshalb bemerkenswert, weil darin der historisch-soziale Fortschritt der Menschheit skizziert wird; es würde sich lohnen, diese Darstellung zu analysieren.

[2] Von Blumenbach, der auch für seine physiologischen und kraniometrischen Untersuchungen bekannt ist (vgl. *Decas I (–VI) collectionis suae craniorum*

diversarum gentium illustrata, Göttingen 1790–1828), vgl. vor allem *De generis humani varietate nativa,* Göttingen 1775, das auch in deutscher Sprache erschienen ist: *Über die natürlichen Verschiedenheiten im Menschengeschlechte,* Leipzig 1798. Ferner erschien 1804 eine französische Übersetzung. Wichtig wegen seines vergleichenden Ansatzes ist auch das *Handbuch der vergleichenden Anatomie und Physiologie,* Göttingen 1805. Recht nützlich ist die englische Ausgabe der *Anthropological Treatises of J. Fr. B.,* hrsg. von Th. Bendysche, London 1865.

[3] Seine Hauptwerke sind in einer französischen Ausgabe leicht zugänglich: P. Camper, *Œuvres qui ont pour objet l'histoire naturelle, la physiologie et l'anatomie comparée,* Paris Jahr XI, 3 Bde.

[4] »Dem unsterblichen Linné bleibt auch dies Verdienst, daß er, so viel ich weiß, unter den Schriftstellern über die Naturgeschichte der erste gewesen, welcher schon vor sechzig Jahren in der Hauptausgabe seines Systems der Natur, die Menschengattung nach den äußeren Kennzeichen unter gewisse Varietäten zu bringen sich bemüht hat; und dies zwar nach der Kenntnis der damals nur bekannten vier Theile unsers Erdwasserballs und deren Bewohner, ziemlich adäquat.« Dieses interessante Urteil äußert Blumenbach in seiner Schrift *Über die natürlichen Verschiedenheiten im Menschengeschlecht,* a. a. O., S. XVII.

[5] Bezeichnenderweise schweigt Blumenbach über dieses Thema dort, wo er in *De generis humani varietate nativa* den intellektuellen und moralischen Menschen behandelt (Vgl. die deutsche Ausgabe, a. a. O., S. 49 ff.).

[6] Wie schwierig und wichtig es ist, die spezifischen Unterschiede zwischen dem Menschen und den Tieren festzustellen, beschreibt Blumenbach in *De generis humani varietate nativa* (deutsche Ausgabe, a. a. O., S. 17–18). Die übrigen Themen werden der Reihe nach in der gleichen Schrift behandelt.

[7] Vgl. Camper, *Œuvres* ..., a. a. O., Bd. II, S. 452–53.

[8] Vgl. vor allem Camper, *De l'origine et de la couleur des Nègres,* und seine *Dissertation sur les variétés naturelles qui caractérisent la physionomie des hommes des différents climats et des différents âges* (von dieser Schrift erschienen 1791 zwei verschiedene französische Ausgaben). Fundamental sind ferner seine Untersuchungen über den Gesichtswinkel und über die strukturellen – reproduzierbaren und meßbaren – Verwandtschaften zwischen den Physiognomien von Menschen und Tieren. Wir übergehen hier weitere wichtige Abhandlungen, die nicht direkt in diesen Zusammenhang gehören. Auf das eine oder andere Werk Campers kommen wir noch zu sprechen.

[9] Vgl. Camper, *Discours sur l'analogie qu'il y a entre la structure du corps humain et celle des quadrupèdes, des oiseaux et des poissons,* in: *Œuvres* ..., a. a. O., Bd. III, S. 335 und 336.

[10] Vgl. Camper, *Discours sur la manière de peindre les différentes passions sur le visage de l'homme,* in: *Œuvres* ..., a. a. O., Bd. III, S. 310 ff.

[11] Ebd., S. 311–12.

[12] Vgl. Camper, *Dissertations sur les variétés naturelles* ..., Paris–La Haye 1791, S. 12.

[13] Vgl. Condorcet, *Éloge de Camper,* in: *Œuvres,* a. a. O., Bd. III, S. 426.

[14] Vgl. S. T. Soemmerring, *Über die körperliche Verschiedenheit des Negers vom Europäer,* Frankfurt 1785.

[15] Vgl. Ch. White, *An Account of the Regular Gradation in Man and Vegetables, and from the Former to the Latter,* London 1799.

[16] Der den Menschen betreffende Teil der Schrift *Geographische Geschichte des Menschen und allgemein verbreiteten vierfüßigen Thiere* (Leipzig 1778–83, 3 Bde.) wurde bereits 1784 von J. Mauvrillon ins Französische übersetzt. Auf die hauptsächlichen französischen Übersetzungen der uns hier interessierenden Werke Blumenbachs und Campers haben wir bereits hingewiesen.

[17] Im Zusammenhang mit unserer Darlegung sind vor allem die zahlreichen theoretischen und methodologischen Abhandlungen des großen Gelehrten interessant: *De l'Anatomie en général, De l'Anatomie comparée,* etc.; ferner auch einige experimentelle vergleichende Untersuchungen wie das *Mémoire sur la parallèle des extrémités dans l'homme et dans les quadrupèdes* und die zahlreichen *Recherches sur différens points de l'Anatomie de l'homme et des animaux.* Vgl. Vicq d'Azyr, *Œuvres,* a. a. O., Bd. IV und V. Berühmt sind auch seine physiologischen Studien und seine Forschungen zur Struktur des Gehirns (ebd., Bd. VI). Über Vicq d'Azyr gibt es zwei wichtige Schriften: eine sehr umfangreiche Abhandlung verdanken wir J. L. Moreau de la Sarthe; sie befindet sich im ersten Band der von Moreau herausgegebenen *Œuvres;* bei der anderen Schrift handelt es sich um die *Éloge,* die Cabanis verfaßt hat und die in seinen *Œuvres* erschienen ist (a. a. O., Bd. II, S. 368–86).

[18] Vgl. Daubenton, *Sur les différences de la situation du trou occipital dans l'homme et dans les animaux,* Paris 1764. Zur Bedeutung seiner Forschungen vgl. Topinard, a. a. O., S. 68–69.

[19] Vgl. Lacépède, *Discours d'Ouverture du Cours d'Histoire Naturelle, donné dans le Muséum national d'Histoire naturelle l'an 8 de la République, Sur la vie et les ouvrages de Daubenton,* in: *Séances des Écoles Normales, recueillies par des sténographes et revues par les Professeurs,* nouv. éd., Paris 1800, Bd. VIII, S. 135–37.

[20] Aus Raumgründen können wir diese »Ausnahmen« nicht angemessen analysieren. Auf La Mettrie und Diderot werden wir jedoch bei nächster Gelegenheit im Zusammenhang mit Cabanis und seiner »philosophischen« Medizin zurückkommen.

[21] Es genügt hier der Hinweis auf folgende Werke: P.-J. Barthez, *Nouveaux élémens de la science de l'homme,* Montpellier 1778 (die zweite und verbreitetere Auflage erschien 1806 in Paris); P. Roussel, *Système physique et moral de la Femme,* Paris 1775 (in der Ausgabe von 1809 folgt noch ein *Système physique et moral de l'homme*); A. Ganne, *L'homme physique et moral,* Strasbourg 1791; B. Maublanc, *Considération sur l'Homme,* Paris 1797; J. L. Moreau de la Sarthe, *Histoire naturelle de la femme,* Paris 1803, 3 Bde.; J.-Cl. de la Métherie, *De l'homme considéré moralement,* Paris 1802, 2 Bde.; etc.

[22] Vgl. D. Diderot, *Éléments de Physiologie,* éd. critique par J. Mayer, Paris 1964, S. 21 ff., 56–58, etc. Marats Werk wird in Anm. 29 zitiert.

[23] Vgl. Vicq d'Azyr, *Discours sur l'Anatomie en général,* in: *Œuvres,* a. a. O., Bd. IV, S. 28.

[24] Vgl. Cabanis, *Rapports du physique et du moral de l'homme,* a. a. O., Bd. I, S. 606–7.

[25] Außer in den *Rapports* findet sich Cabanis' heftige Polemik gegen die verschiedenen reduzierend-mechanistischen Tendenzen, die in der zeitgenössischen Physiologie und Medizin immer noch vorherrschten, auch in *Du degré de certitude de la Médecine* (1798) und, in noch stärkerem Ausmaß, in *Coup d'œil sur les Révolutions et sur la Réforme de la Médecine* (1795 geschrieben, doch erst 1804 veröffentlicht). Beide Schriften finden sich in der zitierten Ausgabe der *Œuvres*.

[26] Vgl. A. Le Camus, *La Médecine de l'Esprit,* Paris 1753, S. 1.

[27] Vgl. Th. Bordeu, *Recherches sur l'histoire de la médecine,* in: *Œuvres complètes,* Paris 1818, Bd. II, S. 663.

[28] Vgl. F. X. Lanthenas, *De l'influence de la liberté sur la santé,* Paris 1792, S. 18.

[29] Vgl. J.-P. Marat, *De l'Homme, ou des Principes et des Loix de l'influence de l'Ame,* Amsterdam 1775, Bd. III, S. 220.

[30] Vgl. Ch.-L. Dumas, *Discours sur les progrès futurs de la science de l'homme,* Montpellier Jahr XII, S. 21 und 22.

[31] Ebd., S. 72.

[32] Ebd.

[33] Ebd., S. 73.

4. Cabanis: Das Wesen des Menschen als physiologische »Organisation«

[1] Vgl. Cabanis, *Rapports ...,* a. a. O., S. 126. Das Werk des großen médecin-philosophe behandeln wir im einzelnen in unserem bereits erwähnten (s. Vorwort) Buch *Filosofia degli idéologues,* das nahezu abgeschlossen ist. Vgl. inzwischen unseren Aufsatz »Aspetti della ›science de l'homme‹ nella filosofia degli Idéologues«, a. a. O. (Vgl. Anm. 5 des Vorworts). Eine umfangreiche Bibliographie haben die Herausgeber Lehec und Cazeneuve ihrer Ausgabe der *Œuvres* beigefügt.

[2] Vgl. Cabanis, *Rapports ...,* a. a. O., S. 195.

[3] Vgl. z. B. ebd., S. 395. Der Mensch steht weiterhin »dank einiger Eigenschaften seiner *›Organisation‹* an der Spitze der Tiere« (ebd., S. 189).

[4] Vgl. Cabanis, *Sur la perfectibilité du genre humain,* in: *Œuvres,* a. a. O., Bd. II, S. 515.

[5] Vgl. Cabanis, *Rapports ...,* a. a. O., S. 126.

[6] Ebd.

[7] In dem genannten Brief *Sur la perfectibilité du genre humain* wird das moderne positive Denken gerühmt, weil es beginne, »Abstraktionen nicht mehr mit wirklichen Wesen zu verwechseln, eitle Spitzfindigkeiten aus allen Diskussionen zu verbannen, die Themen, die sich für unsere Forschungen eignen, von denen zu unterscheiden, die ungeeignet sind«, und so gut es eben geht, die »Bedeutung so vieler vager Begriffe wie ›Zeit‹, ›Ewigkeit‹, ›Unendlichkeit‹, ›Substanz‹, ›Raum‹ etc.« zu bestimmen (*Œuvres,* a. a. O., Bd. II, S. 514). Die gleiche

Polemik durchzieht die *Rapports* und die anderen Schriften Cabanis' und der übrigen Ideologen.

[8] Vgl. Cabanis, *Rapports ...*, a. a. O., S. 125.

[9] Ebd., S. 111.

[10] Ebd., S. 113.

[11] Ebd., S. 396.

[12] Ebd., S. 396–97.

[13] Ebd., S. 191, 193, 195, etc.

[14] Vgl. A. von Haller, *Mémoire sur la nature sensible et irritable des parties du corps humain,* Lausanne 1756; Ders., *Elementa Physiologiae corporis humani,* Lausanne, 1757–66, 8 Bde.

[15] Vgl. insbesondere Cabanis, *Rapports ...*, a. a. O., S. 166–67, 170, 217, 534 f. Unter den Texten, die der »idéologue« benutzte, befinden sich die Werke von Stahl, Cullen und vor allem der Mediziner der Schule von Montpellier wie Bordeu, Barthez, Grimaud, Dumas. Zur Geschichte dieser medizinisch-physiologischen Schulen und Cabanis' Stellung zu ihnen, vgl. seine erwähnte Schrift *Coup d'œil sur les Révolutions et sur la Réforme de la Médecine* und Bordeu, *Recherches sur l'histoire de la médecine.*

[16] Grundlegend für alle diese Themen sind das zweite und dritte »Mémoire« *(Histoire physiologique des sensations)* der *Rapports.*

[17] Wenn der organische Zusammenhang der verschiedenen psychophysischen Fähigkeiten des Menschen sich beweisen ließe – Cabanis war sicher, daß ihm dies gelingen könne – »so würde sich zeigen, daß die Tätigkeiten der Intelligenz und des Willens an ihrem Ursprung mit den vier vitalen Bewegungen vermischt sind: das Prinzip der moralischen Wissenschaften und deshalb die Wissenschaften überhaupt fielen in das Gebiet der Physik; *sie wären nur noch ein Zweig der Naturgeschichte des Menschen«* (ebd., S. 114–5).

[18] Für die Beharrlichkeit, mit der er sich auf die positiven »Erfahrungen« berief, vgl. z. B. S. 153, doch gibt es zahllose Beispiele dieser Art.

[19] Die zentrale Bedeutung des Empfindungsvermögens in der »Wissenschaft vom Menschen«: ebd., S. 142. Zur Unfähigkeit der Philosophen, die organisch-interne Dynamik der Empfindungen zu verstehen, auch wenn sie als »Analytiker« ein Lob verdienten, vgl. ebd., S. 174. Angesichts der Notwendigkeit, sich fortan bei derartigen Studien einzig auf die Medizin und die Physiologie zu stützen (ebd., S. 179) wollte Cabanis folgende Richtung einschlagen: »Man wird hier in den *Rapports* nicht finden, was lange ›Metaphysik‹ hieß: es wird sich nur um ›physiologische‹ Studien handeln, die aber auf die besondere Erforschung einer gewissen Ordnung von Funktionen zielen« (ebd., S. 121). Damit spielt er auf die höheren psychisch-affektiven Funktionen an. Er war sich dabei bewußt, wie gefährlich ein solcher Ansatz war, der im Kern unleugbar – wenn auch aus leichtverständlichen Gründen weder der Form noch dem Ausdruck nach – materialistisch war, und zwar in einer organistisch-vitalistischen Variante (ebd., S. 120).

[20] Ebd., S. 141.

[21] In verschiedener Hinsicht sei die Entfernung zwischen dem Menschen und den Tieren »vergleichsweise viel geringer als die vieler gleicher Arten unterein-

ander« (ebd., S. 189). Ein Teil der physiologischen Analyse des Menschen beruht auf einem systematischen »Vergleich« mit den Tieren (vgl. z. B. ebd., S. 169–70 und 184–86).

[22] Jedem dieser Themen ist ein eigenes »Mémoire« gewidmet.

[23] Vgl. die bereits erwähnte Schrift *Du degré de la certitude de la médecine,* in: *Œuvres,* a. a. O., Bd. I, S. 33–103.

[24] Cabanis, *Rapports ...,* a. a. O., S. 552.

[25] Denken wir z. B. an Monseigneur Frayssinous' Diatriben gegen die »Naturwissenschaft« von Cabanis und den übrigen »idéologues«. Vgl. L. Lanzac de Laborie, *Paris sous le Consulat,* Paris 1907, Bd. IV, S. 152–60; und H. Morellet, *Mémoires sur le XVIIIe siècle et sur la Révolution,* Paris 1821, Bd. II, S. 175–77. Bezeichnend, auch in ideologischer Hinsicht, ist die scharfe Kritik, die der alte, von seinem früheren Standpunkt abgerückte Lamarck gegen Cabanis erhob. Vgl. Lamarck, *Système analytique des connaissances positives de l'homme,* Paris 1820.

5. Von der »Wissenschaft vom Menschen« zur Anthropologie

[1] Camper, *Discours sur la manière de peindre les différentes passions sur le visage de l'homme,* in: *Œuvres,* a. a. O., Bd. III, S. 311–12.

[2] Vgl. J. C. Lavater, *Physiognomische Fragmente zur Beförderung der Menschenkenntnis und Menschenliebe,* Leipzig–Winterthur 1774–78, 4 Bde.

[3] Vgl. *Encyclopédie Méthodique,* Abt. *Médecine,* Art. »Homme«, Paris Jahr VI, Bd. VII, S. 256 b.

[4] Vgl. L. S. Mercier, *L'an 2440, rêve s'il en fût jamais,* Londres 1771, Bd. II, S. 7.

[5] »Es gibt eine Wissenschaft, die durch ihren Gegenstand mit der Psychologie und aufgrund der Mittel, deren sie sich bedient, mit den Schönen Künsten verbunden ist, und das ist die Physiognomik.« »Heutzutage haben wir gesehen, wie diese, von einem Genie gesammelten und in ihrer Gesamtheit vorgelegten Ideen zu einem eigentlichen System vereinigt wurden und es verdienen, als Wissenschaft bezeichnet zu werden. Lavaters physiognomische Fragmente, die als Archive dieser Wissenschaft angesehen werden dürfen, sind zweifellos inhaltlich wie formal das originellste Werk, das je geschaffen worden ist.« So urteilte die »Revue philosophique« im Jahre 1804 (Bd. 47); ebenso begeistert äußerte man sich in den folgenden Jahren. Napoleon dagegen verhielt sich ablehnend und sehr kritisch zu »diesem Erzscharlatan Lavater«. Vgl. E. Las Cases, *Mémorial de Sainte-Hélène,* coll. »Pléiade«, Paris 1956, Bd. I, S. 919.

[6] J. M. Plane, *Physiologie, ou art de connoître les hommes sur leur physionomie, ouvrage extrait de Lavater et de plusieurs autres excellens auteurs,* Meudon 1797, Bd. I, S. 42.

[7] Vgl. J. C. Lavater, *L'art de connoître les hommes par la physionomie, nouvelle édition corrigée et disposée dans un ordre plus méthodique, précédée par une notice historique de l'auteur,* etc., par J. L. Moreau de la Sarthe, Paris 1806.

[8] J. J. Sue, *Essai sur la physiognomonie des corps humains vivans, considérée depuis l'homme jusqu'à la plante,* Paris 1797, S. II.

[9] Vgl. L. F. Jauffret, *Introduction aux Mémoires de la Société des Observateurs de l'homme* (1803), in: G. Hervé, »Le premier programme de l'Anthropologie«, in: *Revue Scientifique,* Bd. 47, 1909, S. 520–28. In unserem Anhang mit dem Titel *Einführung in die Mémoires der Société des Observateurs de l'homme,* S. 211.

[10] Soweit diese Ausführungen in Buchform zusammengefaßt wurden, sind sie erhalten geblieben. Einige wenige Hinweise dazu gibt G. Hervé, »Les premiers cours d'Anthropologie«, in: *Revue anthropologique,* Bd. 24, 1914, S. 255–56.

[11] Vgl. *Séances des Écoles Normales,* a. a. O., Bd. VIII, S. 175–94, 239–72. Daubentons Vorlesung *Sur l'homme* befindet sich auf S. 2–31.

[12] Vgl. Lacépède, *De la maniere d'étudier l'histoire naturelle,* in: *Séances...,* a. a. O., Bd. VIII, S. 102–29.

[13] Vgl. Lacépède, *Sur l'histoire naturelle de l'homme,* in *Séances ...,* a. a. O., S. 176.

[14] Ebd., S. 239 ff.

[15] Ebd., S. 175–76.

[16] Auch in den folgenden Jahren vernachlässigte Lacépède die Erforschung der Wissenschaft vom Menschen nicht. Das umfänglichste Zeugnis seiner – auch theoretischen – Studien und Reflexionen ist eine breit angelegte *Histoire naturelle de l'homme,* die 1807 für den *Dictionnaire des Sciences Naturelles* verfaßt und postum, 1827, als selbständiges Werk mit einer wichtigen Einführung von Georges Cuvier veröffentlicht wurde. Eine über unsere gelegentlichen Hinweise hinausgehende gesonderte Darstellung würde die Abhandlung über den Menschen verdienen, die sich in der *Encyclopédie Méthodique* befindet: in ihren verschiedenen Teilen kam Lacépède mehrmals auf die anthropologische Philosophie, auf die »Wissenschaft vom Menschen« und auf die mit ihr verbundenen Disziplinen zu sprechen.

[17] Vgl. dazu unsere Ausführungen auf S. 69 ff.

[18] Die Geschichte dieses Begriffs und seiner semantischen Entwicklung ist zusammengefaßt in Gusdorf, a. a. O., S. 155–56 (mit einigen bibliographischen Angaben) und in Topinard, a. a. O., S. 58 ff.

[19] Vgl. Aristoteles, *Nikomachische Ethik,* 1125 a 5.

[20] Vgl. Migne, *Patrologia graeca,* Bd. 89, 200 d und Bd. 39, 816 c; ferner H. Lietzmann, *Apollinarius von Laodicea und seine Schule,* Tübingen 1904, S. 256. Ich möchte hier Piero Innocenti für seine Mitarbeit bei diesem Anfang einer Untersuchung, die weiter entwickelt und vertieft zu werden verdiente, danken.

[21] In der *Encyclopédie* lesen wir, daß mit »Anthropologie« die »Ausdrucksweise« bezeichnet wird, »mit der die religiösen Schriftsteller Gott Rollen, Handlungen oder Gefühle zuschreiben, die nur den Menschen zukommen, und zwar deshalb, weil sie sich der Schwäche unseres Verstandes anpassen und angleichen wollen...« (vgl. *Encyclopédie,* éd. de Livourne 1770, Bd. I, S. 469 a). Nahezu ein Jahrhundert später griff Littré diese Definition wieder auf, wobei er ihr aber eine weitere, unzeitgemäß im Ton des 18. Jahrhunderts gehaltene Definition beifügte, der zufolge die Anthropologie »die Naturgeschichte des Menschen« ist (vgl. M. P. E. Littré, *Dictionnaire de la langue française,* Paris 1863, Bd. I, S. 154 b).

[22] Vgl. z. B. unter diesem Aspekt M. Hundt, *Anthropologium de hominis*

dignitate, natura et proprietatibus, de elementis, partibus et membris humani corporis, Liptzick [sic] 1501.

[23] So in J. Riolan jun., *Anthropographia et Osteologia omnia recognita...,* Parisiis 1626.

[24] Noch 1801 schrieb Castillon, ein nach Deutschland emigrierter, aber weiterhin mit der Pariser Kultur in Verbindung stehender Franzose, daß »die Anthropologie oder Psychologie einen der Hauptteile der Metaphysik oder zumindest der Philosophie« darstelle (vgl. Castillon, *De l'utilité de la Philosophie,* in: *Mémoires de l'Académie Royale des Sciences et Belles-Lettres de Berlin,* Berlin 1801, S. 13–14). Im Laufe des 18. Jahrhunderts neigten die deutschen Gelehrten oft dazu, von einer moralischen und von einer physischen Anthropologie zu sprechen, womit sie mehr oder weniger bewußt an einem dualistischen Menschenbild festhielten. Vgl. z. B. W. Fr. Struve, *Anthropologia naturalis sublimior* (1754), ein Werk, das Gusdorf zusammen mit anderen Texten in seiner *Introduction aux sciences humaines* zitiert (a. a. O., S. 156). Wir wollen hier auf ein Werk hinweisen, das eine gesonderte Untersuchung verdienen würde: G. Gorini-Corio, *L'uomo, trattato fisico-morale,* Lucca 1756, 2 Bde. Ihm wurde die Ehre einer französischen Übersetzung mit dem Titel *Anthropologie* zuteil (Lausanne 1761). Der zweite Band schließt mit einer »Verteidigung der Anthropologie«. Wir müssen allerdings hinzufügen, daß das Werk nicht über die Grenzen der traditionellen Erörterungen des Problems hinausgeht. Vgl. ferner A. Genovesi, *Delle scienze metafisiche,* Napoli 1766, Teil III: *Antropologia.* Es könnte sehr aufschlußreich sein, den Begriff der »Anthropologie« und seine verschiedenen Bedeutungen in der italienischen Kultur des 18. Jahrhunderts zu untersuchen.

[25] Vgl. E. Platner, *Neue Anthropologie für Ärzte und Weltweise,* Leipzig 1790, und I. Kant, *Anthropologie in pragmatischer Hinsicht* (1798). In einem spezifisch anthropologischen Rahmen kann Kants Text nicht überbewertet werden: er bleibt fast immer innerhalb des Bereichs einer philosophischen Argumentation, die eher traditionelles Gut enthält, auch wenn dieses oft mit interessanten Perspektiven verknüpft ist, wie z. B. mit dem Gedanken der Erkenntnis durch Veränderung – ein Gedanke, der der Problematik der europäischen Wissenschaft der Jahrhundertwende fremd war. Bereits in der *Grundlegung zur Metaphysik der Sitten* (1785) sprach Kant von der Anthropologie als der Wissenschaft, die die menschliche Natur als erfahrbare Gegebenheit untersuche, während er in der *Metaphysik der Sitten* die Notwendigkeit betonte, eine moralische Anthropologie auszuarbeiten, das heißt, zu untersuchen, was die Ausführung der moralischen Gesetze begünstige oder behindere.

[26] Blumenbach wandte sich darin an seinen englischen Freund und Mäzen Joseph Banks und dankte ihm dafür, daß er während seines Aufenthalts in London die »Reichtümer seines Museums« benutzen und »von allen für das Studium der Anthropologie gesammelten Schätzen [seiner] Bibliothek« Gebrauch machen konnte, Reichtümer und Schätze, die vor allem in anatomischen Befunden der verschiedenen Rassen und wahrscheinlich auch in ethnographischem Material bestanden. Vgl. Blumenbach, *De generis humani varietate nativa,* deutsche Ausgabe, a. a. O., S. XVI.

[27] »Und verdiente etwa die menschliche Natur allein jene genaue Aufmerk-

samkeit nicht, mit der man Thiere und Pflanzen zeichnet? Indeß, da in den neuesten Zeiten der edle Bemerkungsgeist auch für unser Geschlecht wirklich schon erwacht ist und man von einigen, wiewohl nur von wenigen, Nationen Abbildungen hat, gegen die in älteren Zeiten de Bry, Bruyn (Le Brun), geschweige denn die Missionare nicht bestehen (...): so wäre es ein schönes Geschenk, wenn Jemand, der es kann, die hie und da zerstreuten treuen Gemälde der Verschiedenheit unsers Geschlechts sammelte und damit den Grund zu einer sprechenden Naturlehre und Physiogomik der Menschheit legte. Philosophischer könnte die Kunst schwerlich angewandt werden und eine anthropologische Charte der Erde, wie Zimmermann eine zoologische versucht hat, auf der nichts angedeutet werden müßte, als was Diversität der Menschheit ist, diese aber auch in allen Erscheinungen und Rücksichten, eine solche würde das philanthropische Werk krönen.« (G. Herder, *Ideen zur Philosophie der Geschichte der Menschheit,* 2. Teil [1785], 6. Buch, Kap. VII). Es ist bedauerlich, daß wir aus Platzgründen Wilhelm von Humboldts grundlegende anthropologische Schriften, vor allem den posthumen *Plan einer vergleichenden Anthropologie,* der 1795 verfaßt und in dem 1. Band der *Gesammelten Schriften,* Berlin 1903, veröffentlicht wurde, nicht adäquat behandeln können. Es genüge hier der Hinweis auf die kleine Studie von R. Leroux, *L'anthropologie comparée de Guillaume de Humboldt,* Paris-Strasbourg 1958.

[28] Vgl. A.-C. Chavannes, *Anthropologie, ou Science de l'Homme, pour servir d'Introduction à l'étude de la Philosophie et des Langues, et de guide dans le Plan d'éducation universelle ci-devant proposé par A. C.,* Lausanne 1788, S. III. Sehr wichtig ist diese selten zitierte Schrift auch deshalb, weil darin die Anthropologie klar und deutlich unterschieden wird von der Naturgeschichte und den übrigen Wissenschaften – unter anderem werden Physiologie, Kunstgeschichte und Kulturgeschichte genannt –, die oft mit der Erforschung des Menschen vermischt worden seien (ebd., S. V–VI).

[29] »Die Antropologie – schreibt Savérien – ist die Wissenschaft vom Menschen. Die Geschichte der Antropologie ist die Geschichte des Menschen, dieses Wesens, das unleugbar das Meisterwerk der Natur ist und dessen Haltung, Aussehen und Intelligenz darauf schließen lassen, daß er allen Lebewesen überlegen ist, und verkünden, daß er und seine Gefährtin die Erde beherrschen« (vgl. Al. Saverien, *Histoire des progrès de l'esprit humain dans les sciences et dans les arts qui en dépendent,* Paris 1778, S. 166).

[30] Vgl. *Décade philosophique,* Bd. 29, 20 prairial, Jahr IX, S. 458–59 Anm. Vgl. ferner Cabanis, *Rapports...,* a. a. O., S. 126. Im Jahre 1802 gab es im *Magasin Encyclopédique* (Bd. 46, S. 289–304) eine Rubrik mit dem Titel »Anthropologie«, in der unter anderem eine Rezension erschien über J. A. Perreau, *Considérations physiques et morales sur la nature de l'homme,* das wir bereits angeführt haben. 1803 hielt offenbar an der Universität Straßburg der Anatom Th. Lauth eine Vorlesung über »Anthropologie« (vgl. *Magasin Encyclopédique,* Bd. 3, 1803, S. 519–22). Mehr philosophisch als kulturgeschichtlich orientiert ist der Aufsatz von O. Marquard, »Zur Geschichte des philosophischen Begriffs ›Anthropologie‹ seit dem Ende des 18. Jahrhunderts«, in: *Collegium Philosophicum.* Studien Joachim Ritter zum 60. Geburtstag, Basel–Stuttgart 1965, S. 209–39.

6. Die Gründung der »Société des Observateurs de l'homme«

[1] Außer Georges Hervés verdienstvollen Untersuchungen über die Geschichte der »Société« müssen folgende Studien erwähnt werden: M. Bouteiller, »La Société des Observateurs de l'homme, ancêtre de la Société d'Anthropologie de Paris«, in: *Bulletins et Mémoires de la Société d'Anthropologie de Paris,* 10. Folge, Bd. 7, 1956, S. 448–64; und G. W. Stocking, »French Anthropology in 1800«, in: *Isis,* Bd. 55, 1964, S. 134–50. Angaben und Unterlagen über die Société und vor allem ihren Gründer finden sich in R. M. Reboul, *Louis-Françoise Jauffret. Sa vie et ses œuvres,* Paris–Aix–Marseille 1869. Zu den ersten Erforschern der »Observateurs de l'homme« gehört P. Broca, *Histoire des progrès des études anthropologiques depuis la fondation de la Société. Compte-rendu décennal (1859–1869) lu dans la séance solennelle du 8 juillet 1869 de la Société d'Anthropologie,* Paris 1870.

[2] Weitere Autoren, die der Gesellschaft angehörten, waren: Le Blond, Massieu, Bojanus, Guillon-Pastel, Lassus, Nysten, Sue, Thouret (Medizinwissenschaften); Andrew, Bernier, Bissy, Hamelin, Legout, Maugé, Michaux, Riedlé, Sonnini (Reisende, Geographen); d'Ansse de Villoison, Bouchaud, Clermont-Lodève, Larcher, Marcel, Papon, Pfeffel, Sainte-Croix, Walckenaer (Archäologen, Historiker, Ökonomen); Korais, Ricard (Gräzisten); Bonnefoux, La Chaussée, Lerminier, Mathieu-Montmorency, Haller (Publizisten und Verschiedenes). In diesem Verzeichnis Bouteillers fehlen einige Namen, wie Lacépède, Pinel, Lamarck, deren Zugehörigkeit jedoch zumindest durch die eine oder andere Quelle bezeugt ist. Vgl. z. B. Reboul, a. a. O., S. 34, Anm. 1.

[3] *Magasin Encyclopédique,* 1800, Bd. I, S. 409. Ein ähnliches Zeugnis findet sich in Lacépède, *Discours d'ouverture au cours de Zoologie de l'an IX au Muséum National d'Histoire Naturelle,* Paris o. J., S. 1.

[4] Vgl. Jauffret, *Einführung,* a. a. O., S. 209.

[5] Ebd.

[6] Vgl. Hervé, »Le premier programme...«, a. a. O., S. 522 a.

[7] Vgl. Jauffret, *Einführung,* a. a. O., S. 210. Wie wichtig und schwierig eine solche Unterscheidung sei, betont auch Daubenton, in *Sur l'Homme,* a. a. O., S. 10–11.

[8] Jauffret, *Einführung,* a. a. O., S. 210.

[9] Vgl. A. M. Duméril, *Zoologie Analytique,* Paris 1806. Nach langen Untersuchungen, mit denen er gerade in den Jahren begann, als er Mitglied der »Société des Observateurs de l'homme« war, unterschied Duméril schließlich sechs hauptsächliche Rassen: a) die kaukasische oder europäische; b) die hyperboreische; c) die mongolische; d) die amerikanische; e) die malaiische; f) die äthiopische.

[10] Vgl. Jauffret, *Einführung,* a. a. O., S. 211.

[11] Ebd.

[12] Ebd., S. 215.

[13] Ebd. Von R. A. Sicard vgl. vor allem den *Cours d'instruction d'un sourd-muet de naissance, pour servir à l'éducation des sourds-muets,* Paris Jahr VIII; *Théorie des signes, pour l'instruction des sourds-muets,* Paris 1808, 2 Bde.; *Théorie des signes, ou Introduction à l'étude des langues,* Paris 1814, 2 Bde.

[14] Jauffret, *Einführung,* a. a. O., S. 215.

[15] Ebd., S. 217 f.

[16] Ebd., S. 213.

[17] Ebd., S. 212.

[18] Allein die Lektüre des ganzen Textes, den wir hier nur zusammengefaßt haben – auf einige Themen werden wir nochmals zurückkommen – kann eine Idee von seiner Bedeutung, abgesehen von seiner Funktion als ein maßvolles »Arbeitsprogramm«, vermitteln.

7. Louis-François Jauffret und die Entstehung der Kulturanthropologie

[1] Zur Biographie und zum Werk dieses außergewöhnlichen Mannes gibt es vorläufig nur das alte, bereits erwähnte Buch von Reboul, *Louis-François Jauffret...,* Paris–Marseille 1869, abgesehen von einigen Angaben in dem einen oder anderen Aufsatz von G. Hervé und Moores zitierten Einleitung zu seiner Degérando-Ausgabe.

[2] Über die berühmte Loge vgl. L. Amiable, *Une Loge Maçonnique d'avant 1789: La R. L. Les Neuf-Sœurs,* Paris 1897. Vgl. auch S. Moravia, *Il Tramonto dell'Illuminismo,* a. a. O., S. 55–67, mit weiteren Literaturangaben.

[3] Vgl. das Urteil des späteren Observateur Sicard in *Tribut de la Société Nationale des IX Sœurs, ou Recueil de Mémoires sur les Sciences, Belles-Lettres et Arts, et autres pièces lues dans les séances de cette Société,* Paris 1792, Bd. V, S. 213.

[4] Vgl. das außergewöhnliche kleine Buch *Les Charmes de l'enfance, et les plaisirs de l'amour maternel,* Paris 1791, das zehn Jahre später auch ins Deutsche übersetzt wurde.

[5] Die »Gazette« wurde 1791 gegründet und erschien, mit einigen geringfügigen Titeländerungen, bis zum Jahre VII (1798–99); die Gesamtreihe umfaßt sechzehn Bände. Vgl. G. Walter, *Catalogue des journeaux révolutionnaires (1789–1799),* Paris 1943, S. 235.

[6] Vgl. Jauffret, *Opinion d'un jurisconsulte patriote sur le procès intenté à Louis XVI,* Paris 1793. Gleichzeitig veröffentlichte er eine *Histoire impartiale de Louis XVI, ou Recueil de tous les ... rapports faits à la Convention nationale concernant le procès,* Paris 1792–93, 8 Bde.

[7] Von Jauffret als Jugendschriftsteller gibt es z. B. das Werk *Jeu zoologique et géographique, destiné à l'amusement et à l'instruction de la jeunesse,* Paris an VII. Ein Jahr zuvor begann er mit einer *Collection de livres élémentaires.* 1799 schrieb er eine *Vie de Florian,* die in den *Œuvres posthumes* des Dichters erschien. Zwei Jahre später gab er dessen *Fables* heraus (Paris an IX).

[8] Vgl. Reboul, a. a. O., S. 47.

[9] Vgl. dazu G. Hervé, »Les premiers cours ...«, a. a. O., S. 257.

[10] Ebd., S. 257–58 Anm., wo Hervé unveröffentlichte, später wahrscheinlich verloren gegangene Dokumente benutzte.

[11] Nur das erste der beiden Fragmente wurde, wenn wir uns nicht irren, von Hervé veröffentlicht, vgl. »Les premiers cours...«, a. a. O., S. 261–76. Jauffrets

Manuskripte werden in der Bibliothek der Académie Nationale de Médecine von Paris aufbewahrt.

[12] Ebd., S. 261–62.

[13] Ebd., S. 262.

[14] Zu dieser Thematik vgl. weiter unten, S. 136 ff. und 189 ff.

[15] Vgl. Hervé, »Les premiers cours...«, a. a. O., S. 263.

[16] Ebd.

[17] Ebd., S. 264.

[18] Ebd., S. 264 und 267.

[19] Ebd., S. 265–66.

[20] Ebd., S. 266.

[21] Ebd., S. 266–67.

[22] Ebd., S. 267–68.

[23] Ebd., S. 268–69.

[24] »Wenn die Chinesen in Wohnung und Kleidung einfach sind, so ändert sich dies, wenn es um ihr Benehmen geht. Es gibt keine wohlerzogenere Nation, kein höflicheres Volk, kein Land, in dem man gewissenhafter den Pflichten des bürgerlichen Lebens nachkäme. Alles ist gesetzlich vorgeschrieben: gewöhnliche Grüße, Besuche, Geschenke, Feste. Für alles, was man öffentlich und privat tut, bestehen förmliche Regeln, die im ganzen Kaiserreich verbindlich sind...« (ebd., S. 269–70).

[25] Ebd., S. 271–72.

[26] Ebd., S. 272.

[27] Ebd., S. 272–76.

[28] Die lange, unveröffentlichte Abhandlung über Japan (*Cours d'histoire naturelle de l'homme,* zweiter Kurs, zwölfte Vorlesung: »Völker der japanischen Inseln«, Ms. 165, S. 342–61 verso) ist wohl weniger interessant. Der wichtigste Text des ersten Teils, der sich mit der mongolischen Abstammung der Japaner und mit der europäischen Entdeckung Japans beschäftigt, ist eine kurze Lobrede auf die hohen Tugenden der weißen Rasse: »Nur sie hat die Unermeßlichkeit der Meere durchquert. Nur sie ist ausgezogen, um in den entlegensten Erdteilen und Inseln die dort lebenden Völker kennenzulernen. Kein Hindernis hat sie je abgeschreckt, keine Gefahr hat sie zurückgehalten. Sie hat die Welt durchfahren, um gleichsam die ganze Ausdehnung ihrer Herrschaft zu erkennen, und es gibt vom Äquator bis nach Nowaja Semlja keinen Breitengrad, den sie nicht überwunden, keine Gegend, die sie nicht aufgesucht hat« (S. 343). Es folgen, wie üblich, Angaben über die geographische Lage und über das Klima. Jauffret betont besonders nachdrücklich die außergewöhnliche Isolierung Japans und bringt damit einige Wesenszüge des japanischen Volkes und seiner Geschichte in Zusammenhang: den Stolz, den Freiheitssinn, die jahrhundertelange erfolgreiche Verteidigung seiner Unabhängigkeit. Eine solche Isolierung habe auch positive ethnoanthropologische Implikationen: »Die Japaner konnten ihre spezifische Physiognomie und ihre spezifischen Bräuche besser als jedes andere Volk bewahren« (345). Nach der sehr sorgfältigen Darstellung des »Physischen« der Japaner, die mehr als die Chinesen die mongolische Abstammung bewahrt haben, beschreibt Jauffret ausführlich die Kleidung, wobei er vor allem bei den verwendeten Stoffen, bei den

Schuhen und bei den Haartrachten verweilt. Dann hebt er hervor, wie eindeutig die Chinesen und die Japaner nicht nur im »Physischen«, sondern auch in der Sprache, in der Religion, in der Kleidung sich unterscheiden (348–49). Dann schildert er auf mehreren Seiten die Reise des »berühmten Reisenden« Thunberg, dem es gelungen war, in Japan einzudringen, das Land zu besichtigen und von mehreren japanischen Persönlichkeiten, schließlich sogar vom Kaiser, empfangen zu werden. Das erlaubte ihm, verschiedene Aspekte der individuellen und der öffentlichen »Sitten« der Japaner darzustellen: so z. B. die Begrüßungszeremonien und die Riten der Gastfreundschaft oder den ausgeprägten Sinn für Sauberkeit. Besonders aufmerksam betrachtet er schließlich auch die Kultur (im weiten Sinne) und beschreibt, wie die Japaner das Jahr unterteilen, wie sie die Zeit berechnen, ihre medizinischen Vorstellungen und Verfahren und allgemein die intellektuelle und gesellschaftliche Entwicklung der japanischen Kultur. Wenn er auch anfangs den Europäer höher stellt, so bedeutet das keineswegs, daß er diese fernöstliche »Kultur« abwertet – viel eher könnte man sagen, er sei offenbar vor allem auf jene Seiten dieser »Kultur« eingegangen, die der europäischen am nächsten kamen: »Das japanische Volk ist bei allen seinen Unternehmen sehr scharfsinnig und gründlich. In dieser Hinsicht kann man es zu den gesittetsten und vollkommensten Nationen zählen. Die gegenwärtige Regierungsform der Japaner, ihre Art, mit Fremden umzugehen, noch mehr aber der Fleiß, mit dem sie ihrem Boden das abgewinnen, was ihren Bedürfnissen genügt, verrät einen hohen Grad an Intelligenz und Dynamik [activité]« (353 verso). Nicht weniger präzis und »wahr« sind gewisse Bemerkungen darüber, wie geschickt die Japaner »in allen nützlichen Handwerken« seien (354). Ebenso ausdrücklich lobt er, wie gut sie den Zusammenhang zwischen Gesetz und Freiheit verstünden, wieviel Sorgfalt sie auf die Erziehung der Kinder verwendeten, denen unter anderem keine Körperzüchtigungen auferlegt würden, wie genügsam sie seien, wie sehr sie die Gerechtigkeit achteten. Was dagegen die – »moralischen« – Fehler betreffe, so fielen besonders ihr Aberglaube und ihre Rachsucht auf, ganz zu schweigen von einigen komplizierten Zeremonien. Dann zählt Jauffret die natürlichen und wirtschaftlichen Schätze Japans auf: die in den Bergen gehobenen Metalle, den Seiden- und Baumwollanbau, die Organisation der Arbeit (»die Zünfte und Berufe sind in Japan nicht in Korporationen [communauté] organisiert. Jeder ist berechtigt, den Beruf auszuüben, der ihm gefällt, und ihn aufzugeben, wenn er seinen Bedürfnissen nicht mehr entspricht« [357]) und die Handelsformen. Die Abhandlung schließt mit interessanten Bemerkungen über einige charakteristische Bräuche: besonders aufmerksam untersucht Jauffret die Auffassungen und das Zeremoniell der Heirat, die er mit großer ethnographischer Präzision beschreibt, wobei er die »Vergleiche« beachtet, die zwischen den japanischen und den entsprechenden Bräuchen und Sitten anderer Zeiten und Gegenden gezogen werden konnten: »Es ist eigentümlich, daß diese japanischen Zeremonien so viele Ähnlichkeit mit den Bräuchen der antiken Völker haben. Die Hochzeitsfackel findet sich bei den Griechen und den Römern; der Spinnrocken gehörte zu den Hochzeiten der Römerinnen. Fügen wir noch hinzu, daß auch die Heiratszeremonie der deutschen Juden unter einem Zelt stattfindet« (360 recto und verso). Trotz einiger überflüssiger Abschweifungen bezeugt diese Schrift noch einmal die Fähigkeit Jauffrets zu einer organisch-systematischen Abhandlung; er geht hier von einer geographischen und Rassen-Analyse aus, die nicht nur notwendig war, um das »Physische«, sondern auch das »Moralische« der Menschen zu begründen und zu rechtfertigen, und die sich dann in einem einheitlichen Rahmen zu einer Untersuchung der gesellschaftlichen Strukturen, der Kultur, des Glaubens, der »Sitten« ausweitet. In einem Nachsatz kündigt Jauffret schließlich an, daß er in der folgenden Vorlesung die Ethnoanthropologie der malaiischen Rasse und der auf der malaiischen Halbinsel und den umliegenden Inseln wohnenden Völker behandeln werde.

[29] Vgl. Bibliothèque de l'Académie de Médecine, Ms. 165. Zu seiner Beschreibung siehe den bibliographischen Anhang der von F. G. T. Moore besorgten Degérandoausgabe, a. a. O., S. 107–9.

[30] Vgl. Ms. 165, S. 15–72, 193–200, 173–92 (die Seiten wurden von Reboul numeriert).

[31] Ebd., S. 45–48, 15–24. Auch andere Fragmente behandeln Themen dieser Art

[32] Ebd., S. 36–44, 72–87, 128–39.

[33] Ebd., S. 51–58, 63–71, 201–6, 207–16, 236–37, 238–44.

[34] Ebd., S. 140–44, 94–121.

[35] Ebd., S. 49–50, 33–35, 145–47, 217–23.

[36] Vgl. Jauffret, *Des différents genres d'écritures* und *Histoire de l'écriture hiéroglyphique;* beide Schriften veröffentlichte Hervé in: *Revue de l'École d'Anthropologie de Paris,* Bd. 19, 1909, S. 240–44; Bd. 20, 1910, S. 353–55, 387–88 und 417–21; Bd. 21, 1911, S. 154–56 und 193–96.

[37] Zu dieser umfangreichen Thematik nennen wir nur: L. Couturat - L. Léau, *Histoire de la langue universelle,* Paris 1907; P. Rossi, *Clavis Universalis. Arti mnemoniche e logica combinatoria da Lullo a Leibniz,* Milano–Napoli 1970; Ders., *Aspetti della rivoluzione scientifica,* Napoli 1970 (der Band enthält eine Studie über »Lingue artificiali, classificazioni, nomenclature«). Vgl. auch M. David, *Le débat sur les écritures et l'hiéroglyphe aux XVIIe et XVIIIe siècles,* Paris 1965 und Anm. 38 und 53 dieses Kapitels.

[38] Bis wir eine Studie über dieses Thema veröffentlichen können (vgl. vorläufig S. Moravia, »Logica e psicologia nel pensiero di Destutt de Tracy«, in: *Rivista critica di storia della filosofia,* Bd. 19, 1964, S. 189–90), vgl. G. Harnois, *Les théories du langage en France de 1660 à 1821,* Paris o. J.; und L. Rosiello, *Linguistica illuminista,* Bologna 1967 (mit vielen bibliographischen Angaben). Genauer gehen die folgenden Werke auf einige Themen ein: H. B. Acton, »The Philosophy of Language in Revolutionary France«, in: *Proceedings of the British Academy,* 1959, S. 199–219, und J. Knowlson, »The Idea of Gesture as a Universal Language«, in: *Journal of the History of Ideas,* 1965, S. 495–508. Vgl. auch die Nummer 82 der *Revue Internationale de Philosophie* (Bd. 21, 1967, Heft 4), die sich mit *La philosophie du langage. Les précurseurs au XVIIIe siècle* befaßt.

[39] Vgl. Jauffret, *Des différents genres d'écritures,* a. a. O., Bd. 19, 1909, S. 241.

[40] Vgl. J. M. Degérando, *Des Signes, et de l'art de penser considérés dans leurs rapports mutuels,* Paris Jahr VIII, 4 Bde.

[41] Vgl. Jauffret, *Des différents genres d'écriture,* a. a. O., S. 241.

[42] Ebd.

[43] Ebd., S. 241.

[44] Ebd., S. 242.

[45] Ebd.

[46] Ebd., S. 243.

[47] Ebd.

[48] Ebd., S. 244.

[49] Ebd.

[50] Ebd., Bd. 20, 1910, S. 355.

[51] Ebd.

[52] Ebd., S. 353.

[53] Ebd. Zu der komplexen und fesselnden Debatte des 17. und 18. Jahrhunderts über die Hieroglyphen vgl. außer Davids zitiertem Aufsatz E. Iversen, *The Myth of Egypt and its Hieroglyphs in European Tradition,* Kopenhagen 1961; und P. Rossi, »La religione dei geroglifici e le origini della scrittura«, in: *Le sterminate antichità. Studi vichiani,* Pisa 1969.

[54] Jauffret, *Des différents genres d'écritures,* a. a. O., S. 354–55.

[55] Ebd., S. 418–19.

[56] Ebd., S. 417.

[57] Ebd., S. 387.

[58] Ebd., S. 387–88 und S. 420.

[59] Ebd., Bd. 21, 1911, S. 154.

[60] Ebd., S. 155.

[61] Ebd., S. 194–96.

[62] Die letzten Jahre seines Lebens waren nicht so reich an Erfolgen wie die Jahre um die Jahrhundertwende. Nachdem er wegen finanzieller Schwierigkeiten Paris verlassen hatte, beschäftigte er sich weiterhin, als Lehrer und als Schulleiter an verschiedenen Orten, mit Erziehungs- und Schulproblemen. Schließlich übersiedelte er nach Marseille, wo er bis zu seinem Tod blieb. Dort organisierte er Vorlesungen zur Ethnologie, wurde Leiter der Städtischen Bibliothek und schrieb wieder mehrere didaktische Werke und Jugendbücher, die wir hier nicht zu erwähnen brauchen. Im ganzen gesehen aber war er nicht glücklich, wie aus seinen Briefen deutlich hervorgeht (vgl. Jauffret, *Correspondance inédite de L. F. J.,* hrsg. von R.-M. Reboul, Draguignan 1874). Er starb im Jahre 1850.

8. Die Aktivität der »Société des Observateurs de l'homme«

[1] Eine Analyse des intellektuellen und politischen Widerstandes der »idéologues« gegen Napoleons Herrschaft findet sich in S. Moravia, *Il Tramonto dell'Illuminismo,* a. a. O., Kap. V.

[2] Dieser Brief wurde von G. Hervé gefunden und veröffentlicht in »Le premier programme de l'Anthropologie«, a. a. O., S. 521 b.

[3] Vgl. Hervé, »Les premiers cours d'Anthropologie«, a. a. O., S. 257.

[4] Über die letzte Zeit der »Société des Observateurs de l'homme« vgl. P. Broca, *Histoire des progrès des études anthropologiques depuis la fondation de la So-*

ciété..., a. a. O., S. CVII ff.; Bouteiller, »La Société des Observateurs de l'homme...«, a. a. O., S. 463–64 (Kap. 6, Anm. 1).

[5] Zu diesen wiederholten Versuchen vgl. Hervé, »Le premier programme de l'Anthropologie«, a. a. O., S. 521.

[6] Vgl. dazu das Zeugnis des Sekretärs der »Société d'Anthropologie de Paris«, Henri Vallois, in Stocking, a. a. O., S. 134, Anm. 1.

[7] Vgl. Jauffret, *Einführung...*, a. a. O., S. 214.

[8] Ebd. Im Laufe seiner Studien sammelte Jauffret verschiedenes ethnographisch interessantes Material. In Marseille versuchte er dann, in der dortigen Bibliothek eine ethnographische Sammlung aufzubauen. In einem Brief vom 17. Dezember 1835 schreibt er einem Freund mit Hinweis auf das Material, das aus der Sammlung eines Kaufmanns aus Marseille stammte: »Diese Gegenstände werden die Grundlage eines *Ethnographischen Kabinetts* bilden, dessen Sammlung in einer so günstig gelegenen Stadt wie Marseille rasch vergrößert werden kann. Alle ethnographischen Gegenstände, die das Marseiller Kabinett gegenwärtig besitzt, unterscheiden sich völlig von meiner persönlichen Sammlung, die ich seit langem besitze, und von der ich Euch eine ausführliche Beschreibung zu schicken mir erlauben werde, denn seit ich Bibliothekar dieser Stadt bin, habe ich es mir untersagt, sie zu erweitern. Von den kostbaren Gegenständen, die mir selbst gehören, erwähne ich ein Idol der Menschenfresser aus Neuseeland, grob geschnitzte Ruder der Eingeborenen der Sandwich-Inseln, die Tasse, in der sie Kava anbieten, Stoffstücke aus den Rinden gefällter Bäume, die verschiedenen Bewohnern der Südseeinseln als Kleider dienen und die Schleuder der Patagonier«. Dieses interessante Dokument findet sich in Jauffret, *Correspondance,* a. a. O., S. 68–69.

[9] Vgl. weiter unten, S. 133 ff.

[10] Vgl. C. F. de Volney, *Les Ruines, ou Méditation sur les Révolutions des Empires,* in: *Œuvres complètes,* Paris 1860, S. 36a–b.

[11] Ebd., S. 36b.

[12] Diese Stelle fehlt in der zitierten Ausgabe. Vgl. deshalb *Les Ruines,* Paris 1798 (die 2. Auflage der 1791 erstmals veröffentlichten Schrift). Im Zusammenhang mit den Plänen der »Observateurs«, ethnoanthropologische Museen zu gründen, müssen wir erwähnen, daß Georges Hervé in einem Aufsatz von 1909 behauptete, es existiere ein von Jauffret geschriebenes *Mémoire sur l'établissement d'un Muséum anthropologique,* und sogar die wichtigsten bibliographischen Angaben beifügte: Paris, de l'imp[rimerie] de Gillé, s. d. [1803], in Quartformat; vgl. G. H., »Le premier programme...«, a. a. O., S. 252, Anm. 2. Dieses *Mémoire* wurde später von Bouteiller erwähnt (a. a. O., S. 452, Anm. 7).

[13] Vgl. *Magasin Encyclopédique,* 1800, Bd. II, S. 111, 531–35; *Décade Philosophique,* 30. Therm. Jahr VII, Bd. 26, S. 368–70; zu den Zwergen vgl. *Moniteur,* 4. Flor. Jahr X.

[14] Vgl. *Moniteur,* 2. Niv. und 4. Flor Jahr X.

[15] Vgl. *Magasin Encyclopédique,* 1801, Bd. IV, S. 540–45; *Moniteur,* 2. Niv. Jahr X.

[16] Vgl. *Décade Philosophique,* 30. Therm. Jahr VIII, Bd. 26, S. 368–69.

[17] Vgl. Jauffret, *Einführung...*, a. a. O., S. 215.

[18] Ein interessantes von Reboul veröffentlichtes handschriftliches Schema mit dem Titel »Sur l'étude de l'homme« zeigt uns jedenfalls, wie Jauffret die ideale Methode der Erforschung des Menschen konzipierte und welche Bedeutung er einer bestimmten Art von Experimenten beimaß: »1. Warum kennen wir die Natur des Menschen so wenig? 2. Um den Menschen zu erkennen, müssen wir auf seine *Herkunft* und Natur zurückgehen. 3. Der Wilde ist nicht der Naturmensch. 4. Was haben die bisher unternommenen Versuche, den Naturmenschen zu erkennen, erreicht? 5. Ein Experiment über den Naturmenschen ist möglich. 6. Zahlreiche Philosophen haben uns die Vorzüge eines solchen Experimentes dargelegt. 7. Eigenschaften, die man besitzen muß, um ein Experiment über den Naturmenschen erfolgreich durchzuführen. 8. In welchem Alter müssen die Kinder, die beobachtet werden sollen, von der Gesellschaft getrennt werden? 9. Werden die Naturkinder sich eine Sprache bilden? 10. Wie gut oder böse kommt der Mensch zur Welt? 11. Beobachtungen, die über den Ursprung der Ideen angestellt werden müssen. 12. Antwort auf einige Einwände. Verschiedenheiten des Geistes und Charakters. 13. Die Naturkinder werden manchmal Schreie hören. 14. Wie werden die Naturkinder ernährt und gekleidet? 15. In welchem Maße muß die Voreingenommenheit des Beobachters berücksichtigt werden? 16. Die Naturkinder können erkranken; sie können sterben. 17. Über eine Äußerung Rousseaus zum Experiment über den Naturmenschen. 18. Ein Experiment über den Naturmenschen verdient von einer aufgeklärten Regierung gefördert zu werden. 19. Die Ergebnisse eines derartigen Experiments können nicht gleichgültig sein. 20. Auch wenn es keine Ergebnisse bringen würde, wäre das nützlich. 21. Das Los der Naturkinder wird durch dieses Experiment nicht gefährdet, sondern allenfalls verbessert. 22. Aufgeklärte Männer müssen den Beobachter ermutigen und in Verbindung mit ihm bleiben« (vgl. Reboul, a. a. O., S. 118–19).

9. Tchong-A-Sam, ein Chinese in Paris

[1] Zu der ganzen Angelegenheit vgl. Hervé, »Le chinois Tchong-A-Sam à Paris. Notes et rapport inédits de L. F. Jauffret et de Le Blond à la Société des Observateurs de l'homme«, in: *Bulletins et Mémoires de la Société d'Anthropologie de Paris,* 5. Folge, Bd. 10, 1909, S. 171–79.

[2] Vgl. A. Rémusat, *Nouveaux mélanges asiatiques,* Paris 1829, Bd. I, S. 258. Dieses Werk enthält ein sehr interessantes Kapitel »Sur les Chinois qui sont venus en France«. Hier müssen wir ferner das wichtige Werk von V. Pinot, *La Chine et la formation de l'esprit philosophique en France (1640–1740),* Paris 1932, erwähnen.

[3] Vgl. Ch. Secondat de Montesquieu, *Geographica,* in: *Œuvres complètes,* hrsg. von A. Masson, Paris 1950, Bd. II, S. 927–43. Es ist bedauerlich, daß wir nicht weiter auf die ethnologischen Interessen und Reflexionen Montesquieus eingehen können. Es handelt sich um ein faszinierendes und trotz einiger durchaus bemerkenswerter Studien noch nicht genügend erforschtes Thema. Vgl. vorläufig G. Hervé, »Montesquieu. L'ethnographie dans l'Esprit des Lois. La théorie des

climats«, in: *Revue de l'École d'Anthropologie de Paris,* Bd. 17, 1907, S. 337–53; F. Weil, »Introduction à Geographica«, in Montesquieu, *Œuvres* ..., a. a. O., Bd. II, S. LXXVII–LXXXIX; A. Masson, »Un Chinois inspirateur des Lettres Persanes«, in: *Revue des Deux Mondes,* 15. Mai 1951. Vgl. schließlich auch das wertvolle Buch von C. Rosso, *Montesquieu moralista. Dalle leggi al bonheur,* Pisa 1965, S. 99, 146–47 und passim; für die französische Ausgabe sind einige Gedanken, die mit der Ethnographie oder zumindest mit dem Menschen und der Wissenschaft vom Menschen zusammenhängen, noch weiter ausgeführt worden; vgl. Ders., *Montesquieu moraliste, Des lois au bonheur,* Bordeaux 1971.

[4] Vgl. Hervé, »Le Chinois Tchong-A-Sam ...«, a. a. O., S. 179.

[5] Vgl. A. R. J. Turgot, *Questions sur la Chine et les Chinois* (1776), in: *Œuvres,* hrsg. von Schelle, Paris 1914, Bd. II; S. 523–33.

[6] Vgl. *Magasin Encyclopédique,* 1800, Bd. III, S. 100–102.

[7] Vgl. dazu G. Hervé, »Aotourou, ou le Taitien à Paris«, in: *Revue Anthropologique«,* Bd. 24, 1914, S. 209–19.

[8] Vgl. L. A. Bougainville, *Voyage autour du monde, par la frégate du Roi la »Boudeuse« et la flute l' »Etoile« en 1766, 1767, 1768 et 1769,* Paris 1771, Bd. I, S. 224.

[9] Ebd., S. 225.

[10] Vgl. F. Péron, *Voyage de découvertes aux Terres Australes ... pendant les années 1800, 1801, 1802, 1803 et 1804,* Paris 1807, Bd. I, S. 11 (in der 2., 1824 veröffentlichten Auflage, die wir weiter unten benutzen, wurde der Hinweis auf den Chinesen getilgt).

[11] Vgl. Hervé, »Le Chinois Tchong-A-Sam...«, S. 173.

[12] Vgl. J. J. Virey, *Histoire naturelle du genre humain,* Paris Jahr IX, Bd. I, S. 148.

[13] Vgl. Hervé, »Le Chinois Tchong-A-Sam...«, a. a. O., S. 173.

[14] Vgl. Le Blond, *Rapport sur le jeune Chinois qui est actuellement à Paris,* in Hervé, »Le Chinois Tchong-A-Sam ...«, a. a. O., S. 174–79.

[15] Ebd., S. 177.

10. Victor, der »Wilde von Aveyron«

[1] Vgl. die Notiz im *Journal des Débats,* 5. pluv. Jahr VIII. Die neueste Schilderung dieser außergewöhnlichen Geschichte gibt L. Malson, *Les enfants sauvages,* Paris 1964 (die deutsche Übersetzung dieses Werks haben wir in Anm. 6 unseres Vorworts angeführt), doch interessiert sich der Autor mehr für die zeitgenössischen wissenschaftlichen Implikationen der Frage als daß er ein philosophisch-kulturgeschichtliches Bild der Debatte rekonstruierte, die sich in den Jahren um 1800 an dem »Fall« entzündete.

[2] Dieses Zeugnis findet sich in G. Hervé, »Le sauvage de l'Aveyron devant les Observateurs de l'homme (avec le Rapport retrouvé de Philippe Pinel)«, in: *Revue Anthropologique,* Bd. 21, 1911, S. 383–84.

[3] Vgl. P. J. Bonnaterre, *Notice historique sur le Sauvage de l'Aveyron et sur quelques autres individus qu'on a trouvés dans les forêts, à différentes époques,*

Paris Jahr VIII. Bonnaterre verfaßte mehrere naturwissenschaftliche Schriften und war Mitarbeiter der *Encyclopédie Méthodique.*

[4] Vgl. Linné, *Systema Naturae,* 12. Aufl., Leipzig 1788, Bd. I, S. 21–22.

[5] Über all diese Fälle unterrichtet Malson, a. a. O.; vgl. ferner F. Tinland, *L'homme sauvage ...,* a. a. O. Beide Werke enthalten eine reiche Bibliographie.

[6] Vgl. die minuziöse psycho-physische Beschreibung, in Bonnaterres *Notice* (a. a. O., S. 31 ff.).

[7] Ebd., S. 42–43 und 50.

[8] Den Brief hat zuerst Reboul veröffentlicht, a. a. O., S. 128, und später Hervé, »Le sauvage de l'Aveyron ...«, a. a. O., S. 383.

[9] Vgl. An., »Réflexions sur le Sauvage de l'Aveyron, et sur ce qu'on appelle en général, par rapport à l'homme, l'état de nature«, *Décade Philosophique,* 10. vend. Jahr IX, Bd. 27, S. 9.

[10] Dazu, daß die Hauptstadt nach kaum einem Jahr das Interesse an dem »Wilden« verlor, vgl. die kritischen Bemerkungen eines anonymen Briefes, der in der *Décade Philosophique* (30. Therm. Jahr IX, Bd. 30, S. 312) veröffentlicht wurde.

[11] Nicht nur führte er seine Studien weiter, die mit seinen Erfahrungen mit dem »Wilden von Aveyron« in Zusammenhang standen, sondern er wurde auch ein bedeutender Spezialist für Ohrenkrankheiten. Vgl. J. Itard, *Traité des maladies de l'oreille et de l'audition,* 1842, 2 Bde. Zu Itard vgl. A. Bousquet, *Eloge historique d'Itard,* in: *Rapports et Mémoires sur le sauvage de l'Aveyron,* Paris 1894; und natürlich Malson, a. a. O., passim, wo weitere Werke über den Gelehrten angeführt sind.

11. »Philosophie« gegen »Wildheit« in Jean Itards »Mémoire«

[1] Vgl. Itard, *Mémoire sur les premiers développemens du sauvage de l'Aveyron,* Paris 1801. Dieses und das zweite, von Itard 1807 veröffentlichte *Mémoire* findet sich im Anhang zu Malson, a. a. O. (S. 125 ff.). Vor ihrer Wiederveröffentlichung durch Malson waren sie in einem Nachdruck zugänglich: *Rapports et Mémoires sur le Sauvage de l'Aveyron.* Auf die beiden deutschen Übersetzungen haben wir in Anm. 6 unseres Vorwortes verwiesen.

[2] Vgl. Bousquet, *Éloge historique d'Itard,* a. a. O., Sehr viel schärfer, doch historisch nicht sehr fundiert ist die Kritik von O. Mannoni, »Itard et son sauvage«, in: *Les Temps Modernes,* Bd. XXI, Okt. 1965, S. 647–63 (der Aufsatz wurde in die deutsche Übersetzung des Werkes von Malson aufgenommen, vgl. Malson, *Die wilden Kinder,* a. a. O., S. 221–45).

[3] Itard, *Mémoire ...,* a. a. O., S. 137.

[4] Ebd., S. 137–38.

[5] Ebd., S. 142.

[6] Ebd., S. 145.

[7] Ebd., S. 149.

[8] Ebd., S. 151–53.

[9] Ebd., S. 154.

[10] Ebd., S. 162–64.

[11] Ebd., S. 170.
[12] Ebd., S. 165.
[13] Ebd., S. 183–84.
[14] Ebd., S. 184.
[15] Ebd., S. 185.
[16] Ebd., S. 134.
[17] Ebd., S. 185–86.
[18] Ebd., S. 186.

12. Der »Wilde«, der »Naturmensch«, der »gesellige Mensch«

[1] Vgl. Anonym, »Réflexions sur le Sauvage de l'Aveyron, et sur ce qu'on appelle en général, par rapport à l'homme, l'état de nature«, in: *Décade Philosophique*, 10. vendemière, Jahr IX, Bd. 27, S. 8–18.
[2] Ebd., S. 9.
[3] Ebd. Auch Degérando lehnte es ab, die »Wildkinder« als Wilde zu betrachten.
[4] Ebd., S. 10.
[5] Ebd., S. 11–12.
[6] Ebd., S. 12–14.
[7] Ebd., S. 13.
[8] Ebd.
[9] Ebd., S. 1–14.
[10] Ebd., S. 15.
[11] Vgl. dazu unten, S. 186 ff.
[12] »Réflexions ...«, a. a. O., S. 17.
[13] Ebd.
[14] Ebd., S. 18. Zu den Erörterungen und Begriffen des »Wilden«, des »Naturmenschen«, etc., siehe die Hinweise bei F. Tinland, *L'homme sauvage ...*, a. a. O., passim.

13. Der Primat des »Physischen« bei Pinel

[1] Vgl. Hervé, »Le Sauvage de l'Aveyron...«, a. a. O., S. 386.
[2] Ebd.
[3] Ebd., S. 388–89.
[4] Pinels Text wurde von G. Hervé in der Fortsetzung seines Aufsatzes »Le Sauvage de l'Aveyron ...«, a. a. O., S. 441–54, wieder veröffentlicht.
[5] Ebd., S. 442–43.
[6] Ebd., S. 444.
[7] Ebd., S. 445.
[8] Ebd., S. 449 ff.
[9] Ebd., S. 452–53. Ganz ähnlich urteilte einige Jahre vorher ein späterer »Obser-

vateur de l'homme«, Louis Millin: «Es wurde oft von Menschen erzählt, die zu verschiedenen Zeiten in den Wäldern Europas gefunden wurden, wohin sie sich verirrt hatten. Diese angeblichen Wilden waren fast alle von Geburt an Taubstumme, die von ihren Eltern ausgesetzt worden waren, oder es waren Betrüger«. L. Millin, *Élémens d'Histoire Naturelle,* Paris [2]1797, S. 212.

[10] G. Hervé, »Le Sauvage de l'Aveyron ...«, S. 453.

14. Kontroversen und Debatten über den »Wilden von Aveyron«

[1] Vgl. hierzu Hervé, »Le Sauvage de l'Aveyron...«, a. a. O., S. 389.

[2] Ebd., S. 390.

[3] Vgl. Itard, *Mémoire ...,* a. a. O., S. 187.

[4] Ebd., S. 187–88.

[5] Ebd., S. 188.

[6] Vgl. dazu die wichtige Einführung von L. Malson, a. a. O., passim; ferner auch Tinland, a. a. O., S. 71–77.

[7] Vgl. *Décade Philosophique,* 30. Thermidor, Jahr IX, Bd. 30, S. 312.

[8] Vgl. Virey, *Discours sur un jeune Enfant trouvé dans les forêts du département de l'Aveyron, comparé aux sauvages trouvés en Europe à diverses époques, avec des remarques sur l'état primitif de l'homme,* in: *De l'unité du genre humain,* a. a. O., Bd. II, S. 295–96.

[9] »Der Naturmensch – schreibt Virey in diesem Zusammenhang – lebt ganz in seinen Empfindungen und überhaupt nicht in Reflexionen. Je mehr man von Empfindungen in Anspruch genommen wird, desto weniger Zeit hat man zum Nachdenken und desto näher ist man der Natur, wie die meisten wilden Völker und die meisten Neger« (ebd., S. 327).

[10] Ebd., S. 347.

[11] Ebd., S. 325.

[12] Ebd., S. 348–49.

15. Itards zweites »Mémoire«

[1] Alph. Leroy, »Réflexions sur le rapport fait au Ministère de l'Intérieur sur le Sauvage de l'Aveyron, avec des observations sur les causes et le méchanisme de l'intelligence, ou Lettre à M. Itard ... au sujet de ce même Rapport«, in: *Revue Philosophique,* Bd. 52, 21. März 1807, S. 518.

[2] Zu seinen Schriften, in denen er vor allem die Probleme der Entbindung, der Pädiatrie und der Impfung behandelte, gehört auch ein kleines Werk mit dem Titel *De la Nature et de l'Homme, plan raisonné de matière médicale,* Paris 1785.

[3] So gibt er an erster Stelle den Hinweis auf »die Methode, um die Sinne, die Empfindungen, den Intellekt und die Leidenschaften zu vervollkommnen«. »Es ist leicht verständlich – fügt er hinzu –, welch großes Glück in der Gesellschaft durch eine sichere und physische Kunst, von Kindheit an die Vernunft und die

Urteilskraft auszubilden und zu vervollkommnen, verbreitet würde, und wie nützlich die Leidenschaften dadurch für die gesellschaftliche Harmonie wären, da ja die Vollkommenheit der Natur die Vollkommenheit der Harmonie ist.« Leroy, »Réflexions...«, a. a. O., S. 522–23.

[4] Itard, *Rapport sur les nouveaux developpemens de Victor de l'Aveyron,* in: Malson, a. a. O., S. 207.

[5] Zu der wichtigen Thematik der Entfaltung der »intellektuellen Funktionen«, die gerade mit den Zeichen beginnt, vgl. ebd., S. 207 ff.

[6] Ebd., S. 226 ff.

[7] Ebd., S. 223–25.

[8] Ebd., S. 220.

[9] Die Schilderung, welche Untersuchungen und welche Anstrengungen auf die Entfaltung der »affektiven Fähigkeiten« verwandt wurden, muß ganz gelesen werden. Vgl. ebd., S. 230 ff. Über das Gefühl für Gerechtigkeit und Ungerechtigkeit vgl. S. 238–42.

[10] Ebd., S. 234–35.

[11] Ebd., S. 241–44.

[12] Ebd., S. 244.

[13] Vgl. Hervé, »Le Sauvage de l'Aveyron ...«, a. a. O., S. 398.

[14] Vgl. *Rapports et mémoires sur le sauvage de l'Aveyron, l'idiotie et la surdimutité par Itard. Avec une appréciation de ces rapports par Delasiauve. Préface par Bourneville. Éloge d'Itard par Bousquet,* Paris 1894.

[15] M. Montessori, *Il metodo della pedagogia scientifica,* Città di Castello 1909, S. 141 ff.

Zweiter Teil: Ethnologie

1. Die Entstehung der Ethnologie im 18. Jahrhundert

[1] Vgl. Jauffret, *Einführung...,* a. a. O., S. 212.

[2] Die wichtigsten Darstellungen der Geschichte der Ethnoanthropologie, die in unserem Zusammenhang herangezogen werden können, sind: A. C. Haddon, *A History of Anthropology,* London 1910 und ²1949; T. J. Pennimann, *A Hundred Years of Anthropology,* London 1935 und ³1965; R. H. Lowie, *A History of Ethnological Theory,* New York 1937 und ⁸1960; U. Bianchi, *Storia dell'etnologia,* Roma 1965; P. Mercier, *Histoire de l'Anthropologie,* Paris 1966. Keine der Darstellungen ist wirklich befriedigend. J. Poirier hat ein neues Werk zu diesem Thema angekündigt; eine eindrucksvolle Skizze ist seine »Histoire de la pensée éthnologique« in der *Encyclopédie de la Pléiade: Ethnologie générale,* hrsg. von J. Poirier, Paris 1968, S. 3–179. Durch ihre zahlreichen Hinweise sind auch die Arbeiten von G. Cocchiara von Nutzen, vor allem: *L'eterno selvaggio. Presenza e influsso del mondo primitivo nella cultura moderna,* Milano 1961.

[3] Zur ethnoanthropologischen Bedeutung der Reiseberichte vgl. P. Martino,

L'Orient dans la littérature française au XVIIe et XVIIIe siècle, Paris 1906; G. Chinard, *L'Amérique et le rêve exotique dans la littérature française au XVIIe et XVIIIe siècle,* Paris 1913; G. Atkinson, *Les relations de voyage du XVIIe siècle et l'evolution des idées. Contribution à l'étude de la formation de l'esprit philosophique du XVIIIe siècle,* Paris o. J. [1924]; V. Pinot, *La Chine et la formation de l'esprit philosophique en France (1640–1740),* Paris 1932; Ch. A. Julien, *Les voyages de découverte et les premiers établissements,* Paris 1948; J. H. Kennedy, *Jesuit and Savage in New-France,* New Haven 1950; ferner auch die Hinweise, die der in der folgenden Anmerkung zitierte Aufsatz gibt.

[4] Vgl. dazu die fundierte und zu Recht kritische Untersuchung der Historiographie über den Mythos des Guten Wilden; F. Gliozzi, »Il ›Mito del Buon Selvaggio‹ nella storiografia tra Otto e Novecento«, in: *Rivista di Filosofia,* Bd. 58, 1967, S. 288–335. Interessante Bemerkungen zum gleichen Thema finden sich auch in R. Hubert, *Les sciences sociales dans l'Encyclopédie,* Paris 1923, S. 80 ff.

[5] Vgl. De La Crequinière, *Conformité des coûtumes des Indiens orientaux, avec celles des Juifs et des autres peuples de l'antiquité,* Bruxelles 1704. Zu De La Crequinière siehe den Aufsatz von P. Alphandéry in: *Revue de l'Histoire des Religions,* Bd. 87, 1923, S. 294 ff.

[6] Vgl. De La Crequinière, a. a. O., S. IV (die Seiten der »Idée générale de l'ouvrage« sind in Wirklichkeit nicht numeriert.)

[7] Zur Entstehung und Entwicklung der Ethnologie im 18. Jahrhundert vgl., außer den Bemerkungen bei Gusdorf, *Introduction aux sciences humaines,* a. a. O., auch Hervé, »Les débuts de l'ethnographie au XVIIIe siècle (1701–1765)«, in: *Revue de l'École d'Anthropologie de Paris,* Bd. 19, 1909, S. 345–66 und 381–401; A. van Gennep, »La méthode éthnographique en France au XVIIIe siècle«, in: *Revue d'Histoire des Religions,* Bd. 67, 1913, S. 320–28 und Bd. 68, S. 32–61, dann überarbeitet und erweitert in *Religion, mœurs, légendes,* 5. Folge, Paris 1914, S. 93–215; Ders., »Nouvelles recherches sur l'histoire en France de la méthode ethnographique«, in: *Revue d'Histoire des Religions,* Bd. 82, 1920, S. 139–62; ferner Hubert, *Les sciences sociales ...,* a. a. O. Für weitere Hinweise siehe den erwähnten Aufsatz von Gliozzi und einige unserer folgenden Anmerkungen. Folgende Abhandlung konnten wir nicht heranziehen: V. K. Sokolova, »Problemy etnografi i narodnoyo tvorcestva v. poslednej treti XVIIIv.« (Probleme der Ethnographie und der Folklore im letzten Drittel des 18. Jhdts.) in: *Trudy Inst. Etnogr. im N. N. Mikluho Maklaja,* Bd. 30, 1956, S. 136–71.

[8] Diese Thematik der ethnoanthropologischen »Distanz«, die sich auch bei Voltaire und Montesquieu findet, wurde in der zweiten Hälfte des Jahrhunderts zugespitzt. Wir könnten z. B. Condorcet zitieren, der den Menschen und die Wissenschaft vom Menschen stets »objektiviert-distanziert« behandelte, indem er systematisch mathematische Instrumente benutzte (vgl. dazu G. G. Granger, *La mathématique sociale du Marquis de Condorcet,* Paris 1956; und S. Moravia, *La scienza della società in Francia alla fine del secolo XVIII,* Firenze 1967). Einige Jahre zuvor bezog sich ein anonymer Gelehrter in der Frage, wie man die Menschen am besten untersuchen könne, im Gegensatz zu Condorcet, auch auf ferne und wilde Völker und betonte dabei die Notwendigkeit, von »all den willkürlichen und nutzlosen Definitionen« abzusehen und die Menschheit so zu

untersuchen, wie sie »gleich allen übrigen Lebewesen aus den Händen der Natur hervorgegangen« sei. Einzig »wenn man sich an die Stelle des von mir angenommenen Betrachters versetzt«, schließt der anonyme Autor auf äußerst moderne Weise, ist eine »philosophische Geschichte des Menschen« möglich. An., *Histoire philosophique de l'homme,* Londres 1766, S. 54–55.

[9] Zu Fontenelle als Erforscher primitiver Mythen und Fabeln vgl. die (an sich viel weiter zu führenden) Bemerkungen von J. R. Carré, *La philosophie de Fontenelle, ou le sourire de la raison,* Paris 1932, Kap. IV. Außerdem A. Pizzorusso, *Il ventaglio e il compasso. Fontenelle e le sue teorie letterarie,* Napoli 1967, Kap. III.

[10] Vgl. Fontenelle, *De l'origine des fables.* Diesen kurzen, aber grundlegenden Text hat Carré kritisch ediert (Paris 1932). Wir zitieren nach den *Œuvres,* Paris 1825, wo die beiden zitierten Stellen in Band IV, S. 310 zu finden sind. An der Frage der Datierung dieses Textes, und zwar auch im Verhältnis zu der anderen, nicht weniger wichtigen Schrift *Sur l'histoire* entzündete sich jüngst eine Diskussion: während Carré dazu neigte, die Endfassung des Textes um 1724 zu datieren, neigt man heute dazu, ihn viel früher als *Sur l'histoire* anzusetzen. Vgl. dazu Pizzorusso, a. a. O., S. 100, Anm.; J. Dagen, »Pour une histoire de la pensée de Fontenelle«, in: *Revue d'Histoire Litt. de la France,* Okt.–Dez. 1966, S. 619 ff. und Dagens Diskussion mit Al. Niderst in der gleichen Zeitschrift, Anfang 1968 (S. 153 ff.). Ich danke Herrn Prof. Pizzorusso für diese Hinweise.

[11] Fontenelle ging von einer ganz bestimmten Hypothese über die Entstehung der Fabeln aus und behauptete, er sei imstande, »eine überraschende Übereinstimmung zwischen den Fabeln der Amerikaner und denen der Griechen« nachweisen zu können: »Die Amerikaner schickten die Seelen derer, die lasterhaft gelebt hatten, an gewisse schmutzige und unangenehme Orte, wie die Griechen sie an die Ufer der Flüsse Styx und Acheron versetzten... Der peruanischen Tradition zufolge fand der Inka Manco Guyma Capac, der Sohn der Sonne, dank seiner Beredsamkeit einen Weg, um die Landesbewohner, die sich nach Art der Tiere vereinten, aus den tiefsten Wäldern hervorzulocken, und brachte sie dazu, unter vernünftigen Gesetzen zu leben. Das Gleiche tat Orpheus für die Griechen, und auch er war ein Sohn der Sonne: das beweist – schließt Fontenelle –, daß die Griechen eine gewisse Zeit lang ebenso wild waren wie die Amerikaner, die mit den gleichen Mitteln der Barbarei entrissen wurden, und daß die Vorstellungen dieser voneinander so entfernten Völker darin übereinstimmen, daß sie die Menschen, die über außergewöhnliche Fähigkeiten verfügten, für Söhne der Sonne hielten...« (Fontenelle, *De l'origine des fables,* a. a. O., S. 305–306).

[12] Über den Wert der kleinen Schrift vgl. Carré, a. a. O., S. 138–39. Es ist bedauerlich, daß wir hier zu wenig Platz haben, um die Schrift *Sur l'histoire* zu behandeln, aus der eindeutig hervorgeht, daß Fontenelle dazu tendierte, die Geschichte nicht so sehr als eine Folge von Invasionen und Eroberungen zu betrachten, sondern als einen Akt des Begreifens der »wirklichen Charaktere der Völker«. Vgl. dazu Pizzorusso, a. a. O., S. 98–99. Wer diese Thematik systematisch untersuchen möchte, müßte natürlich auch Vico heranziehen. Seine Studien über die Anfänge der Menschheit haben zweifellos die philosophische und theologische Bedeutung, auf die Paolo Rossi kürzlich in einer wichtigen

Abhandlung aufmerksam gemacht hat (vgl. »Le sterminate antichità«, a. a. O., Kap. III). Ebenso steht aber außer Zweifel, daß seine Studien, viel mehr als bisher angenommen wurde, auch zur Ethnosoziologie des Primitiven, des Heiligen und des Mythischen gehören, wie sie sich in der ersten Hälfte des 18. Jahrhunderts abzeichnete. Es ist kein Zufall, daß die jüngsten internationalen Beiträge zu Vico anläßlich seines dreihundertsten Geburtstages bei einigen Kulturanthropologen lebhaftes Interesse gerade in der eben aufgezeigten Richtung hervorgerufen haben. Es genüge hier der Hinweis auf die Aufsätze von D. Bidney, »Vico's New Science of Myth« und von E. Leach, »Vico and Lévi-Strauss on the Origins of Humanity«, beide in G. Tagliacozzo (Hrsg.), *Giambattista Vico. An International Symposium,* Baltimore 1969. Wenn diese Forschungsrichtung auf der Ebene der Ideengeschichte sinnvoll weiterverfolgt wird, könnte sie Vico in der geistigen Problematik seiner Zeit eine neue und nicht mehr konservative Position zuweisen.

[13] Vgl. J.-F. Lafitau, *Mœurs des sauvages amériquains comparées aux mœurs des premiers temps,* Paris 1724, Bd. I, S. 3. Zu diesem wichtigen Werk: K. Kaspar, *Indianer und Urvölker nach Jos. Fr. Lafitau, 1681–1746,* Freiburg 1943. Über Lafitau spricht auch F. Meinecke in *Die Entstehung des Historismus,* 1. Bd., München und Berlin 1936, S. 74–76.

[14] Vgl. Ch. de Brosses, *Des Dieux Fétiches, ou Parallèle de l'ancienne religion de l'Egypte avec la religion actuelle de Nigritie,* Paris 1760, S. 7–8. Über De Brosses vgl. W. Schmidt, *Handbuch der vergleichenden Religionsgeschichte,* Münster 1930.

[15] Ch. De Brosses, a. a. O., S. 6.

[16] Ebd., S. 17.

[17] Ebd., S. 209 und 285.

[18] Vgl. A. Court de Gébelin, *Le monde primitif comparé avec le monde moderne,* Paris 1773–82, Bd. I, S. 1–2.

[19] Ebd., S. 2.

[20] Ebd., S. 4.

[21] Ebd., S. 7. Auch ein Autor wie N. A. Boulanger gehört in diesen Zusammenhang. Es genügt daran zu denken, wie bewußt dieser Freund Diderots und d'Holbachs die Erforschung der antiken und primitiven Mythen und Riten in die Disziplin eingliederte, die er bedeutsamerweise »allgemeine Geschichte des Menschen in der Gesellschaft« nannte, eine ethnoanthropologische, auf den verborgenen Grund der religiösen Fabeln, der volkstümlichen »Sitten«, der »zu Unrecht verachteten Traditionen« besonders aufmerksame Argumentation, die wohlgemerkt die *ganze* Menschheit, von den elementarsten bis zu den fortgeschrittensten Stadien umfaßte. In der berühmten Schrift *Antiquité devoilée par ses usages* (1766) heißt es: »wieviele Wilde gibt es noch in unseren *aufgeklärtesten* Städten!«. Da wir nicht weiter auf das Werk dieses Ingenieurs und Philosophen eingehen können, der den Menschen und die »Zivilisation« erforschte, verweisen wir auf die bekannte Abhandlung von F. Venturi, *L'antichità svelata e l'idea di progresso in N. A. Boulanger,* Bari 1947, wo Boulanger an mehreren Stellen gerade in der uns hier interessierenden historiographischen Perspektive untersucht wird.

2. Reisen als Wissenschaft und die Wissenschaft vom Menschen

[1] Vgl. dazu die interessanten Hinweise bei Hubert, a. a. O., S. 85 ff. Vgl. auch vom gleichen Autor: »Introduction bibliographique à l'étude des sources de la science ethnographique dans l'Encyclopédie«, in: *Revue d'Hist. de la Philosophie et d'Hist. générale de la Civilisation,* Bd. 1, 1933, S. 160–77 und 331–55.

[2] Vgl. De la Crequinière, a. a. O., S. 239.

[3] Ebd., S. 240.

[4] »Noch nie – schreibt um die Jahrhundertwende ein Verleger von Reisebüchern – wurden so viele Reiseberichte publiziert und gewünscht. Abgesehen davon, daß sie der gewöhnlichen Klasse von Lesern vielfältigen, ebenso lehrreichen wie unterhaltsamen Lesestoff verschaffen, sind sie im übrigen eine ergiebige Quelle, aus der zu allen Zeiten Naturforscher und Geographen, Künstler und Archäologen und schließlich die politischen Schriftsteller und sogar die Moralisten geschöpft haben, um ihre Forschungen durchzuführen oder zu dokumentieren«. Vgl. G. Boucher De la Richarderie, *Bibliothèque universelle des voyages,* Paris 1808, Bd. I, S. V. Das Werk wurde 1798 begonnen.

[5] Vgl. dazu S. Moravia, »Philosophie et géographie à la fin du XVIIIe siècle«, a. a. O. Ein wichtiges, wenn auch allzu ausführliches Werk über die Reisen während der zweiten Jahrhunderthälfte ist J. E. Martin-Allanic, *Bougainville navigateur et les découvertes de son temps,* Paris 1964, 2 Bde.

[6] Vgl. F. A. De la Rouchefoucauld-Liancourt, *Voyage dans les États-Unis d'Amérique,* Paris Jahr VII, Bd. I, S. IX.

[7] Vgl. für die Ideologen Volney, der bereits 1786 in *Voyage en Égypte et en Syrie* mit einer wichtigen theoretisch-kritischen Abhandlung über die geographischen Expeditionen begann, und Roederer (*Œuvres,* Paris 1853–59, Bd. VIII, S. 165); für die »Observateurs« den Forschungsreisenden Levaillant.

[8] Vgl. C. Linné, *Instructio peregrinatoris,* Upsala 1759. Über die »Instructions de voyage« vgl. Moravia, »Philosophie et géographie«, a. a. O., S. 966–73.

[9] Vgl. C. Niebuhr, *Reisebeschreibung nach Arabien und andern umliegenden Ländern,* Kopenhagen 1774–1837, 3 Bde. Eine Teilübersetzung in französischer Sprache erschien 1778–80. Michaelis »Instructions« tragen den Titel *Les voyageurs savants et curieux, ou Tablettes instructives, et guide de ceux que S. M. Danoise a envoyés en Arabie ...,* London 1768.

[10] Vgl. Michaelis, a. a. O., S. 7–9.

[11] Ebd., S. 20.

[12] Besondere Bedeutung wird zum einen den Untersuchungen über die physiopathologischen Bedingungen und die verbreitetsten Krankheiten beigemessen, zum andern den Studien über die sexuellen Sitten und Bräuche.

[13] Vgl. Volney, *Questions de statistique, à l'usage des voyageurs,* Paris 1795; sie finden sich in den *Œuvres complètes,* Paris 1860, S. 748–52.

[14] Ebd., S. 748 b.

[15] Für den spezifischen ethnoanthropologischen Teil vgl. ebd., S. 751–52. Eine sehr scharfsinnige methodologische Äußerung über das richtige Vorgehen bei einer ethnoanthropologischen und geosoziologischen Forschung, die wir leider aus Platzgründen hier nicht wiedergeben können, enthalten die *Leçons d'histoire,*

die Volney damals an der École Normale hielt. Ihr Text wurde wieder veröffentlicht in: *Œuvres,* a. a. O., S. 561–95. Die erwähnte Äußerung befindet sich auf S. 587 a.

[16] »Man bewundert den Aufwand einiger Neugieriger, die unter großen Unkosten mit Gelehrten und Malern Reisen in den Orient machten oder machen ließen, um dort alte Bauwerke zu zeichnen und Inschriften zu entziffern oder zu kopieren, aber ich verstehe kaum, wieso in einem Jahrhundert, in dem man in schönes Wissen seinen Stolz setzt, sich nicht zwei Menschen zusammentun, der eine reich an Geld, der andere an Genie, die beide den Ruhm lieben und nach Unsterblichkeit dürsten, von denen der eine zwanzigtausend Taler seines Reichtums, der andere zehn Jahre seines Lebens opfert für eine ruhmvolle Reise um die Welt. Nicht etwa um immer Steine und Pflanzen, sondern einmal die Menschen und die Sitten zu studieren und nach soviel auf das Ausmessen und Beurteilen der Wohnung verwendeten Jahrhunderten sich endlich einfallen zu lassen, dessen Bewohner kennenzulernen.« J. J. Rousseau, *Über den Ursprung der Ungleichheit unter den Menschen,* in: K. Weigand (Hrsg.), *Schriften zur Kulturkritik,* Hamburg 1955, S. 133.

[17] Voltaire, *Dictionnaire philosophique,* in: *Œuvres complètes,* Paris 1784, Bd. XLI, S. 65–66.

[18] Dies ist das Thema von F. Tinland, *L'Homme sauvage,* a. a. O.; vgl. dort die detaillierte Entfaltung der Problematik und die reichen Belege.

[19] J. B. Delisle de Sales, *De la philosophie de la nature,* London 1777, Bd. IV, S. 276–77.

[20] Jauffret, *Einführung...,* in diesem Band S. 213.

[21] Vgl. Cabanis, *Rapports,* a. a. O., S. 395, und *4. Mémoire,* passim.

[22] Vgl. X. Bichat, *Recherches physiologiques sur la vie et sur la mort,* Paris Jahr VIII, S. 3.

[23] Vgl. *Séances des Ecoles Normales,* a. a. O., Bd. I, S. 65.

[24] Perreau, *Considérations physiques et morales sur la nature de l'homme,* a. a. O., Bd. II, S. 187 f., Anm. 1.

[25] Vgl. F. Levaillant, *Voyage dans l'intérieur de l'Afrique, par le Cap de Bonne Espérance,* Paris 1790 und [2]1819, Einleitung.

3. Zwischen Geographie und Ethnosoziologie: Volneys Lektion

[1] Vgl. Volney, *Voyage en Égypte et en Syrie,* kritische Ausgabe von J. Gaulmier, Paris–La Haye 1959. Über diesen großen Mann aus der Welt der »idéologues«, der die kühnsten Reflexionen über das Schicksal der Zivilisation anstellte (*Les Ruines* 1791), strenge wissenschaftliche Lektionen zur historischen Methodologie erteilte (*Leçons d'histoire prononcées à l'École Normale,* 1795), gelehrte Studien von hohem Niveau über die antike Geschichte und Chronologie und »Enquêtes« zur Anthropogeographie und zur Ethnosoziologie durchführte, wie aus den Berichten über seine Reisen in den Mittleren Orient und nach Amerika hervorgeht, auf die wir hier kurz eingehen, bevor wir das Thema in

unserem Werk über die Philosophie der »idéologues« wieder aufgreifen, und der sowohl theoretisch als praktisch leidenschaftlich an der Revolution teilnahm (vgl. unsere Bemerkungen in *Il Tramonto dell'Illuminismo,* a. a. O., S. 141–42, 163–67, 171–74, etc.), vgl. vor allem J. Gaulmier, *L'idéologue Volney (1757–1820). Contribution à l'étude de l'Orientalisme en France,* Beyrouth 1951. Statt dieser *Thèse,* die selbst in den besten Bibliotheken Frankreichs nur schwer aufzutreiben ist, kann auch folgendes Werk des gleichen Autors herangezogen werden: *Volney. Un grand témoin de la Révolution et de l'Empire,* Paris 1959.

[2] Vgl. Volney, a. a. O., S. 62 ff., und überhaupt das ganze Kapitel über »Verschiedene Rassen der Bewohner Ägyptens«.

[3] Ebd., S. 59.

[4] Ebd., S. 62–63.

[5] Ebd., S. 63.

[6] Ebd., S. 203.

[7] Ebd., S. 205.

[8] Vgl. beispielsweise das Kapitel über »Geographie und Naturgeschichte Syriens«, ebd. S. 159 ff. In den bereits zitierten *Leçons d'histoire* erinnert Volney an seine Reise im Mittleren Orient und betont in unvergleichlicher Weise den einheitlichen und systematischen physisch-moralischen oder geosoziologischen Ansatz seiner Untersuchung: »Da ich gezwungen war, eine Methode zu suchen, um über meine Syrienreise zu berichten, wurde ich gleichsam aus natürlichem Antrieb dazu geführt, zuerst den physischen Zustand des Landes festzustellen, über die von der unseren so verschiedene Situation des Bodens und des Klimas Auskunft zu geben, ohne welche eine Reihe von Sitten, Bräuchen und Gesetzen nicht verstanden werden könnte. Auf dieser Grundlage ordnete sich allmählich wie auf einer Tafel die Erforschung der Bevölkerung, deren verschiedene Arten ich betrachten, auf deren Herkunft ich verweisen und deren Verteilung ich verfolgen mußte. Diese Verteilung führte mich dazu, von der politischen Situation zu sprechen, wobei ich die Regierungsform, die administrative Ordnung, die Quelle der Gesetze, die Instrumente und Mittel ihrer Ausübung in Erwägung zog. Als ich zum Thema der Sitten, des Charakters, der religiösen und bürgerlichen Anschauungen kam, merkte ich, daß auf dem gleichen Boden sowohl Kontraste wie Ähnlichkeiten zwischen den einzelnen Sekten und Rassen herrschten...«, welche er dann im Lichte einer kritischen Überprüfung der Thesen Montesquieus untersuchte. Vgl. Volney, *Leçons d'histoire,* a. a. O., S. 586 a–b.

[9] Ebd., S. 399.

[10] Ebd. Das Kapitel trägt den Titel »Gewohnheiten und Wesenszüge der Bewohner Syriens«.

[11] Ebd., S. 44, 45, 48 etc.

[12] Ebd., S. 111.

[13] »Wir müssen, soweit es nur geht, der Wissenschaft Augen einsetzen«, schrieb 1797 der berühmte Arzt und Chirurg M. A. Petit (*Discours sur la manière d'exercer la bienfaisance dans les hôpitaux,* in: *Essai sur la médecine du cœur,* Paris 1806, S. 163). Derartige Erklärungen und Bemerkungen waren am Ende des Jahrhunderts sehr zahlreich. Über die philosophisch-epistemologische Bedeutung dieser Orientierung in den medizinischen Wissenschaften siehe das scharfsinnige

und suggestive (wenn auch diskutable Buch) von M. Foucault, *Die Geburt der Klinik. Eine Archäologie des ärztlichen Blicks,* München 1973.

[14] Vgl. Volney, *Voyage...,* a. a. O., S. 25–26.

[15] Über diese bereits von Gaulmier dargelegten Entlarvungen vgl. auch Moravia, »Philosophique et géographie...«, a. a. O., S. 994–96. Sehr charakteristisch ist der Abschnitt in *Voyage...,* der den Titel »Die Übertreibungen der Reisenden« trägt.

[16] Vgl. Volney, *Voyage...,* a. a. O., S. 400–402.

[17] Volney war dort besonders wirkungsvoll, wo er die traditionellen Thesen der klimabedingten Verweichlichung der Orientalen zurückwies: »Waren jene Assyrer, die fünfhundert Jahre lang Asien mit ihren Ambitionen und ihren Kriegen in Aufruhr versetzten, träge Völker? ... Waren jene Phönizier, die während so vieler Jahrhunderte Handel mit der ganzen antiken Welt trieben, untätige Völker...? Wenn die Menschen dieser Nationen untätig waren, was ist dann Aktivität? Wenn sie aktiv waren, worin zeigt sich dann der Einfluß des Klimas? Warum herrscht in den gleichen Gebieten, in denen einst so viel Energie entwickelt wurde, heute eine so große Trägheit? Warum sind die heutigen Griechen auf den Ruinen Spartas, Athens oder auf den Feldern Marathons und in den Thermopylen so niedergeschlagen? Wird man antworten, die klimatischen Verhältnisse hätten sich verändert? Wo sind die Beweise? Und auch wenn wir es annehmen: haben sie sich also sprunghaft und in Schüben, von Fall zu Fall und wiederholt verändert? Änderte sich also das Klima der Perser von Kyros zu Xerxes? Änderte sich das Klima in Athen von Aristides zu Demetrios von Phalera, das in Rom von Scipio zu Sulla und von Sulla zu Tiberius? ...« (ebd., S. 401 f.). Eine entschiedene Stellungnahme gegen den allzu unklaren Begriff des Klimas bei Montesquieu findet sich auch in *Leçons d'histoire,* a. a. O., S. 586 b.

[18] Vgl. dazu die Kapitel der beiden Abschnitte, mit dem Titel »Der politische Zustand Ägyptens« und »Der politische Zustand Syriens«, auf die wir hier natürlich nicht eingehen können.

[19] Ebd., S. 399.

4. Ethnologische Reflexion und vergleichende Forschung

[1] Volney, *Voyage ...,* a. a. O., S. 399.

[2] »Es handelt sich nicht darum, eine trockene Untersuchung der Tatsachen durchzuführen, das Ziel ist, ihre Beziehungen und Ursachen zu begreifen, die offenkundigen oder versteckten, nahe- oder fernliegenden Triebfedern ausfindig zu machen, die bei den Menschen jene gewohnten Handlungsweisen hervorrufen, die *Sitten* genannt werden« (ebd.).

[3] Vgl. J. N. Demeunier, *Esprit des usages et des coutumes des différens peuples, ou Observations tirées des voyageurs et des historiens,* Londres–Paris 1776, Bd. I, S. V–VI und VIII. Zu diesem interessanten Ethnologen und »Philosophen«, der in der ersten Zeit der Revolution und später während des Konsulats sich auch mit Politik befaßte, vgl. van Gennep, »Un ethnographe oublié: J. N. Demeunier«, in *Religions, mœurs, légendes,* a. a. O., Paris 1911, S. 21–32. Doch die Bedeutung

des Werks fordert dazu auf, Demeunier gründlicher zu erforschen. Gegenwärtig ist die französische Forscherin Edna Lemay damit befaßt. Vgl. ihren Aufsatz »Naissance de l'anthropologie sociale en France. Jean-Nicolas Demeunier et l'étude des usages et des coutumes au XVIIIe siècle«, in: *Dix-Huitième Siècle,* Bd. 2, 1970, S. 147–160.

[4] Jauffret, *Einführung,* in diesem Band S. 212.

[5] Der theoretische Begriff und die Praxis der vergleichenden Ethnoanthropologie im 18. Jahrhundert sind bisher nicht zufriedenstellend erforscht worden. Wir wollen bei nächster Gelegenheit darauf zurückkommen. Als eine mögliche Forschungsrichtung ist immer noch nützlich: M. Pinard de la Boullaye, *L'étude comparée des religions,* I: *Son histoire dans le monde occidental,* II: *Ses méthodes,* Paris 1922. Vgl. auch Hervé, »Les débuts de l'ethnographie au XVIIIe siècle«, a. a. O.; ferner P. Saintyves, »Les origines de la méthode comparative et la naissance du folklore«, in: *Revue de l'Histoire des Religions,* Bd. 53, 1931, S. 44–70.

[6] Vgl. Duméril, *Zoologie Analytique,* a. a. O., S. VII.

[7] Vgl. z. B. Lacépède, *Sur les moyens de comparer les divers degrés de l'industrie et de la sensibilité des oiseaux,* in: *Séances des Ecoles Normales,* a. a. O., Bd. 8, S. 148 ff., wo die Bedeutung der Methoden und »vergleichenden Maßstäbe« mit beachtlicher Präzision hervorgehoben wird (vgl. insbesondere S. 156).

[8] Bei diesem Text handelt es sich um einen Anhang zum *Tableau du climat et du sol des États-Unis;* er findet sich in der bereits mehrmals zitierten Ausgabe der *Œuvres complètes* von Volney, S. 709–29.

[9] Ebd., S. 712 b.

[10] Ebd., S. 713 a.

[11] Ebd.

[12] Ebd., S. 720 a–b.

[13] Ebd., S. 720 a.

[14] Ebd.

[15] Ebd., S. 721 a.

[16] Ebd., S. 724 b und 725 a.

[17] Ebd., S. 726 a.

[18] Ebd., S. 726 b und 727 a.

[19] Ebd., S. 727 a.

[20] Ebd.

[21] Vgl. A. Koraïs, *Mémoire sur l'état actuel de la civilisation dans la Grèce, lu à la »Société des Observateurs de l'homme«, le 16 niv. de l'an XI.* Diese auch als Separatdruck publizierte Abhandlung verteidigt Griechenland leidenschaftlich und verherrlicht die Bewegung der »Regeneration«, die sich in dieser Nation damals entwickelte (S. 52, 63 und passim).

[22] Vgl. Volney, *Tableau...,* a. a. O., S. 725 b. Die gleiche Ansicht vertrat auch Fontenelle, *De l'origine des fables,* a. a. O.

[23] Besonders bezeichnend ist die Entmythologisierung der griechischen Kultur: »Da wir uns vor allem in letzter Zeit die Aufgabe gestellt haben, jene Völker [die Griechen] nachzuahmen und da wir ihre Politik und ihre Moral gleich ihren Künsten und ihrer Dichtung als Vorbild aller Vollkommenheit betrachten, ergibt

sich, daß unsere Verehrung und unsere Huldigung den Sitten und dem Geist barbarischer Zeiten gilt!« (ebd., S. 726 a). Bemerkenswert ist, wie klar Volney, wenn auch vielleicht unbewußt, den Zusammenhang zwischen der Vorliebe für das Klassische (Klassizismus) und der Vorliebe für das Primitive (Neugotik) sieht, die beide gleichermaßen in der europäischen Kultur zwischen dem 18. und dem 19. Jahrhundert bestanden. Vgl. dazu die wichtigen Bemerkungen von V. Santoli, *Storia della letteratura tedesca,* Torino 1955, Kap. XI.

5. Literatur, Religion und Folklore in der Wissenschaft vom Menschen an der Wende zum 19. Jahrhundert

[1] Vgl. Millin, *Introduction à l'étude des monumens antiques,* Paris Jahr IV. Von Millins verschiedenen anderen Werken vgl. *Galerie mythologique,* Paris 1811, 2 Bde., das den folgenden Untertitel trägt: *Recueil de monumens pour servir à l'étude de la mythologie, de l'histoire de l'art, de l'antiquité figurée et du langage allégorique des Anciens.*

[2] Vgl. Millin, *Introduction...,* a. a. O., S. 2–3. Auch Jauffret sah in der Erforschung der nach einer langen Reihe von Jahrhunderten immer noch vorhandenen »Monumente« und »Ruinen« des Altertums ein Mittel, sich der »Wissenschaft vom Menschen« zu nähern. Vgl. Jauffret, *Einführung...,* a. a. O., S. 212. Auch der Begriff der »Altertumswissenschaft« wurde zu Ende des Jahrhunderts streng definiert, wobei ihre Bedeutung für die Kenntnis des Menschen und der menschlichen Gesellschaft hervorgehoben wurde. Man denke z. B. an die Reflexionen über den Begriff der »Alterthumswissenschaft«, die Chr. F. A. Wolf gerade um die Jahrhundertwende anstellte.

[3] Vgl. Levesque, *Sur les mœurs et usages des Grecs du temps d'Homère,* in: *Mémoires de l'Institut, Classe de Sciences Morales et Politiques,* a. a. O., Bd. II, Jahr VII, S. 38–67.

[4] Ebd., S. 38–39.

[5] Vgl. Herder, *Von Ähnlichkeit der mittleren englischen und deutschen Dichtkunst,* 1777, in: *Sämtliche Werke,* Hrsg. von Suphan, Bd. 9.

[6] Vgl. Madame de Staël, *De la littérature considérée dans ses rapports avec les institutions sociales,* hrsg. von Paul van Thieghem, Genève–Paris 1959, 2 Bde. (mit durchgehender Paginierung: die zitierte Stelle findet sich jetzt auf S. 47). Den ideologischen und allgemeinen Inhalt der lange vernachlässigten Schrift haben wir kurz in *Il Tramonto dell'Illuminismo,* a. a. O., S. 462–70 behandelt. Vgl. auch D. G. Larg, *Madame de Staël. La vie dans l'œuvre,* Paris 1924, Kap. XIII.

[7] Der »Philosophie« wird die Aufgabe zugewiesen, die Prinzipien und Strukturen der politisch-religiösen Institutionen einerseits und des Herzens, der Natur und der Rechte des Menschen andrerseits zu analysieren (ebd., S. 158). Ihr philosophisches Ideal war, wie oft übersehen wurde, eindeutig aufklärerisch und wissenschaftlich: sie wollte insbesondere die »Philosophie der positiven Wissenschaften« auf die Analyse des intellektuellen und moralischen Menschen übertragen (ebd., S. 368–69). Vgl. auch S. 372, ferner den wichtigen »Discours préliminaire«,

in dem die Beziehung zwischen der Literatur und der Wissenschaft vom Menschen durchgängig berücksichtigt wird.

[8] Vgl. Madame de Staël, *Corinne ou l'Italie,* Paris 1807. Vgl. vor allem die beiden Kapitel »Sitten und Charakter der Italiener« und »Das Volksfest und die Musik«, die Äußerungen über die Karwoche und über Neapel, etc. Zu Madame de Staëls Italienreise gibt es nur die bescheidene Abhandlung von G. Gennari, *Le premier voyage de Madame de Staël en Italie et la genèse de »Corinne«,* Paris 1947.

[9] Vgl. Madame de Staël, *De l'Allemagne,* Paris 1810. Von diesem Werk gibt es jetzt die große kritische Ausgabe, die J. De Pange besorgte (Paris 1958–60, 5 Bde.); der Text der »Allgemeinen Beobachtungen«, auf den wir uns beziehen, befindet sich dort Bd. I, S. 13 ff.

[10] Vgl. beispielsweise das Kapitel über die »Sitten« und den Charakter der Deutschen, die Ausführungen über einige besondere Gegenden (Süddeutschland, Österreich, Sachsen, Preußen...), die Schilderung des Festes in Interlaken, die Beschreibung des Kults der Mährischen Brüder und die präzise Darstellung des äußeren und inneren Lebens des evangelischen Dorfes Dintendorf, seiner Struktur, der Bräuche und des Geistes seiner Bewohner. Der zuweilen journalistische Ton hindert nicht, daß der Leser den Eindruck hat, Madame de Staëls »Blick« analysiere mit besonderer Sympathie eine Ebene der menschlichen Realität, die von der offiziellen Geschichtsschreibung allzu leicht vernachlässigt wird. Solange die von mehreren Forschern unternommenen Studien noch nicht vorliegen, wollen wir uns auf die Erwähnung der monumentalen Biographie beschränken: Ch. Blennerhasset, *Madame de Staël et son temps (1766–1817),* franz. Übers., Paris 1890, 3 Bde.; vgl. ferner die umfangreiche *thèse* von J. de Pange, *Auguste-Guillaume Schlegel et Madame de Staël, d'après des documents inédits,* Paris 1938; sie behandelt die Texte und Probleme, auf die wir Bezug genommen haben, näher.

[11] Einige Briefe und Stellen der *Journaux intimes* sind in diesem Zusammenhang aufschlußreich: »Ich muß nach Deutschland fahren – schreibt er am 16. September 1794 an Madame Charrière –, um an meinem Buch über die Religion weiterzuarbeiten, *das das einzige Interesse meines Lebens ist*«. Am 8. April 1804 erwähnt er dieses Buch im *Journal* als »das Werk, das das einzige Interesse, der einzige Trost meines Lebens ist«. Vgl. auch weitere Äußerungen im gleichen autobiographischen Text in den Jahren 1811–13, der Zeit seiner wohl intensivsten Arbeit im stillen Göttingen. Vgl. B. Constant, *Journaux intimes,* hrsg. von A. Roulin-Ch. Roth, Paris 1952.

[12] Das gilt insbesondere für das Werk von P. Deguise, *Benjamin Constant méconnu. Le livre »De la Religion«,* Genève 1966, das trotz der Spannweite der Untersuchung und trotz vieler wichtiger Betrachtungen über die Epoche und das Milieu, in seinem Psychologismus methodologisch überholt ist (»Diese Arbeit, lesen wir im Vorwort S. IX, ist weder eine Biographie Constants noch eine Untersuchung seines Buches *De la Religion,* sondern eine Studie über die Beziehungen zwischen dem Menschen und seinem Werk«). »Objektiver« ist der Aufsatz von M. Matucci, »Sul pensiero religioso di Benjamin Constant« in: *Saggi e ricerche di letteratura francese,* Bd. VII, Pisa 1966.

[13] Dies ist auch die Ansicht von Deguise, a. a. O., S. 82 und passim, der interessante Bemerkungen über einige Beziehungen Constants zur spätaufklärerischen Kultur der »idéologues« gemacht hat.

[14] Vgl. Constant, *De la Religion, considérée dans sa source, ses formes et ses développements,* Paris 1826, Bd. I, »Préface« und Kap. I. »Der Augenblick ist günstig, um die Religion als eine Tatsache zu betrachten, deren Wirklichkeit nicht geleugnet werden kann« (ebd., S. II).

[15] Ebd., S. 12. Wir können die weitere Entwicklung von Constants Stellung zur Religion nur andeuten; dieses Thema sprengt den Rahmen unserer Ausführungen und wurde von Deguise zufriedenstellend untersucht.

[16] Ebd., S. 3–5 und passim. Die anthropologische Perspektive ist stets gegenwärtig, wenn Constant betont, daß die Religion zu »der Natur des Menschen« gehört (ebd., S. 19–20). Hier interessiert es uns natürlich nicht, den konservativen Kern dieser Lehre hervorzuheben, die stark an ähnliche Thesen Chateaubriands, De Maistres, Saint-Martins erinnert.

[17] Ebd., S. 12.

[18] Ebd., S. 19.

[19] Ebd.

[20] Ebd., S. 12.

[21] Ebd., S. 6–7; ferner passim, eine Reihe von Anmerkungen.

[22] Ebd., S. 145–6.

[23] Ebd., S. 5–6, 14 (wo ein interessanter Vergleich mit den Tieren angestellt wird), etc.

[24] Ebd., S. 2–3.

[25] Ebd.

[26] Ebd., S. 112.

[27] Ebd., S. 249.

[28] Ebd., S. 310, Anm. 83.

[29] Ebd., S. 160.

[30] Ebd., Buch II, Kap. II–III.

[31] Ebd., S. 154 ff.

[32] Ebd., S. 311, Anm. 87.

[33] Ebd., S. 181–82.

[34] Ebd., S. 168 f.

[35] Ebd., S. 311, Anm. 87.

[36] Ebd., S. 161.

[37] Ebd., S. 37, 38, 41.

[38] Ebd., S. 135.

[39] Ebd., S. 126 ff.

[40] Ebd., S. 130.

[41] Ebd., S. 128.

[42] Ebd., S. 133.

[43] Ebd., S. 134.

[44] Ebd.

[45] Vgl. Buch II, Kap. IV und VI. Constant tendierte dazu, einerseits eine intellektuelle und doktrinäre Seite der Religion anzunehmen, die potentiell von

einer Gruppe herrschsüchtiger Menschen geleitet werden könne, und andererseits eine »volkstümliche« Seite, die er nirgends – und das ist entscheidend – auf eine bloße »Entstellung« oder »Herabwürdigung der Lehre« reduziert (ebd., S. 127).

[46] Ebd., S. 141.

[47] Über den Klassencharakter des Antagonismus zwischen Priestern und »Gauklern« auf der einen und dem »Volk« auf der anderen Seite äußert sich Constant ausdrücklich – und sehr aufklärerisch. Vgl. z. B. S. 127 f. und Kap. VI–VII.

[48] Zu dieser bedeutenden Gestalt der französischen Kultur der Jahrhundertwende vgl. die alte Untersuchung von J. B. Galley, *Charles Fauriel, membre de l'Institut, 1772–1843,* Paris 1909, und unser Werk *Il Tramonto dell'Illuminismo,* a. a. O., passim.

[49] Über den einen oder anderen Aspekt der vielseitigen Aktivität des Freundes der »idéologues« unterrichtet M. Ibrovac, *Claude Fauriel et la fortune européenne des poésies populaires grecque et serbe,* Paris 1966. Vgl. auch A. de Gubernatis, *Il Manzoni e il Fauriel,* Roma ²1880.

[50] Vor allem mit Jakob Grimm. Vgl. Ibrovac, a. a. O., S. 77 ff.

[51] Darauf zielte zuletzt auch seine Erforschung der Art und Weise und der Formen der Entstehung und Entwicklung der Volkslieder, die er, wie wir wiederholen müssen, als solche, und deshalb oft oder vorwiegend vergleichend untersuchte. Vgl. *Chants Grecs,* Paris 1824, »Discours préliminaire«. Vgl. dazu auch Ibrovac, a. a. O., S. 61.

[52] Zur Bedeutung dieser Studien Fauriels und anderer Forscher zur Volksliteratur vgl. einerseits V. Santoli, *I canti popolari italiani. Ricerche e questioni,* Firenze 1968; andererseits vor allem G. Cocchiara, *Storia degli studi delle tradizioni popolari in Italia,* Palermo 1947; und *Storia del folklore in Europa,* Torino 1952. Cocchiaras Werk leidet darunter, daß seine ansonsten verdienstvollen Untersuchungen die alte, schroffe Antinomie von Aufklärung und Romantik nicht genügend reflektiert und überwunden hat. Das ist umso überraschender, als in vielen Teilen seines Werks Texte und Fragen analysiert werden, die zu einer radikalen Problematisierung dieser Antinomie führen oder führen müßten, zumindest ihrer doktrinären Formulierung. (Vgl. insbesondere den zweiten Teil: »Die Erforschungen der Ursprünge« zwischen Aufklärung und Frühromantik und den dritten Teil, der den sehr einseitigen Titel trägt: »Die Folklore als Instrument nationaler Politik und Würde in der Romantik«.) Es ist schließlich zu bedauern, daß die wichtige kollektive Erforschung des Begriffs des Primitivismus, die von George Boas und Arthur O. Lovejoy initiiert wurde, es versäumt hat, gewisse Texte und Probleme des 18. und 19. Jahrhunderts mit den gleichen hermeneutischen Kriterien zu analysieren, die in dem berühmten *Primitivism and Related Ideas in the Antiquity,* Baltimore 1935, angewandt wurden.

[53] Vgl. C. A. Sainte-Beuve, *Nouveaux Lundis,* Paris 1864–70, Bd. XIII, S. 186, Anm. 1. Vgl. die interessanten von Ibrovac gesammelten Zeugnisse (a. a. O., S. 63 ff.).

[54] Auf der Grundlage einer systematischen Untersuchung der Texte Fauriels und der zeitgenössischen Urteile ist auch Ibrovac zu diesem Schluß gekommen (a. a. O., S. 64).

[55] Zur Geschichte dieser Akademie vgl. M. J. Durry, »L'Academie Celtique et

les chansons populaires«, in: *Revue de Littérature Comparée,* Bd. 9, 1929, S. 62–73. Abgesehen von den thematischen Grenzen dieses Aufsatzes behauptet die Verfasserin fälschlich, die Akademie sei 1807 gegründet worden, während sie in Wirklichkeit 1805 entstand. Offenbar verwechselt sie das Datum der Veröffentlichung der *Mémoires* (der erste Band erschien nämlich 1807) mit dem Gründungsdatum der Gesellschaft.

[56] »Die Auszeichnung des Vaterlandes war der erste Beweggrund« für die Gründung der neuen Gesellschaft. Vgl. J. Lavallée, *Discours préliminaire,* in: *Mémoires de l'Académie Celtique,* Paris 1807, S. 4.

[57] Ebd., S. 40–41, 50.

[58] Vgl. E. Johanneau, *Discours d'ouverture sur l'établissement de l'Académie Celtique, les objets de ses recherches et le plan de ses travaux,* in *Mémoires...,* a. a. O., S. 64.

[59] Ebd.

[60] Ebd.

[61] Ebd., S. 29 und 64.

[62] Vgl. Pougens, *Doutes et conjectures sur la mythologie des peuples septentrionaux,* in: *Mémoires...,* a. a. O., Bd. I, S. 198 ff.; Lenoir, *Mythologie celtique du dragon de Metz,* ebd., Bd. II; Borgo, *Sur la langue et les mœurs des peuples slaves,* ebd., Bd. II, S. 21 ff.; Lenoir, *Description de quelques mœurs et usages antiques de la ville de Metz,* ebd., Bd. IV, S. 281 ff.; Caila, *Recherches sur les mœurs des habitans des Landes de Bordeaux,* ebd., Bd. IV, S. 70 ff.; Légier, *Traditions et usages de la Sologne,* ebd., Bd. II, S. 204 ff., Legonidec, *Notice sur les cérémonies du Mariage dans la Bretagne,* ebd., Bd. II, S. 362 ff.; Richard jr., *Cérémonies des mariages dans l'arrondissement de Remiremont,* ebd., Bd. V, S. 236 ff.; Johanneau, *Notice sur l'origine du culte de Saint-Paul,* ebd., Bd. III, S. 311 ff.; Saint-Mars, *Cérémonies usitées au feu de la Saint-Jean dans le dép. des Hautes Pyrénées,* ebd., Bd. V, S. 386.

[63] J. A. Dulaure-M. A. Mangourit, *Série de Questions proposées par l'Académie sur les objets de ses recherches,* in: *Mémoires...,* a. a. O., Bd. I, S. 72–86. Der Text wurde – ohne Kommentar – wieder veröffentlicht von A. van Gennep, *Manuel de folklore français contemporain,* Paris 1937, Bd. III, S. 12–18.

[64] Chr. Meiners, *Grundriß der Geschichte der Menschheit,* Hannover 1788, Bd. I, S. 15. Meiners' Schriften waren in Frankreich sehr erfolgreich. Auch einige der »Observateurs de l'homme«, von Jauffret bis Volney, erwähnten und benutzten sie.

[65] Vgl. Chavannes, *Anthropologie...,* a. a. O., S. III.

[66] Vgl. Chavannes, *Essai sur l'éducation intellectuelle avec le projet d'une science nouvelle,* Lausanne 1787.

[67] Ebd., S. 98.

[68] Ebd., S. 106 f.

[69] »Die ethnologischen Kenntnisse – schreibt Chavannes ein Jahr später – können die eigentliche Anthropologie, die Noologie und die Glossologie erhellen [das heißt die »Wissenschaft von dem als vernünftiges Wesen betrachteten Menschen« und die »Wissenschaft vom Menschen, der spricht«]. Sie können dazu dienen, mehrere Ansichten zu klären, die über den Zustand des Naturmenschen

und des Primitiven geäußert worden sind. Sie liefert auch Material über die überall verbreitete Erziehung und Moral. Man kann durch sie Erkenntnisse über die verschiedenen bei den Nationen allgemein verbreiteten Sitten und Ursprünge gewinnen, sowie Beispiele für einige bei den verschiedenen Völkern gewöhnlich befolgte Bräuche«. (Chavannes, *Anthropologie* ..., a. a. O., S. 155 f.).

6. Die Expedition Baudin und das Werk von François Péron

[1] Zu Baudin und seiner Expedition vgl. vor allem J. P. Faivre, *L'expansion française dans le Pacific de 1800 à 1842,* Paris 1852; J. E. Martin-Allanic, *Bougainville navigateur et les découvertes de son temps,* Paris 1964, 2 Bde.; außerdem die umfangreiche, zu einem großen Teil der Expedition Baudin gewidmete Einleitung von F. G. T. Moore zu seiner bereits erwähnten englischen Ausgabe der *Considérations* von Degérando; dort wird u. a. auf die folgenden Titel hingewiesen: A. W. José, u. a., »Nicolas Baudin«, in: *Royal Australian Historical Journal and Proceedings,* Bd. 20, 1934, VI, S. 337–96, und J. Dunmore, *French Explorers in the Pacific,* I: *The Eighteenth Century,* Oxford 1965.

[2] Vgl. Martin-Allanic, a. a. O., Bd. II, S. 1540 f.

[3] Vgl. Moore, *The Observation* ..., a. a. O., Einleitung, S. 10.

[4] *Mémoires de l'Institut, Classe de sciences morales et politiques,* a. a. O., Bd. IV, S. 58.

[5] Vgl. M. Girard, *François Péron, voyageur aux Terres Australes,* Paris 1857; G. Hervé, »Les premières armes de François Péron«, in: *Revue Anthropologique,* Bd. 23, 1913, S. 1–9.

[6] Der Brief »Aux citoyens professeurs de l'Ecole de Médecine« erscheint im Anhang der *Observations sur l'Anthropologie,* vgl. die folgende Anmerkung.

[7] *Observations sur l'Anthropologie, ou Histoire naturelle de l'homme, la nécessité de s'occuper de l'avancement de cette science et l'importance de l'admission sur la Flotte du capitaine Baudin d'un ou plusieurs Naturalistes spécialement chargés des Recherches à faire sur ce sujet.* Das kleine Werk, das von Moore merkwürdigerweise als verloren bezeichnet wird (a. a. O., S. 113), befindet sich in der Bibliothek des »Muséum National d'Histoire naturelle« und wurde später als Anhang zu dem erwähnten Aufsatz von G. Hervé, »Les premières armes de François Péron«, S. 10–16 publiziert. Wir zitieren nach der Originalausgabe Paris, Jahr VIII.

[8] Péron, *Observations,* a. a. O., S. 3.

[9] Ebd., S. 2–3.

[10] Ebd., S. 4.

[11] Ebd., S. 7.

[12] Ebd., S. 10–11.

[13] Ebd., S. 12.

[14] Vgl. F. Péron und L. Freycinet, *Voyage de découvertes aux Terres Australes,* Paris 1807–1816, 3 Bde., mit einem Atlas. Freycinet vervollständigte nach Pérons frühem Tod im Jahre 1810 den zweiten Band. Über die wenig sorgfältige Fortsetzung der Publikation vgl. G. Hervé, »Les premières armes ...«, a. a. O., S. 8–9.

[15] Vgl. G. Cuvier, *Éloge de François Péron, lu à la Classe de sciences physiques et mathématiques,* le 9 juil. 1806. Dieser Text wurde auch in Pérons *Voyage* aufgenommen, und zwar in die 2. Auflage von Bd. I, S. 1–18 (Paris 1824). Unsere Zitate aus der *Éloge* und aus der *Voyage* sind der zweiten Auflage entnommen. Die *Éloge historique de François Péron* von M. Alard ist interessant, weil sie von einem Mediziner stammt, der einer den »idéologues« nahestehenden »Société savante« angehörte; sie wurde veröffentlicht in: *Mémoires de la Société médicale d'Émulation,* Bd. VIII, 1811, S. I–LXXXII.

[16] Cuvier, *Éloge,* a. a. O., S. 2–3.

[17] Ebd., S. 3.

[18] Ebd., S. 4.

[19] Ebd., S. 5.

[20] Ebd., S. 13.

[21] Ebd., S. 6–7.

[22] Pérons Irrtümer und Oberflächlichkeiten werden von Moore in seiner Einleitung zu Degérando überbetont (S. 29 ff.). Eine genauere Untersuchung der *Voyage* und die Konsultation der Manuskripte in Le Havre (s. unten, Kap. 9 Anm. 17) hätten Moore sicher dazu veranlaßt, sein Urteil zu ändern.

[23] Nach seiner Rückkehr nach Paris begann Péron seinen Expeditionsbericht und setzte gleichzeitig seine anthropologischen Studien fort. Seine wissenschaftlichen Projekte waren bedeutend. Wie uns sein wichtigster Biograph berichtet, wollte er »ein umfangreiches Werk mit *Vergleichen* (Hervorhebung von mir, S. M.) zwischen den verschiedenen Rassen der Menschengattung« vorlegen. »Zu seinen eigenen Beobachtungen sollten die aller Reisenden und Physiologen hinzukommen, die er mit der von ihm oft unter Beweis gestellten Gründlichkeit sammelte. Er wollte dieses Werk erst veröffentlichen, nachdem er drei weitere Reisen unternommen hatte, die erste nach Nordeuropa und Asien, die zweite nach Indien, die dritte nach Amerika. Dieser großen Arbeit wollte er fünfzehn Jahre widmen; sie sollte folgenden Titel haben: *Histoire philosophique des divers peuples considérées sous les rapports physiques et moraux...*« Vgl. M. Girard, a. a. O., S. 64–65. Diese Angaben gehen auf Pérons ersten Biographen zurück: J. P. F. Deleuze, *Éloge historique de François Péron,* später abgedruckt in Péron-Freycinet, *Voyage...,* a. a. O., Bd. I, S. 44–45.

7. Georges Cuviers »Instructions«

[1] Jauffrets Mitteilung, die wegen der neuen spezifischen Anwendung des Begriffs »Anthropologie« wichtig ist, wurde von G. Hervé veröffentlicht: »A la recherche d'un manuscrit. Les instructions anthropologiques de G. Cuvier pour le voyage du ›Géographe‹ et du ›Naturaliste‹ aux Terres Australes‹, in: *Revue de l'École d'Anthropologie de Paris,* Bd. 20, 1910, S. 296, wo auch Cuviers *Instructions* abgedruckt sind.

[2] Ebd., S. 296–97.

[3] Vgl. Cuvier, *Note instructive sur les recherches à faire relativement aux différences anatomiques des diverses races d'hommes,* in: Hervé, »A la recherche

d'un manuscrit...«, S. 303 ff. Die Stelle, auf die wir hier Bezug nehmen, befindet sich auf S. 303.

[4] Ebd.

[5] Ebd., S. 303 f.

[6] Ebd., S. 304 f.

[7] Ebd., S. 304.

[8] Ebd.

[9] Ebd., S. 304 f.

[10] Ebd., S. 306.

[11] Ebd.

8. Joseph-Marie Degérando und die Erforschung der wilden Völker

[1] Obwohl Degérando (1772–1842, manchmal auch De Gérando geschrieben) in der französischen Kultur des beginnenden 19. Jahrhunderts eine wichtige Rolle spielte, ist er immer noch sehr wenig bekannt. Seine Schriften über verschiedene ethische, pädagogische und humanitäre Themen (vgl. vor allem *Du perfectionnement moral et de l'éducation de soi-même,* Paris 1824, 2 Bde.; *De l'éducation des sourd-muets de naissance,* Paris 1827, 2 Bde.; *De la bienfaisance publique,* Paris 1839, 4 Bde.; *La morale en action,* Paris 1842; etc.), die auch im Ausland, beispielsweise in Italien, sehr verbreitet waren, haben offenbar zu sehr unterschiedlichen Urteilen über seine philosophische Aktivität Anlaß gegeben. Seine *Histoire comparée des différents systèmes de philosophie relativement aux principes des connaissances humaines,* Paris 1804, 3 Bde. (die von seinem Sohn besorgte posthume Auflage ist vollständiger), würde genügen, um ihm einen äußerst bedeutenden Platz in der philosophischen Kultur jener Zeit zu sichern, denn es handelt sich dabei um einen, nicht nur für Frankreich, ersten systematischen Versuch einer philosophischen Historiographie und wurde in den folgenden Jahren nicht nur in Frankreich ausgiebig benutzt. Nicht weniger wichtig ist sein bereits erwähntes Werk *Des Signes,* zum einen, weil er darin die »Sprachanalyse« des 18. Jahrhunderts in fruchtbarer Weise fortsetzt und erweitert, indem er den – wenn auch nicht neuen – Begriff des »Zeichens« zugrundelegt und damit interessante Untersuchungen über verschiedene Arten menschlicher Verständigung durchführt; zum andern auch wegen einiger bedeutender »Reformen« der sensualistischen Psychologie, die die Positionen von Maine de Biran, Royer-Collard, Jouffroy vorbereiteten oder ihnen parallel liefen. Der interessanteste Aspekt seines Werkes liegt gerade in der Zweideutigkeit, die *Des signes* und überhaupt die ganze erste Periode seiner philosophischen Reflexion kennzeichnet – dazu gehört die Denkschrift *De la génération des connoissances humaines,* mit der er im Jahre 1802 bei einem von der Berliner Akademie ausgeschriebenen Wettbewerb den ersten Preis gewann. Sein Denken ist anfangs ganz von der spätaufklärerischen Kultur beeinflußt und findet die Zustimmung der »idéologues«, während es sich später zusehends von dieser Schule und ihren Voraussetzungen löst. Abgesehen von der älteren Untersuchung von F. Picavet, *Les idéologues,* Paris 1891, und den Hinweisen in H. Gouhier, *Les conversions de Maine de Biran,* Paris 1948, ist wenig Ernsthaftes über Degérando geschrieben worden.

[2] Degérando, *Erwägungen über die verschiedenen Methoden der Beobachtung der wilden Völker,* hier im Anhang S. 219.

[3] Ebd., S. 220.

[4] Ebd.

[5] Ebd.

[6] »Die Reisenden – heißt es an einer sehr bedeutsamen Stelle – werden es nicht mehr bei der einfachen Beschreibung all dieser Konventionen bewenden lassen [D. spielt auf die vorher erwähnten Bräuche an]; sie werden versuchen, die ihnen zugeschriebene Bedeutung soweit als möglich zu verstehen und die Ursache der von ihnen hervorgerufenen Wirkungen herauszufinden.« (Ebd., S. 231)

[7] Ebd., S. 221.

[8] Ebd.

[9] Ebd.

[10] S. 226.

[11] S. 224.

[12] Ebd.

[13] S. 223–24.

[14] S. 223.

[15] S. 226.

[16] S. 226.

[17] S. 226.

[18] S. 226 ff.

[19] S. 227.

[20] S. 235.

[21] Ebd.

[22] S. 236–37.

[23] S. 238.

[24] S. 233–34.

[25] S. 232.

[26] Ebd.

[27] S. 239.

[28] Ebd.

[29] Ebd.

[30] S. 239 f. und S. 241.

[31] S. 242.

[32] S. 243.

[33] S. 245.

[34] Ebd.

[35] S. 244.

[36] S. 245 ff.

[37] S. 247–49.

[38] S. 231.

[39] S. 249.

[40] S. 233.

[41] S. 248.

[1] *Erwägungen,* a. a. O., S. 240.

[2] Vgl. Plane, a. a. O., S. 191–92.

[3] »Der Naturmensch erschien ihnen [den Reisenden] wie ein wildes, den Tieren kaum überlegenes Wesen. Nahezu alle *Beobachtungen,* auch die der modernsten Seefahrer, zeigen uns die Völker unter dem Aspekt einer Gesellschaft von Wilden, weil sie bei ihnen keines jener Gesetze gefunden haben, unter deren Herrschaft sie geboren wurden« (vgl. *Voyage chez les peuples sauvages, ou L'Homme de la Nature. Histoire morale des peuples sauvages des deux continens et des naturels des Isles de la Mer du Sud,* par le cit. F. Babié, d'après les *Mémoires* du cit. R.[ichard]., Paris 1801, S. V).

[4] »Edle und stolze Formen, eine freigebige Seele, ein aktiver Charakter, Freimütigkeit, Schönheit, Intelligenz, Vollkommenheit und soziale Tugenden heben schließlich diese Menschenrasse über die knechtische Herde der übrigen Sterblichen, die sich auf der Erde, in einer traurigen Einförmigkeit an den Boden gefesselt, dahinschleppen. Was wäre unsere Welt ohne die Europäer? ... Der Europäer wurde von seinem erhabenen Schicksal zur Herrschaft über die Welt berufen, die er mit seiner Intelligenz erhellen und durch seinen Rang zähmen kann, er ist der Mensch par excellence und das Haupt des Menschengeschlechts, und die übrigen niederen Barbaren sind sozusagen nur sein Embryo« (vgl. Virey, a. a. O., Bd. I, S. 146–47).

[5] Vgl. *Voyages chez les peuples sauvages ...,* a. a. O., S. V.

[6] »Zivilisierte Völker – schreibt Raynal am Ende des interessanten Kapitels über den Vergleich zwischen den zivilisierten und den wilden Völkern –, dieser Vergleich ist für Euch bestimmt schmerzlich, doch könnt Ihr das Elend, unter dessen Last Ihr seufzt, nie stark genug empfinden. Je mehr Euch diese Empfindung schmerzen wird, desto mehr wird sie Euch auf die wahren Ursachen Eurer Übel aufmerksam machen können. Vielleicht werdet Ihr Euch endlich davon überzeugen lassen, daß diese ihren Ursprung in der Unregelmäßigkeit Eurer Ansichten, in den Mängeln Eurer politischen Verfassungen, in den bizarren Gesetzen haben, die ständig die natürlichen Gesetze verletzen.« Hier wird der Hinweis auf die »Wilden« in eindeutig revolutionärer Weise verwendet. Vgl. G. Raynal, *Histoire philosophique et politique des établissements du Commerce des Européens dans les Deux Indes,* La Haye 1774, Bd. VI, S. 271.

[7] Vgl. J. F. La Pérouse, *Voyage autour du monde,* Paris 1798, Bd. IV, S. 239.

[8] Vgl. L. A. Bougainville, *Voyage autour du monde,* a. a. O., S. 17.

[9] Vgl. Péron, *Expérience sur la force physique des peuples sauvages de la Terre de Diémen, de la Nouvelle Hollande et des habitans de Timor,* in: Péron-Freycinet, *Voyage ...,* a. a. O., Bd. II, S. 440.

[10] Ebd., S. 403 f.

[11] Ebd., S. 404.

[12] Ebd., S. 401.

[13] Vgl. Degérando, *Erwägungen ...,* hier S. 232.

[14] »Ohne perfekt zu sein und ohne die Stärke an und für sich genau anzeigen zu können, gewährt uns dieses Instrument zumindest direkte Annäherungswerte:

es erlaubt die *Wirkungen* [der Stärke; Hervorhebung S. M.] *miteinander zu vergleichen;* aufgrund der zahlreichen Experimente, die ich im Laufe von drei Jahren habe durchführen können, habe ich die Gewißheit gewonnen, daß dieses Instrument in dieser Hinsicht sehr viel exakter ist, als man anfangs annehmen konnte«. Vgl. Péron, *Expérience ...,* a. a. O., S. 402. Vgl. ferner die umfangreichen statistischen und vergleichenden Tabellen auf S. 451 ff.

[15] A. Gerbi, *La disputa del nuovo mondo. Storia di una polemica (1750–1900),* Milano-Napoli 1955.

[16] Vgl. Péron, *Expérience ...,* a. a. O., S. 432–34.

[17] Einige allgemeine Betrachtungen dazu finden sich bei R. Allier, *Le non-civilisé et nous. Différence irréductible ou identité foncière?,* Paris 1927, Kap. I; G. Cocchiara, *L'eterno selvaggio,* a. a. O., Kap. III. Doch wie bereits bemerkt, sind die Studien über den »Guten Wilden«, die bisher vorliegen, eher unbefriedigend.

[18] Daß die letzten Erben der Aufklärung den Exotismus ablehnten, zeigt sich in einigen interessanten Gegenüberstellungen mit Chateaubriand, angefangen bei *Atala.* Vgl. dazu Moravia, *Il Tramonto dell'Illuminismo,* a. a. O., S. 518–26. Auch die heftigsten Widersacher des »Mythos« vom Wilden haben begeistert die »Wissenschaft« vom Wilden betrieben. Beispielsweise ergibt sich nicht nur aus Pérons publiziertem Reisebericht, sondern auch aus seinen Manuskripten, die wir in dem immer noch zerstörten »Muséum d'Histoire naturelle« von Le Havre gefunden haben, ein unzweideutiger Beweis dafür, wie leidenschaftlich und mit welcher wissenschaftlichen Strenge dieser »Anthropologe« die Ethnographie der australischen Völker erforschte. Die Untersuchung ihrer sexuellen Bräuche ist sorgfältig angelegt und mit einer großen Anzahl genauer Zeichnungen als sozusagen »experimenteller« Belegen versehen. Nachdem Péron die Maria-Inseln und deren Einwohner kennengelernt hatte, machte er außerdem einige Aufzeichnungen, denen er bezeichnenderweise den Titel *Observations d'Anthropologie* verlieh. Sie enthalten Hinweise auf verschiedene ethnoanthropologische Themen: auf die »Organisation«, die Farbe, die Physiognomik, die physische Stärke, die Mißbildungen der Eingeborenen; auf ihre Empfindungen, ihre Überraschungs- und Freudegefühle; auf ihre sexuellen Reaktionen, ihre Sprache, ihre Kleider und Behausungen. Es finden sich darin auch Ausführungen zu den mitgebrachten ethnographischen Fundstücken, einem Paddel, einer Keule, usw. Diese Manuskripte und auch zahlreiche Entwürfe, die immer noch ungeordnet und nicht inventarisiert sind, können nur an Ort und Stelle im »Muséum« eingesehen werden. Dem Konservator, der mir bei der Durchsicht dieser Manuskripte, auf die zurückzukommen sich lohnen würde, behilflich gewesen ist, möchte ich hier danken.

10. Volney und die amerikanischen Wilden

[1] Vgl. Volney, *Tableau du climat et du sol des États-Unis,* in: *Œuvres,* a. a. O., *Préface.* Zur Vorbereitung und Bedeutung der Reise vgl. Gaulmier, *L'idéologue Volney,* a. a. O., S. 194 ff.

[2] Über Volneys amerikanische Freunde und allgemein über seine Beziehungen zu dem neuen Kontinent, vgl. G. Chinard, *Volney et l'Amérique, d'après des documents inédits et sa correspondance avec Jefferson,* Paris–Baltimore 1923.

[3] Gerbis Urteil, in Volneys Text habe man es mit einer »romantischen Rehabilitation der wilden und grenzenlosen Natur« zu tun, entbehrt jeder Grundlage. Vgl. A. Gerbi, a. a. O., S. 372.

[4] Vgl. Volney, *Tableau ...,* a. a. O., S. 641 und 644; und Gaulmier, *L'idéologue Volney,* a. a. O., S. 268–69.

[5] Vgl. dazu Gaulmier, *Volney ...,* a. a. O., S. 265 ff. Das Vorwort zum *Tableau* enthält ein Schema für einige historisch-politische Themen, die Volney ausführen wollte.

[6] Ebd., S. 631 a.

[7] Vgl. Volney, *De la colonie du Poste-Vincennes,* Anhang zu: *Tableau ...,* a. a. O., S. 709 a. Es lohnt sich darauf hinzuweisen, daß auch Jauffret sich in einer unveröffentlichten Schrift (Ms. 165, S. 151–72) mit dem amerikanischen Klima befaßte. Doch Volney bezog sich bei diesem Thema, wie wir sehen werden, hauptsächlich auf Buffon, De Pauw, Robertson und die anderen Gelehrten, die an der Diskussion über den neuen Kontinent teilnahmen.

[8] Ebd.

[9] Vgl. dazu G. Chinard, »Eighteenth Century Theories on America as a Human Habitat«, in: *Proceedings of the American Philosophical Society,* Bd. 91, 1947, S. 27–57.

[10] Vgl. Volney, *Tableau ...,* a. a. O., S. 634–39.

[11] Vgl. Chateaubriand, *Voyage en Amérique,* krit. Ausg. von R. Switzer, Paris 1964, 2 Bde. Über Chateaubriands Verfälschungen und oft sogar Erfindungen vgl. Switzers umfangreiche Einleitung der erwähnten Ausgabe. Vgl. auch den jüngst erschienenen Band von Chr. Bazin, *Chateaubriand en Amérique,* Paris 1969.

[12] Es fehlt nie an der üblichen Forderung nach Demystifizierung und nach einer Polemik gegen die Phantasien der Literaten: »Für einen europäischen Reisenden, und vor allem für einen Reisenden, der wie ich an die kahlen Gebiete Ägyptens, Asiens und der Mittelmeerländer gewohnt ist, fällt am amerikanischen Boden besonders die Wildheit des unermeßlichen Waldes auf, der an den Ozeanküsten beginnt und im Innern des Landes immer dichter wird. Die Stille, das Gebirge, die bald ausgedörrte, bald sumpfige Erde, die Fliegen- und Insektenschwärme sind nicht so faszinierend – betont Volney ironisch – wie es unsere *Romanschriftsteller* inmitten unserer europäischen Städte erträumen« (ebd., S. 634). Zur Richtigkeit der Bemerkungen Volneys vgl. Gerbi, a. a. O., S. 373.

[13] Vgl. dazu E. E. Hale – E. E. Hale Jr., *Franklin in France,* Boston 1889; A. O. Aldridge, *Franklin and His French Contemporaries,* New York 1957; und Moravia, *Il Tramonto dell'Illuminismo,* a. a. O., S. 71 ff., mit weiteren bibliographischen Angaben.

[14] Vgl. Volney, *Tableau ...,* a. a. O., S. 631 b–632 a.

[15] Vgl. dazu D. Echeverria, *Mirage in the West. A History of the French Image of American Society to 1815,* Princeton 1957.

[16] Vgl. Volney, *Tableau ...,* a. a. O., S. 631 b.

[17] Ebd., S. 631 a.

[18] Vgl. Chateaubriand, *Voyage en Amérique,* a. a. O., Bd. II, S. 219.

[19] Chateaubriand beschreibt ausführlich die Hochzeiten, die Feste, die Spiele, die Tänze seiner »Wilden«, sowie einige Aspekte ihrer religiösen Riten, ihrer politischen Strukturen, etc. Die bemerkenswerte Erkenntnis, daß die Indianer keine Tiere seien, sondern im Gegenteil eine interessante, später von den europäischen Eroberern unterdrückte, Form von Kultur hervorgebracht haben – oder hatten –, wird jedoch in einer unhaltbaren Idealisierung der alten »Sitten« der amerikanischen Eingeborenen entwickelt.

[20] So urteilt auch der beste Kenner Volneys, der freilich, wie im Text dargelegt, die *Observations* ungenügend analysiert hat. Mit seiner Abhandlung gebe uns Volney »einen der ernsthaftesten Beiträge zur amerikanischen Ethnologie«. Vgl. Gaulmier, *L'idéologue Volney ...,* a. a. O., S. 475.

[21] Volney konsultierte außerdem Reisende wie Mackenzie, Weld, La Rochefoucauld-Liancourt und angloamerikanische Mediziner und Gelehrte wie Rush, Barton, Ramsey; ebenso zog er zahlreiche wissenschaftliche amerikanische Publikationen heran, wie die *Transactions of the Philosophical Society of Philadelphia,* das *American Museum,* den *Medical Prepository of New York,* etc.

[22] Vgl. W. Robertson, *The History of America,* London 1777, 2 Bde. Die beiden Übersetzungen erschienen jeweils 1778 und 1780. Wir zitieren aus der Londoner Ausgabe.

[23] Vgl. dazu Gerbi, *La disputa del nuovo mondo,* a. a. O., ein nach wie vor grundlegendes Werk, das außerhalb Italiens zu wenig bekannt ist, auch wenn mehrere Urteile, wie die über Raynal, Robertson und Volney, sehr anfechtbar sind.

[24] Vgl. die vielen wörtlichen Zitate bei Gerbi, a. a. O., Kap. I.

[25] Vgl. Buffon, *Histoire naturelle générale et particulière,* Bd. IX, (Paris 1761), S. 104–105. Die Stelle findet sich auch in den von Piveteau herausgegebenen *Œuvres philosophiques,* a. a. O., S. 380–81.

[26] Buffon änderte zudem seine Ansichten über die amerikanischen Wilden mit der Zeit sehr stark. Vgl. dazu Gerbi, a. a. O., S. 168 ff.

[27] Vgl. C. De Pauw, *Recherches philosophiques sur les Américains, ou Mémoires intéressans pour servir à l'Histoire de l'Espèce humaine,* Berlin 1768. Wir zitieren aus der im Jahre III der Republik (1795) in drei Bänden gedruckten Ausgabe, die auch die kritische Antwort von A. J. Pernety, *Dissertation sur l'Amérique et les Américains contre les »Recherches«,* etc. und De Pauws Entgegnung enthält.

[28] Vgl. De Pauw, *Recherches ...,* a. a. O., Bd. I, S. 126–28.

[29] Ebd., S. 44.

[30] Ebd., S. 162.

[31] Ebd., S. 2.

[32] Ebd., S. 42–46.

[33] Ebd., Bd. II, S. 195.

[34] Ebd., S. 197.

[35] Ebd., S. 197 und 213.

[36] Ebd., S. 198–99.

[37] Ebd., Bd. I, S. 90–91, 93–94, 150–53, etc.

[38] Ebd., S. 159–60.

[39] Vgl. Gerbi, a. a. O., Kap. IV.

[40] Vgl. Robertson, a. a. O., Bd. I, S. 258–59.

[41] Vgl. Volney, *Tableau* ..., S. 680, Anm.

[42] Vgl. R. A. Humphreys, *William Robertson and his »History of America«*, London 1954. Auch Robertson benutzte für seine Untersuchung eigens angefertigte Fragebogen, die, zusammen mit den unveröffentlichten Antworten, von Humphreys untersucht wurden.

[43] Vgl. Robertson, *The History of America,* a. a. O., Bd. I, S. 414.

[44] Ebd., S. 284 ff.

[45] Ebd., S. 246 ff.

[46] Ebd., S. 267 ff.

[47] Ebd., S. 288 ff.

[48] Ebd., S. 259 ff.

[49] Ebd., S. 402 und 404.

[50] Ebd., S. 358–60 und 365–66.

[51] Ebd., S. 409–11.

[52] Ebd., S. 393 ff.

[53] Ebd., S. 387–91.

[54] Ebd., S. 403.

[55] Ebd., S. 360–61.

[56] Robertsons Text ist zu bedeutend, um weiterhin in der Vergessenheit zu bleiben, der ihn so viele Erforscher des Guten und des Bösen Wilden überantwortet haben. Es ist wirklich merkwürdig, daß sogar H. N. Fairchild, *The Noble Savage. A Study in Romantic Naturalism,* New York [3]1961, zwar eine große Zahl angloamerikanischer Texte zur Thematik des Wilden anführt, Robertson jedoch nicht ein einziges Mal erwähnt.

[57] Wenn Rousseau, bemerkt Volney, »die Tatsachen so festgesetzt oder angenommen hätte, wie sie sind«, so hätte er gezwungenermaßen unter anderem erkennen müssen, »daß die einzig wirklich zivilisierten Völker die sind, die gerechte Gesetze und reguläre Regierungen haben; daß dagegen die Völker, bei denen kein solches Regierungssystem herrscht, in einem barbarischen und wilden Zustand leben und es nicht verdienen, gesittet genannt zu werden« (vgl. Volney, *Observations sur les Indiens,* a. a. O., S. 718 b).

[58] Ebd., S. 718 a.

[59] Volney verkannte insbesondere Rousseaus »Talent« und die Gültigkeit seiner Kritik »an der Verdorbenheit und an den Lastern der Gesellschaft« keineswegs (ebd., S. 718 b).

[60] Ebd., S. 711 b.

[61] Ebd., S. 713 b.

[62] Ebd., S. 722 b–723 a. Vgl. Robertson, a. a. O., Bd. I, S. 359–60.

[63] Volney, *Observations* ..., a. a. O., S. 714 a–b.

[64] Ebd., S. 713 a–b.

[65] Ebd., S. 720 b.

[66] Vgl. Robertson, a. a. O., Bd. I, S. 365 ff., 404 ff., etc.

[67] Volney, *Observations ...*, a. a. O., S. 715 a–b. Ähnliche Urteile finden sich in De Pauw, a. a. O., Bd. I, S. 93–94.

[68] Für den schottischen Gelehrten zeigte sich der amerikanische Mensch »von seiner rohesten Seite darin, daß wir uns vorstellen können, daß er zu überleben imstande ist«. Vgl. Robertson, a. a. O., Bd. I, S. 282.

[69] Vgl. Volney, *Observations ...*, a. a. O., S. 723 b.

[70] Ebd., S. 715 a.

[71] Ebd., S. 726 ff. Robertson nahm, zumindest bei einigen Stämmen, den Atheismus, den Glauben an die Unsterblichkeit der Seele und an bestimmte metaphysischen Hypothesen an. Wie Volney, versichert auch er, die Indianer richteten ihre Gebete nicht an gute, sondern an böse Götter (vgl. Robertson, a. a. O., Bd. I, S. 380 ff.).

[72] Ebd., S. 720 b ff. und 715 a. Auch Robertson behauptet, wie Volney, die Indianer hätten keinen richtigen Begriff vom Privateigentum und vom »Strafrecht« (a. a. O., Bd. I, S. 349 und 403).

[73] Ebd., S. 722 a ff. Vgl. Robertson, a. a. O., Bd. I, S. 350 ff. Beide Gelehrte nehmen übereinstimmend die Existenz anthropophagischer Bräuche an.

[74] Ebd., S. 715 a–b. Robertson berichtet, daß die Indianer die unheilbar Kranken Alten töteten (a. a. O., Bd. I, S. 400–401).

[75] Ebd., S. 716 b.

[76] Ebd., S. 723 a.

[77] Ebd., S. 724 a–b. Ähnliche Tugenden nahm auch Robertson bei den Indianern wahr (a. a. O., Bd. I, S. 355 ff., etc.).

[78] Ebd., S. 718 a–719 b.

[79] Ebd., S. 724 b.